# 数学の探究的学習

センター試験 数学ⅠA・ⅡBを通して創造力を育む

西本敏彦・若林徳映・松原 聖 共著

培風館

本書の無断複写は，著作権法上での例外を除き，禁じられています。
本書を複写される場合は，その都度当社の許諾を得てください。

# まえがき

　2012年4月から高等学校の新1年生の数学教育は，教育課程実施状況調査や国際的な学力調査の結果を踏まえ，「ゆとり教育」の見直しを主な目的として，新しい学習指導要領と新しい教科書による授業が始められた．新学習指導要領では，数学の科目編成の変更と，それに伴う若干の教育内容が変わるほか，教科の目標を，数学の基本的な概念や原理・法則の理解を深めること，物事を数学的に考察し表現すること，創造性の基礎を培うことなどとしている．

　一方では，現在の日本の数学教育について，少なからぬ危機感をいだいている数学教育関係者は多いように思われる．その危機感の原因は，多くの生徒が大学受験対策の学習に偏り，問題の解を定理や公式を適用してすばやく求めることで満足してしまうことにある．したがって，生徒たちが問題にかかわる諸々の状況を考え合わせたり，あるいは自らじっくり考え，しっかりわかるという経験をもっていないということは，創造性を培う学習からは程遠いのではないだろうか．

　このような状況のもとで，本書の目的は，まず高等学校の生徒諸君および先生方を対象として，大学入試センター試験 数学IA・数学IIBの問題を"じっくり考えしっかりわかる"ことを通して，数学における基礎的な概念や原理・法則の理解を深め，応用力を身につけ，さらに考える力や創造力を育むために，どのように学習したらよいかについての一つの提案を述べることである．

　また，高等学校を卒業され大学に進学された学生諸君にとっては，大学における数学教育を理解するうえでの基礎知識を確認するために，あるいはすでに社会において活躍され，頭のリフレッシュまたは趣味として数学的素養を身につけたいと考えておられる方々にとっても，大学入試センター試験の数学IA，および数学IIBを通して，例えば現状認識（設定条件）から正しい筋道にそって導かれる結論，逆に，望ましい結論を得るために必要な設定条件を求めること，など数学的な考え方の復習に役立てていただきたい．

　本書は3つの部からなり，第I部では"しっかりわかり，創造力を育む学習"と題して，しっかりわかり，創造性を培うための学習とは，どういうこと

か，どんな学習をすればよいかについて提案を行う．それはすなわち，
 （1） 問題および解答を読み，基礎となる設定条件から正しい筋道を経て正しい解答が導かれている一連のストーリーを理解する（読解力，分析力），
 （2） 問題に対して，自ら正しい筋道により正しい解答を導くストーリーを書き上げる（表現力，説得力），
 （3） 設定条件を変えた問題などを作り，それを解くことができる（探究心・創造力），
という3つの学習活動

{読む，書く，作って解く}

を実行することであるとする．本書においては，このような学習を**探究的学習**とよぶことにしよう．

　第II部以降では第I部での提案をうけて具体的な例題に適用していく，いわゆる実践編である．第II部は第1章から第4章までの四章からなり，それぞれセンター試験，数学IA(2007〜2012)の第1問から第4問まで，また第III部は，第5章から第8章までの四章からなり，それぞれセンター試験，数学IIB(2007〜2012)の第1問から第4問までの問題を穴埋め式問題から記述式問題に改めたものを例題として取り上げる．各例題に対して，しっかりわかり創造力を育むための教材とは，問題を解くためのコメント，$+\alpha$の問題，設定条件を変更した問題と解答などから構成されている．なお，数学Bの「統計とコンピュータ」「数値計算とコンピュータ」関連の問題・解答は省略した．

　各章はそれぞれ4つの節から成り立っている．

　「第1節　例題の解答と基礎的な考え方」においては，例題の解答が基礎基本にしたがって書かれている．読解力を鍛えるためコメント欄「問題の意義と解答の要点」を設け，次節の解答を文章で表すための準備とした．

　「第2節　問題の解答を文章で書き表そう」においては，問題の全体像を把握し，解を論理的に正しく書くために「解答の流れ図」を導入した．

　「第3節　定義と定理・公式等のまとめ」では中学校で習った事柄，数学IA，数学IIBで新たに学ぶ定義，定理，法則，公式および参考になる性質などをまとめて掲載するが，必要がなければ読まずにつぎに進んでもよい．

　「第4節　問題作りに挑戦しよう」では読者自ら問題作りを試みるために役に立つ事柄を述べる．問題作りの第一歩は与えられた例題の分析からはじめるのがよい．分析することによって「$+\alpha$の問題」や「設定条件を変更した問

# まえがき

題」を思いつくことができる．第1節，第2節で与えられた「$+\alpha$の問題」や「設定条件を変更した問題」は問題作りのための格好のモデルである．

　さて著者としては，読者の皆さんが本書において与えられた教材を活用し，しっかりわかる学習を通して論理的に考える力を培い，新たなものへの探究心を養われることを期待している．さらに，本書が学校における授業やグループ学習などの補助教材として利用されることにより，より多くの生徒たちにとって数学の授業が楽しく，かつ活発な議論の場となることを願っている．なお近い将来，"問題を作って解く学習" を奨励するため「問題を作って解くプロジェクト」を発足させるととも，読者の皆さんのご意見などの寄稿を通して，本書を考える力，創造力を培うためのより良い教材として育てていくことを考えているのでご協力くだされば幸いである．

　最後に，本書の企画から出版，および原稿のすべてを精読され数々の貴重なご意見をいただいた（株）培風館の編集部の方々に対し深く感謝の意を表したい．

　平成25年1月

西本　敏彦

# 目　　次

## 第Ⅰ部　しっかりわかり，創造力を育む学習

　　第1節　提案の目的　　2
　　第2節　しっかりわかることの意味　　3
　　第3節　しっかりわかり，創造力を培う仕組み　　5

## 第Ⅱ部　実践編1（大学入試センター試験　数学Ⅰ・数学A）

### 第1章　方程式と不等式，論理と集合　　13
　　第1節　例題の解答と基礎的な考え方　　13
　　第2節　問題の解答を文章で書き表そう　　28
　　第3節　定義と定理・公式等のまとめ　　44
　　第4節　問題作りに挑戦しよう　　49

### 第2章　2次関数　　53
　　第1節　例題の解答と基礎的な考え方　　53
　　第2節　問題の解答を文章で書き表そう　　62
　　第3節　定義と定理・公式等のまとめ　　79
　　第4節　問題作りに挑戦しよう　　84

### 第3章　図形と計量，平面図形　　87
　　第1節　例題の解答と基礎的な考え方　　87
　　第2節　問題の解答を文章で書き表そう　　95
　　第3節　定義と定理・公式等のまとめ　　110
　　第4節　問題作りに挑戦しよう　　116

### 第4章　場合の数と確率　　119
　　第1節　例題の解答と基礎的な考え方　　119
　　第2節　問題の解答を文章で書き表そう　　134
　　第3節　定義と定理・公式等のまとめ　　147
　　第4節　問題作りに挑戦しよう　　152

## 第Ⅲ部　実践編2（大学入試センター試験　数学Ⅱ・数学B）

### 第5章　式と証明，複素数と方程式，図形と方程式，三角関数，指数関数と対数関数　　159
　　第1節　例題の解答と基礎的な考え方　　159
　　第2節　問題の解答を文章で書き表そう　　168
　　第3節　定義と定理・公式等のまとめ　　191
　　第4節　問題作りに挑戦しよう　　201

### 第6章　微分法と積分法　　205
　　第1節　例題の解答と基礎的な考え方　　205
　　第2節　問題の解答を文章で書き表そう　　218
　　第3節　定義と定理・公式等のまとめ　　231
　　第4節　問題作りに挑戦しよう　　235

### 第7章　数　列　　239
　　第1節　例題の解答と基礎的な考え方　　239
　　第2節　問題の解答を文章で書き表そう　　247
　　第3節　定義と定理・公式等のまとめ　　262
　　第4節　問題作りに挑戦しよう　　265

### 第8章　平面上および空間のベクトル　　269
　　第1節　例題の解答と基礎的な考え方　　269
　　第2節　問題の解答を文章で書き表そう　　283
　　第3節　定義と定理・公式等のまとめ　　298
　　第4節　問題作りに挑戦しよう　　306

索　引　　311

# 第Ⅰ部

## しっかりわかり
## 創造力を育む学習

## 第1節　提案の目的

　2012年4月から開始された高等学校数学教育に関して，文部科学省の新学習指導要領によれば，数学科目の目標は，
　　「数学的活動を通して，数学における基本的な概念や原理・法則の体系的な理解を深め，事象を数学的に考察し表現する能力を高め，創造性の基礎を培うとともに，数学のよさを認識し，それらを積極的に活用して数学的論拠に基づいて判断する態度を育てる」
と書かれている。ここで，創造性の基礎とは，
　（1）　知的好奇心をもつ，
　（2）　考える力，論理的思考力，
　（3）　根気よく考え続ける力，
　（4）　直観力，想像力，
　（5）　発見的考察力，新しいものを思いつく力
などである。
　一方では，従来から多くの数学教育関係者が，現在の日本の数学教育について少なからぬ危機感を抱いていることを表明している。そのもっとも重要なことは，多くの学生・生徒が"自らじっくり考え，しっかりわかる"，という学習環境にはいないのではないかと思われることである。その理由は，例えば時間的余裕がないことも考えられるが，もっと重要なことは"しっかりわかる"とはどういうことか，そして，"どうすることがしっかりわかるための学習なのか"がわかっているようでわかっていないのではないだろうか。さらには"創造性の基礎を培う"ためには何をどう学習すればよいのか，などについて明確に意識していないのではないかと推測されることである。
　そうした数学科目の目標や問題点をふまえて，大学入試センター試験（数学）の現状を考えると，その受験者数は毎年30万人を超えており，このように多くの高校生が，依然として必死の勉強に励んでいる。そして大学入試センター試験の数学の問題は，採点上の都合により穴埋め方式が採られており，教育上疑問視する声もあるが，問題自身は高校での教科内容をふまえ，良く考えられた優れた問題であるといえる。
　大学入試問題は高校教育と大学教育の大切な架け橋であり，したがって，入試問題を教材として活用することはきわめて有意義なことであると思う。

そこで本書においては，大学入試センター試験の問題を記述式に改めたもの（集合と論理の項を除く）を素材として取り上げ，大学受験をひかえた高校レベルの数学教育において，この受験勉強という膨大なエネルギーを単に合格するための受験勉強に使うのではなくて，数学の基礎・基本，考える力，計算力を身につけ，しっかりわかることを体験するような学習，および創造力を培うための学習のあり方を提案しようと思う。

教育改革はつねに現在進行形であるといわれているが，掛け声だけでは一歩も前進しない。具体的な教材と学習方法が提供されてこそ初めて教育改革は動き出すのではないだろうか。筆者としては，本書が高校数学の教育革新に向けてひとつの端緒となることを願っている。

## 第2節　しっかりわかることの意味

問題が与えられ，これを解くとき，だいたいわかったから次の問題に進むというのは，大変もったいないことである。

大学入試センター試験や大学入学試験の問題，あるいは身近な中間試験や期末試験の問題を作るために，担当者は，短くて2～3時間，長くて2～3ヶ月の時間を費やすのであり，問題作成自体が創造的な仕事である。したがって練習問題一つを解くにあたっても，出題者の意図や思い，例えば，この程度の問題解決力をもって入学してほしい，などの思いを感じながら，"しっかりわかる"までじっくり考えることが肝要である。

問題が与えられたとき，
　「まず問題をよく読む」
問題の主旨が明確になるまで何回も読む。これには，日本語の読解力が求められる。まず定義と条件，および求めるべき事柄，または結論を頭に入れる。解答の筋道を頭に描く。定義と条件から何が導かれるか，結論を得るには何が求まればよいか，など問題文の頭から，または後ろから考えを巡らせていく。

これまで学校の授業や，過去の問題の学習で習った事柄などを思い起こしながら，長考をおそれず，将棋の棋士のようにじっくり試行錯誤をしよう。これらの学習が，すなわち創造力の基礎を培うことにほかならない。

次に，計算をする場合には，"計算を実行するたびごとに異なる答えがでてくる"というようなことはなく，
　　「ただ1回きりの試算により正しい計算結果がでてくる」
ように，神経を集中して行うような習慣をつける。このことが計算力を高めることにつながることになる。

　ところで，いろいろと解答を試みてみたが正解が得られない，あるいははじめからまったく手がつけられない，などの問題に遭遇する場合がしばしばある。実際，大学入学試験の数学の問題において，正解率10％未満ということは決して珍しいことではない。教科書をしっかり理解しておればどんな問題でも対処できるとよくいわれる。試験問題は教科書の範囲から出題されるのであるから，これは原理的には正しい。しかし現実はそれほど簡単ではなく，それ相当の訓練が必要である。

　このような問題に遭遇した場合，まず，
　　「何がわからないかを明確にする」
ことから再挑戦しよう。そして，自分の知識の幅を広げるチャンスを与えられたと感謝の気持ちをもって，しっかりわかるような努力を惜しまないでほしい。

　大学では，セミナー（輪講）といって，もっとも重要な学習活動と位置づけられており，関心あるテーマについて，著名な著書や論文を順番に発表し討論するグループ学習が行われる。発表者は，最初，内容の枠組みも言葉の意味もまったく理解できないことがあり，大困惑する場合が多い。しかし，忍耐強く，繰り返し繰り返し読んだり他の関連書を調べたりしながら，一行一句しっかりわかるまで調べていかなければならない（筆者にはやり直しを経験したことも何度かある）。

　本書において，与えられた一つの問題に対して"しっかりわかる"ということは，基本的には，
　（1）　**読む**：　与えられた問題および解答をよく読んで，問題の主旨を理解し，条件をもとに正しい筋道を経て求めるべき結論が導かれることを理解する，
　（2）　**書く**：　与えられた問題に対し，自分で解答を考え，文章で的確に表現することができる，
　（3）　**作る**：　与えられた問題と関連して，例えば問題の設定条件などを変

えた新たな問題を自分で考え，かつそれの解答を求める．このことにより，与えられた問題の解答方法を完全に理解できたことを確かめる，という三位一体の**探究的学習**活動ができるということとする．

したがって，"しっかりわかる"とは，単に与えられた問題の解答を読んでわかっただけでは不十分で，設定を変えた新たな問題を作り，解き，文章で表現することができることである．ここで，新たな問題を考えるとは，

（ⅰ） 例えば，与えられた問題や解答に関連して何か疑問点があればそこをとことん突き詰める，

（ⅱ） 問題の定数をいろいろ変えて解答に与える変化を調べる，あるいは，

（ⅲ） あらかじめ望ましい解答を設定して，その解答が得られるような条件を求める（**逆問題**）

などいろいろと考えられるが，このような考察は，創造力を育むための基礎的な訓練である．


## 第3節　しっかりわかり，創造力を培う仕組み──

ここで本書における，しっかりわかり，創造力を培うための学習についてあらためて述べる．前節で書いたように，一つひとつの問題に対して，しっかりわかるための学習は，すなわち考える力を培い，計算力を高め，創造力を培う訓練にもなっているのであるから，3つの基本的な学習活動：

（1） 問題と正解を読み，問題の主旨と解答を理解する（読解力・分析力），

（2） 問題に対して正解を得るための論理を組立て文章で表現する（表現力），

（3） 設定条件を変えた新しい問題を作り，それを解く（探究心・創造力），

をどのような仕組み（システム）で実行するかが本書のキーポイントである．

そこで本書の第Ⅱ部および第Ⅲ部では，この基本的学習活動を実行するために，大学入試センター試験 数学 ⅠA・ⅡB の過去6年間（2007～2012）の問題のなかから40題を選び，穴埋め式から記述式問題に改めたものを例題として取り上げる．各例題に対して，以下に述べる4種類の解説文のうちいくつかを，その例題に付属した教材として掲載する．

各例題に対する4種類の解説文とは，

（1） この問題の主題，問題を解くための鍵となる箇所，仮定と結論をつなぐ筋道などについてのコメントを述べる．解答するまえに一読すること

により注意すべき事柄を前もって明確にすることができる。
（2） 一般にいくつかの解答方法があるが，定義と基礎・基本を忠実にふまえ正攻法による一つの解答例が与えられている。やや冗長な箇所もあるので，適当に省略して読んでもよい。
（3） 例題に対して，これらをさらに深く理解するために，同じ設定条件のもと，センター試験ではふれられていなかった追加問題を考え「＋αの問題」を付け加えるとともにその解答を与える。
（4） 例題に対して，「設定条件を変更した問題」を付け加えるとともにその解答を与える。

　第Ⅱ部は全四章で構成され，第1章から第4章までは，それぞれセンター試験の数学ⅠAの第1問から第4問まで，また第Ⅲ部は，第5章から第8章までの四章から構成され，それぞれセンター試験の数学ⅡBの第1問から第4問までの問題を取り上げている。このように，センター試験の問題を問題番号ごとに章を構成していることは本書のひとつの特徴でもあり，これによって学校の授業の進度にあわせて章ごとに理解度を深めていくことが容易にできる。

　そして，各章は四つの節から構成されている。

## 第1節　例題の解答と基礎的な考え方：しっかりわかるための学習活動(1)

　各章ごとに，センター試験の過去6年間(2007〜2012)の問題のなかから2〜3題を例題として取り上げ，その正解が与えられている。解答をわかるまで繰り返し読み，じっくり考え，条件から正しい筋道を経て結論を得るまでを，完全に理解することが肝要である。さらに，例題に付属した「＋αの問題」または「設定条件を変更した問題」があるのは，問題特有の考え方，筋道，計算方法などをしっかり理解できているかどうかを確かめるためのものである。

　なお，各例題のあとには読解力を高める手助けとして，「問題の意義と解答の要点」というコメント欄を設けて，解答を読むときに留意すべき事柄を指摘した：
（1）　問題の意義，
（2）　設定条件から結論を導くための筋道と計算，
（3）　用いられる定義，定理，公式などはどのように利用されるか，
などである。

**第2節 問題の解答を文章で書き表そう：しっかりわかるための学習活動(2)**

　第2節の主な目的は，センター試験の過去6年間(2007〜2012)の問題のなかから2〜3題(第1節で取り上げた問題を除く)を例題として取り上げ，問題を解く筋道を自ら考え，解答を文章に表すということである。問題を解く筋道を明確にわかっていなければ，わかりやすく筋道の通った解答を書くことはできない。したがって，考える力を身につけるためには，解答を文章で表すことはきわめて大切なことである。そのためには単純な問題を除き，下に示すような仮定から解答を得るための筋道を図示したもの(「解答の流れ図」とよぶことにしよう)を頭に描くことをすすめたい。

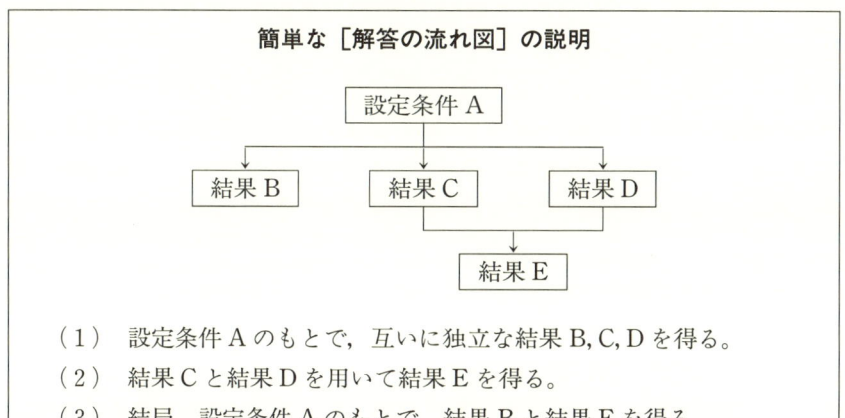

　「解答の流れ図」はいわば解答の筋道，または論理の組立ての可視化であり，問題全体の構造がわかるという利点がある。また，考え方を整理して解答を論理的に正しく書くためのみならず，思考力を高めるためにも役に立つ。

　その作り方は，まず与えられた問題の仮定または条件，および求めるべき結論をしっかり読みとる。そこで仮定から導かれる事柄や，結論を得るためには何がわかればよいか，などを考え，さらにいままで学習した経験を思い起こし，解答を得るための筋道を予想する。この筋道にそって計算を実行し正しい結果に到達すればそれでよい。そこで考えた筋道を図示すれば「解答の流れ図」が得られ，また，それにしたがって解答を書けばよい。一方，正しい結果に到達しなければ再度筋道を考え直すことになる。問題が複雑になればなるほ

ど解答の流れ図を描くことが有益である。

　センター試験の問題の特徴は，問題が穴埋め形式であることと，解答の筋道を誘導するようないくつかの設問が並んでいることである。そこでこの第2節では，各章ごとにセンター試験の問題から，解答を誘導する設問を省略した問題を例題として取り上げる。なお，この例題に対しても第1節と同様に「$+\alpha$の問題」，あるいは「設定条件を変更した問題」などがつけ加えられている。

　この第2節は，「問題の部」と「解答の部」に分けてあるので，問題の部では自ら解答の筋道を考え，解答の流れ図をわかりやすく書いてみることを試みてほしい。解答の部では，いくつかの例題に対して参考のため解答の流れ図の例を書いておいた。解答の流れ図にも上手・下手があるので批判しながら読んでほしい。なお，解答には注（☞）および脚注（†）として，解答を書くにあたって注意すべき事柄を書いておいたので参考にしていただきたい。

　センター試験と違って，一般の記述試験では，たとえ答えがあっていても，解答の筋道が間違っていれば減点されるか，または0点になることもある。筋道がわかっている場合でも解答を書くことを省略するのではなく，計算力と表現力を培うためにも手間を省かないで記述を練習することが肝心である。

　最後に，数学の問題の解答を書くときの一般的な留意事項をまとめておく。
（1）　数式と数式のあいだに接続詞；
　　　　　したがって，よって，すなわち，ゆえに，
　　　などを適宜に入れて数式の羅列を避ける。また，文章を簡単にするため，記号
　　　　　∴（したがって，よって，ゆえに），　∵（なぜならば）
　　　を適宜用いてもよい。
（2）　読みやすく文節と文節のあいだにスペースをとる。このとき全体の論理的なつながりがわかるように適宜 接続詞をいれる。
（3）　後で引用する式などに，適宜 番号をつける。
（4）　名称，記号，文体などは高等学校の教科書に準じる。
（5）　定理・法則，性質などを引用する場合には，その名称などを書く。
（6）　計算式はなるべく詳しく書いたほうが，あとで検算するうえでも役に立つ。
（7）　最後に，"結論"または"解答の終わり"であることがわかるように，解答の終わり，またはQED，□，■

第3節　しっかりわかり，創造力を培う仕組み　　　　　　　　　　　　　　9

などをいれる。

　なお，第1節，および第2節の例題に「$+\alpha$の問題」および「設定条件を変更した問題」をつけ加えているのは，それを解くこと自体，考える力や計算力を身につけるために有益であるのみならず，自ら新しい問題を作るためのヒントとなることを予定しているからである。

## 第3節　定義と定理・公式等のまとめ

　この第3節は，授業などですでに学習していれば読みとばしてもよいが，第1節および第2節において例題などの問題を解いたあとで，定義・定理および公式などをまとめて理解しておくこと，また各章の学習項目や範囲を確認し，第4節の問題作りに役立たせてほしい。

　ここには，中学校で習った事柄，数学IA，数学IIBで新たに学ぶ定義，定理，法則，公式および参考になる性質などをまとめて掲載している。さらに教科書には必ずしも書いてないが，よく用いられる便利な公式，例えば2次関数の積分についての"6分の$1a$公式"や空間において2つのベクトルで定義される三角形の面積の公式なども掲載しておいた。なお，第3節で記載されている定義，定理，法則，および公式などは，証明や利用方法も含めて教科書などを参考にして，よく理解したうえで正確に記憶しておこう。

## 第4節　問題作りに挑戦しよう：しっかりわかるための学習活動(3)

　すでに述べたように，一つの例題に対し「$+\alpha$の問題」および「設定条件を変更した問題」を作り，かつ解くことが，しっかりわかるために重要であるばかりでなく，創造力を培ううえでも大切な学習である。本格的な問題作りは簡単ではないが，すでにある問題の「$+\alpha$の問題」や「設定条件を変更した問題」を作ることは不可能ではなく，実行してみれば意外と楽しいものである。

　ここ第4節では，"問題を作る"ために参考になると思われる事柄，例えば，センター試験の問題について，
- 章ごとに問題の共通する構造的な特徴、
- パラメータ(未定の定数)の導入の方法，場合分けと吟味など，問題を作る場合に参考となる事柄，
- 「$+\alpha$の問題」および「設定条件を変更した問題」と関連した，さらに発展的または探究的問題，

などを述べる。また，センター試験とは必ずしも関係なくても，基礎的な問題

や，章の特徴を活かした問題，章の垣根を越えた問題などを取り上げる。

問題を自ら作ることを念頭におくと，与えられた問題の分析もより深くなってくる。まず，問題を解く立場から，

（1）与えられた問題のもっとも主要な問題点は何か，それを解くための鍵となること，および正解にたどり着くまでの筋道：[解答の流れ図]を頭に描く。

次いで問題を作る立場からは，

（2）与えられた問題は，どんな設定条件のもとで解は存在するのか，

あるいは，

（3）なぜこんなにうまく解けるのか，設定条件によっては解けないことがあるのか，

（4）作った問題はおもしろいか，いい換えると知的好奇心を喚起するか，

などといったことにも思いを巡らせることが大切である。

各章に対し，少なくとも1題の創作問題を作るとともに，その解答を書くという学習を試みてはいかがであろうか。

以上の創造力を培う仕組みの記述により，第II部および第III部に書かれている"大学入試センター試験 数学IA，数学IIBの穴埋め式問題から記述式問題に変形された例題"とそれに付属する教材に基づき，しっかりわかるための3つの基本的学習を実行することができる。これら一連の学習活動を積み重ねることによって，創造力や直観力が生まれ，あっと驚くような解答や新たな問題を発見するに到ることが期待される。

本書の利用方法は，年齢・学年を問わず自習用に用いてもよいが，特に高校生には，大学のセミナー教育と同じように，補習授業の一環としてグループ学習を推奨したい。それは，例えば新しい問題を作るとき1人で考えるよりは何人かで考えるほうが，いろいろな考え方の問題がでてくることがあり，また議論もできるので大変役に立つからである。

---

"しっかりわかる学習活動"，すなわち

"読む，書く，作って解く"

という探究的学習活動は，数学のみならずすべての分野において，新しい問題発見・解決の糸口となり，また，革新的な考えや理論を生み出すための基本的な方法であると思う。

# 第Ⅱ部

## 実践編1

### 大学入試センター試験
### 数学Ⅰ・数学A

# 第1章 方程式と不等式, 論理と集合

> 学習項目：式の展開と因数分解, 実数, 2次方程式の解, 根号を含む式の計算, 1次不等式, 絶対値(数学Ⅰ)
> 命題と条件, 逆・裏・対偶, 否定, 必要条件と十分条件 (数学A)
>
> 第1章では, 数学Ⅰのなかの「方程式と不等式」分野, および数学Aのなかの「論理と集合」分野を学習する。例題として, 大学入試センター試験 数学Ⅰ・数学Aの第1問を取り上げる。第1問は従来からこの分野から出題されてきている。

## 第1節 例題の解答と基礎的な考え方

第1節の主な目的は, 問題とその解法を読んですっきりわかる(または何がわからないかがわかる)ことである。記述は基礎・基本にしたがっている。

### [1] 方程式と不等式
「方程式と不等式」において学習する主な項目は次のとおりである。
(1) 多項式の加法, 減法, 積の展開と因数分解,
(2) 実数の構成, すなわち自然数, 整数, 有理数と無理数,
(3) 根号を含む式の計算, 特に分母に無理数を含む式の分母の有理化,
(4) 1次不等式の解法,

（5）絶対値記号を含む方程式，および不等式の取り扱い，
である．特に，(3)の分母の有理化，および(5)の絶対値記号を含む方程式や不等式の取り扱いには注意が必要である．

なお，2次方程式の解の公式や2次不等式は第2章「2次関数」でとり扱われるが，センター試験では第1問のなかに，2次方程式や2次不等式に関する問題が出題されることがある．

以下では，大学入試センター試験問題を例題として取り上げ，問題を解く鍵と筋道を指摘するとともに，「＋αの問題」および「設定条件を変更した問題」などの考察を行う．このことは，問題をしっかりわかるために役立つだけでなく，問題の状況(条件)の変化をとらえ，より深く考え，さらに，自ら問題を作り出すための指針となることを期待している．

---

**例題1（2012 数ⅠA）**

［1］ $a$ を自然数とする．不等式
$$|2x+1| \leqq a \qquad \cdots\cdots ①$$
について次の問いに答えよ．

（1）不等式①の解を求めよ．

（2）不等式①を満たす整数 $x$ の個数を $N(a)$ とする．$N(3)$ を求めよ．

（3）$a$ が $4, 5, 6, \cdots$ と増加するとき $N(a)$ が初めて $N(3)$ より大きくなる $a$ を求めよ．

---

[問題の意義と解答の要点]

- 絶対値記号を含む1次不等式の解法と，自然数 $a$ に対して定義された数 $N(a)$ を実際に定義にしたがって計算できるかどうかを問うている．
- 一般に絶対値記号を含む等式や不等式を解く場合には，絶対値記号をはずすために場合分けをしなければならない．しかし①のように左辺の絶対値記号のなかが $x$ の1次式で右辺が定数の場合には，次の連立1次不等式を解けばよい．
  　　$-a \leqq 2x+1 \leqq a$，　　すなわち　　$2x+1 \geqq -a$，かつ $2x+1 \leqq a$
- $a=3, 4, 5, 6$ に対し $N(a)$ を求めれば $N(a)$ の全体の様子が予想できる．「＋αの問題」の解もこのようにして得られる．"論より証拠" である．

第1節 例題の解答と基礎的な考え方　　　　　　　　　　　　　　　　15

**[解答]**（1）不等式①から　　$-a \leqq 2x+1 \leqq a$
各辺に$-1$を加えて　　　　　$-a-1 \leqq 2x \leqq a-1$
各辺を2で割って　　　　　　$\dfrac{-a-1}{2} \leqq x \leqq \dfrac{a-1}{2}$　　　　　……②

（2）$a=3$のとき，②は$-2 \leqq x \leqq 1$，したがって，この不等式を満たす整数は$-2, -1, 0, 1$の4個となる。よって$N(3)=4$

（3）$a$が増加すると区間②は大きくなる。$N(a)$が初めて4より大きくなる自然数$a$を求める。

　$a=4$のとき，②は$-\dfrac{5}{2} \leqq x \leqq \dfrac{3}{2}$，この不等式を満たす整数は$-2, -1, 0, 1$．よって$N(4)=4$．同様に$a=5$のとき，②は$-3 \leqq x \leqq 2$，したがってこの不等式を満たす整数は，$-3, -2, -1, 0, 1, 2$となり$N(5)=6$．よって$N(a)$が初めて4より大きくなる$a$は5．　　　　　　　　　　　　　　　　　　　　　　　　　（解答終り）

──　**＋αの問題**　──
　$N(a)=100$となる自然数$a$をすべて求めよ。

**[解答]** $N(3)=N(4)=4$，$N(5)=N(6)=6$から$N(99)=N(100)=100$が予想できる。
　実際，$a=98$　のとき　　$-49.5 \leqq x \leqq 48.5$　　$\therefore$　$N(98)=98$
　　　　　$a=99$　のとき　　$-50 \leqq x \leqq 49$　　　　$\therefore$　$N(99)=100$
　　　　　$a=100$のとき　　$-50.5 \leqq x \leqq 49.5$　　$\therefore$　$N(100)=100$
　　　　　$a=101$のとき　　$-51 \leqq x \leqq 50$　　　　$\therefore$　$N(101)=102$
したがって$N(a)=100$を満たす$a$は99と100となる。　　　　　（解答終り）

　次の例題は，$x, y$の2次式の因数分解と，分母の有理化の問題である。因数分解はつねにできるとは限らない。簡単な例では，$x^2+y^2, x^2-xy+y^2$などは，係数が実数である$x, y$の1次式の積に表すことはできない。しかし，試験問題で因数分解を求められる場合は因数分解ができる場合である。因数分解の方法は，共通因子をくくり出す，公式を参考にするなどいろいろあるが，経験が多いほど速く正解を得ることができる。

## 例題 2（2009 数 I A 改）

次の $x, y$ に関する整式 $A$ を因数分解せよ。
$$A = 6x^2 + 5xy + y^2 + 2x - y - 20$$
また，$x = -1, y = \dfrac{2}{3-\sqrt{7}}$ のとき，$A$ の値を求めよ。

[問題の意義と解答の要点]

- $x$ と $y$ の 2 次整式 $A$ の因数分解，分母に根号を含む実数の分母の有理化の問題である。
- 整式 $A$ の因数分解の方法はいろいろあるが，例えば $x$ の 2 次式として降べきの順に並べ替え，0 次の項である $y$ の 2 次式を因数分解する。そのあと，全体の因数分解は $x$ の 2 次式として**たすき掛け**の方法を用いる。
- $x, y$ に数値を代入する場合には，$A$ を因数分解し，さらに必要ならば分母の有理化をしてから代入するのがよい。

[解答] 整式 $A$ を $x$ の 2 次式として書きかえ，0 次の項を因数分解すると

$$A = 6x^2 + (5y+2)x + y^2 - y - 20$$
$$= 6x^2 + (5y+2)x + (y-5)(y+4)$$
$$= (2x + y + 4)(3x + y - 5)$$

$$\begin{array}{rl} 2x & y+4 \to 3xy + 12x \\ 3x & y-5 \to 2xy - 10x \\ \hline & 5xy + 2x = (5y+2)x \end{array}$$

$x = -1, y = \dfrac{2}{3-\sqrt{7}}$ を代入するまえに，$y$ の分母を有理化すると

$$y = \dfrac{2}{3-\sqrt{7}} = \dfrac{2(3+\sqrt{7})}{(3-\sqrt{7})(3+\sqrt{7})} = \dfrac{2(3+\sqrt{7})}{9-7} = 3 + \sqrt{7}$$

よって
$$A = (-2 + 3 + \sqrt{7} + 4)(-3 + 3 + \sqrt{7} - 5)$$
$$= (5 + \sqrt{7})(-5 + \sqrt{7}) = -25 + 7 = -18 \qquad \text{（解答終り）}$$

※1 **因数分解の検算**をしておこう。多項式の積の形をした式において，交換法則，結合法則，分配法則を用いて，1 つの多項式に展開し，降べきの順に並べる。
$$(2x+y+4)(3x+y-5) = 2x(3x+y-5) + y(3x+y-5) + 4(3x+y-5)$$
$$= 6x^2 + 2xy - 10x + 3yx + y^2 - 5y + 12x + 4y - 20$$
$$= 6x^2 + 5xy + y^2 + 2x - y - 20 = A$$

※2 上の解答では $x$ の 2 次式と考えて因数分解したが，$y$ の 2 次式と考えて因数分解する，または $x$ と $y$ の 2 次式と考えて因数分解しても同じ結果を得る。

まず，$y$ の 2 次式と考えて因数分解すると，

第1節　例題の解答と基礎的な考え方

$$A = y^2 + (5x-1)y + 6x^2 + 2x - 20$$
$$= y^2 + (5x-1)y + (2x+4)(3x-5)$$
$$= (y+2x+4)(y+3x-5)$$
$$= (2x+y+4)(3x+y-5)$$

次に $x$ と $y$ の2次式と考えて因数分解すると
$$A = (6x^2 + 5xy + y^2) + (2x-y) - 20$$
$$= (2x+y)(3x+y) + (2x-y) - 20$$
$$= (2x+y+4)(3x+y-5)$$

```
y   2x+4 → 2xy+4y
 ╳
y   3x-5 → 3xy-5y
─────────────────
        5xy-y = (5x-1)y
```

```
2x+y    4 → 12x+4y
    ╳
3x+y   -5 → -10x-5y
─────────────────
              2x-y
```

**※3　分母の有理化について**　従来から大学入試センター試験の第1問には，分母に根号のついた項が1つ，または2つ含む数式の分母の有理化の問題がしばしば出題されている。3つの根号がついた項がある場合にも，分母の有理化はできることを一つの例で示そう。

$$\frac{1}{\sqrt{2}+\sqrt{3}-\sqrt{5}} = \frac{1}{(\sqrt{2}+\sqrt{3})-\sqrt{5}} = \frac{(\sqrt{2}+\sqrt{3})+\sqrt{5}}{\{(\sqrt{2}+\sqrt{3})-\sqrt{5}\}\{(\sqrt{2}+\sqrt{3})+\sqrt{5}\}}$$
$$= \frac{(\sqrt{2}+\sqrt{3})+\sqrt{5}}{(\sqrt{2}+\sqrt{3})^2-5} = \frac{(\sqrt{2}+\sqrt{3})+\sqrt{5}}{2\sqrt{6}} = \frac{\{(\sqrt{2}+\sqrt{3})+\sqrt{5}\}\sqrt{6}}{12}$$
$$= \frac{\sqrt{12}+\sqrt{18}+\sqrt{30}}{12} = \frac{2\sqrt{3}+3\sqrt{2}+\sqrt{30}}{12}$$

次の例題3は，絶対値記号を含む2次方程式の解法と，求めた解の大きさを評価する問題である。

---

**―― 例題3（2007 数ⅠA 改）――**

［1］方程式
$$2(x-2)^2 = |3x-5| \quad \cdots\cdots ①$$
を考える。

（1）方程式①の解のうち，$x < \frac{5}{3}$ を満たす解を求めよ。

（2）方程式①のすべての解のうち最大のものを $a$ とするとき，$m \leq a < m+1$ を満たす整数 $m$ を求めよ。

---

**［問題の意義と解答の要点］**

- 方程式①のすべての解を求めるために"場合分けと吟味"を正確にできるかどうかを問う問題である。
- 場合分けと吟味とは，まず，絶対値記号のなかの項が正となる場合と負となる場合に分けて，それぞれ2次方程式の解を求める。そして，このように

して得られた解が，場合分けをした条件を満たしているかどうかを吟味することである．この問題を正しく解く鍵は，この**場合分け**と**吟味を正しく行う**ことである．

- 例題3の方程式①の解と「設定条件を変更した問題」の方程式②の解を比較してみよう．吟味の意味を考えることは大切である．①および②の左辺と右辺の関数のグラフを描き，交点の $x$ 座標が解であることに注意して吟味が必要な理由を理解しよう．

[解答] （1） $x < \dfrac{5}{3}$ の場合，$3x-5 < 0$ であるから $|3x-5| = -(3x-5)$．よって①は
$$2(x-2)^2 = -3x+5, \quad \text{すなわち} \quad 2x^2 - 8x + 8 = -3x + 5$$
$$\therefore \ 2x^2 - 5x + 3 = 0$$

左辺を因数分解して
$$(2x-3)(x-1) = 0, \quad \text{ゆえに} \quad x = \dfrac{3}{2}, 1$$

これら2つの解は，ともに $\dfrac{5}{3}$ より小であるから①の解である．

（2） (1)で $3x-5 < 0$ の場合を解いたから，方程式①のすべての解を求めるために $3x-5 \geqq 0$，すなわち $x \geqq \dfrac{5}{3}$ の場合を考える．

このとき，$|3x-5| = 3x-5$ であるから，①は
$$2(x-2)^2 = 3x-5, \quad \text{すなわち} \quad 2x^2 - 11x + 13 = 0$$

よって，2次方程式の解の公式を使って
$$x = \dfrac{-(-11) \pm \sqrt{(-11)^2 - 4 \cdot 2 \cdot 13}}{2 \cdot 2} = \dfrac{11 \pm \sqrt{11^2 - 8 \times 13}}{4} = \dfrac{11 \pm \sqrt{17}}{4}$$

そこで，2つの解が $x \geqq \dfrac{5}{3}$ を満たすかどうかを吟味する．
$$\dfrac{11 - \sqrt{17}}{4} - \dfrac{5}{3} = \dfrac{33 - 3\sqrt{17} - 20}{12} = \dfrac{13 - 3\sqrt{17}}{12} = \dfrac{\sqrt{169} - \sqrt{153}}{12} > 0$$

よって，$\dfrac{11-\sqrt{17}}{4} > \dfrac{5}{3}$ が示されたから，$\dfrac{11-\sqrt{17}}{4}$ と $\dfrac{11+\sqrt{17}}{4}$ はともに①の解となる．

また $\dfrac{3}{2} < \dfrac{5}{3}$ であるから4つの解は小さい順に並べると，
$$1, \ \dfrac{3}{2}, \ \dfrac{11-\sqrt{17}}{4}, \ \dfrac{11+\sqrt{17}}{4}$$

第1節　例題の解答と基礎的な考え方

となる。よって，最大の解 $a$ は $a = \dfrac{11+\sqrt{17}}{4}$

次に，$4 < \sqrt{17} < 5$ であるから

$$\dfrac{11+4}{4} < a = \dfrac{11+\sqrt{17}}{4} < \dfrac{11+5}{4}, \quad \therefore\ 3.75 < a < 4$$

したがって $m \leqq a < m+1$ を満たす $m$ は 3 となる。　　　　　　　　（解答終り）

方程式①の解は，2つの関数
$$y = 2(x-2)^2 = 2x^2 - 8x + 8$$
$$y = |3x-5|$$
のグラフの交点の $x$ 座標に等しい。そこで，次の問題を考えてみよう。

──  **設定条件を変更した問題**  ──

方程式
$$2(x-2)^2 \underset{\sim}{-6} = |3x-5| \qquad \cdots\cdots ②$$
のすべての解を求めよ。

[解答]　(i)　$x \geqq \dfrac{5}{3}$ の場合。② は

$$2(x-2)^2 - 6 = 3x - 5, \quad \text{よって}\quad 2x^2 - 8x + 2 = 3x - 5$$

$$\therefore\ 2x^2 - 11x + 7 = 0, \quad \text{よって}\quad x = \dfrac{11 \pm \sqrt{121-56}}{4} = \dfrac{11 \pm \sqrt{65}}{4}$$

この2つの解が $x \geqq \dfrac{5}{3}$ を満たすかどうかを吟味すると

$$\dfrac{11 \pm \sqrt{65}}{4} - \dfrac{5}{3} = \dfrac{33 \pm 3\sqrt{65} - 20}{12} = \dfrac{13 \pm 3\sqrt{65}}{12} = \dfrac{\sqrt{169} \pm \sqrt{585}}{12}$$

よって $\dfrac{11-\sqrt{65}}{4} < \dfrac{5}{3}$，したがって，$\dfrac{11-\sqrt{65}}{4}$ は ② の解とはならない。一方，$\dfrac{11+\sqrt{65}}{4} > \dfrac{5}{3}$ であるから，② の解は $\dfrac{11+\sqrt{65}}{4}$

(ii)　$x < \dfrac{5}{3}$ の場合，② は

$$2(x-2)^2 - 6 = -(3x-5), \quad \text{よって}\quad 2x^2 - 5x - 3 = 0$$

左辺を因数分解して，

$$2x^2 - 5x - 3 = (x-3)(2x+1) = 0, \quad \therefore\ x = -\dfrac{1}{2},\ 3$$

ここで $x = 3$ は $\dfrac{5}{3}$ より大であるので ② の解とはならない。一方，$x = -\dfrac{1}{2}$

は ② の解である。

以上のことから ② のすべての解は $\dfrac{11+\sqrt{65}}{4}, -\dfrac{1}{2}$ となる。　　　　（**解答終り**）

※　方程式 ① では，2つの2次方程式の解4つが全部 ① の解となった。② では2次方程式の解4つのうち，2つは ② の解にはならない。吟味によって解とならないのは，図に示したように，放物線と直線の点線部分との交点の $x$ 座標である。

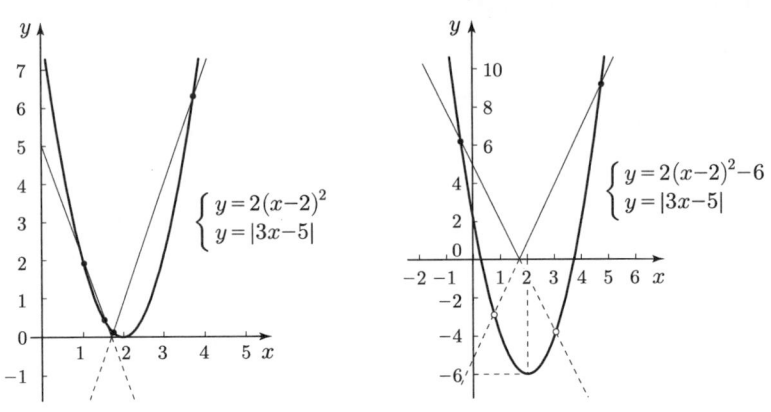

## ［2］　論理と集合

第1節の主な目的は，問題とその解法を，じっくり考えしっかりわかることである。そのためには，言葉の定義を明確にしておくことが重要である。

「論理と集合」を考えるまえに，命題の定義と命題の集合との関係について述べておこう。まず，式や文章で表される事柄があって，それが正しいか正しくないかがはっきり判定できるものを**命題**という。命題が正しいとき，その命題は**真**であるといい，正しくないときその命題は**偽**であるという。

多くの場合，命題は，文字を含む文や式で表される2つの条件 $p, q$ によって
$$p \Longrightarrow q \quad (p \text{ ならば } q \text{ と読む})$$
と表される。$p$ を**仮定**，$q$ を**結論**という。

また，**条件**を考える場合，考察の対象全体を定めておく必要がある。その集合を**全体集合**といい，$U$ で表す。このとき，"条件 $p$ を満たす $U$ の要素全体の集合を $P$，条件 $q$ を満たす $U$ の要素全体の集合を $Q$ で表すとき，「命題 $p$ ならば $q$ が真である」ことと「$P$ は $Q$ に含まれる」こととは同じこと（**同値**）である"。

第1節　例題の解答と基礎的な考え方　　　　　　　　　　　　　　　　　21

「論理と集合」において学習する主な項目は，
（1）　条件の否定，特に，「かつ」の否定と「または」の否定，
（2）　必要条件，十分条件および必要十分条件の定義，
　　　命題 $p \Longrightarrow q$ が真であるとき，"条件 $p$ は条件 $q$ であるための十分条件である"といい，また，"条件 $q$ は条件 $p$ であるための必要条件である"という。また，2つの命題 $p \Longrightarrow q$ と $q \Longrightarrow p$ がともに真であるとき $p \Longleftrightarrow q$ と書き，"$p$ は $q$ であるための必要十分条件である"という。この場合，$q$ は $p$ であるための必要十分条件であるともいえる。
（3）　逆，裏，対偶，特に注意すべき事柄は
　　　真である命題の逆は，必ずしも真ではないこと，および，命題
　　　$p \Longrightarrow q$ とその対偶 $\bar{q} \Longrightarrow \bar{p}$ の真偽は一致する，
である。

　センター試験では，全体集合としては自然数の集合，整数の集合，実数の集合であることが多い。

──── 例題1（2012 数ⅠA）────
　$k$ を定数とする。自然数 $m, n$ に関する条件 $p, q, r$ を次のように定める。
　　　　$p : m > k$ または $n > k$
　　　　$q : mn > k^2$
　　　　$r : mn > k$
（1）　$p$ の否定 $\bar{p}$ を書け。
（2）　次の □ に当てはまるものを，下の①〜④のうちから一つずつ選べ。ただし，同じものを繰り返し選んでもよい。
　(i)　$k = 1$ とする。
　　　$p$ は $q$ であるための □ 。
　(ii)　$k = 2$ とする。
　　　$p$ は $r$ であるための □ 。
　　　$p$ は $q$ であるための □ 。
①　必要十分条件である
②　必要条件であるが，十分条件でない

③ 十分条件であるが，必要条件でない
④ 必要条件でも十分条件でもない

**[問題の意義と解答の要点]**

- 条件 $p, q, r$ など，条件 $p$ の否定 $\bar{p}$，命題 $p \Longrightarrow q$，命題 $p \Longrightarrow q$ の逆，対偶などの定義を理解しているか，また2つの条件の間の関係，例えば，命題 $p \Longrightarrow q$ が真であるとき，"$p$ は $q$ であるための十分条件" であり，"$q$ は $p$ であるための必要条件" であることを理解しているかどうかを問う問題である。

- 本問では，パラメータ $k$ を含む条件 $p, q, r$ が与えられ，これらの条件の間の関係を問題文のなかの①～④の4つの関係のうちどれが正しいかが問題である。例えば $p$ と $q$ の関係を調べるには，$p \Longrightarrow q$ と $q \Longrightarrow p$ の2つの命題の真偽を検証しなくてはならない。

- 検証にあたっては，$p \Longrightarrow q$ が偽であることを示すには，$p \Longrightarrow q$ が成り立たないひとつの例（**反例**）を探せばよい。また，$p \Longrightarrow q$ とその対偶 $\bar{q} \Longrightarrow \bar{p}$ の真偽は等しいことを用いると便利な場合がある。

  なお，自然数とは $\{1, 2, 3, \cdots\}$ であって，0は含まないことを注意すること。

[解答]　(1) $p$：「$m > k$ または $n > k$」の否定 $\bar{p}$ は「$m \leq k$ かつ $n \leq k$」

(2)　(i)　$k = 1$ のとき。

$p \Longrightarrow q$ について。「$m > 1$ または $n > 1$」ならば「$mn > 1$」は真。
($\because$ $m$ と $n$ は自然数であり，少なくとも一方は1より大であるから $mn > 1$)

$q \Longrightarrow p$ について。「$mn > 1$」ならば「$m > 1$ または $n > 1$」は真。
($\because$ 対偶 $\bar{p} \Longrightarrow \bar{q}$：「$m \leq 1, n \leq 1$」ならば「$mn \leq 1$」が真であるから。)

したがって，$k = 1$ のとき，$p$ は $q$ であるための必要十分条件である。答えは ①。

(ii)　$k = 2$ のとき。

$p \Longrightarrow r$ について，「$m > 2$ または $n > 2$」ならば「$mn > 2$」は真。
($\because$ $m$ と $n$ は自然数であり，少なくとも一方は2より大であるから $mn > 2$)

$r \Longrightarrow p$ について，「$mn > 2$」ならば「$m > 2$ または $n > 2$」は偽。
($\because$ 反例をあげる。$m = n = 2$ のとき $mn = 4 > 2$ であるが，$m$ と $n$ はともに2より大ではない，すなわち，この例は $r$ を満たすが $p$ を満たさない。)

したがって，$k=2$ のとき，$p$ は $r$ であるための十分条件であるが必要条件ではない。答えは③。

次に，

$p \Longrightarrow q$ について，「$m>2$ または $n>2$」ならば「$mn>4$」は偽。
（∵ 反例をあげる。$m=3, n=1$ のとき $p$ を満たすが $mn=3$ で $q$ を満たさない。すなわちこの例は，$p$ を満たすが $q$ を満たさない。）

$q \Longrightarrow p$ について。「$mn>4$」ならば「$p>2$ または $q>2$」は真。
（∵ 対偶 $\bar{p} \Longrightarrow \bar{q}$：「$m \leq 2$ かつ $n \leq 2$」ならば「$mn \leq 4$」が真であるから。）

したがって，$k=2$ のとき，$p$ は $q$ であるための必要条件であるが十分条件ではない。答えは②。
（解答終り）

次に実数の集合を全体集合とし，条件が不等式で表される場合を考える。

---

**例題2**（*2011 数ⅠA 改*）

実数 $a, b$ に関する条件 $p, q$ を次のように定める。

$p：(a+b)^2+(a-2b)^2<5$

$q：|a+b|<1$，または $|a-2b|<2$

（1） 命題「$q \Longrightarrow p$」は真か偽かを調べよ。

（2） 命題「$p \Longrightarrow q$」の対偶を $a, b$ の不等式によって表せ。

（3） $p$ は $q$ であるための ☐ 。

☐ に当てはまるものを次の(a)～(d)のうちから1つ選べ。

(a) 必要十分条件である

(b) 必要条件であるが，十分条件でない

(c) 十分条件であるが，必要条件でない

(d) 必要条件でも十分条件でもない

---

**解答** （1） 命題「$q \Longrightarrow p$」の反例をあげる。反例とは，この場合，条件 $q$ を満たすが条件 $p$ を満たさない $a, b$ の存在を示すことである。それは例えば，$a, b$ として $a=1, b=1$ とすると $|a-2b|=|1-2|=1$ であるから条件 $q$ を満たすが，$(1+1)^2+(1-2)^2=5$ となり条件 $p$ を満たさない。（あるいは，$a=3$, $b=-3$ でも条件 $q$ を満たすが，条件 $p$ を満たさない。） よって命題「$q \Longrightarrow p$」は偽。

（2） 命題「$p \Longrightarrow q$」の対偶は「$\bar{q} \Longrightarrow \bar{p}$」であり，$\bar{q}$ は"または"の否定であることに注意して

$$|a+b| \geqq 1, \quad かつ \quad |a-2b| \geqq 2 \Longrightarrow (a+b)^2 + (a-2b)^2 \geqq 5$$

となる。

この命題は

$$(a+b)^2 \geqq 1, \quad (a-2b)^2 \geqq 4, \quad よって \quad (a+b)^2 + (a-2b)^2 \geqq 5$$

であるから真である。したがって，命題「$p \Longrightarrow q$」は真となる。

（3） (1)と(2)から，条件 $p$ は条件 $q$ であるための十分条件であるが，必要条件でない。答えは(c)である。　　　　　　　　　　　　　　（解答終り）

例題2と同じようにして，$p, q$ の条件を少し変えた問題を考えてみよう。例題2と同じ手順で解いてみればよい。

---

**＋$\alpha$ の問題**

実数 $a, b$ に関する条件 $p, q$ を次のように定める。

$p : a^2 + b^2 \leqq 2$

$q : |a+b| \leqq \sqrt{2}, \quad または \quad |a-b| \leqq \sqrt{2}$

このとき，条件 $q$ は条件 $p$ であるための ☐ 。

---

[解答]　$q \Longrightarrow p$ が偽であることは，例えば，反例として $a=b=2$ でよい。また $p \Longrightarrow q$ が真であることは，$p \Longrightarrow q$ の対偶 $\bar{q} \Longrightarrow \bar{p}$ が真であることを示せばよい。

$(a+b)^2 > 2, (a-b)^2 > 2$ の和をとって

$$2(a^2 + b^2) > 4, \quad \therefore \quad a^2 + b^2 > 2$$

よって $p \Longrightarrow q$ の対偶が真，すなわち $p \Longrightarrow q$ が真であることが示された。

以上から，条件 $q$ は条件 $p$ であるための必要条件であるが，十分条件でない。答えは(b)。　　　　　　　　　　　　　　　　　　　　　　　　（解答終り）

次に，実数を全体集合とし，命題の条件がいくつかの不等式によって，実数の区間として表される場合を考える。

第1節　例題の解答と基礎的な考え方

### 例題3（2009 数ⅠA 改）

実数 $a$ に関する条件 $p, q, r$ を次のように定める。
　　$p : a^2 \geqq 2a+8$
　　$q : a \leqq -2$，または　$a \geqq 4$
　　$r : a \geqq 5$
条件 $p, q, r$ の否定を $\bar{p}, \bar{q}, \bar{r}$ とする。

（1）　次の □ に当てはまるものを下の(a)～(d)のうちから1つ選べ。

　　　　　　　$q$ は $p$ であるための □ 。

　　(a)　必要十分条件である
　　(b)　必要条件であるが，十分条件でない
　　(c)　十分条件であるが，必要条件でない
　　(d)　必要条件でも十分条件でもない

（2）　次の □ に当てはまるものを，下の(e)～(h)のうちから，1つずつ選べ。ただし，同じものを繰り返し選んでもよい。
　(i)　命題「$p$ ならば □ 」は真である。
　(ii)　命題「 □ ならば $p$」は真である。
　　(e)　$q$ かつ $\bar{r}$，　(f)　$q$ または $\bar{r}$，　(g)　$\bar{q}$ かつ $\bar{r}$，　(h)　$\bar{q}$ または $\bar{r}$

### ［問題の意義と解答の要点］

● 命題の条件が $a$ に関するいくつかの不等式によって与えられる場合には，それらの条件を数直線上に図示することが問題を正しく解く鍵である。
● 条件 $p, q$ を満たす数直線上の集合を $P, Q$ とすると，条件 $\bar{p}, \bar{q}$ には $P, Q$ の補集合 $\bar{P}, \bar{Q}$ が対応する。命題 $p \Longrightarrow q$ が真であることと，$P \subset Q$ であることとは同値であることを利用する。

[解答]　（1）　条件 $p$ を満たす $a$ の範囲を求めると
　　　　　$a^2 \geqq 2a+8$　より，$a^2-2a-8 = (a-4)(a+2) \geqq 0$
　　　　　　∴　$a \leqq -2$，または　$a \geqq 4$
したがって，条件 $p$ と $q$ は一致する。答えは(a)。

（2）　条件 $q$ かつ $\bar{r}$，$q$ または $\bar{r}$，$\bar{q}$ かつ $\bar{r}$，および $\bar{q}$ または $\bar{r}$ を数直線上に表してみよう（次頁の図）。

$p=q$　：$a \leq -2,\ a \geq 4$

$r$　：$a \geq 5$

$q$ かつ $\bar{r}$　：$a \leq -2,\ 4 \leq a < 5$

$q$ または $\bar{r}$　：$-\infty < a < \infty$

$\bar{q}$ かつ $\bar{r}$　：$-2 < a < 4$

$\bar{q}$ または $\bar{r}$　：$a < 5$

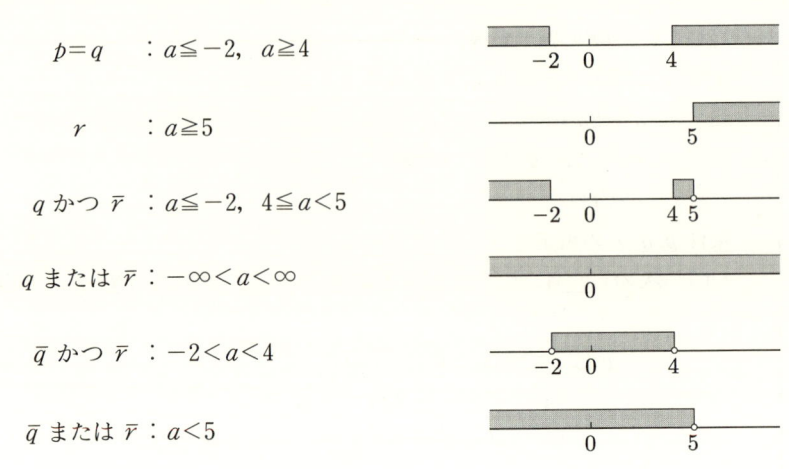

(i)　条件 $p$ の成り立つ範囲を含むのは，(a)〜(d) のなかでは「$q$ または $\bar{r}$」のみである。よって解答は $q$ または $\bar{r}$，すなわち答えは (f)。

(ii)　条件 $p$ の成り立つ範囲に含まれるのは，(a)〜(d) のなかでは「$q$ かつ $\bar{r}$」のみである。よって答えは (e)。　**（解答終り）**

※　不等式 $a^2 \geq 2a+8$ の解は普通 $a \leq -2, a \geq 4$ と書かれる。より詳しく書けば，$a \leq -2$ または $a \geq 4$ であり，集合で書けば $\{-2\text{ 以下の数}\} \cup \{4\text{ 以上の数}\}$ となる。よって $p \Leftrightarrow q$ であり，また $q$ の否定 $\bar{q}$ は，ド・モルガンの法則から，
$$\overline{\{-2\text{ 以下の数}\} \cup \{4\text{ 以上の数}\}} = \overline{\{-2\text{ 以下の数}\}} \cap \overline{\{4\text{ 以上の数}\}}$$
$$= \{-2\text{ より大きい数}\} \cap \{4\text{ より小さい数}\},$$
すなわち $q : -2 < a < 4$ となる。

例題 3 では条件 $p$ と $q$ は同値である。そこで条件 $q$ と $r$ を変えてみよう。

---

**― 設定条件を変更した問題 ―**

実数 $a$ に関する条件 $p, q, r$ を次のように定める。

　　$p : a^2 \geq 2a+8$
　　$q : \underwave{a^2 \leq 2a+15}$
　　$r : \underline{a \leq 5}$

$p, q, r$ の否定を $\bar{p}, \bar{q}, \bar{r}$ とする。

　次の　□　に当てはまるものを，例題 3 の (a)〜(d) のうちから 1 つ選べ。ただし，同じものを繰り返し選んでもよい。

(1) $p$ は $\bar{q}$ であるための □。
(2) $\bar{p}$ は $q$ であるための □。
(3) $r$ は $p \cap q$ であるための □。
(4) $\bar{p}$ かつ $q$ は $\bar{p}$ であるための □。
(5) $\bar{p}$ または $\bar{r}$ は $q$ であるための □。

[解答] まず，$p, q$ の表す不等式を解く。

$p: a^2 \geq 2a+8$ より $a^2-2a-8=(a+2)(a-4) \geq 0,$
$\therefore a \leq -2,$ または $a \geq 4$

$q: a^2 \leq 2a+15$ より $a^2-2a-15=(a+3)(a-5) \leq 0,$
$\therefore -3 \leq a \leq 5$

以下，説明を簡単にするため，条件 $p$ を満たす $a$ の範囲を $P$，条件 $\bar{p}$ を満たす $a$ の範囲を $\bar{P}$ で表す。同様に，$q, \bar{q}, r, \bar{r}$ を満たす $a$ の範囲をそれぞれ $Q, \bar{Q}, R, \bar{R}$ で表す。すると，

$P = \{a \leq -2,$ または $a \geq 4\}, \quad \bar{P} = \{-2 < a < 4\},$
$Q = \{-3 \leq a \leq 5\}, \quad \bar{Q} = \{a < -3,$ または $a > 5\},$
$R = \{a \leq 5\}, \quad \bar{R} = \{a > 5\},$
$P \cap Q = \{-3 \leq a \leq -2,$ または $4 \leq a \leq 5\},$
$\bar{P} \cap Q = \{-2 < a < 4\} = \bar{P},$
$\bar{P} \cup \bar{R} = \{-2 < a < 4,$ または $a > 5\}$

以上の準備のもとに解答しよう。

(1) $P \supset \bar{Q}$ であるから，$p$ は $\bar{q}$ であるための必要条件であるが，十分条件でない。よって答えは (b)。

(2) $\bar{P} \subset Q$ であるから，$\bar{p}$ は $q$ であるための十分条件であるが，必要条件でない。よって答えは (c)。

(3) $R \supset P \cap Q$ であるから，$r$ は $p \cap q$ であるための必要条件であるが，十分条件でない。よって答えは (b)。

(4) $\bar{P} \cap Q = \bar{P}$ であるから，$\bar{p}$ かつ $q$ は $\bar{p}$ であるための必要十分条件である。よって答えは (a)。

(5) $\bar{P} \cup \bar{R}$ と $Q$ は包含関係にはならない。よって答えは (d)。

(解答終り)

## 第2節　問題の解答を文章で書き表そう

### [1] 方程式と不等式

例題 4 では，根号を含む数 $a$, $\dfrac{1}{a}$, および 2 次方程式の 2 つの解を小さい順に並べる問題である。$a$ を分母の有理化をして比較すればよい。

「$+a$ の問題」については，$\dfrac{1}{a}$ の分母の有理化をして，その大きさの評価をする。

例題 5 の「設定条件を変更した問題」において，絶対値記号を含む不等式の解は原則として場合分けをしなければならない。一般に，1 つの不等式
$$|f(x)| \leqq g(x)$$
を連立不等式
$$-g(x) \leqq f(x) \leqq g(x), \text{ すなわち } \{-g(x) \leqq f(x), \text{かつ } f(x) \leqq g(x)\}$$
に置き換えてはならない。

### 問題の部

---
**例題 4（2010 数ⅠA 改）**

$a = \dfrac{\sqrt{7}-\sqrt{3}}{\sqrt{7}+\sqrt{3}}$ とする。

2 次方程式
$$6x^2 - 7x + 1 = 0$$
の 2 つの解 $\beta, \gamma$ $(\beta < \gamma)$ を求め，$a$, $\dfrac{1}{a}$, $\beta$, $\gamma$ を小さい順に並べよ。

---
**$+a$ の問題**

（1）$m \leqq \dfrac{1}{a} < m+1$ を満たす整数 $m$ を求めよ。

（2）$\dfrac{1}{6}n \leqq \dfrac{1}{a} < \dfrac{1}{6}(n+1)$ を満たす整数 $n$ を求めよ。

第2節　問題の解答を文章で書き表そう

---
**例題 5**（*2011 数ⅠA 改*）

$a = 3 + 2\sqrt{2}$, $b = 2 + \sqrt{3}$ とする。

(1) $\dfrac{1}{a}$, $\dfrac{1}{b}$, $\dfrac{a}{b} + \dfrac{b}{a}$, $\dfrac{a}{b} - \dfrac{b}{a}$ を求めよ。

(2) 不等式
$$|2abx - a^2| < b^2$$
を満たす $x$ の値の範囲を求めよ。

---

**＋αの問題**

不等式
$$|2abx - a^2| \geq b^2$$
を満たす $x$ の値の範囲を求めよ。

---

例題 5(2)の不等式では，右辺は正の定数である。この設定を変えてみよう。

**設定条件を変更した問題**

$a = 2$, $b = \sqrt{3} + 1$ とする。このとき，不等式
$$|2abx - b^2| < (a^2 + b^2)x$$
を満たす $x$ の値の範囲を求めよ。

## 解答の部

　第2節の例題は，大学入試センター試験問題のなかから，第1節で取り上げなかった問題について考える。第2節の例題では，解を誘導するような設問は省略してあるので，読者は自ら解答するための筋道と，わかりやすい解答文の書き方を考えてほしい。本書の解答はベストアンサーとは限らない。自分で納得のいく書き方を考えることが大切である。

---

**例題 4**（2010 数ⅠA 改）

$\alpha = \dfrac{\sqrt{7}-\sqrt{3}}{\sqrt{7}+\sqrt{3}}$ とする。

2次方程式
$$6x^2-7x+1=0$$
の2つの解 $\beta, \gamma$ $(\beta<\gamma)$ を求め，4つの数 $\alpha, \dfrac{1}{\alpha}, \beta, \gamma$ を小さい順に並べよ。

---

[解答]　まず $0<\alpha<1$ である。$\alpha$ の分母を有理化すると，

$$\alpha = \frac{\sqrt{7}-\sqrt{3}}{\sqrt{7}+\sqrt{3}} = \frac{(\sqrt{7}-\sqrt{3})(\sqrt{7}-\sqrt{3})}{(\sqrt{7}+\sqrt{3})(\sqrt{7}-\sqrt{3})}$$

$$= \frac{(\sqrt{7}-\sqrt{3})^2}{7-3} = \frac{7+3-2\sqrt{7}\sqrt{3}}{4}$$

$$= \frac{10-2\sqrt{21}}{4} = \frac{5-\sqrt{21}}{2}$$

次に，2次方程式の解は
$$6x^2-7x+1=(6x-1)(x-1)=0, \quad \therefore \beta=\frac{1}{6}, \ \gamma=1$$

4つの実数の大小関係を調べる。まず，$\alpha<1=\gamma<\dfrac{1}{\alpha}$ はわかっているから，$\alpha$ と $\dfrac{1}{6}$ の大小をみればよい。そこで

$$\alpha - \frac{1}{6} = \frac{5-\sqrt{21}}{2} - \frac{1}{6} = \frac{15-3\sqrt{21}}{6} - \frac{1}{6} = \frac{14-3\sqrt{21}}{6}$$

$$= \frac{\sqrt{196}-\sqrt{189}}{6} > 0, \quad \therefore \alpha > \frac{1}{6}$$

$$\therefore \beta = \frac{1}{6} < \alpha < 1 = \gamma < \frac{1}{\alpha}$$

（解答終り）

第2節 問題の解答を文章で書き表そう

> **＋αの問題**
> （1） $m \leq \dfrac{1}{a} < m+1$ を満たす整数 $m$ を求めよ。
> （2） $\dfrac{1}{6}n \leq \dfrac{1}{a} < \dfrac{1}{6}(n+1)$ を満たす整数 $n$ を求めよ。

**解答** （1） $\dfrac{1}{a} = \dfrac{\sqrt{7}+\sqrt{3}}{\sqrt{7}-\sqrt{3}} = \dfrac{(\sqrt{7}+\sqrt{3})(\sqrt{7}+\sqrt{3})}{(\sqrt{7}-\sqrt{3})(\sqrt{7}+\sqrt{3})} = \dfrac{7+3+2\sqrt{21}}{7-3}$

$\qquad\qquad = \dfrac{10+2\sqrt{21}}{4} = \dfrac{5+\sqrt{21}}{2}$

ここで $4 < \sqrt{21} < 5$ から，$\dfrac{9}{2} < \dfrac{1}{a} < \dfrac{10}{2}$，　∴ $4.5 < \dfrac{1}{a} < 5$

したがって $m = 4$

（2） $\dfrac{9}{2} < \dfrac{1}{a} < 5$ から，$\dfrac{27}{6} < \dfrac{1}{a} < \dfrac{30}{6}$

$\qquad \dfrac{28}{6} - \dfrac{1}{a} = \dfrac{28}{6} - \dfrac{5+\sqrt{21}}{2} = \dfrac{13-3\sqrt{21}}{6} = \dfrac{\sqrt{169}-\sqrt{189}}{6} < 0,$

$\qquad \dfrac{29}{6} - \dfrac{1}{a} = \dfrac{29}{6} - \dfrac{5+\sqrt{21}}{2} = \dfrac{14-3\sqrt{21}}{6} = \dfrac{\sqrt{196}-\sqrt{189}}{6} > 0$

したがって，$\dfrac{28}{6} < \dfrac{1}{a} < \dfrac{29}{6}$，よって $n=28$ となる。　　　　　　**（解答終り）**†

> **例題5**（*2011 数ⅠA 改*）
> $a = 3 + 2\sqrt{2},\ b = 2 + \sqrt{3}$ とする。
> （1） $\dfrac{1}{a},\ \dfrac{1}{b},\ \dfrac{a}{b} + \dfrac{b}{a},\ \dfrac{a}{b} - \dfrac{b}{a}$ を求めよ。
> （2） 不等式
> $$|2abx - a^2| < b^2$$
> を満たす $x$ の値の範囲を求めよ。

　分母に無理数を含む式の分母の有理化と，絶対値を含む1次不等式を解く問題である。絶対値を含む1次方程式，および1次不等式を解く鍵は，
　　　$c>0$ のとき，方程式 $|x|=c$ の解は　$x = \pm c$，
　　　　　　　　　　不等式 $|x|<c$ の解は　$-c < x < c$，
　　　　　　　　　　不等式 $|x|>c$ の解は　$x < -c,\ x > c$，

---

† （1）から $4.5 < \dfrac{1}{a} < 5$，また（2）から $4.66 < \dfrac{28}{6} < \dfrac{1}{a} < \dfrac{29}{6} < 4.84$ となり，$\dfrac{1}{a}$ の評価が少し精密になっていることに注意しよう。

ただし，右辺が定数でないときは，$x \geq 0$ ならば $|x|=x$, $x<0$ ならば $|x|=-x$ として場合分けして計算し，その結果を吟味しなければならない．

**[解答]** （1） $\dfrac{1}{a}$, $\dfrac{1}{b}$ の分母を有理化すると，

$$\dfrac{1}{a} = \dfrac{1}{3+2\sqrt{2}} = \dfrac{3-2\sqrt{2}}{(3+2\sqrt{2})(3-2\sqrt{2})} = \dfrac{3-2\sqrt{2}}{9-8} = 3-2\sqrt{2},$$

$$\dfrac{1}{b} = \dfrac{1}{2+\sqrt{3}} = \dfrac{2-\sqrt{3}}{(2+\sqrt{3})(2-\sqrt{3})} = \dfrac{2-\sqrt{3}}{4-3} = 2-\sqrt{3},$$

$$\therefore \dfrac{a}{b} = a \times \dfrac{1}{b} = (3+2\sqrt{2})(2-\sqrt{3}) = 6-3\sqrt{3}+4\sqrt{2}-2\sqrt{6},$$

$$\dfrac{b}{a} = b \times \dfrac{1}{a} = (2+\sqrt{3})(3-2\sqrt{2}) = 6-4\sqrt{2}+3\sqrt{3}-2\sqrt{6},$$

よって， $\dfrac{a}{b} + \dfrac{b}{a} = 12 - 4\sqrt{6}$, $\dfrac{a}{b} - \dfrac{b}{a} = 8\sqrt{2} - 6\sqrt{3}$ ……①

（2） 不等式 $|2abx - a^2| < b^2$ を書き直す． $b^2$ は正の定数であるから
$$-b^2 < 2abx - a^2 < b^2$$

各辺に $a^2$ を加え，さらに，正数 $2ab$ で割っても不等号の向きは変わらないから

$$\dfrac{a^2-b^2}{2ab} < x < \dfrac{a^2+b^2}{2ab}, \quad \therefore \dfrac{1}{2}\left(\dfrac{a}{b} - \dfrac{b}{a}\right) < x < \dfrac{1}{2}\left(\dfrac{a}{b} + \dfrac{b}{a}\right)$$

① を用いて，

$$4\sqrt{2} - 3\sqrt{3} < x < 6 - 2\sqrt{6} \quad (4\sqrt{2}-3\sqrt{3} \fallingdotseq 0.45,\ 6-2\sqrt{6} \fallingdotseq 1.10)$$

……②

（解答終り）

---

**── +α の問題 ──**

不等式
$$|2abx - a^2| \geq b^2$$
を満たす $x$ の値の範囲を求めよ．

**[解答]** 不等式の絶対値記号をとると
$$2abx - a^2 \leq -b^2, \quad \text{または} \quad 2abx - a^2 \geq b^2$$

$$\therefore \ x \leq -\dfrac{a^2-b^2}{2ab} = \dfrac{1}{2}\left(\dfrac{a}{b} - \dfrac{b}{a}\right), \quad \text{または} \quad x \geq \dfrac{a^2+b^2}{2ab} = \dfrac{1}{2}\left(\dfrac{a}{b} + \dfrac{b}{a}\right)$$

したがって①から

$$x \leq \frac{1}{2}\left(\frac{a}{b}-\frac{b}{a}\right)=4\sqrt{2}-3\sqrt{3}, \quad \text{または} \quad x \geq \frac{1}{2}\left(\frac{a}{b}+\frac{b}{a}\right)=6-2\sqrt{6}$$

となり，実数全体から②の区間を除いた区間となる（②の補集合）。

**（解答終り）**

問題5(2)の不等式では，右辺は正の定数である。この仮定を変えてみよう。

---
**― 設定条件を変更した問題 ―**

$a=2, b=\sqrt{3}+1$ とする。このとき，不等式
$$|2abx-b^2|<(a^2+b^2)x$$
を満たす $x$ の値の範囲を求めよ。

---

この不等式を解くために，はじめから $a, b$ の値を代入すると計算が複雑になる。そこで文字 $a, b$ を用いて不等式を解き，その後に数値を代入する。

不等式の絶対値記号を含む場合には原則として場合分けを行う。

**［解答の流れ図］**

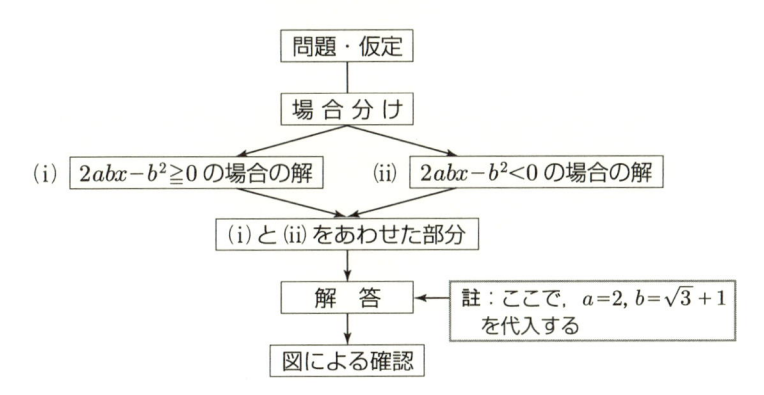

```
        ┌─────────┐
        │ 問題・仮定 │
        └─────────┘
              ↓
        ┌─────────┐
        │ 場合分け  │
        └─────────┘
         ↙         ↘
(i) [2abx−b²≧0の場合の解]   (ii) [2abx−b²<0の場合の解]
         ↘         ↙
     ┌──────────────────┐
     │ (i)と(ii)をあわせた部分 │
     └──────────────────┘
              ↓
        ┌─────────┐      ┌──────────────────┐
        │  解  答  │──────│ 註：ここで, a=2, b=√3+1 │
        └─────────┘      │     を代入する         │
              ↓          └──────────────────┘
        ┌─────────┐
        │ 図による確認 │
        └─────────┘
```

**[解答]** (i) $2abx-b^2 \geq 0$ の場合と，(ii) $2abx-b^2<0$ の場合に場合分けして考える。

(i) $2abx-b^2 \geq 0$，すなわち $x \geq \dfrac{b^2}{2ab}=\dfrac{b}{2a}$ のとき，不等式は

$$2abx-b^2<(a^2+b^2)x, \quad \text{よって} \quad (a-b)^2 x > -b^2,$$

$$\therefore \quad x > -\frac{b^2}{(a-b)^2}$$

これと $x \geqq \dfrac{b}{2a}$ との共通部分は

$$x \geqq \frac{b}{2a}$$

(ii) $2abx - b^2 < 0$, すなわち $x < \dfrac{b}{2a}$ のとき, 不等式は

$$-(2abx - b^2) < (a^2 + b^2)x, \quad \text{よって} \quad x(a+b)^2 > b^2,$$

$$\therefore \quad x > \frac{b^2}{(a+b)^2} = \left(\frac{b}{a+b}\right)^2$$

これと $x < \dfrac{b}{2a}$ との共通部分は

$$\left(\frac{b}{a+b}\right)^2 < x < \frac{b}{2a}$$

したがって(i), (ii)より, 求める範囲は $x \geqq \dfrac{b}{2a}$ と $\left(\dfrac{b}{a+b}\right)^2 < x < \dfrac{b}{2a}$ をあわせた範囲で

$$x > \left(\frac{b}{a+b}\right)^2$$

ここで $a = 2, b = \sqrt{3} + 1$ を代入すると

$$x > \left(\frac{b}{a+b}\right)^2 = \left(\frac{\sqrt{3}+1}{3+\sqrt{3}}\right)^2 = \left(-\frac{1}{\sqrt{3}}\right)^2 = \frac{1}{3}$$

図による確認は下図のとおりである。　　　　　　　　　　　　　　**(解答終り)**

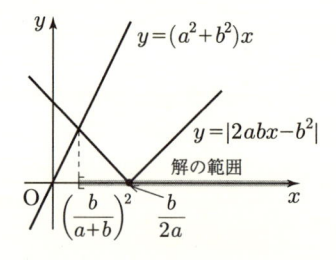

## [2] 論理と集合

　ここの第1章の第2節[2]では，主に命題 $p \Longrightarrow q$ に対して，必要条件と十分条件に関する問題を取り上げる．この必要条件と十分条件に関する問題は，経験を積んでも時として頭に混乱をきたすことがしばしば起こる．このような場合には原点にもどり，すなわち定義に基づいて考え直すことが肝心である．

　例題4の問題のように必要条件と十分条件を問う問題では，命題 $p \Longrightarrow q$ と命題 $q \Longrightarrow p$ の2つの命題の真偽を確かめなければならない．「＋αの問題」の問(5)，問(6)は少し複雑にみえるかもしれないが，2とか4で割り切れる，割り切れない，というやさしい命題であるので，定義をしっかり確認しておこう．

　例題5は，自然数を全体集合とする問題である．一つひとつの命題について，正しいことを証明するか，あるいは反例をあげて偽であることを示してもよい．または，条件を満たす自然数の集合を考えて，集合間の包含関係の図示によって命題の真偽を判断することもできる．

　ここで2つの命題 $p, q$ の必要条件・十分条件の関係を求める流れ図をまとめておこう．

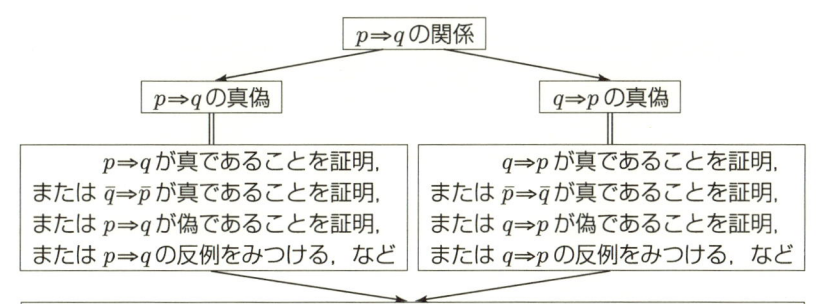

```
                    ┌─ p⇒q の関係 ─┐
                    │              │
              p⇒q の真偽       q⇒p の真偽
```

- $p \Rightarrow q$ が真であることを証明,
  または $\bar{q} \Rightarrow \bar{p}$ が真であることを証明,
  または $p \Rightarrow q$ が偽であることを証明,
  または $p \Rightarrow q$ の反例をみつける，など

- $q \Rightarrow p$ が真であることを証明,
  または $\bar{p} \Rightarrow \bar{q}$ が真であることを証明,
  または $q \Rightarrow p$ が偽であることを証明,
  または $q \Rightarrow p$ の反例をみつける，など

$p \Rightarrow q$ が真, $q \Rightarrow p$ が真ならば, $p$ は $q$ であるための必要十分条件
$p \Rightarrow q$ が偽, $q \Rightarrow p$ が真ならば, $p$ は $q$ であるための必要条件であるが十分条件ではない
$p \Rightarrow q$ が真, $q \Rightarrow p$ が偽ならば, $p$ は $q$ であるための十分条件であるが必要条件ではない
$p \Rightarrow q$ が偽, $q \Rightarrow p$ が偽ならば, $p$ は $q$ であるための必要条件ではなく十分条件でもない

## 問題の部

---
**例題 4**（*2008* 数ⅠA 改）

自然数 $m, n$ について，条件 $p, q, r$ を次のように定める．
　　$p$：$m+n$ は 2 で割り切れる
　　$q$：$n$ は 4 で割り切れる
　　$r$：$m$ は 2 で割り切れ，かつ $n$ は 4 で割り切れる

また，条件 $p, q, r$ の否定を，それぞれ $\bar{p}, \bar{q}, \bar{r}$ で表す．このとき，次の □ に当てはまるものを下の (a)〜(d) のうちから 1 つずつ選べ．ただし，同じものを繰り返し選んでもよい．

（1）　$p$ は $r$ であるための □．
（2）　$\bar{p}$ は $\bar{r}$ であるための □．
（3）　「$p$ かつ $q$」は $r$ であるための □．
（4）　「$p$ または $q$」は $r$ であるための □．

　　(a)　必要十分条件である
　　(b)　必要条件であるが，十分条件でない
　　(c)　十分条件であるが，必要条件でない
　　(d)　必要条件でも十分条件でもない

---

**＋α の問題**

（5）　$\bar{r}$ は「$\bar{p}$ かつ $\bar{q}$」であるための □．
（6）　$\bar{r}$ は「$\bar{p}$ かつ $q$」であるための □．

---

**例題 5**（*2010* 数ⅠA 改）

自然数 $n$ に関する条件 $p, q, r, s$ を次のように定める．
　　$p$：$n$ は 5 で割ると 1 余る数である
　　$q$：$n$ は 10 で割ると 1 余る数である
　　$r$：$n$ は奇数である
　　$s$：$n$ は 2 より大きい素数である

また，条件 $p, q, r, s$ の否定を $\bar{p}, \bar{q}, \bar{r}, \bar{s}$ で表す．このとき，次の □ に当てはまるものを，下の (a)〜(d) のうちから 1 つずつ選べ．ただし，

第 2 節　問題の解答を文章で書き表そう

同じものを繰り返し選んでもよい。
　（1）「$p$ かつ $q$」は $q$ であるための □。
　（2）$\bar{r}$ は $\bar{s}$ であるための □。
　（3）「$p$ かつ $s$」は「$q$ かつ $s$」であるための □。
　　　(a)　必要十分条件である
　　　(b)　必要条件であるが，十分条件でない
　　　(c)　十分条件であるが，必要条件でない
　　　(d)　必要条件でも十分条件でもない

　自然数全体を全体集合 $U$ とし，条件 $p$ を満たす自然数全体の集合を $P$，条件 $r$ を満たす自然数全体の集合を $R$，条件 $s$ を満たす自然数全体の集合を $S$ とすると，$P, R, S$ の包含関係を正しく表す図を下の図から選べ。

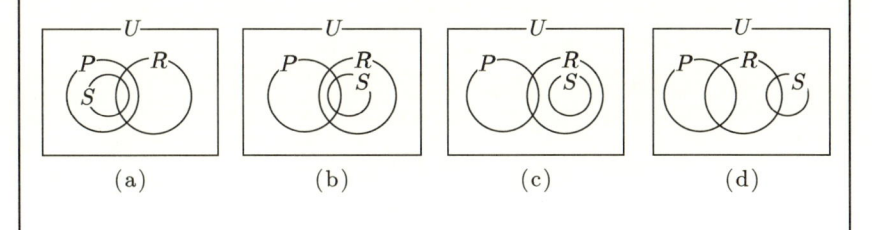

　　(a)　　　　　(b)　　　　　(c)　　　　　(d)

---

**＋α の問題**

　（4）$\bar{p}$ は $\bar{q}$ であるための □。
　（5）「$\bar{p}$ かつ $r$」は $s$ であるための □。

## 解答の部

---
**例題 4**（*2008 数ⅠA 改*）

自然数 $m, n$ について，条件 $p, q, r$ を次のように定める。

$\quad p : m+n$ は 2 で割り切れる
$\quad q : n$ は 4 で割り切れる
$\quad r : m$ は 2 で割り切れ，かつ $n$ は 4 で割り切れる

また，条件 $p, q, r$ の否定を，それぞれ $\bar{p}, \bar{q}, \bar{r}$ で表す。このとき，次の □ に当てはまるものを下の(a)〜(d)のうちから1つずつ選べ。ただし，同じものを繰り返し選んでもよい。

(1) $p$ は $r$ であるための □。
(2) $\bar{p}$ は $\bar{r}$ であるための □。
(3) 「$p$ かつ $q$」は $r$ であるための □。
(4) 「$p$ または $q$」は $r$ であるための □。
   (a) 必要十分条件である
   (b) 必要条件であるが，十分条件でない
   (c) 十分条件であるが，必要条件でない
   (d) 必要条件でも十分条件でもない

---

---
**+α の問題**

(5) $\bar{r}$ は「$\bar{p}$ かつ $\bar{q}$」であるための □。
(6) $\bar{r}$ は「$\bar{p}$ かつ $q$」であるための □。

---

まず，集合 $P, Q, R$ を次のようにとる。
$\quad P$：条件 $p$ を満たす自然数全体
$\quad Q$：条件 $q$ を満たす自然数全体
$\quad R$：条件 $r$ を満たす自然数全体
このとき，集合 $P, Q, R$ の包含関係は右図のようになる。

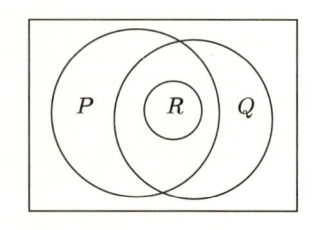

**解答** (1) $p \Longrightarrow r$ について。 $p \Longrightarrow r$ は偽であることを反例をあげて示す。$m=1, n=1$ とすると，$m+n=2$ となり $p$ を満たす。しかし，$m=1, n=1$ は $r$ を満たさない。

$r \Longrightarrow p$ について。 $r$ が成り立てば，$m, n$ はともに偶数，よって $m+n$ も偶数となり $p$ を満たす。したがって $r \Longrightarrow p$ は真。

以上をあわせて，$p$ は $r$ であるための必要条件であるが，十分条件でない。答えは(b)。

(2) $\bar{p} \Longrightarrow \bar{r}$ について。 条件 $\bar{p}$ と $\bar{r}$ を言葉で書いてみると，

$\bar{p}$：$m+n$ は奇数である

$\bar{r}$：$m$ は奇数か，または $n$ は 4 で割り切れない自然数

そこで $\bar{p}$ が成り立っているとする。このとき，$m$ と $n$ のどちらか一方が奇数となるから，$\bar{r}$ が成り立つ。よって $\bar{p} \Longrightarrow \bar{r}$ は真。

$\bar{r} \Longrightarrow \bar{p}$ について。 偽であることを反例をあげて示す。$m=2, n=2$ とすると，この $m$ と $n$ は $\bar{r}$ を満たすが $m+n=4$ となり $\bar{p}$ を満たさない。よって $\bar{r} \Longrightarrow \bar{p}$ は偽。

以上をあわせて，$\bar{p}$ は $\bar{r}$ であるための十分条件であるが必要条件でない。答えは(c)[†]。

(3) 「$p$ かつ $q$」$\Longrightarrow r$ について。 $m+n$ が偶数，かつ $n$ は 4 で割り切れるから $m$ は偶数となる。よって，$m$ は偶数，かつ $n$ は 4 で割り切れるから $r$ が成り立つ。よって「$p$ かつ $q$」$\Longrightarrow r$ は真。

$r \Longrightarrow$「$p$ かつ $q$」について。 この命題は明らかに真。

以上をあわせて，「$p$ かつ $q$」は $r$ であるための必要十分条件となる。答えは(a)。

(4) 「$p$ または $q$」$\Longrightarrow r$ について。 反例をあげて偽であることを示す。$m=1, n=4$ ととれば「$p$ または $q$」を満たす。しかし $m=1$ は偶数でないから $r$ を満たさない。よって「$p$ または $q$」$\Longrightarrow r$ は偽となる。

$r \Longrightarrow$「$p$ または $q$」について。 明らかに真である。

以上をあわせて，「$p$ または $q$」は $r$ であるための必要条件であるが十分条件でない。答えは(b)。

---

[†] 問題(2)は，対偶の性質と(1)の結果を用いて解くこともできる。すなわち $\bar{p} \Longrightarrow \bar{r}$ と $r \Longrightarrow p$ の真偽は等しいから，(1)から真，また $\bar{r} \Longrightarrow \bar{p}$ は $p \Longrightarrow r$ の真偽と等しいから，(1)から偽。よって $\bar{p}$ は $\bar{r}$ であるための十分条件であるが必要条件でない。

[＋αの問題］の 解答

（5） $\bar{r}\Longrightarrow$「$\bar{p}$ かつ $\bar{q}$」について。　対偶の性質と(4)の結果を用いる。
「$\overline{\bar{p}\text{かつ}\bar{q}}$」＝「$p$ または $q$」であることに注意して，「$p$ または $q$」$\Longrightarrow r$ は(4)から偽である。よって $\bar{r}\Longrightarrow$「$\bar{p}$ かつ $\bar{q}$」は偽。また，$r\Longrightarrow$「$p$ または $q$」は真であるから「$\bar{p}$ かつ $\bar{q}$」$\Longrightarrow \bar{r}$ は真となる。

以上から，$\bar{r}$ は「$\bar{p}$ かつ $\bar{q}$」であるための必要条件であるが十分条件でない。答えは(b)。

（6） $\bar{r}\Longrightarrow$「$\bar{p}$ かつ $q$」について。　反例をあげて，この命題は偽であることを示す。ここで，条件 $\bar{r}$，および「$\bar{p}$ かつ $q$」を言葉で書いておこう。

$\bar{r}$：$m$ は奇数か，または $n$ が4で割り切れない自然数，

$\bar{p}$ かつ $q$：$m+n$ は奇数，かつ $n$ は4で割り切れる。

$m=2, n=3$ をとれば，この $m$ と $n$ は $\bar{r}$ を満たす。しかし「$\bar{p}$ かつ $q$」を満たさない。よって $\bar{r}\Longrightarrow$「$\bar{p}$ かつ $q$」は偽となる。

「$\bar{p}$ かつ $q$」$\Longrightarrow \bar{r}$ について。　$m$ と $n$ が「$\bar{p}$ かつ $q$」を満たせば，$m+n$ は奇数で $n$ は4で割り切れることから偶数，よって $m$ は奇数となり，$\bar{r}$ を満たす。よって「$\bar{p}$ かつ $q$」$\Longrightarrow \bar{r}$ は真。

以上をあわせて，$\bar{r}$ は「$\bar{p}$ かつ $q$」であるための必要条件であるが十分条件でない。答えは(b)。　　　　　　　　　　　　　　　　　　　（解答終り）


命題の条件が自然数の性質などで与えられる場合には，その条件を満たす数の最初の数項を具体的に書いてみることは大変役に立つ。また，条件の否定や，命題の対偶などは定義にしたがって言葉で正確に書いてみることも問題を解くうえで有効である。

―― 例題5（2010 数ⅠA 改）――
自然数 $n$ に関する条件 $p, q, r, s$ を次のように定める。
　$p$：$n$ は5で割ると1余る数である
　$q$：$n$ は10で割ると1余る数である
　$r$：$n$ は奇数である
　$s$：$n$ は2より大きい素数である
また，条件 $p, q, r, s$ の否定を $\bar{p}, \bar{q}, \bar{r}, \bar{s}$ で表す。このとき，次の ☐ に当てはまるものを下の(a)〜(d)のうちから1つずつ選べ。ただし，同

第2節 問題の解答を文章で書き表そう

じものを繰り返し選んでもよい。
(1) 「$p$ かつ $q$」は $q$ であるための □。
(2) $\bar{r}$ は $\bar{s}$ であるための □。
(3) 「$p$ かつ $s$」は「$q$ かつ $s$」であるための □。
　　(a) 必要十分条件である
　　(b) 必要条件であるが，十分条件でない
　　(c) 十分条件であるが，必要条件でない
　　(d) 必要条件でも十分条件でもない

　自然数全体を全体集合 $U$ とし，条件 $p$ を満たす自然数全体の集合を $P$，条件 $r$ を満たす自然数全体の集合を $R$，条件 $s$ を満たす自然数全体の集合を $S$ とすると，$P, R, S$ の包含関係を正しく表す図を下の図から選べ。

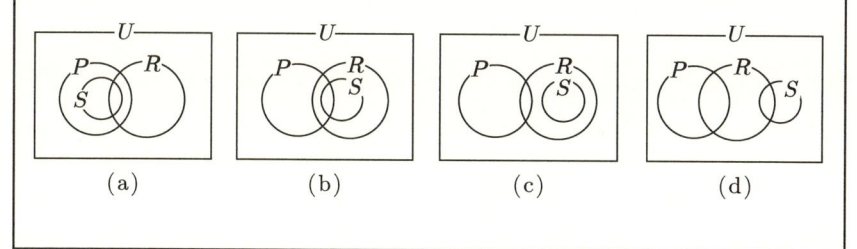

(a)　　　　(b)　　　　(c)　　　　(d)

[解答] $p, q, r, s$ は定義から
$$p=\{5k+1,\ k=0,1,2,\cdots\}=\{1,6,11,16,21,26,\cdots\}$$
$$q=\{10l+1,\ l=0,1,2,\cdots\}=\{1,11,21,31,41,51,\cdots\}$$
$$r=\{2m+1,\ m=0,1,2,\cdots\}=\{1,3,5,7,9,11,13,\cdots\}$$
$$s=\{3,5,7,11,13,17,19,23,29,31,\cdots\}$$

(1)　「$p$ かつ $r$」$\Longrightarrow q$ について。　$n$ が条件「$p$ かつ $r$」を満たせば，適当な $k$ と $m$ が存在して $n=5k+1=2m+1$ と表される。よって $5k=2m$, すなわち，$5k$ は偶数であるから $k$ も偶数となる。よって $k=2m'$ と書けることから，
$$n=5k+1=5(2m')+1=10m'+1$$
よって $n$ は条件 $q$ を満たす。したがって「$p$ かつ $r$」$\Longrightarrow q$ は真となる。

　$q \Longrightarrow$「$p$ かつ $r$」について。　$n$ が条件 $q$ を満たせば，$n=10l+1=5(2l)+1$ と表される。よって $n$ は条件 $p$ を満たし，同時に $n$ は奇数であることもわかる。したがって，$q \Longrightarrow$「$p$ かつ $r$」は真となる。

したがって，「$p$ かつ $r$」は $q$ であるための必要十分条件である．答えは (a)．

（2）　$\bar{r} \Longrightarrow \bar{s}$ について．
$$\bar{r} = \{n\text{ は偶数}\},$$
$$\bar{s} = \{1, 2, \text{ および } 4 \text{ 以上の素数でない自然数}\}$$
よって，条件 $\bar{r}$ を満たす数は条件 $\bar{s}$ を満たす．すなわち $\bar{r} \Longrightarrow \bar{s}$ は真．

$\bar{s} \Longrightarrow \bar{r}$ について．　$\bar{s}$ を満たす $1, 9, 15, \cdots$ などは偶数ではない．よって $\bar{s} \Longrightarrow \bar{r}$ は偽．

したがって，$\bar{r}$ は $\bar{s}$ であるための十分条件であるが必要条件ではない．答えは (c)．

（3）「$p$ かつ $s$」$\Longrightarrow$「$q$ かつ $s$」について．　$n$ が条件「$p$ かつ $s$」を満たせば，$n = 5k+1$ と表され，かつ 2 より大きい素数であるから，$5k+1$ は 2 より大きい奇数である．よって，$5k$ は 1 より大きい偶数となり，$k$ も偶数でなければならない．すなわち $k = 2k'$ と表され，よって $n = 5k+1 = 10k'+1$ と書かれるから条件 $q$ を満たす．「$p$ かつ $s$」を満たす $n$ は $q$ を満たし，かつ素数であるから，「$p$ かつ $s$」$\Longrightarrow$「$q$ かつ $s$」は真である．

「$q$ かつ $s$」$\Longrightarrow$「$p$ かつ $s$」について．　$n$ が条件 $q$ を満たせば，$n = 10l + 1 = 5(2l) + 1$ と表され，$n$ は条件 $p$ を満たす．よって $n$ が $q$ を満たし，かつ $s$ を満たせば，$n$ は $p$ を満たし，かつ $s$ を満たす．よって「$q$ かつ $s$」$\Longrightarrow$「$p$ かつ $s$」は真である．

したがって，条件「$p$ かつ $s$」は「$q$ かつ $s$」であるための必要十分条件である．答えは (a)．

最後に集合 $P, R, S$ の包含関係は $R \supset S$，$P$ と $R$ および $P$ と $S$ には包含関係がない．また
$$P \cap R = \{1, 11, 21, \cdots\}, \qquad P \cap S = \{11, 31, 41, \cdots\}$$
であるから，この関係を表す図は (b) である．　　　　　　　　　　　　**（解答終り）**

例題 1，または例題 5 の解答をみればわかるように，命題 $p \Longrightarrow q$ の真偽を証明するには，まず，真であることを証明するには数式や説明文で証明する必要があるが，偽であることを証明するには，条件 $p$ を満たす要素の中に 1 つでも条件 $q$ を満たさないもの（反例）があることを示してもよい．

第2節　問題の解答を文章で書き表そう　　　　　　　　　　　　　　　43

次に，上の例題と同じ設定のもとで，「+αの問題」として，反例をあげることによって命題の真偽を判定する問題と，命題 $p \Longrightarrow q$ とその対偶 $\bar{q} \Longrightarrow \bar{p}$ の真偽が一致することを利用する問題を考えよう。

---
**＋α の問題**

(4)　$\bar{p}$ は $\bar{q}$ であるための ☐ 。

(5)　「$\bar{p}$ かつ $r$」は $s$ であるための ☐ 。

---

**[解答]**　(4)　例題1(3)で示したように，$q \Longrightarrow p$ は真，よって対偶をとり $\bar{p} \Longrightarrow \bar{q}$ は真，また，$p \Longrightarrow q$ は例えば条件 $p$ を満たす6は $q$ を満たさない。よって $p \Longrightarrow q$ は偽，対偶をとって $\bar{q} \Longrightarrow \bar{p}$ は偽。

したがって，$\bar{p}$ は $\bar{q}$ であるための十分条件であるが必要条件でない。答えは(c)。

(5)　条件「$\bar{p}$ かつ $r$」はどのような条件かを考えてみる。条件 $p$ は5で割ると1余る数であるから，$\bar{p}$ は5で割ると余りが $0, 2, 3, 4$ となる数となる。
$$\bar{p} = \{2, 3, 4, 5, 7, 8, 9, 10, 12, \cdots\},$$
よって
$$\text{「}\bar{p} \text{ かつ } r\text{」} = \{3, 5, 7, 9, \cdots\},$$
一方，条件 $s$ を満たす数は
$$s = \{3, 5, 7, 11, 13, \cdots\}$$
したがって，条件「$\bar{p}$ かつ $r$」を満たす9は条件 $s$ を満たさない。また，$s$ を満たす11は「$\bar{p}$ かつ $r$」を満たさない。

よって，「$\bar{p}$ かつ $r$」は $s$ であるための必要条件でもなく，十分条件でもない。答えは(d)。

　　　　　　　　　　　　　　　　　　　　　　　　　　　　（解答終り）

## 第3節　定義と定理・公式等のまとめ

### [1]　方程式と不等式(数学Ⅰ)
### (1)　式の計算

　$2$, $a$, $ax$, $3abxy^3$ などのように，数や文字，およびそれらをかけ合わせてできる式を**単項式**という。$x^2+2axy-by^3$ のように，いくつかの単項式の和，または差として表される式を**多項式**といい，各単項式をこの多項式の**項**という。多項式の項の中で，文字の部分が同じである項を**同類項**という。多項式は同類項を1つにまとめて整理することができる。

　単項式において，数の部分をその単項式の**係数**，かけ合せた文字の個数をその単項式の**次数**という。同類項をまとめて整理した多項式において，もっとも高い次数の項の次数をこの**多項式の次数**といい，次数が $n$ の多項式を **$n$ 次多項式**，または $n$ 次式という。

　2種類以上の文字を含む単項式においては，そのうちの何種類かの文字に着目して次数を考え，他の文字と数係数との積を係数とみなすことがある。

　文字 $a$ をいくつかのかけたものを $a$ の**累乗**という。$a$ を $n$ 個かけた累乗を **$a$ の $n$ 乗**といい $a^n$ と書く。累乗の積や，積の累乗に関して，次の**指数法則**が成り立つ。

　　**指数法則**：$m$, $n$ を正の整数とする。
　　　　1. $a^m \cdot a^n = a^{m+n}$　　　2. $(a^m)^n = a^{mn}$　　　3. $(ab)^n = a^n b^n$

　いくつかの多項式の積を含む式において，積を計算して1つの多項式に表すことを，その式を**展開する**という。式の展開は，指数法則や多項式の加法，減法，乗法に関する下記の法則を繰り返し適用することによって得られる。

　なお，一般に，ある多項式をある文字について，項の次数が低くなる順に並べることを**降べきの順**に整理するという。

　$A$, $B$, $C$ を多項式とする。加法，減法，乗法に関する法則。

　　**交換法則**　　　$A+B=B+A$　　　　　　$AB=BA$
　　**結合法則**　　　$(A+B)+C=A+(B+C)$　　$(AB)C=A(BC)$
　　**分配法則**　　　$A(B+C)=AB+AC$　　　$(A+B)C=AC+BC$

　$x^2-xy-6y^2=(x+2y)(x-3y)$ のように，1つの多項式を，1次以上の多項式の積の形に表すことを，もとの式を**因数分解する**という。このとき，積をつくっている各式をもとの式の**因数**という。因数分解は，例えば方程式の解を求める場合に応用される。

第3節 定義と定理・公式等のまとめ    45

　因数分解を行うには，展開と違って，因数をみつけるために，それぞれの式の特長に着目して変形するなど，さまざまな工夫が必要である。

　2次式，および3次式の展開または因数分解の基本的な公式をあげよう。

**2次式の公式**

$$(a+b)^2 = a^2+2ab+b^2 \qquad (a-b)^2 = a^2-2ab+b^2$$
$$a^2-b^2 = (a+b)(a-b)$$
$$acx^2+(ad+bc)x+cd = (ax+b)(cx+d)$$

**3次式の公式**

$$(a+b)^3 = a^3+3a^2b+3ab^2+b^3 \qquad (a-b)^3 = a^3-3a^2b+3ab^2-b^3$$
$$a^3+b^3 = (a+b)(a^2-ab+b^2) \qquad a^3-b^3 = (a-b)(a^2+ab+b^2)$$

**(2) 実　数**

　**自然数** $1, 2, 3, \cdots$ に $0, -1, -2, -3, \cdots$ とをあわせて**整数**という。また，$m, n$ は整数，$n \neq 0$ として，分数 $\dfrac{m}{n}$ の形に表される数を**有理数**という。$n=1$ の場合から，整数は有理数に含まれる。整数でない有理数を小数で表すと，例えば

$$\frac{7}{25} = 0.28, \qquad \frac{34}{27} = 1.259259\cdots = 1.\dot{2}5\dot{9}$$

のように，小数部分が有限個で終わる**有限小数**か，または小数部分が無限に続く**無限小数**になる。この無限小数のうち，上記の $\dfrac{34}{27}$ のように，いくつかの数字の配列が繰り返されるものを**循環小数**という。有理数を表す無限小数は必ず循環小数になることが知られている。

　**有理数**は整数，有限小数，循環小数のいずれかで表され，逆に，整数，有限小数，または循環小数で表される数は必ず分数の形に表され，有理数であることが知られている。

　**実数**とは，整数，有限小数，または無限小数で表される数とをあわせた数の集合をいう。実数のうち有理数でないものを**無理数**という。ここで有理数は，整数，有限小数，循環小数のいずれかで表される数であるから，無理数は循環しない無限小数で表される数である。例えば

$$\sqrt{2} = 1.41421356\cdots, \qquad \pi = 3.14159265\cdots$$

などは，循環しない無限小数である。

　**[絶対値]**　実数 $a$ の絶対値を記号 $|a|$ で表し，次のことが成り立つ。

$$a \geqq 0 \text{ のとき } |a| = a, \qquad a < 0 \text{ のとき } |a| = -a$$

絶対値記号を含む方程式を解く場合には，絶対値記号のなかの式が正の場合と負の場合に分けて解くことになる(一般に場合分けと吟味が必要となる)。

　**[平方根]**　正の実数に対し，2乗すると $a$ になる数を $a$ の**平方根**といい，正の平方根 $\sqrt{a}$ と負の平方根 $-\sqrt{a}$ の2つがあり，それらの絶対値は等しい。記号 $\sqrt{\phantom{a}}$ を**根**

号といい，$\sqrt{a}$ を**ルート** $a$ と読む．（例：25 の平方根は $\pm 5$, $\sqrt{(\pm 5)^2}=\sqrt{25}=5$)

**[分母の有理化]** $\dfrac{3}{\sqrt{2}}$ のように，分母に根号が含まれる数式を変形して，分母に根号が含まれない数式にすることを，分母を**有理化**するという．

$\left(\text{例}: \dfrac{3}{\sqrt{2}}=\dfrac{3\sqrt{2}}{\sqrt{2}\sqrt{2}}=\dfrac{3\sqrt{2}}{2}\right)$

### (3) 1次不等式と2次方程式

**[1次不等式]** 数量の間の大小関係を不等号 $>$, $<$, $\geqq$, $\leqq$ を使って表した式を**不等式**という．一般に，次のことが成り立つ（特に $c<0$ の場合に注意）．

1. $a<b$     ならば  $a+c<b+c$, $a-c<b-c$,
2. $a<b$, $c>0$  ならば  $ac<bc$, $\dfrac{a}{c}<\dfrac{b}{c}$,
3. $a<b$, $c<0$  ならば  $ac>bc$, $\dfrac{a}{c}>\dfrac{b}{c}$

$x$ の満たすべき条件を表した不等式を **$x$ についての不等式**といい，不等式を満たすすべての解を求めることを**不等式を解く**という．$x$ についての不等式が $x$ の1次式であるとき，**1次不等式**という．

基本的な例をあげよう．

**例1.** $c>0$ のとき $|x|<c$ の解は $-c<x<c$
$c>0$ のとき $|x|>c$ の解は $x<-c$, $x>c$

**例2.** $c>0, a\neq 0$ のとき $|ax+b|<c$ を解こう．例1から
$$-c<ax+b<c, \quad \therefore \ -(b+c)<ax<c-b$$
$a$ で割るとき，不等式の性質から，
$$a>0 \text{ のとき } -\dfrac{b+c}{a}<x<\dfrac{c-b}{a},$$
$$a<0 \text{ のとき } \dfrac{c-b}{a}<x<-\dfrac{b+c}{a}$$

**[2次方程式]** $a, b, c$ を定数，$a\neq 0$ のとき，次の式で表される方程式を **2次方程式**という．
$$ax^2+bx+c=0$$

この方程式を満たす $x$ を求めるには，左辺の因数分解による方法か，または解の公式を用いる方法がある．

**[2次方程式の解の公式]** 2次方程式 $ax^2+bx+c=0$ の解は，$b^2-4ac>0$ のとき
$$x=\dfrac{-b\pm\sqrt{b^2-4ac}}{2a}$$

また，2次方程式が $ax^2+2b'x+c=0$ と表される場合には，$b'^2-ac>0$ のとき，
$$x=\frac{-b'\pm\sqrt{b'^2-ac}}{a}$$
2次方程式 $ax^2+bx+c=0$ において $D=b^2-4ac$ とおくと，この2次方程式の**実数解の個数**と **D の符号**について，次のことが成り立つ。

$$D>0 \iff 異なる2つの実数解をもつ$$
$$D=0 \iff ただ一つの実数解(重解)をもつ$$
$$D<0 \iff 実数解をもたない$$

この D を**判別式**という。


## [2] 論理と集合
### (1) 命題と条件

式や文章で表された事柄で，正しいか正しくないかが明確に決まるものを**命題**という。命題が正しいとき，その**命題は真**であるといい，正しくないとき，その**命題は偽**であるという。

※ 「彼はイケメンである」，「彼女は美しすぎる女性である」などは，"イケメン"や，"美しすぎる"の定義を明確にしないと命題にはならない。

「$x$ は有理数である」のように文字 $x$ を含んだ文章や式を，$x$ に関する**条件**という。2つの条件 $p, q$ を用いて「$p$ ならば $q$」の形に表される命題を
$$p \Longrightarrow q$$
と書き，$p$ をこの**命題の仮定**，$q$ をこの**命題の結論**という。また，命題「$p$ ならば $q$，かつ，$q$ ならば$p$」を
$$p \Longleftrightarrow q$$
と書く。

条件を満たすかどうかを考える場合に，考察の対象となるもの全体の集合を，その条件の**全体集合**といい，$U$ で表す。一般に，全体集合を $U$ とする命題 $p \Longrightarrow q$ において，条件 $p$ を満たす $U$ の要素全体の集合を $P$，条件 $q$ を満たす $U$ の要素全体の集合を $Q$ とすると，次が成り立つ。

命題 $p \Longrightarrow q$ が真であることと $P \subset Q$ であることとは同じことである。
命題 $p \Longleftrightarrow q$ が真であることと $P=Q$ であることとは同じことである。

命題 $p \Longrightarrow q$ が偽であるとは $P \subset Q$ が成り立たない場合であるから，$P$ に属していて $Q$ に属さない要素が存在することを意味する。一般に，命題 $p \Longrightarrow q$ が偽であることを示すには，仮定 $p$ を満たすが，結論 $q$ を満たさない要素(この命題の**反例**という)を1つあげればよい。

条件 $p$ に対して，「$p$ でない」という条件を，条件 $p$ の**否定**といい，$\overline{p}$ で表す。このとき，全体集合を $U$ とし，条件 $p, q$ を満たす要素全体をそれぞれ $P, Q$ とすると

$\overline{p}$, 「$p$ かつ $q$」, 「$p$ または $q$」

を満たす要素全体の集合は，それぞれ次のようになる。

$$\text{補集合}\ \overline{P}, \quad \text{共通部分}\ P \cap Q, \quad \text{和集合}\ P \cup Q$$

集合に対する**ド・モルガンの法則**

$$\overline{P \cap Q} = \overline{P} \cup \overline{Q}, \quad \overline{P \cup Q} = \overline{P} \cap \overline{Q}$$

に対応して，「かつ」の否定，「または」の否定に関して次のことが成り立つ。

$$\overline{p\ \text{かつ}\ q} \iff \overline{p}\ \text{または}\ \overline{q}, \quad \overline{p\ \text{または}\ q} \iff \overline{p}\ \text{かつ}\ \overline{q}$$

2つの命題 $p, q$ について，$p \Longrightarrow q$ が真であるとき

$p$ は $q$ であるための**十分条件**である，

$q$ は $p$ であるための**必要条件**である

という。また $p \iff q$ が真であるとき

$q$ は $p$ であるための**必要十分条件**である

という。この場合，$p$ は $q$ であるための必要十分条件でもあり，$p$ と $q$ は**互いに同値**であるという。

### （2） 逆・裏・対偶

命題 $p \Longrightarrow q$ に対して

$q \Longrightarrow p$ を $p \Longrightarrow q$ の**逆**

$\overline{p} \Longrightarrow \overline{q}$ を $p \Longrightarrow q$ の**裏**

$\overline{q} \Longrightarrow \overline{p}$ を $p \Longrightarrow q$ の**対偶**

という。次のことがいえる。

**命題 $p \Longrightarrow q$ の真偽と対偶 $\overline{q} \Longrightarrow \overline{p}$ の真偽は一致する，**

真である命題の逆は，必ずしも真でない，

偽である命題の逆は，必ずしも偽でない。

したがって，命題 $p \Longrightarrow q$ を証明するには，その対偶 $\overline{q} \Longrightarrow \overline{p}$ を証明してもよい。

# 第4節　問題作りに挑戦しよう

## [1] 方程式と不等式

「方程式と不等式」では，分母の有理化，根号を含む2つの数の大小の比較，2次方程式や2次不等式の解，および絶対値記号を含む方程式や不等式を取り扱う問題が多い。絶対値記号を含むときには，場合分けと吟味を忘れてはならない。例えば，第1節の例題3および「設定条件を変更した問題」を比較してみると状況の違いがよくわかる。すなわち，例題3においては，絶対値記号をはずすため，場合分けをして求めた方程式の解がすべてもとの方程式の解になっているのに対し，「設定条件を変更した問題」では，絶対値記号をはずした方程式の解のなかには，吟味により，もとの方程式を満たさないものが含まれていることがわかる。

次の問題は，絶対値を含む2次方程式の解の個数がパラメータ $a$ の値によりどのように変化するかを調べる問題である。

**問題1**
次の絶対値を含む方程式の解の個数を，パラメータ $a$ の範囲に応じて答えよ。
（1）　$|x^2-4|=x+a$　　　（2）　$x^2+a=|x|$

**ヒント**：グラフを描いて考えよう。

**(1)の解答**

| | |
|---|---|
| $a<-2$ | 0個 |
| $a=-2$ | 1個 |
| $-2<a<2$ | 2個 |
| $a=2$ | 3個 |
| $2<a<\dfrac{17}{4}$ | 4個 |
| $a=\dfrac{17}{4}$ | 3個 |
| $a>\dfrac{17}{4}$ | 2個 |

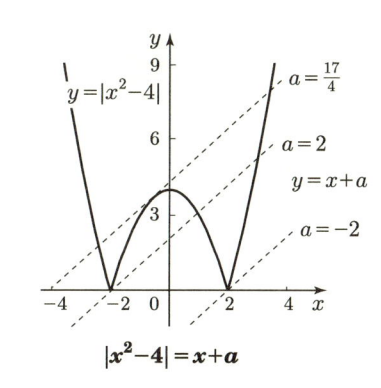

$|x^2-4|=x+a$

**(2)の解答**

| | |
|---|---|
| $a<0$ | 2個 |
| $a=0$ | 3個 |
| $0<a<\dfrac{1}{4}$ | 4個 |
| $a=\dfrac{1}{4}$ | 2個 |
| $a>\dfrac{1}{4}$ | 0個 |

（解答終り）

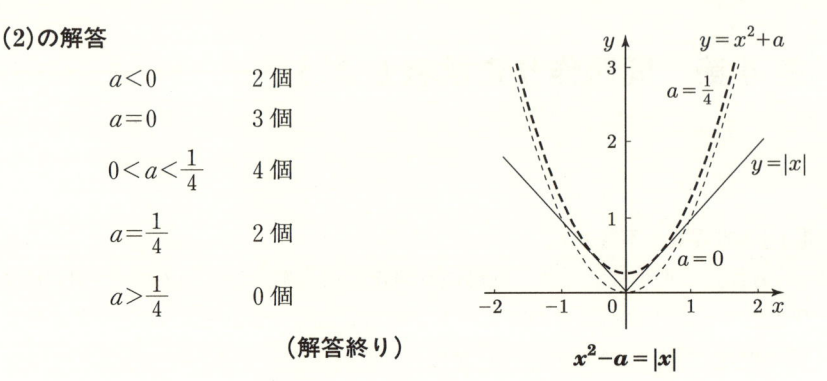

絶対値記号を含む方程式または不等式を解くときは，場合分けをする必要がある問題の一つである。一般に，場合分けをする問題では計算結果を吟味する必要がある。吟味によって取り除かれる解を"見かけの解"とよぶことにしよう。第2章や第6章でも"見かけの解"は現れる。問題を解くうえで，また問題を作るうえで注意しよう。

### [2]　論理と集合

「論理と集合」で忘れてはならない定義や性質は，
（1）　命題，必要条件と十分条件の定義
（2）　命題 $p \Longrightarrow q$ の逆，裏，対偶の定義
（3）　命題 $p \Longrightarrow q$ とその対偶 $\bar{q} \Longrightarrow \bar{p}$ の真偽は等しい（$\bar{p}$ は条件 $p$ の否定を表す）
（4）　条件 $p, q$ を満たす要素の全体をそれぞれ $P, Q$ とすると，命題 $p \Longrightarrow q$ が真であることと，$P \subset Q$ であることとは同じことである
（5）　条件「$p$ かつ $q$」，「$p$ または $q$」の否定は「$\bar{p}$ または $\bar{q}$」，「$\bar{p}$ かつ $\bar{q}$」，これを集合で表すと，$P$ の補集合を $\bar{P}$ で書いて，
$$\overline{(P \cap Q)} = \bar{P} \cup \bar{Q}, \quad \overline{(P \cup Q)} = \bar{P} \cap \bar{Q}$$

などである。「定義と定理・公式等のまとめ」や問題を参照し，理解を確実にすること。

※　数学でいう必要条件や十分条件の意味と，日常的に用いる「必要である」，あるいは「十分である」の意味とは，ときとして異なることがある。「論理と集合」の学習においては，必要条件と十分条件の定義に基づいて判断することが大切である。

第4節　問題作りに挑戦しよう　　　　　　　　　　　　　　　　　　　　51

　例題3に対する「設定条件を変更した問題」は少し難しく感じるかもしれないが，解答で示したように，集合の包含関係を図に描いて考えてみればわかりやすい。

　センター試験では条件 $p, q, \cdots$ として，素数や自然数に対する命題として，あるいは不等式を満たす実数に対する命題として出題される場合が多い。

　次の問題は，パラメータ $k$ を含む「2次不等式」と「論理の集合」の複合問題である。

---
**問題2**

$k$ を実数とする。実数 $x$ に関する条件 $p, q$ を次のように定める。
$$p : x^2 - 1 < 0$$
$$q : x^2 - (2k+1)x + k(k+1) < 0$$

また，条件 $p, q$ の否定を $\bar{p}, \bar{q}$ で表す。このとき，次の □ に当てはまる言葉を下の(a)～(d)のうちから1つずつ選べ。

(1)　$-1 \leq k \leq 0$ であるとき，$p$ は $q$ であるための □。

(2)　$-1 \leq k \leq 0$ であるとき，$\bar{p}$ は $\bar{q}$ であるための □。

(3)　$0 < k \leq 1$ であるとき，$p$ は $q$ であるための □。

(4)　$k \geq 1$ であるとき，$\bar{p}$ は $q$ であるための □。

　(a)　必要十分条件である

　(b)　必要条件であるが，十分条件でない

　(c)　十分条件であるが，必要条件でない

　(d)　必要条件でも十分条件でもない

---

**ヒント**：条件 $p$ と $q$ は
$$p : -1 < x < 1$$
$$q : (x-k)(x-k-1) < 0, \quad \therefore \ k < x < k+1$$

と書くことができる。上の $x$ の範囲をそれぞれ $P, Q$ と書くことにしよう。

(1)　$-1 \leq k \leq 0$ であるとき，$P \supset Q$ であるから，$p$ は $q$ であるための必要条件であるが十分条件でない。したがって答えは(b)。

(2)　$P, Q$ の補集合をそれぞれ $\bar{P}, \bar{Q}$ とすると，$\bar{Q} \supset \bar{P}$ であるから，$\bar{p}$ は $\bar{q}$ であるための十分条件であるが必要条件でない。よって答えは(c)。

(3)　$0 < k \leq 1$ であるとき，$k+1 > 1$ であるから，$P$ と $Q$ との間に包含関係はない。よって答えは(d)。

（4） $k \geqq 1$ であるとき，$\bar{P} \supset Q$ であるから，$\bar{p}$ は $q$ であるための必要条件であるが十分条件でない。したがって答えは(b)。　　　　　　　　**（解答終り）**

# 第2章 2次関数

> 学習項目：2次関数とグラフ，2次不等式（数学Ⅰ）
>
> 　第2章では，数学Ⅰから「2次関数」を学習する．例題として，大学入試センター試験 数学Ⅰ・数学Aの第2問を取り上げる．

## 第1節　例題の解答と基礎的な考え方 ─────

　第1節の主な目的は，問題とその解法をしっかりわかることである．2次関数のいろいろな基礎的な事柄は，グラフをとおして理解しておくことが肝要である．
「2次関数」において学習する主な項目は，
　（1）　平方完成し，軸と頂点の座標を求めること，
　（2）　グラフと $x$ 軸との関係：2点で交わる，接する，正の部分と交わる，など，
　（3）　ある区間における最大値・最小値を求める，
　（4）　グラフの平行移動や対称移動，
などである．
　多くの問題では未定の定数（パラメータ $a, b$ など）を含み，これらは基本的な事柄に関する条件により値や範囲が決定されるようになっている．このパラ

メータを決定する過程において，場合分けを行うなど，正しい筋道にそった正しい計算が必要である。

特に，(3)の"ある区間における最大値・最小値を求める"問題は出題される頻度がきわめて高い。基本的な考え方は，2次関数の軸と区間との位置関係による場合分けが必要となることである。第3節「定義と定理・公式等のまとめ」で確認するとともに，グラフを描くことにより，いつでも正しい取り扱いができるように訓練をしておくことが大切である。

---

**例題1（2012 数ⅠA）**

$a, b$ を定数として2次関数
$$y = -x^2 + (2a+4)x + b \quad \cdots\cdots ①$$
を考える。関数①のグラフを $G$ とする。

グラフ $G$ の頂点が直線 $y = -4x - 1$ 上にあるとする。このとき，次の問いに答えよ。

（1）$b$ を $a$ の式で表せ。

（2）グラフ $G$ が $x$ 軸と異なる2点で交わるような $a$ の値の範囲を求めよ。また，$G$ が $x$ 軸の正の部分と負の部分の両方で交わるような $a$ の値の範囲を求めよ。

（3）関数①の $0 \leq x \leq 4$ における最小値が $-22$ となる $a$ の値 $a_1, a_2$ $(a_2 < a_1)$ を求めよ。$a = a_1$ のとき関数①の最大値を求めよ。

（4）$a = a_1$ のときの①のグラフを $G_1$，また $a = a_2$ のときの①のグラフを $G_2$ とするとき，$G_2$ を $x$ 軸方向および $y$ 軸方向にそれぞれどれだけ平行移動すれば $G_1$ に一致するか。

---

[問題の意義と解答の要点]

- パラメータ $a, b$ を含む2次関数①とそのグラフを $G$ とする。$G$ の頂点が直線 $y = -4x - 1$ 上にあるという仮定から $b$ は $a$ の関数として表され，結局①は，1つのパラメータ $a$ を含むと考えることができる。このとき，$G$ が $x$ 軸の正の部分と負の部分の両方で交わるための条件を $a$ で表すことができるか，および区間 $0 \leq x \leq 4$ における①の最小値が $-22$ となる $a$ を求めるために，場合分けと吟味を正しく行うことができるかどうかを問う問題である。

- ①の $0 \leq x \leq 4$ における最小値は，$G$ の軸の位置が区間 $0 \leq x \leq 4$ の中点 $x=2$ より大きいとき（$a$ に対する条件で表される），$x=0$ でとり，$a$ の関数で表される。また，軸の位置が $x=2$ 以下のときは最小値は $x=4$ でとり，$a$ の関数で表される。これが場合分けである。
- 吟味とは，それぞれの場合の最小値を $m(a)$ とし，方程式 $m(a)=-22$ を解く。得られた $a$ の値は場合分けをしたときの $a$ の条件を満たすかどうかを調べ，条件を満たす $a$ が求める値となる。

　例題1にはその他の問題もあるが，解答を読み一連の筋道をしっかり理解しておこう。

[解答]（1） 2次関数①を平方完成する。
$$-x^2+(2a+4)x+b = -\{x^2-(2a+4)x\}+b$$
$$= -\{x-(a+2)\}^2+(a+2)^2+b$$
$$= -\{x-(a+2)\}^2+a^2+4a+b+4$$
したがって，グラフ $G$ の頂点は $(a+2, a^2+4a+b+4)$
　頂点が直線 $y=-4x-1$ 上にあることから
$$a^2+4a+b+4 = -4(a+2)-1$$
よって　　　　　　　　$b=-a^2-8a-13$　　　　　　　……②
このとき $G$ の頂点の座標は $(a+2, -4a-9)$，また $G$ の軸は $x=a+2$ である。

（2） グラフ $G$ が $x$ 軸と異なる2点で交わるための必要十分条件は，$D$ を判別式とすると $D>0$，
よって，　　$\dfrac{1}{4}D = (a+2)^2+b = a^2+4a+4-a^2-8a-13 > 0$
すなわち，　　　　　　$-4a-9 > 0$，　$\therefore\ a < -\dfrac{9}{4}$

　また，$G$ が $x$ 軸の正の部分と負の部分で交わるための必要十分条件は，$G$ が上に凸であるから，$y$ 軸との交点の $y$ 座標 $b$ について $b>0$
よって　　　　$b=-a^2-8a-13>0$，　$\therefore\ a^2+8a+13<0$
　2次方程式 $a^2+8a+13=0$ の解は $a=-4\pm\sqrt{3}$ であるから，2次不等式の解は
$$-4-\sqrt{3} < a < -4+\sqrt{3} \qquad \cdots\cdots ③$$

（3） 2次関数①の $0 \leq x \leq 4$ における最小値は，$G$ の軸 $x=a+2$ が区間 $0 \leq x \leq 4$ の中点 $x=2$ より大きい場合は $x=0$ でとり，$x=2$ 以下の場合は $x=$

4 でとる(場合分け)。したがって，
 $a+2>2$，すなわち $a>0$ のときは $x=0$ で最小値 $y=b$
 $a+2\leqq 2$，すなわち $a\leqq 0$ のときは $x=4$ で最小値
$$y=-16+(2a+4)4+b=8a+b$$
条件：① の $0\leqq x\leqq 4$ における最小値 $=-22$ から
 $a>0$ の場合，$y=b=-a^2-8a-13=-22$，　∴ $a^2+8a-9=0$
  $a^2+8a-9=(a+9)(a-1)=0$，　$a>0$ であるから　$a_1=1$
 $a\leqq 0$ の場合，　$y=8a+b=8a-a^2-8a-13=-a^2-13$
したがって　　　$-a^2-13=-22$，よって　$a^2=9$
$a\leqq 0$ であるから　　$a=-3$，すなわち　$a_2=-3$

　以上のことから，$a=1, -3$ のとき，$0\leqq x\leqq 4$ における ① の最小値は $-22$ となる。

　$a=a_1=1$ のとき ① の軸は $x=a_1+2=3$ であるから，$0\leqq x\leqq 4$ における ① の最大値は $G$ の頂点の $y$ 座標である。よって最大値は $-4a_1-9=-13$

　（4）　$a=1$ のときのグラフ $G_1$ の頂点の座標は $(3, -13)$
　　　　$a=-3$ のときのグラフ $G_2$ の頂点の座標は $(-1, 3)$
よって，$G_2$ を $x$ 軸方向に 4，$y$ 軸方向に $-16$ だけ平行移動すれば $G_1$ と重なる。
（解答終り）

---

**設定条件を変更した問題**

$a$ を定数として 2 次関数
$$y=f(x)=\frac{x^2}{2}+2(a-1)x+2a^2-6a+2 \quad \cdots\cdots ①$$
を考える。関数 ① のグラフを $G$ とする。このとき，次の問いに答えよ。

（1）　グラフ $G$ が $x$ 軸と異なる 2 点で交わるような $a$ の値の範囲を求めよ。さらに，グラフ $G$ が $y=1$ と交わる 2 点の $x$ 座標がいずれも $-1$ より大きいための $a$ の条件を求めよ。

（2）　関数 ① の $-2\leqq x\leqq 2$ における最小値が $-2$ となる $a$ の値と，そのときの関数 ① の最大値を求めよ。

**[解答]**　まず，関数 ① を平方完成すると
$$y=\frac{1}{2}\{x^2+4(a-1)x\}+2a^2-6a+2$$
$$=\frac{1}{2}\{x+2(a-1)\}^2-2(a-1)^2+2a^2-6a+2=\frac{1}{2}\{x+2(a-1)\}^2-2a$$

第1節　例題の解答と基礎的な考え方

よって $G$ の軸は $x=-2a+2$ で，頂点の座標は $(-2a+2, -2a)$ となる。

（1） $G$ は下に凸であるから，$x$ 軸と異なる2点で交わるためには頂点の座標が負であればよい。したがって，
$$-2a<0, \quad \therefore \ a>0 \quad \cdots\cdots ②$$
さらに，$G$ が $y=1$ と交わる2点の $x$ 座標がいずれも $-1$ より大きいためには，$G$ の軸が $x=-1$ より大きく，かつ $x=-1$ のとき①の値が1より大きければよい。よって，
$$-2a+2>-1, \quad \therefore \ a<\frac{3}{2} \quad \cdots\cdots ③$$
かつ，
$$\frac{(-1)^2}{2}-2(a-1)+2a^2-6a+2=2a^2-8a+\frac{9}{2}>1$$
$$\therefore \ 2a^2-8a+\frac{7}{2}>0, \quad \text{よって} \quad 4a^2-16a+7>0$$
この不等式 $a$ の2次式を因数分解すると
$$4a^2-16a+7=(2a-7)(2a-1)>0$$
となるから
$$a>\frac{7}{2}, \quad \text{または} \quad a<\frac{1}{2} \quad \cdots\cdots ④$$
したがって，②，③，④の共通範囲は $0<a<\frac{1}{2}$

（2） 最小値は軸の位置によって場合分けをする。
軸は $x=-2(a-1)$ であるから
(i) $-2(a-1)<-2$ のとき，すなわち $a>2$ のとき最小値 $f(-2)$，最大値 $f(2)$ をとる。よって，最小値：$f(-2)=2a^2-10a+8$，最大値：$f(2)=2a^2-2a$
(ii) $-2\leqq -2(a-1)<2$ のとき，すなわち $0<a\leqq 2$ のとき最小値は $G$ の頂点の $y$ 座標。よって，最小値：$-2a$，最大値：$f(-2)$ または $f(2)$
(iii) $-2(a-1)\geqq 2$ のとき，すなわち $a\leqq 0$ のとき最小値 $f(2)$，最大値 $f(-2)$ をとる。よって，最小値：$f(2)=2a^2-2a$，最大値：$f(-2)$

そこで，最小値が $-2$ とすると，
(i) $a>2$ のとき，$f(-2)=-2$ より
$$2a^2-10a+8=-2, \quad \text{すなわち} \quad a^2-5a+5=0$$
$$\therefore \ a=\frac{5\pm\sqrt{25-20}}{2}=\frac{5\pm\sqrt{5}}{2}$$

$a>2$ であるから $\frac{5-\sqrt{5}}{2}$ は不適，よって $a=\frac{5+\sqrt{5}}{2}$．このとき $f(x)$ の最大値は $f(2)=2a^2-2a$．ここで $a^2=5a-5$ であるから
$$f(2)=2a^2-2a=2(5a-5)-2a=8a-10$$
$$\therefore\ f(2)=8\times\frac{5+\sqrt{5}}{2}-10=10+4\sqrt{5}$$

(ii) $0<a\leqq 2$ のとき，$-2a=-2$，$\therefore\ a=1$

$a=1$ のとき，$f(x)=\frac{x^2}{2}-2$，よって最大値は $x=\pm 2$ で $0$ をとる．

(iii) $a\leqq 0$ のとき，$2a^2-2a=-2$，$a^2-a+1=0$ は実数解をもたない．よって $a\leqq 0$ の場合，最小値が $-2$ になることはない．

以上をまとめると，関数①が $-2\leqq x\leqq 2$ において，最小値が $-1$ となる $a$ と，そのときの最大値は

$a=\frac{5+\sqrt{5}}{2}$ のとき最小値 $f(-2)=-2$，最大値 $f(2)=10+4\sqrt{5}$

$a=1$ のとき最小値 $f(0)=-2$，最大値 $f(\pm 2)=0$

となる． (解答終り)

---

**例題 2**（*2009 数ⅠA 改*）

（1） $a$ を定数とし，$x$ の2次関数
$$y=2x^2-4(a+1)x+10a+1 \qquad \cdots\cdots ①$$
のグラフを $G$ とする．グラフ $G$ の頂点の座標を $a$ を用いて表せ．

（2） グラフ $G$ が $x$ 軸に接するとき，$a$ の値を求めよ．

（3） 関数①の $-1\leqq x\leqq 3$ における最小値 $m$ を求めよ．また，$m=\frac{7}{9}$ となる $a$ の値を求めよ．

---

［問題の意義と解答の要点］

● パラメータ $a$ を含む2次関数①とそのグラフを $G$ とする．$a$ を確定する方法として，$G$ が $x$ 軸に接するという条件が考えられる．また，区間 $-1\leqq x\leqq 3$ における①の最小値 $m$ を $a$ の関数として表し，$m=\frac{7}{9}$ を満たす $a$ を求めることもできる．このとき，場合分けと吟味が正しく実行できるかどうかが問われる．

問題は例題1と似ている．どこが違うかについて考えてみよう．

- 本問の場合, $-1 \leqq x \leqq 3$ における最小値は $G$ の軸の位置が $-1$ より小であれば $x=-1$ でとる。軸の位置が $-1 \leqq x \leqq 3$ の間にあれば $G$ の頂点でとる。また, 軸の位置が $3$ より大であれば最小値は $x=3$ でとる。したがって場合の数は3つになり, それぞれの場合に応じて $m$ は $a$ の関数として表される。以下, 例題1と同じ。
- 例題1と例題2では場合分けの方法が異なっているが, これは, 2次関数が上に凸(例題1, $x^2$ の係数が負)と下に凸(例題2, $x^2$ の係数が正)であることによる。

制限された区間における最大値・最小値問題については第3節にまとめて書いてあるので参照してしっかり理解しておくこと。

[解答] (1) 2次関数①を平方完成すると
$$y = 2x^2 - 4(a+1)x + 10a + 1$$
$$= 2\{x^2 - 2(a+1)x\} + 10a + 1$$
$$= 2\{x - (a+1)\}^2 - 2(a+1)^2 + 10a + 1$$
$$= 2\{x - (a+1)\}^2 - 2a^2 + 6a - 1$$
よって, $G$ の頂点の座標は $(a+1, -2a^2 + 6a - 1)$

(2) グラフ $G$ が $x$ 軸に接するためには, 頂点の $y$ 座標$=0$(または, 方程式①の右辺$=0$の判別式$=0$)を解いて得られる。すなわち
$$-2a^2 + 6a - 1 = 0 \quad \text{より} \quad a = \frac{3 \pm \sqrt{7}}{2}$$

(3) 2次関数の制限された区間における最大値・最小値問題は, グラフの軸の位置によって場合分けをしなければならない。軸は $x = a+1$ である。

(i) $-1 \leqq a+1 \leqq 3$, すなわち $-2 \leqq a \leqq 2$ ならば, 最小値は頂点の $y$ 座標となる。よって,
$$-2 \leqq a \leqq 2 \text{ のとき} \quad m = -2a^2 + 6a - 1 \quad \cdots\cdots ②$$

(ii) $a+1 < -1$, すなわち $a < -2$ ならば, $G$ は $-1 \leqq x \leqq 3$ において単調増加, したがって最小値は $x = -1$ でとる。①の右辺を $f(x)$ とおく。よって,
$$a < -2 \text{ のとき} \quad m = f(-1) = 14a + 7 \quad \cdots\cdots ③$$

(iii) $a+1 > 3$, すなわち $a > 2$ ならば, $G$ は $-1 \leqq x \leqq 3$ において単調減少, したがって最小値は $x = 3$ でとる。よって,
$$a > 2 \text{ のとき} \quad m = f(3) = -2a + 7 \quad \cdots\cdots ④$$

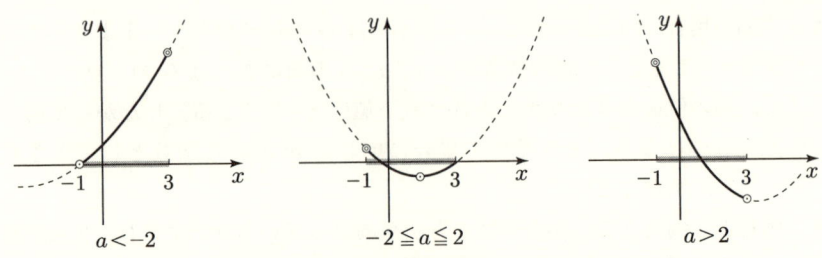

$-1 \leq x \leq 3$ における最大値 ◎, 最小値 ⊙

次に, 最小値が $\dfrac{7}{9}$ となる $a$ を求める.

(i) $-2 \leq a \leq 2$ の場合, ② から
$$-2a^2+6a-1=\dfrac{7}{9}, \text{ 整理して, } 9a^2-27a+8=0$$

因数分解して
$$9a^2-27a+8=(3a-1)(3a-8)=0, \quad \therefore a=\dfrac{1}{3}, \dfrac{8}{3}$$

このうち $-2 \leq a \leq 2$ を満たすものは, $a=\dfrac{1}{3}$. 一方, $a=\dfrac{8}{3}$ は 2 より大きいので不適.

(ii) $a<-2$ の場合, ③ から
$$14a+7=\dfrac{7}{9} \text{ より } 14a=-\dfrac{56}{9}, \quad \therefore a=-\dfrac{4}{9}$$

この $a$ は $a<-2$ を満たさないから不適.

(iii) $a>2$ の場合, ④ から
$$-2a+7=\dfrac{7}{9} \text{ より } -2a=-\dfrac{56}{9}, \quad \therefore a=\dfrac{28}{9}$$

この $a$ は $a>2$ を満たす.

以上のことから, 2 次関数 ① が $-1 \leq x \leq 3$ において最小値 $\dfrac{7}{9}$ をとる $a$ の値は, $\dfrac{1}{3}$, および $\dfrac{28}{9}$ となる. **(解答終り)**

※ このとき2次関数は

$a=\dfrac{1}{3}$ のとき $y=2\{x-(a+1)\}^2-2a^2+6a+1=2\left(x-\dfrac{4}{3}\right)^2+\dfrac{7}{9}=2x^2-\dfrac{16}{3}x+\dfrac{13}{3}$

$a=\dfrac{28}{9}$ のとき $y=2x^2-4(a+1)x+10a+1=2x^2-\dfrac{148}{9}x+\dfrac{289}{9}$

## 第1節　例題の解答と基礎的な考え方

---
**設定条件を変更した問題**

$a$ を定数とし，2次関数
$$y = -\frac{1}{4}x^2 + (1-a)x \qquad \cdots\cdots ①$$
のグラフを $G$ とする。関数① の $-2 \leq x \leq 2$ における最大値を $M$ とする。$M=5$ を満たす $a$ をすべて求めよ。

---

[解答]　（この問題も場合分けと吟味の練習問題である。）

　この2次関数の $x^2$ の係数は負であることに注意する。2次関数① を平方完成すると，
$$y = -\frac{1}{4}x^2 + (1-a)x = -\frac{1}{4}\{x^2 + 4(a-1)x\}$$
$$= -\frac{1}{4}\{x + 2(a-1)\}^2 + (a-1)^2$$

したがって，軸は $x = -2(a-1)$，① の右辺を $f(x)$ とおく。軸の位置によって場合分けをする。

(i)　$-2 \leq -2(a-1) \leq 2$，すなわち $0 \leq a \leq 2$ のとき，$G$ は頂点で最大値をとる。よって $0 \leq a \leq 2$ のとき，最大値 $M = (a-1)^2$

(ii)　$-2(a-1) < -2$，すなわち $a > 2$ のとき，$G$ は $-2 \leq x \leq 2$ において単調減少であるから，最大値は $x = -2$ でとる。よって
$$a > 2 \text{ のとき，最大値は } M = f(-2) = 2a - 3$$

(iii)　$-2(a-1) > 2$，すなわち $a < 0$ のとき，$G$ は単調増加であるから，最大値は $x = 2$ でとる。よって
$$a < 0 \text{ のとき，最大値は } M = f(2) = -2a + 1$$

次に，$M = 5$ となる $a$ を求める。

(i)　$0 \leq a \leq 2$ のとき，$(a-1)^2 = 5$，∴ $a = 1 \pm \sqrt{5}$，この $a$ は $0 \leq a \leq 2$ を満たさないから不適。

(ii)　$a > 2$ のとき，$2a - 3 = 5$，すなわち $a = 4$ で条件 $a > 2$ を満たす。

(iii)　$a < 0$ のとき，$-2a + 1 = 5$，すなわち $a = -2$ で条件 $a < 0$ を満たす。

したがって，条件を満たす $a$ は $4$ と $-2$ である。　　　　　　　　　（解答終り）

## 第2節　問題の解答を文章で書き表そう

　第2節では，2次関数とそのグラフについての問題を考える。それは，グラフと$x$軸との交点に関するもの，定義域に制限がある場合の最大値・最小値問題が主題である。

　例題3では，放物線$G_1$と，2つのパラメータ$a, b$をふくむ放物線$G_2$が与えられている。$G_2$の頂点が$G_1$上にあるとき$b$を$a$で表すこと，$G_2$の頂点の$y$座標が最小となる$a$を求めること，および$G_2$の平行移動についての問題は，すべて2次関数を平方完成することにより解くことができる。

　例題4，および「$+\alpha$の問題」では，パラメータ$a$を含み，下に凸な2次関数$G$が与えられ，$G$の軸は$3 \leqq x \leqq 7$を満たすとする。したがって，$G$の頂点の$y$座標が最小値である。また最大値は$x=3$か，または$x=7$でとる。

　そこで問題は，区間$3 \leqq x \leqq 7$において，
（1）　例題4では，最小値を与えて，それを満たす$a$の値と最大値を求める，
（2）　「$+\alpha$の問題」では，最大値を与えて，それを満たす$a$の値と最小値を求める，
というものである。どちらの問題も，最大値は軸の位置によって，場合分けと吟味が必要である。

　例題5は，2次関数の重要な性質を総復習するための問題である。平方完成，グラフと$x$軸との交点の条件と係数の関係，区間における最大値・最小値の問題，平行移動の問題など。平方完成により軸の位置がわかり，区間で最大値・最小値をとる点が決まることが大切なポイントである。

## 問題の部

---
**例題3**（*2010 数ⅠA 改*）

$a, b$ を定数とし，$x$ の2つの2次関数
$$y = 3x^2 - 2x - 1 \quad \cdots\cdots ①$$
$$y = x^2 + 2ax + b \quad \cdots\cdots ②$$
のグラフをそれぞれ $G_1, G_2$ とする。また，$G_2$ の頂点は $G_1$ 上にあるとする。このとき，次の問いに答えよ。

（1） $G_2$ の頂点の座標を $a$ を用いて表せ。また，$G_2$ の頂点の $y$ 座標が最小値をとる $a$ の値 $a_0$ と，そのときの最小値を求めよ。さらに，$a = a_0$ のとき，$G_2$ の軸，および，$G_2$ と $x$ 軸との交点の $x$ 座標を求めよ。

（2） $G_2$ が $(0, 5)$ を通るとき，$a$ の2つの値 $a_1, a_2$ を求めよ。ただし $a_1 > a_2$ とする。$a = a_1$ のとき，$G_2$ を $x$ 軸方向に $c$，$y$ 軸方向にも同じく $c$ だけ平行移動しても頂点は $G_1$ 上にあるとき $c$ を求めよ。ただし $c \neq 0$ とする。また，平行移動して得られた放物線の方程式を求めよ。

---

---
**例題4**（*2007 数ⅠA 改*）

$a$ を定数とし，$x$ の2次関数
$$y = x^2 - 2(a-1)x + 2a^2 - 8a + 4 \quad \cdots\cdots ①$$
のグラフを $G$ とする。

（1） グラフ $G$ が，$x$ 軸の負の部分と異なる2点で交わるための $a$ の値の範囲を求めよ。

（2） グラフ $G$ の頂点の $x$ 座標は $3 \leq x \leq 7$ の範囲にあるとする。このとき，次の問いに答えよ。

　(i)　2次関数①の $3 \leq x \leq 7$ における最大値 $M$ を $a$ で表せ。

　(ii)　$3 \leq x \leq 7$ における①の最小値が6となるとき，$a$ の値と最大値を求めよ。

---

───── $+\alpha$ の問題 ─────

2次関数①のグラフ $G$ の頂点の $x$ 座標は $3 \leqq x \leqq 7$ の範囲にあるとする。2次関数①の $3 \leqq x \leqq 7$ における最大値が 7 であるとき，$a$ の値と最小値を求めよ。

───── 設定条件を変更した問題 ─────

$a$ を定数とし，$x$ の2次関数
$$y = x^2 + 4(a+1)x + 5a^2 + 12a + 5 \quad \cdots\cdots ①$$
のグラフを $G$ とする。このとき，次の問いに答えよ。

(1) $0 \leqq x \leqq 3$ における2次関数①の最大値，および最小値を $a$ で表せ。

(2) グラフ $G$ の頂点の $x$ 座標が $0 \leqq x \leqq 3$ であるとする。$0 \leqq x \leqq 3$ における①の最小値が $-2$ のとき，$a$ の値と最大値を求めよ。

───── 例題 5（*2011* 数 I A 改）─────

$a, b, c$ を定数とし，$a \neq 0, b \neq 0$ とする。$x$ の2次関数
$$y = ax^2 + bx + c \quad \cdots\cdots ①$$
のグラフを $G$ とする。

(1) $G$ が $y = -3x^2 + 12bx$ のグラフと同じ軸をもち，さらに $G$ が点 $(1, 2b-1)$ を通るとき，$a$ の値，および $c$ を $b$ で表せ。

以下 (2) と (3) では (1) が成り立つとする。

(2) $G$ と $x$ 軸が異なる 2 点で交わるような $b$ の値の範囲を求めよ。さらに，$G$ が $x$ 軸の正の部分と異なる 2 点で交わるような $b$ の値の範囲を求めよ。

(3) $b > 0$ とする。$0 \leqq x \leqq b$ における2次関数①の最小値が $-\dfrac{1}{4}$ であるときの $b$ の値 $b_1$ を求めよ。また，$x \geqq b$ における2次関数①の最大値が 3 であるときの $b$ の値 $b_2$ を求めよ。

(4) (3) で求めた $b = b_1, b_2$ を用いた①のグラフをそれぞれ $G_1, G_2$ とする。このとき，$G_1$ を $x$ 軸方向，および $y$ 軸方向にそれぞれどれだけ平行移動すれば $G_2$ と一致するか。

## 第2節 問題の解答を文章で書き表そう

─── **＋αの問題**（例題5の問(2)に関連して）───

2次関数②のグラフ $G$ に関して，次の条件を満たすような $b$ の値の範囲を求めよ。

(1) $G$ と $x$ 軸の負の部分が異なる2点で交わる。

(2) $G$ と $x$ 軸の正の部分，および負の部分が1点ずつ交わる。

─── **＋αの問題**（例題5の問(3)に関連して）───

(1) $b>0$ とする。$0 \leq x \leq 3b$ における2次関数②の最小値が $-\dfrac{1}{4}$ であるときの $b$ の値，およびそのときの最大値を求めよ。

(2) $b>0$ とする。$b \leq x \leq 4b$ における2次関数②の最大値が3であるときの $b$ の値，およびそのときの最小値を求めよ。

## 解答の部

---
**例題 3**（*2010* 数ⅠA 改）

$a, b$ を定数とし，$x$ の 2 つの 2 次関数

$$y = 3x^2 - 2x - 1 \qquad \cdots\cdots ①$$
$$y = x^2 + 2ax + b \qquad \cdots\cdots ②$$

のグラフをそれぞれ $G_1, G_2$ とする。また，$G_2$ の頂点は $G_1$ 上にあるとする。このとき，次の問いに答えよ。

（1） $G_2$ の頂点の座標を $a$ を用いて表せ。また，$G_2$ の頂点の $y$ 座標が最小値をとる $a$ の値 $a_0$ と，そのときの最小値を求めよ。さらに，$a = a_0$ のとき，$G_2$ の軸，および，$G_2$ と $x$ 軸との交点の $x$ 座標を求めよ。

（2） $G_2$ が $(0, 5)$ を通るとき，$a$ の 2 つの値 $a_1, a_2$ を求めよ。ただし $a_1 > a_2$ とする。$a = a_1$ のとき，$G_2$ を $x$ 軸方向に $c$，$y$ 軸方向にも同じく $c$ だけ平行移動しても頂点は $G_1$ 上にあるとき $c$ を求めよ。ただし $c \neq 0$ とする。また，平行移動して得られた放物線の方程式を求めよ。

---

［解答の流れ図］

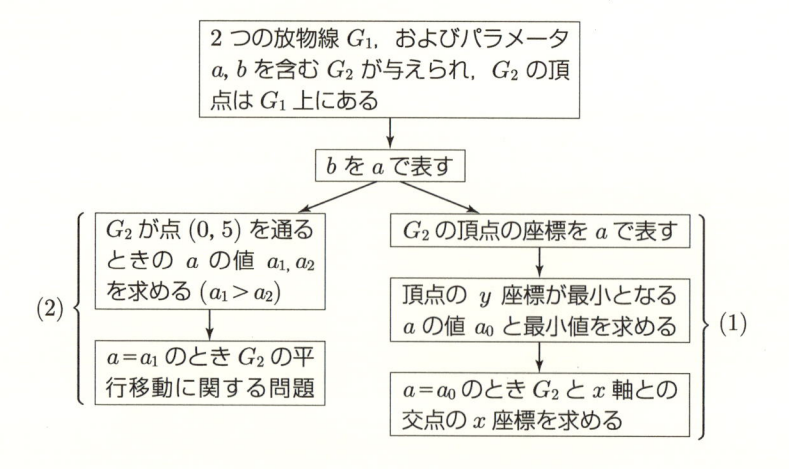

```
                ┌──────────────────────────────┐
                │ 2 つの放物線 $G_1$，およびパラメータ │
                │ $a, b$ を含む $G_2$ が与えられ，$G_2$ の頂 │
                │ 点は $G_1$ 上にある                 │
                └──────────────┬───────────────┘
                               │
                        ┌──────┴──────┐
                        │ $b$ を $a$ で表す │
                        └──────┬──────┘
       ┌───────────────────────┴──────────────────────────┐
       │                                                   │
┌──────┴──────────┐                           ┌───────────┴──────────┐
│ $G_2$ が点 $(0,5)$ を通る │                           │ $G_2$ の頂点の座標を $a$ で表す │
│ ときの $a$ の値 $a_1, a_2$ │                           └───────────┬──────────┘
│ を求める（$a_1 > a_2$）   │                                       │
└──────┬──────────┘                           ┌───────────┴──────────┐
       │                                       │ 頂点の $y$ 座標が最小となる │
┌──────┴──────────┐                           │ $a$ の値 $a_0$ と最小値を求める │
│ $a = a_1$ のとき $G_2$ の平 │                           └───────────┬──────────┘
│ 行移動に関する問題     │                                       │
└─────────────────┘                           ┌───────────┴──────────┐
                                               │ $a = a_0$ のとき $G_2$ と $x$ 軸との │
                                               │ 交点の $x$ 座標を求める         │
                                               └──────────────────────┘
```

(2) が左側分岐，(1) が右側分岐

第2節　問題の解答を文章で書き表そう

グラフ $G_2$ の方程式は $a, b$ の2つのパラメータを含む。これらのパラメータは，どのように定められていくかに着目して考えよう。この問題では，最大値・最小値問題を含まないので，場合分けは必要なさそうである。まず，②を平方完成し，頂点の座標が $G_1$ 上にあるという条件から $a$ と $b$ の関係式が得られ，$G_2$ の頂点の座標は $a$（または $b$）のみで表される。

そこで本問では，$a$ の決め方として2通り与えている。

(i)　一つは，$G_2$ の頂点の $y$ 座標が最小となる $a=a_0$ を求める，

(ii)　もう一つは，$G_2$ が $(0, 5)$ を通るような $a$ の値 $a_1, a_2$（$a_1 > a_2$）を求める，

ことである。このようにして定められた $a_0, a_1, a_2$ に対して，$G_2$ の軸，$x$ 軸との交点，および平行移動などについて設問を与えている。

[解答]　(1)　$G_2$ の方程式②を平方完成すると
$$y = x^2 + 2ax + b = (x+a)^2 - a^2 + b$$
よって，$G_2$ の頂点の座標は $(-a, -a^2+b)$．この点が $G_1$ 上にあることから
$$b - a^2 = 3(-a)^2 - 2(-a) - 1, \quad \therefore b = 4a^2 + 2a - 1 \quad \cdots\cdots ③$$
また，$G_2$ の頂点の座標を $a$ を用いて表すと，
$$(-a, -a^2 + b) = (-a, 3a^2 + 2a - 1)$$

$G_2$ の頂点の $y$ 座標を平方完成すると，
$$3a^2 + 2a - 1 = 3\left(a + \frac{1}{3}\right)^2 - \frac{4}{3}$$
よって，$G_2$ の頂点の $y$ 座標は $a = a_0 = -\frac{1}{3}$ のとき最小値 $-\frac{4}{3}$ をとる。

さらに，$a = a_0 = -\frac{1}{3}$ のとき，③から
$$b = 4\left(-\frac{1}{3}\right)^2 + 2\left(-\frac{1}{3}\right) - 1 = -\frac{11}{9}$$
したがって，$G_2$ の方程式は，②に $a = -\frac{1}{3}, b = -\frac{11}{9}$ を代入すると
$$y = x^2 - \frac{2}{3}x - \frac{11}{9} = \left(x - \frac{1}{3}\right)^2 - \frac{4}{3}$$
よって，このとき $G_2$ の軸は $x = \frac{1}{3}$，また $G_2$ と $x$ 軸の交点の $x$ 座標は，
$$x^2 - \frac{2}{3}x - \frac{11}{9} = 0$$
を解いて　$x = \frac{1}{3} \pm \sqrt{\frac{1}{9} + \frac{11}{9}} = \frac{1}{3} \pm \frac{\sqrt{12}}{3} = \frac{1 \pm 2\sqrt{3}}{3}$　（複号同順）

を得る。

（2） $G_2$ の方程式は，（1）より
$$y = x^2 + 2ax + b = x^2 + 2ax + 4a^2 + 2a - 1 \quad \cdots\cdots ④$$
$G_2$ が $(0, 5)$ を通ることから
$$5 = 4a^2 + 2a - 1, \quad \text{すなわち} \quad 4a^2 + 2a - 6 = 0$$
よって $\quad 4a^2 + 2a - 6 = 2(2a^2 + a - 3) = 2(2a + 3)(a - 1) = 0$
よって $\quad \therefore a = 1, -\dfrac{3}{2}, \quad$ よって $a_1 = 1, a_2 = -\dfrac{3}{2}$

ここで $a = 1$ のときの $G_2$ の方程式は，④において $a = 1$ とおくと
$$y = x^2 + 2x + 5 = (x + 1)^2 + 4$$
となる。

そこで $G_2$ を $x$ 軸方向に $c$, $y$ 軸方向に $c$ だけ平行移動すると，頂点は，$(-1, 4)$ から $(-1 + c, 4 + c)$ に移動する。この点が $G_1$ 上にあることから
$$4 + c = 3(-1 + c)^2 - 2(-1 + c) - 1,$$
整理して
$$3c^2 - 9c = 3c(c - 3) = 0, \quad \therefore c \neq 0 \text{ より } c = 3$$
したがって，平行移動によって得られる放物線の方程式は，頂点が $(-1 + c, 4 + c) = (2, 7)$ であるから
$$y = (x - 2)^2 + 7 = x^2 - 4x + 11$$
となる。 （解答終り）

---

**例題 4**（2007 数 I A 改）

$a$ を定数とし，$x$ の 2 次関数
$$y = x^2 - 2(a-1)x + 2a^2 - 8a + 4 \quad \cdots\cdots ①$$
のグラフを $G$ とする。

（1） グラフ $G$ が，$x$ 軸の負の部分と異なる 2 点で交わるための $a$ の値の範囲を求めよ。

（2） グラフ $G$ の頂点の $x$ 座標は $3 \leqq x \leqq 7$ の範囲にあるとする。このとき，次の問いに答えよ。

　（i）　2 次関数 ① の $3 \leqq x \leqq 7$ における最大値 $M$ を $a$ で表せ。

　（ii）　$3 \leqq x \leqq 7$ における ① の最小値が 6 となるとき，$a$ の値と最大値を求めよ。

第2節　問題の解答を文章で書き表そう　　　　　　　　　　　　　　69

　この問題では，2次関数①は1個のパラメータ $a$ を含んでいる。問(1)では，$G$ が $x$ 軸の負の部分で異なる2点で交わるための $a$ の範囲を求めることであるが，この条件を正確に分析すると，第3節[2](7)の2次不等式の項で詳述するように，
  (i) 　$G$ は $x$ 軸と2点で交わる，すなわち判別式 $D>0$,
  (ii) 　$G$ は $x$ 軸の負の部分において異なる2点で交わる，すなわち $G$ の軸の位置が負，かつ切片が正，
となる3つの不等式を同時に満たす $a$ の範囲を求めることである。解答を書く場合にはこれらのことを述べること。

　この問題の主題は(2)の $3 \leqq x \leqq 7$ における最大値と最小値を求める問題である。仮定：$G$ の頂点の $x$ 座標が $3 \leqq x \leqq 7$ であることから，$G$ の $3 \leqq x \leqq 7$ における最小値は頂点の $y$ 座標であることがわかる。最大値は場合分けが必要となる。本問では，最小値を6と与えて最大値を求めたが，逆に，最大値を与えて最小値を求める問題を「＋αの問題」で与えた。


[解答の流れ図]

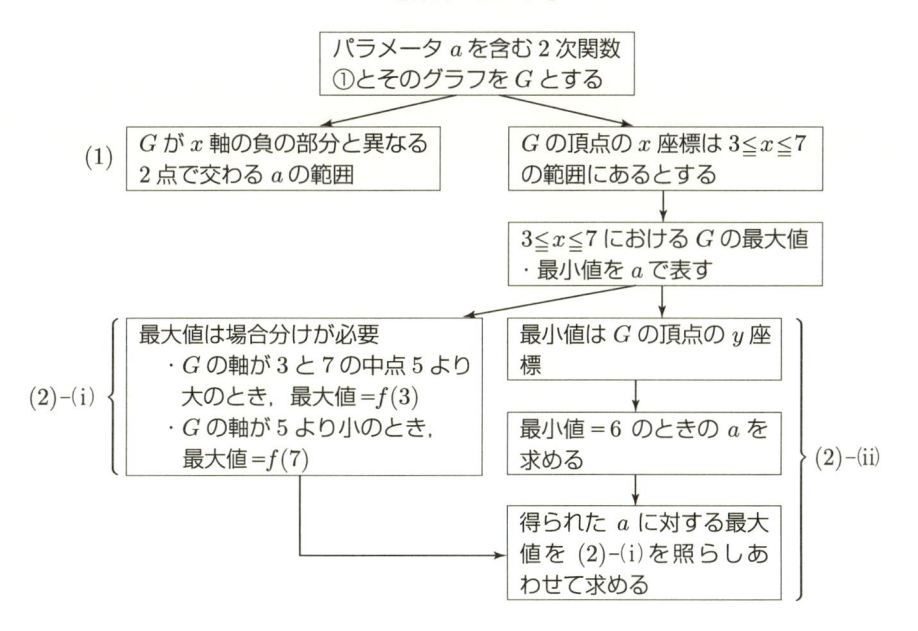

(1)
- パラメータ $a$ を含む2次関数①とそのグラフを $G$ とする
  - $G$ が $x$ 軸の負の部分と異なる2点で交わる $a$ の範囲
  - $G$ の頂点の $x$ 座標は $3 \leqq x \leqq 7$ の範囲にあるとする

(2)-(i)
- $3 \leqq x \leqq 7$ における $G$ の最大値・最小値を $a$ で表す
- 最大値は場合分けが必要
  ・$G$ の軸が3と7の中点5より大のとき，最大値 $=f(3)$
  ・$G$ の軸が5より小のとき，最大値 $=f(7)$

(2)-(ii)
- 最小値は $G$ の頂点の $y$ 座標
- 最小値 $=6$ のときの $a$ を求める
- 得られた $a$ に対する最大値を (2)-(i) を照らしあわせて求める

[解答] （1） 2次関数①の右辺を $f(x)$ とおく。$G$ が条件を満たすための必要十分条件は，2次方程式 $f(x)=0$ の判別式 $D$ が正であること，$G$ の頂点の $x$ 座標が負であること，および2次関数の切片 $f(0)$ が正となることである。

よって，まず $D>0$ から
$$(a-1)^2-(2a^2-8a+4)>0, \quad \text{すなわち} \quad -a^2+6a-3>0$$
$$\therefore \ a^2-6a+3<0$$
ここで $a^2-6a+3=0$ を解いて $a=3\pm\sqrt{9-3}=3\pm\sqrt{6}$
$$\therefore \ 3-\sqrt{6}<a<3+\sqrt{6} \qquad \cdots\cdots ②$$
次に，2次関数①を平方完成すると
$$y=x^2-2(a-1)x+2a^2-8a+4$$
$$=\{x-(a-1)\}^2-(a-1)^2+2a^2-8a+4$$
$$=\{x-(a-1)\}^2+a^2-6a+3$$
したがって，$G$ の頂点の座標は，
$$(a-1, \ a^2-6a+3) \qquad \cdots\cdots ③$$
よって，$G$ の頂点の $x$ 座標（＝軸の位置）が負であることから
$$a-1<0, \quad \therefore \ a<1 \qquad \cdots\cdots ④$$
最後に，$G$ の $y$ 切片 $f(0)$ が正であること，すなわち
$$f(0)=2a^2-8a+4=2(a^2-4a+2)>0, \quad \text{すなわち} \quad a^2-4a+2>0$$
ここで $a^2-4a+2=0$ の解は $a=2\pm\sqrt{4-2}=2\pm\sqrt{2}$。よって $a^2-4a+2>0$ から
$$a<2-\sqrt{2}, \quad \text{または} \quad a>2+\sqrt{2} \qquad \cdots\cdots ⑤$$
したがって，以上の3つの条件②，④，⑤を同時に満たす $a$ の範囲は $3-\sqrt{6}<a<2-\sqrt{2}$ である。

$$3-\sqrt{6}\fallingdotseq 0.56 \quad 2-\sqrt{2}\fallingdotseq 0.58 \quad 1$$

（2）（i） 仮定から，$G$ の頂点の $x$ 座標は $3\leqq a-1\leqq 7$ を満たすから $4\leqq a\leqq 8$。$f(x)$ の $3\leqq x\leqq 7$ における最大値 $M$ は，$G$ の軸からもっとも離れた点でとるから，$a-1$ が3と7の中間点5より小さいときは $x=7$ でとり，5以上のときは $x=3$ でとる。よって $a$ で場合分けをして
$$3\leqq a-1<5, \ \text{すなわち} \ 4\leqq a<6 \ \text{ならば} \ M=f(7)=2a^2-22a+67 \ \cdots ⑥$$
$$5\leqq a-1\leqq 7, \ \text{すなわち} \ 6\leqq a\leqq 8 \ \text{ならば} \ M=f(3)=2a^2-14a+19 \ \cdots ⑦$$
となる。

第2節 問題の解答を文章で書き表そう

(ii) $G$ の軸 $x=a-1$ は $3≦a-1≦7$ を満たすので，$y=f(x)$ の最小値は $G$ の頂点の $y$ 座標 $a^2-6a+3$ である．仮定から
$$a^2-6a+3=6 \quad より \quad a^2-6a-3=0$$
$$∴ \ a=3±\sqrt{12}=3±2\sqrt{3}$$
ここで $4≦a≦8$ を満たす $a$ は $3+2\sqrt{3}$ である．

また，$6<3+2\sqrt{3}<8$ であるから，$f(x)$ は $x=3$ で最大値をとる．⑦から
$$f(3)=2a^2-14a+19=2(3+2\sqrt{3})^2-14(3+2\sqrt{3})+19$$
$$=2(21+12\sqrt{3})-42-28\sqrt{3}+19$$
$$=19-4\sqrt{3}$$

（解答終り）

---

**＋αの問題**

2次関数①のグラフ $G$ の頂点の $x$ 座標は $3≦x<7$ の範囲にあるとする．2次関数①の $3≦x<7$ における最大値が7であるとき，$a$ の値と最小値を求めよ．

---

[解答] 例題4の(2)(i)から
$$4≦a<6 \ ならば最大値 \ M \ は，\ M=f(7)=2a^2-22a+67 \quad ……⑧$$
$$6≦a≦8 \ ならば最大値 \ M \ は，\ M=f(3)=2a^2-14a+19 \quad ……⑨$$
そこで⑧から
$$2a^2-22a+67=7,\ すなわち\ a^2-11a+30=0$$
よって
$$a^2-11a+30=(a-5)(a-6)=0 \ より \ a=5,\ 6$$
ここで $4≦a<6$ であるから $a=5$．このとき，最小値は $G$ の頂点の $y$ 座標であるから，③より，
$$a^2-6a+3=5^2-6·5+3=-2$$

次に，⑨から $2a^2-14a+19=7$, すなわち $a^2-7a+6=0$ より，
$$a^2-7a+6=(a-1)(a-6)=0,\quad よって\ a=1,\ 6$$
ここで $6≦a≦8$ であるから $a=6$．このとき，最小値は，$G$ の頂点の $y$ 座標であるから，③より，$a^2-6a+3=6^2-6·6+3=3$.

したがって，$3≦x<7$ において最大値が7となる $a$ と，そのときの最小値は，
$$a=5 \ で最小値-2,\quad a=6 \ で最小値3$$
の2組が得られる．

（解答終り）

次に例題4と関連して、設定条件を変えた問題を考えよう。

---
**── 設定条件を変更した問題 ──**

$a$ を定数とし、$x$ の2次関数
$$y = x^2 + 4(a+1)x + 5a^2 + 12a + 5 \qquad \cdots\cdots ①$$
のグラフを $G$ とする。このとき、次の問いに答えよ。

(1) $0 \leqq x \leqq 3$ における2次関数①の最大値、および最小値を $a$ で表せ。

(2) グラフ $G$ の頂点の $x$ 座標が $0 \leqq x \leqq 3$ であるとする。$0 \leqq x \leqq 3$ における①の最小値が $-2$ のとき、$a$ の値と最大値を求めよ。

---

この問題では、例題4と2次関数が異なっているほか、問(1)では $G$ の頂点の $x$ 座標 $=G$ の軸の位置 に制限がないことである。その結果、最小値をとる $x$ 座標が $a$ の3つの場合に応じて、それぞれ異なってくることに注意しよう。

[解答の流れ図]

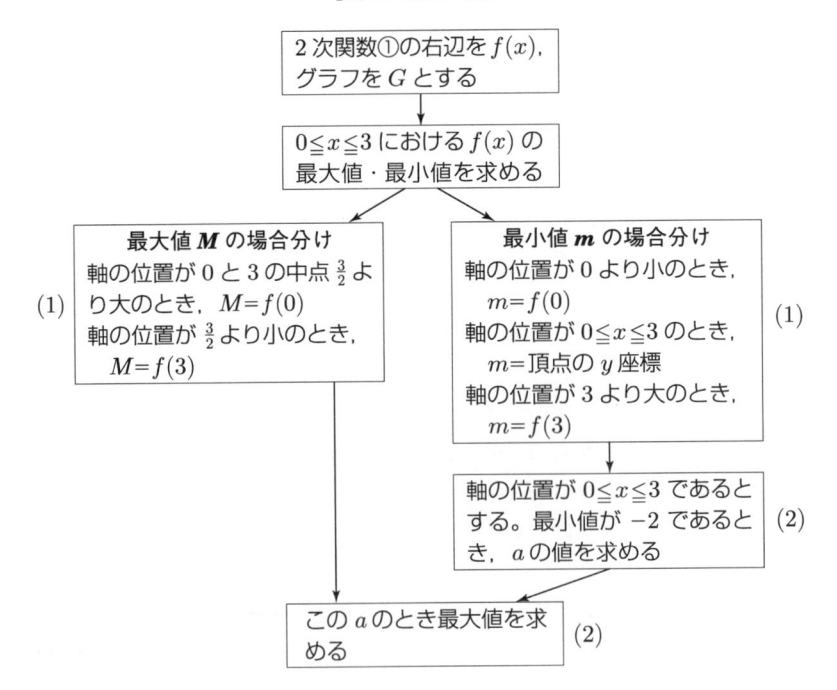

```
┌─────────────────────────┐
│ 2次関数①の右辺を $f(x)$, │
│ グラフを $G$ とする       │
└─────────────────────────┘
              ↓
┌─────────────────────────┐
│ $0\leqq x\leqq 3$ における $f(x)$ の │
│ 最大値・最小値を求める   │
└─────────────────────────┘
         ↙         ↘
```

(1) **最大値 $M$ の場合分け**
軸の位置が0と3の中点 $\frac{3}{2}$ より大のとき、$M=f(0)$
軸の位置が $\frac{3}{2}$ より小のとき、$M=f(3)$

(1) **最小値 $m$ の場合分け**
軸の位置が0より小のとき、$m=f(0)$
軸の位置が $0\leqq x\leqq 3$ のとき、$m=$ 頂点の $y$ 座標
軸の位置が3より大のとき、$m=f(3)$

(2) 軸の位置が $0\leqq x\leqq 3$ であるとする。最小値が $-2$ であるとき、$a$ の値を求める

(2) この $a$ のとき最大値を求める

第2節　問題の解答を文章で書き表そう　　　　　　　　　　　　　　　73

[解答]　2次関数①の右辺を $f(x)$ とおき，平方完成しておく．
$$f(x) = x^2 + 4(a+1)x + 5a^2 + 12a + 5$$
$$= \{x + 2(a+1)\}^2 - 4(a+1)^2 + 5a^2 + 12a + 5$$
$$= \{x + 2(a+1)\}^2 + a^2 + 4a + 1$$
したがって，$G$ の頂点は　　$(-2(a+1), a^2 + 4a + 1)$

（1）　$0 \leq x \leq 3$ における最大値 $M$．

　$x^2$ の係数は正であるから，$f(x)$ の最大値は，軸の位置からもっとも離れた点でとる．$G$ の軸は $x = -2(a+1)$，区間 $0 \leq x \leq 3$ の中間点は $\frac{3}{2}$ であるから

$$-2(a+1) \geq \frac{3}{2}, \text{ すなわち } a \leq -\frac{7}{4} \text{ のとき最大値は } x = 0 \text{ でとる．}$$

また，

$$-2(a+1) < \frac{3}{2}, \text{ すなわち } a > -\frac{7}{4} \text{ のとき最大値は } x = 3 \text{ でとる．}$$

　次に，$0 \leq x \leq 3$ における最小値 $m$．

　$G$ の軸の位置が区間 $0 \leq -2(a+1) \leq 3$，すなわち $-\frac{5}{2} \leq a \leq -1$ ならば，最小値は，$G$ の頂点の $y$ 座標となる．

　また，$-2(a+1) < 0$ ならば，すなわち $a > -1$ ならば，$G$ は $0 \leq x \leq 3$ において単調増加であるから，最小値は $x = 0$ でとる．

　最後に $-2(a+1) > 3$ ならば，すなわち $a < -\frac{5}{2}$ ならば，$G$ は $0 \leq x \leq 3$ において単調減少であるから，最小値は $x = 3$ でとる．

　以上をまとめると，

$$a \leq -\frac{7}{4} \text{ のとき　最大値 } M = f(0) = 5a^2 + 12a + 5$$

$$a > -\frac{7}{4} \text{ のとき　最大値 } M = f(3) = 5a^2 + 24a + 26$$

$$a < -\frac{5}{2} \text{ のとき　最小値 } m = f(3) = 5a^2 + 24a + 26$$

$$-\frac{5}{2} \leq a \leq -1 \text{ のとき　最小値 } m = a^2 + 4a + 1$$

$$a > -1 \text{ のとき　最小値 } m = f(0) = 5a^2 + 12a + 5$$

（2）　仮定からグラフ $G$ の軸は $0 \leq x \leq 3$ にあるから，最小値は $G$ の頂点の $y$ 座標である．最小値 $= -2$ であるから

$a^2+4a+1=-2$, よって $a^2+4a+3=(a+1)(a+3)=0$,

(1)より $a$ は $-\frac{5}{2} \leqq a \leqq -1$ の範囲になければならないから, $a=-1$ となる。

最大値は, $a=-1 > -\frac{7}{4}$ であるから, (1)より最大値は $x=3$ でとる。よって $M=f(3)=5a^2+24a+26$ において $a=-1$ とおけば $M=7$ を得る。

(解答終り)†

---

**── 例題 5 (2011 数 I A 改) ──**

$a, b, c$ を定数とし, $a \neq 0, b \neq 0$ とする。$x$ の2次関数
$$y = ax^2 + bx + c \qquad \cdots\cdots ①$$
のグラフを $G$ とする。

(1) $G$ が $y = -3x^2 + 12bx$ のグラフと同じ軸をもち, さらに $G$ が点 $(1, 2b-1)$ を通るとき, $a$ の値, および $c$ を $b$ で表せ。

以下(2), (3), (4)では(1)が成り立つとする。

(2) $G$ と $x$ 軸が異なる2点で交わるような $b$ の値の範囲を求めよ。さらに, $G$ が $x$ 軸の正の部分と異なる2点で交わるような $b$ の値の範囲を求めよ。

(3) $b > 0$ とする。$0 \leqq x \leqq b$ における2次関数①の最小値が $-\frac{1}{4}$ であるときの $b$ の値 $b_1$ を求めよ。また, $x \geqq b$ における2次関数①の最大値が3であるときの $b$ の値 $b_2$ を求めよ。

(4) (3)で求めた $b = b_1, b_2$ に対し, ①のグラフをそれぞれ $G_1, G_2$ とする。このとき, $G_1$ を $x$ 軸方向, および $y$ 軸方向にそれぞれどれだけ平行移動すれば $G_2$ に重なるか。

---

2次式を平方完成すると, 2次関数のグラフの軸, 頂点の座標, および最大値・最小値を求める強力な手がかりとなる。本問において, 2次関数①は3

---

† 例題4, および「$+\alpha$ の問題」「設定条件を変更した問題」のように, パラメータ $a$ を含む2次関数において, 最大値(または最小値)を与えて, パラメータを定めるとともに最小値(または最大値)を求める問題を解く手順は
 (1) 軸の位置によって最大値をとる点が異なるので, $a$ の場合分けと最大値, および最小値を $a$ の関数として求める(場合分けが不要のこともある),
 (2) 与えられた最大値をとる $a$ の値と, その吟味を行う,
 (3) $a$ の値に応じて最小値を求める,
ということになる。複数の解が得られることもある。

第2節　問題の解答を文章で書き表そう　　　　　　　　　　　　　　　　75

つのパラメータを含む。数学の問題において，パラメータの果たす役割は大変大きい。これらのパラメータはどのような条件で定められていくかに関心をもって考えることが大切である。問(1)により $a$ は定まり，$c$ は $b$ で表されるから，結局，グラフ $G$ の方程式は1つのパラメータ $b$ を含む形となる。

　問(2)は，2次方程式の解，または2次関数のグラフに関する基礎的問題である。

　問(3)では，$0 \leq x \leq b$ における2次関数①の最小値が $-\dfrac{1}{4}$ であるときの $b$ の値と，$x \geq b$ における①の最大値が3であるときの $b$ の値を求めることである。この問題を解く鍵は，①を平方完成すれば軸の位置がわかり，最小値または最大値をとる点が決定されることである。

　問(4)はグラフの平行移動に関する問題で，$G_1$ と $G_2$ の頂点を比較すれば簡単にわかる。

[解答]　（1）　2次関数①と $y = -3x^2 + 12bx$ をそれぞれ平方完成すると
$$y = ax^2 + bx + c = a\left(x + \dfrac{b}{2a}\right)^2 + \dfrac{4ac - b^2}{4a}$$
$$y = -3x^2 + 12bx = -3(x - 2b)^2 + 12b^2$$
よって，2つの2次関数の軸が一致することから
$$-\dfrac{b}{2a} = 2b, \quad b \neq 0 \text{ であるから } a = -\dfrac{1}{4}$$
また，グラフ $G$ は $(1, 2b-1)$ を通ることから，①に代入して
$$2b - 1 = a + b + c, \text{ ここで } a = -\dfrac{1}{4} \text{ であるから } c = b - \dfrac{3}{4}$$

（2）　$G$ の方程式は，$a = -\dfrac{1}{4}$，$c = b - \dfrac{3}{4}$ を代入し，平方完成すると
$$y = -\dfrac{1}{4}x^2 + bx + b - \dfrac{3}{4} \qquad \cdots\cdots ②$$
$$= -\dfrac{1}{4}(x - 2b)^2 + b^2 + b - \dfrac{3}{4}$$
まず，$G$ が $x$ 軸と異なる2点で交わるためには，2次方程式
$$-\dfrac{1}{4}x^2 + bx + b - \dfrac{3}{4} = 0$$
が異なる2つの実数解をもつことであるから，そのための必要十分条件は判別式 $D > 0$，すなわち

$$D = b^2 - 4\left(-\frac{1}{4}\right)\left(b - \frac{3}{4}\right) = b^2 + b - \frac{3}{4} > 0$$

$$\therefore \left(b + \frac{3}{2}\right)\left(b - \frac{1}{2}\right) > 0, \quad \text{したがって} \quad b < -\frac{3}{2}, \quad b > \frac{1}{2}$$

また，$G$ と $x$ 軸の正の部分が異なる 2 点で交わる必要十分条件は

(i)　$D > 0$,

(ii)　$G$ のグラフの軸 $x = 2b > 0$,

(iii)　$G$ の $y$ 軸切片が負

となることであるから，

(i) $b < -\frac{3}{2}$, または $b > \frac{1}{2}$, 　　(ii) $2b > 0$, 　　(iii) $b - \frac{3}{4} < 0$

したがって，これら 3 つの条件を満たす $b$ の値の範囲は $\frac{1}{2} < b < \frac{3}{4}$

（3）　$G$ の方程式 ② を平方完成すると

$$y = -\frac{1}{4}(x - 2b)^2 + b^2 + b - \frac{3}{4} \quad \cdots\cdots ③$$

この式から $0 \leq x \leq b$ における $y$ の最小値は，軸 $x = 2b$ からもっとも離れた点 $x = 0$ でとることがわかる。したがって最小値は ③ において $x = 0$ とおけば

$$y = -\frac{1}{4}(-2b)^2 + b^2 + b - \frac{3}{4} = b - \frac{3}{4}$$

よって条件から

$$b - \frac{3}{4} = -\frac{1}{4}, \quad \therefore \ b = \frac{1}{2}, \quad \text{よって} \quad b_1 = \frac{1}{2}$$

また，$x \geq b$ における $y$ の最大値は，頂点 $x = 2b$ においてとる。したがって最大値は ③ において $x = 2b$ とおけば，

$$y = b^2 + b - \frac{3}{4}$$

よって　$b^2 + b - \frac{3}{4} = 3$, 　$\therefore \ 4b^2 + 4b - 15 = (2b + 5)(2b - 3) = 0$

$b > 0$ であるから，$b = \frac{3}{2}$, すなわち $b_2 = \frac{3}{2}$

（4）　$b = b_1 = \frac{1}{2}$, $b = b_2 = \frac{3}{2}$ のときのグラフを $G_1, G_2$ とすると，方程式は，

$$G_1 : y = -\frac{1}{4}(x - 1)^2,$$

$$G_2 : y = -\frac{1}{4}(x - 3)^2 + 3$$

第2節 問題の解答を文章で書き表そう 77

したがって，$G_1$ と $G_2$ の頂点の座標 $(1, 0)$, $(3, 3)$ を比較して，$G_1$ を $x$ 軸方向に $2$，$y$ 軸方向に $3$ だけ平行移動すれば $G_2$ と一致する。　　　（解答終り）

---

**＋α の問題**（例題5の問(2)に関連して）

2次関数②のグラフ $G$ に関して，次の条件を満たすような $b$ の値の範囲を求めよ。
（1）　$G$ と $x$ 軸の負の部分が異なる2点で交わる。
（2）　$G$ と $x$ 軸の正の部分，および負の部分が1点ずつ交わる。

---

[解答]　（1）　条件を満たす必要十分条件は
(i)　判別式 $D > 0$,
(ii)　$G$ のグラフの軸 $x = 2b < 0$,
(iii)　$G$ の $y$ 軸切片が負となる

ことであるから

(i) $b < -\dfrac{3}{2}$ または $b > \dfrac{1}{2}$,　　(ii) $b < 0$,　　(iii) $b - \dfrac{3}{4} < 0$

これらの条件を満たす $b$ の値の範囲は $b < -\dfrac{3}{2}$

（2）　条件を満たす必要十分条件は

(i) 判別式 $D > 0$,　　(ii) $G$ の $y$ 軸切片が正

となることであるから

(i) $b < -\dfrac{3}{2}$ または $b > \dfrac{1}{2}$,　　(ii) $b - \dfrac{3}{4} > 0$

これらの条件を満たす $b$ の値の範囲は $b > \dfrac{3}{4}$　　　（解答終り）

---

**＋α の問題**（例題5の問(3)に関連して）

（1）　$b > 0$ とする。$0 \leqq x \leqq 3b$ における2次関数②の最小値が $-\dfrac{1}{4}$ であるときの $b$ の値，およびそのときの最大値を求めよ。
（2）　$b > 0$ とする。$b \leqq x \leqq 4b$ における2次関数②の最大値が $3$ であるときの $b$ の値，およびそのときの最小値を求めよ。

---

[解答]　（1）　$0 \leqq x \leqq 3b$ における2次関数②の最小値は $x = 0$ でとる。最小値が $-\dfrac{1}{4}$ であることから，$-\dfrac{1}{4} = b - \dfrac{3}{4}$ より $b = \dfrac{1}{2}$．また，②の最大値は頂点で

とるから，②において $x=2b$，$b=\frac{1}{2}$ とおけば，

$$\text{最大値}=b^2+b-\frac{3}{4}=\left(\frac{1}{2}\right)^2+\frac{1}{2}-\frac{3}{4}=0$$

となる。

（2） $b\leqq x\leqq 4b$ における2次関数②の最大値は頂点でとる。最大値＝3から

$$b^2+b-\frac{3}{4}=3, \quad \text{すなわち} \quad 4b^2+4b-15=0$$

$$\therefore \quad 4b^2+4b-15=(2b-3)(2b+5)=0$$

よって $b=\frac{3}{2}, -\frac{5}{2}$，ここで $b>0$ より $b=\frac{3}{2}$

②の $b\leqq x\leqq 4b$ における最小値は $x=4b$ においてとるから，②において $x=4b, b=\frac{3}{2}$ とおくと，

$$\text{最小値}=\frac{3}{2}-\frac{3}{4}=\frac{3}{4}$$

となる。

（解答終り）

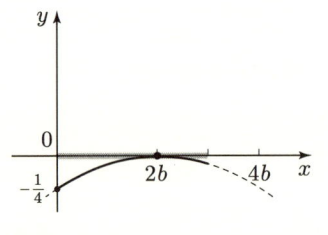

(1) $b=\frac{1}{2}, y=-\frac{1}{4}(x-2b)^2$

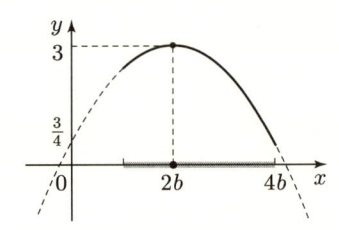

(2) $b=\frac{3}{2}, y=-\frac{1}{4}(x-2b)^2+3$

## 第3節　定義と定理・公式等のまとめ

**2次関数**(数学Ⅰ)

**[1] 2次関数とグラフ**

**(1) 関　数**

2つの**変数** $x, y$ があって，$x$ の値を定めるとそれに対応して $y$ の値がただ一つ定まるとき，$y$ は $x$ の**関数**であるといい，$y=f(x)$ と表す。関数 $y=f(x)$ において，$x=a$ のとき，それに対応して定まる $y$ の値を $f(a)$ と書き，これを関数 $y=f(x)$ の $x=a$ における**値**という。

関数 $y=f(x)$ において，変数 $x$ のとる値の範囲をこの関数の**定義域**という。また，$x$ が定義域全体を動くとき，$f(x)$ のとる値の範囲をこの関数の**値域**という。関数 $y=f(x)$ の定義域が $a \leqq x \leqq b$ であるときは，次のように書く。

$$y=f(x) \quad (a \leqq x \leqq b)$$

文字 $f$ の代わりに $g, h$ など $f$ 以外の文字を用いることもある。

**(2) 2次関数のグラフ**

座標軸の定められた平面を**座標平面**という。一般に，関数 $y=f(x)$ が与えられたとき，座標平面上に，関係 $y=f(x)$ を満たすような点 $(x, y)$，すなわち $(x, f(x))$ 全体でつくられる図形を，この**関数のグラフ**という。

$y$ が $x$ の2次式で表される関数を，$x$ の**2次関数**という。一般に，$x$ の2次関数は次の形に書き表される。

$$y=ax^2+bx+c \quad (a, b, c \text{ は定数, } a \neq 0)$$

2次式 $ax^2+bx+c$ $(a \neq 0)$ は，次のように**平方完成**の形に変形することができる。

$$ax^2+bx+c=a\left(x+\frac{b}{2a}\right)^2-\frac{b^2-4ac}{4a}$$

したがって，2次関数 $y=ax^2+bx+c$ は，$y=a(x-p)^2+q$ の形に変形できる。

2次関数 $y=ax^2+bx+c$ のグラフは，$y=ax^2$ のグラフを $x$ 軸の正方向に $-\frac{b}{2a}$ だけ，$y$ 軸の正方向に $-\frac{b^2-4ac}{4a}$ だけ**平行移動**した放物線で，$a>0$ ならば**下に凸**，$a<0$ ならば**上に凸**である。$x=-\frac{b}{2a}$ を2次関数 $y=ax^2+bx+c$ の**軸**といい，点 $\left(-\frac{b}{2a}, -\frac{b^2-4ac}{4a}\right)$ を放物線の**頂点**という。

### (3) 放物線の平行移動と対称移動

2次関数 $y=ax^2+bx+c$ のグラフを単に**放物線** $y=ax^2+bx+c$ といい，また $y=ax^2+bx+c$ をこの放物線の方程式という。

放物線 $y=f(x)=ax^2+bx+c$ を $F$ とし，$F$ を $x$ 軸方向に $p$，$y$ 軸方向に $q$ だけ平行移動して得られる放物線を $G$ とすると，$G$ の方程式は

$$y-q=f(x-p)=a(x-p)^2+b(x-p)+c$$

から得られる。また，$x$ 軸，$y$ 軸，原点に関して**対称移動**して得られる曲線の方程式は，それぞれ次のようになる。

$$x \text{軸} : y=-f(x)=-(ax^2+bx+c)$$
$$y \text{軸} : y=f(-x)=ax^2-bx+c$$
$$\text{原点} : y=-f(-x)=-ax^2+bx-c$$

### (4) 2次関数の最大値と最小値

2次関数 $y=a(x-p)^2+q$ のグラフから次のことがいえる。

2次関数 $y=a(x-p)^2+q$ は

$a>0$ のとき，$x=p$ で最小値 $q$ をとり，最大値はない（どれだけでも大きい値をとることができる）。

$a<0$ のとき，$x=p$ で最大値 $q$ をとり，最小値はない（どれだけでも小さい値をとることができる）。

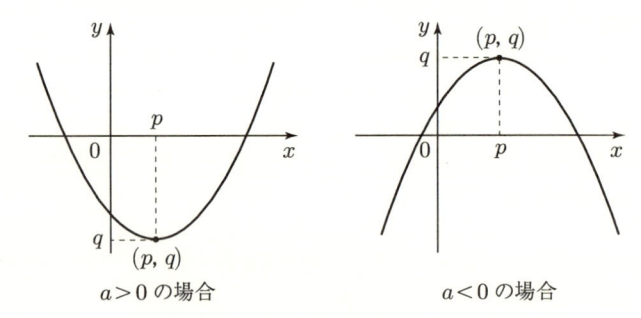

$a>0$ の場合　　　　　$a<0$ の場合

### (5) 定義域に制限がある場合の最大値と最小値

2次関数 $y=ax^2+bx+c$ の定義域に制限がある場合の最大値・最小値を求める問題は，$a$ の符号，放物線の軸 $x=p$，および定義域の状況によりいろいろな場合がある。ここでは $a>0$ の場合を書くが，$a<0$ の場合も容易に書き下すことができる。2次関数を平方完成の形：$y=a(x-p)^2+q$ とする。

(i)　$a>0$，定義域が $\alpha \leqq x \leqq \beta$ である場合の最小値。

$\alpha \leqq p \leqq \beta$ のとき，$x=p$ で最小値 $q$ となる。

$p<\alpha<\beta$ のとき，グラフは $\alpha \leqq x \leqq \beta$ で増加，よって最小値は $x=\alpha$ おいて $f(\alpha)$ となる。

第3節　定義と定理・公式等のまとめ

　　　　$\alpha<\beta<p$ のとき，グラフは $\alpha\leqq x\leqq\beta$ で減少，よって最小値は $x=\beta$ において $f(\beta)$ となる。
(ii)　$a>0$，定義域が $\alpha\leqq x\leqq\beta$ である場合の最大値。
　　　$p<\dfrac{\alpha+\beta}{2}$ のとき(または $p$ ともっとも離れている点)，$x=\beta$ で最大値 $f(\beta)$ をとる。
　　　$p>\dfrac{\alpha+\beta}{2}$ のとき(または $p$ ともっとも離れている点)，$x=\alpha$ で最大値 $f(\alpha)$ をとる。
　　　$p=\dfrac{\alpha+\beta}{2}$ のとき，$x=\alpha$ および $\beta$ において最大値 $f(\alpha)=f(\beta)$ をとる。
(iii)　$a>0$，定義域を $\alpha<x<\beta$ とする。(定義域に等号が入ってないことに注意)
　　　$\alpha<p<\beta$ のとき，$x=p$ で最小値 $q$，最大値は存在しない。
　　　$p\leqq\alpha<\beta$ のとき，または $\alpha<\beta\leqq p$ のとき，最大値および最小値はともに存在しない。
なお $a<0$ の場合も，グラフが上に凸になることに注意して，図から最大値・最小値を求めたことを参考にして，最大値・最小値を求めることができる。

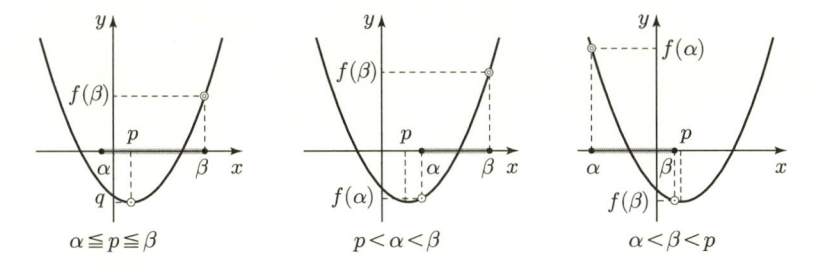

　$\alpha\leqq p\leqq\beta$　　　　　$p<\alpha<\beta$　　　　　$\alpha<\beta<p$

**（6）　2次関数の決定**

　2次関数 $y=ax^2+bx+c$ または $y=a(x-p)^2+q$ は，そのグラフにどのような条件を与えれば決定できるか，すなわち，どのような条件を与えれば $a, b, c$，または $a, p, q$ が決定できるか，という問題である。例えば，次のような場合には2次関数を決定することができる。

(i)　**グラフ上の3点が与えられた場合。**　2次関数を $y=ax^2+bx+c$ とおく。与えられた3点の座標を代入し，$a, b, c$ に関する連立3元1次方程式を解くことにより，$a, b, c$ を決定する。

(ii)　**頂点の座標と，グラフ上の頂点以外の1点が与えられた場合。**　2次関数を $y=a(x-p)^2+q$ とおくと $p, q$ が定まり，さらに1点を通ることから $a$ も決定される，など。

## [2] 2次不等式

### (7) 2次関数のグラフと $x$ 軸の位置関係

2次関数 $y=ax^2+bx+c$ のグラフと $x$ 軸が交わるとき，その $x$ 座標は2次方程式 $ax^2+bx+c=0$ の実数解である．特に，グラフが $x$ 軸に接するときこの解は重解である．また，2次関数 $y=ax^2+bx+c$ のグラフと $x$ 軸が交わらないとき，2次方程式 $ax^2+bx+c=0$ は実数解をもたない．以上のことから次のことがいえる．

判別式 $D=b^2-4ac$ とする．

$$D>0 \iff \text{異なる2点で交わる．}$$
$$D=0 \iff \text{1点で接する．}$$
$$D<0 \iff \text{交わらない．}$$

ここで，$D>0$ の場合，さらに，$x$ 軸の正の部分と異なる2点で交わる，$x$ 軸の負の部分と異なる2点で交わる，$x$ 軸の正の部分と負の部分と1点ずつで交わる必要十分条件を考える．

$$y=ax^2+bx+c = a\left(x-\frac{b}{2a}\right)^2 - \frac{b^2-4ac}{4a} \text{ と書く．}$$

$a>0$ の場合．

④ 2次関数のグラフが $x$ 軸の正の部分と異なる2点で交わる条件は
  (i) $D>0$,
  (ii) グラフの軸 $x=\frac{b}{2a}>0$,
  (iii) $x=0$ で $y>0$，すなわち $c>0$

回 2次関数のグラフが $x$ 軸の負の部分と異なる2点で交わる条件は
  (i) $D>0$,
  (ii) グラフの軸 $x=\frac{b}{2a}<0$,
  (iii) $x=0$ で $y>0$，すなわち $c>0$

ハ 2次関数のグラフが $x$ 軸の正の部分と負の部分と1点ずつで交わる条件は
  (i) $D>0$,
  (ii) $c<0$

$a<0$ の場合には，$c$ の符号が逆になる．

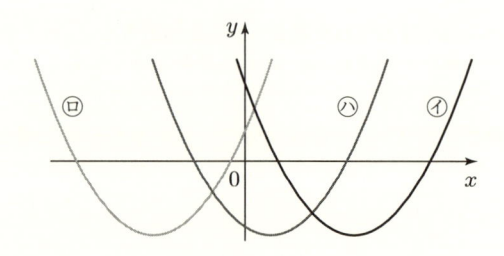

## （8） 2次不等式の解

不等式のすべての項を左辺に移項して整理したとき，左辺が $x$ の2次式になる不等式を，$x$ についての**2次不等式**という。2次不等式の解は，2次関数のグラフを利用して解くことができる。

$a>0$ かつ $D>0$ のとき，2次方程式 $ax^2+bx+c=0$ の異なる2つの実数解を $\alpha,\beta$ ($\alpha<\beta$) とすると

$ax^2+bx+c>0$ の解は $x<\alpha,\quad \beta<x$
$ax^2+bx+c<0$ の解は $\alpha<x<\beta$
$ax^2+bx+c\geqq 0$ の解は $x\leqq \alpha,\quad \beta\leqq x$
$ax^2+bx+c\leqq 0$ の解は $\alpha\leqq x\leqq \beta$

また，$x^2$ の係数が負の2次不等式を解くときは，両辺に $(-1)$ をかけて $x^2$ の係数が正になるように変形して考えればよい。

## 第4節　問題作りに挑戦しよう

　まず,「+αの問題」「設定条件を変更した問題」作りからはじめよう。
　$x$ の2次関数 $y=f(x)=ax^2+bx+c$ が与えられたとき,何を調べるかといえば,
（1）　$y=f(x)$ を平方完成することにより,グラフの軸の方程式,頂点の座標を求める,
（2）　グラフと $x$ 軸の交わる状況を調べる,
（3）　関数の定義域をある区間 $p \leqq x \leqq q$ とすると,その区間での $f(x)$ の最大値,最小値を求める,
（4）　平行移動,または対称移動に関する問題
などである。
　センター試験の問題では,与えられる2次関数はほとんどすべての場合,いくつかのパラメータを含んでいる。パラメータを含む問題を解く場合は,仮定にしたがってパラメータの値を決定したり,または範囲を求めていくことになるが,これは上記3つ(1)～(3)の問題の「逆問題」と考えることができる,すなわち,関数の性質を与えて,それを満たす2次関数 $f(x)$ のパラメータを決定するということである。パラメータの導入と,それを決定する仕方にはいろいろな工夫がなされている。
　例えば,例題2においては,パラメータ $a$ を含む2次関数の区間 $I: -1 \leqq x \leqq 3$ における最小値が $\frac{7}{9}$ となるすべての $a$ の値を求める問題である。すなわち,区間 $I$ における最小値を与えて2次関数を決定するという逆問題を解くわけである。最小値を $m$ と書くと,$m$ は2次関数の軸と区間 $I$ の位置関係により,3つの場合に分けて,$a$ の関数 $m(a)$ が得られる。$m(a)=\frac{7}{9}$ を解いて $a$ を求める。このようにして得られた $a$ が問題の解答になっているかどうかを吟味しなければならない。
　例題2とそれに付随する「設定条件を変更した問題」は,場合分けと吟味を必要とする2次関数の最大値・最小値問題であり,"見かけの解"が現れると

第4節 問題作りに挑戦しよう

ころがおもしろい。これらの問題と解答をしっかり理解すれば，ややレベルの高い"場合分けと吟味"の必要な問題を作ることができるようになる。そこで問題例を提供しよう。

---
**問題1**

$a \geqq 0$ とする。$x$ の2次関数
$$f(x) = 2(x-a)^2 + g(a), \quad ただし \quad g(a) = -a^2 - 6a + \frac{7}{4}$$
とする。このとき次の問いに答えよ。

（1） $-1 \leqq x \leqq 1$ における最大値，および最小値を $a$ の関数で表せ。

（2） 最大値が3となるときの $a$ の値，およびそのときの最小値を求めよ。

---

**ヒント**：（1） $f(x)$ の軸は $x = a$，したがって $-1 \leqq x \leqq 1$ における最大値および最小値は，$a$ の値による場合分けが必要である：

$0 \leqq a \leqq 1$ の場合

　最大値は $f(-1) = 2(1+a)^2 + g(a)$

　最小値は $f(a) = g(a)$

$1 \leqq a$ の場合

　最大値は $f(-1) = 2(1+a)^2 + g(a)$

　最小値は $f(1) = 2(1-a)^2 + g(a)$

（2） $0 \leqq a \leqq 1$ の場合，最大値は $f(-1) = 2(1+a)^2 + g(a) = a^2 - 2a + \frac{15}{4}$

$$a^2 - 2a + \frac{15}{4} = 3 \quad より \quad a^2 - 2a + \frac{3}{4} = 0,$$

よって
$$\left(a - \frac{1}{2}\right)\left(a - \frac{3}{2}\right) = 0$$

$0 \leqq a \leqq 1$ の場合であるから，$a = \frac{1}{2}$．このとき，最小値は $g(a) = g\left(\frac{1}{2}\right) = -\frac{3}{2}$

　次に，$1 < a$ の場合，最大値は $f(-1) = 2(1+a)^2 + g(a) = 3$ から $a = \frac{3}{2}$

よって，このときの最小値は $f(1) = 2(1-a)^2 + g(a) = -9$ $\left(a = \frac{3}{2} とおく\right)$．

　したがって，区間 $-1 \leqq x \leqq 1$ における最大値が3となる $a$ の値は，$\frac{1}{2}$ と $\frac{3}{2}$ の2つがある。

# 第3章　図形と計量，平面図形

> 学習項目：三角比，余弦定理，正弦定理，三角形の面積，相似比
> 　　　　　（数学Ⅰ）
> 　　　　　三角形の辺と角，円周角，円に内接する四角形の性質，
> 　　　　　円の接線と弦のつくる角，方べきの定理（数学A）
>
> 　第3章では，数学Ⅰの「図形と計量」，数学Aの「平面図形」について学習する。例題として，大学入試センター試験 数学Ⅰ・数学Aの第3問を取り上げる。

## 第1節　例題の解答と基礎的な考え方

　第1節の主な目的は，問題とその解法をじっくり考え，しっかりわかることである。題意にそって作図をすることは，問題文の意味をしっかり理解するための第一歩である。そして，「図形と計量」において学習する主な項目は，
　（1）　直角三角形の三角比と三平方の定理，
　（2）　三角形の頂点の角と辺の長さの関係を表す余弦定理，
　（3）　三角形の角と対辺，および外接円の半径を含む正弦定理，
　（4）　三角形の面積に関する公式
である。数学ⅡBで学ぶ三角関数の加法定理と，それから導かれるいくつかの定理とあわせて理解しておくことが大切である。
　「平面図形」に関しては，三角形の性質として，

（1） △ABC の ∠A の二等分線と辺 BC との交点は辺 BC を AB：AC に内分すること，
（2） 外心・内心・重心の存在と性質，

次に円の性質として
（3） 円周角の性質，
（4） 円に内接する四角形の対角の和は 180° であること，
（5） 円 O の接線 AT と弦 AB のつくる角は AT と AB にはさまれる弧 AB に対する円周角に等しいこと。
（6） 方べきの定理

などは基本的な事柄であり，センター試験の問題のなかでも利用される場合が多い。

---

**例題 1（2012 数 I A）**

△ABC において，AB=AC=3，BC=2 とする。このとき次の問いに答えよ。

（1） (i) $\cos\angle ABC$，$\sin\angle ABC$ を求めよ。
　　　(ii) △ABC の面積，△ABC の内接円 I の半径 $r$ を求めよ。
　　　(iii) 円 I の中心から点 B までの距離を求めよ。

（2） 辺 AB 上の点 P と辺 BC 上の点 Q を BP=BQ，かつ PQ=$\frac{2}{3}$ とする。このとき △PBQ の外接円 O の直径を求めよ。また，円 O と円 I の位置関係を述べよ。

（3） 円 I 上に点 E と点 F を，3 点 C, E, F が一直線上にこの順に並び，かつ CF=$\sqrt{2}$ になるようにとる。このとき CE，および $\frac{EF}{CE}$ の値を求めよ。

さらに円 I と辺 BC との接点を D，線分の BE と線分 DF の交点を G，線分 CG の延長と線分 BF との交点を M とする。このとき $\frac{GM}{CG}$ の値を求めよ。

---

[問題の意義と解答の要点]

● 平面図形に関する定理や性質を正確に適用できるかどうかを問う問題である。基礎的な定理や性質であるから正確に理解しておくこと。

第1節 例題の解答と基礎的な考え方

(1) 三角形の余弦定理($\triangle ABC$ に適用して $\cos\angle ABC$),
(2) 三角形の面積公式($\triangle ABC$ の面積),
(3) 三平方の定理($BI$ の長さ),
(4) 三角形の正弦定理($\triangle PBQ$ に適用して外接円の半径),
(5) 方べきの定理($CE$ の長さ),
(6) 三角形の重心の性質 $\left(\dfrac{GM}{CG} \text{の値}\right)$。

[解答] (1) (i) $\triangle ABC$ に対し余弦定理を適用する。
$AC^2 = AB^2 + BC^2 - 2AB \cdot BC \cos\angle ABC$ より

$$9 = 9 + 4 - 12\cos\angle ABC, \quad \therefore \cos\angle ABC = \frac{1}{3},$$

また,$\sin\angle ABC$ は

$$\sin\angle ABC = \sqrt{1 - \cos^2\angle ABC}$$
$$= \sqrt{1 - \frac{1}{9}} = \frac{\sqrt{8}}{3} = \frac{2\sqrt{2}}{3}$$
$$(\because \sin\angle ABC > 0)$$

(ii) $\triangle ABC$ の面積 $= \dfrac{1}{2} AB \cdot BC \sin\angle ABC$ より

$$(\text{右辺}) = \frac{1}{2} \cdot 3 \cdot 2 \cdot \frac{2\sqrt{2}}{3} = 2\sqrt{2}$$

内接円 I の半径を $r$ とすると
$\triangle IAB + \triangle IBC + \triangle ICA$
$= \dfrac{1}{2} AB \cdot r + \dfrac{1}{2} BC \cdot r + \dfrac{1}{2} CA \cdot r$
$= \dfrac{1}{2}(AB + BC + AC) \times r = \triangle ABC$ の面積

より $\dfrac{1}{2}(3+2+3)r = 2\sqrt{2}$, すなわち $4r = 2\sqrt{2}$, $\therefore r = \dfrac{\sqrt{2}}{2}$

(iii) 内接円 I の中心を I,内接円 I と辺 BC の接点を D とすると,$BI^2 = BD^2 + ID^2$,$BD = 1$,$ID = r = \dfrac{\sqrt{2}}{2}$ より

$$BI^2 = 1 + \frac{1}{2} = \frac{3}{2}, \quad \therefore BI = \sqrt{\frac{3}{2}} = \frac{\sqrt{6}}{2}$$

(2) $\triangle PBQ$ の外接円の半径を $R$ とすると,正弦定理

$$2R = \frac{PQ}{\sin\angle PBQ} = \frac{PQ}{\sin\angle ABC}$$

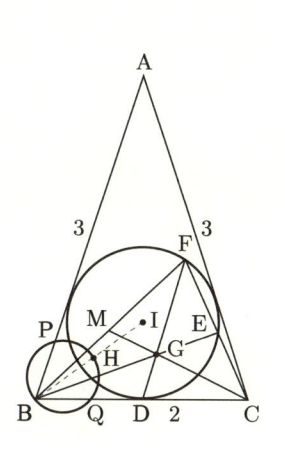

より
$$2R = \frac{\frac{2}{3}}{\frac{2}{3}\sqrt{2}} = \frac{1}{\sqrt{2}} = \frac{\sqrt{2}}{2}$$

△PBQ の外接円 O と BI との交点を H とすると，IH＝BI－2R より

$$IH = \frac{\sqrt{6}}{2} - \frac{\sqrt{2}}{2} = \frac{\sqrt{6}-\sqrt{2}}{2},$$

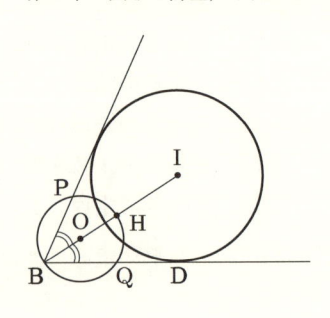

ここで $\frac{\sqrt{6}-\sqrt{2}}{2} < \frac{\sqrt{2}}{2}$（∵ $\sqrt{6} < 2\sqrt{2} = \sqrt{8}$ より）であるから，H は内接円 I の内部にある。よって△PBQ の外接円と I とは異なる 2 点で交わる。

（3） CE＝$x$，CF＝$\sqrt{2}$ とする。方べきの定理 CE・CF＝CD$^2$，BD＝CD＝1 より　　　　$\sqrt{2}\,x = 1$，　∴ $x = \frac{1}{\sqrt{2}} = \frac{\sqrt{2}}{2}$

したがって，点 E は CF の中点，よって $\frac{EF}{CE} = 1$

次に，△FBC において，点 E は FC の中点，D は BC の中点であるから，BE と DF の交点 G は△FBC の重心であり，CG の延長と BF の交点 M は BF の中点である。また，G は中線を 2：1 に内分するから $\frac{GM}{CG} = \frac{1}{2}$ となる。

（解答終り）

― ＋$\alpha$ の問題 ―

△ABC は例題 1 と同様とする。辺 AB 上の点 P と辺 BC 上の点 Q を BP＝BQ とする。このとき，△ABC の内接円 I と△PBQ の外接円 O が接しているとき，PQ の長さを求めよ。

[解答] 円 O と円 I の接点を K とすると，BP＝BQ から O，K は BI 上にあることがわかる。円 O と円 I が点 K で接しているから

$$BK = BI - KI$$

円 I の半径を $r$，円 O の半径を $R$，また PQ＝$x$ とすると，正弦定理より

$$BK = 2R = \frac{x}{\sin \angle PBQ}$$

ここで問(1)の結果から

$$BI = \frac{\sqrt{6}}{2},\ \ r = \frac{\sqrt{2}}{2},\ \ \sin \angle PBQ = \sin \angle ABC = \frac{2\sqrt{2}}{3}$$

第1節　例題の解答と基礎的な考え方

よって、
$$\frac{x}{\frac{2\sqrt{2}}{3}} = \frac{\sqrt{6}}{2} - \frac{\sqrt{2}}{2}, \quad \therefore x = \frac{2\sqrt{2}}{3}\left(\frac{\sqrt{6}}{2} - \frac{\sqrt{2}}{2}\right)$$

したがって　　$PQ = \frac{\sqrt{12}}{3} - \frac{2}{3} = \frac{2}{3}(\sqrt{3} - 1)$　　　　（解答終り）

---

**例題 2**（*2010 数 I A 改*）

△ABC を AB=3, BC=4, CA=5 である直角三角形とする。

（1）△ABC の内接円の中心を O とし、円 O が 3 辺 BC, CA, AB と接する点をそれぞれ P, Q, R とする。このとき，
　　(i) OP, および OR,　(ii) QR,　(iii) sin∠QPR
を求めよ。

（2）円 O と線分 AP との交点のうち，P と異なる点を S とする。また，点 S から辺 BC に垂線を下ろし，垂線と BC の交点を H とする。このとき，
　　(i) AP, および SP,　(ii) HP, および SH,　(iii) tan∠BCS
を求めよ。

（3）円 O 上に点 T を線分 RT が円 O の直径となるようにとる。このとき，
　　(i) tan∠BCT,　(ii) ∠RSC, および∠PSC
を求めよ。

---

**［問題の意義と解答の要点］**

- 問題にそって図を正確に作図することが大切である。この例題の主な目的は，tan∠SCH＝tan∠TCU を示すことにより，点 T が直線 SC 上にあることを示すことである。「問題の設定条件を変える」ことにより、一般の直角三角形では，点 T は直線 SC 上にはないことが予想される（第 4 節参照）。

- 問題を解く鍵は問(2)を解くことであり，そのためには △ABP と △SHP が相似であることと，方べきの定理を適用して辺 AS を求めることにある。これらのことを念頭において解答を読み，全体の筋道をすっきりわかっていただきたい。

**解答**　（1）　(i) 図において，四角形 RBPO は，∠R＝∠B＝∠P＝90°，よって∠O＝90°，また，OP＝OR であるから正方形となり RB＝PB

また，2つの直角三角形 △ARO と △AQO は RO=QO，AO は共通であるから合同となる。よって AR=AQ．同様に CQ=CP

OP=OR=$x$ とおく。

AQ=AR=$3-x$,　　CQ=CP=$4-x$

ここで AQ+CQ=5,

よって　$3-x+4-x=5$,　∴　$x=1$

したがって，　　OP=OR=1

(ii) △ARQ において，

AR=AQ=2,

$\cos\angle \text{BAC} = \dfrac{\text{AB}}{\text{AC}} = \dfrac{3}{5}$　$(=\cos\angle \text{RAQ})$

より，余弦定理を用いると

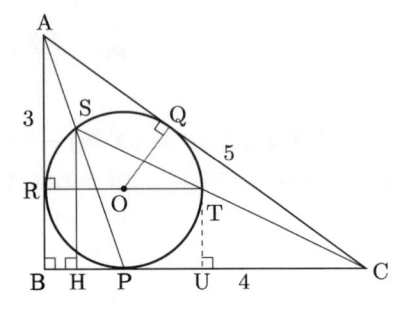

$$QR^2 = AR^2 + AQ^2 - 2AR\cdot AQ\cos\angle RAQ$$
$$= 2^2 + 2^2 - 2\times 2\times 2\times \dfrac{3}{5} = 8 - \dfrac{24}{5} = \dfrac{16}{5}$$

よって　　　　　　$QR = \sqrt{\dfrac{16}{5}} = \dfrac{4}{\sqrt{5}} = \dfrac{4\sqrt{5}}{5}$

(iii)　$\sin\angle$QPR は，△PQR が半径1の円に内接していることから，正弦定理を用いて

$$\dfrac{QR}{\sin\angle QPR} = 2\cdot 1, \quad ∴\ \sin\angle QPR = \dfrac{QR}{2} = \dfrac{4\sqrt{5}}{5\cdot 2} = \dfrac{2\sqrt{5}}{5}$$

(2)　(i)　AP は三平方の定理から

$$AP^2 = AB^2 + BP^2 = 3^2 + 1 = 10, \quad ∴\ AP = \sqrt{10}$$

また，AR は円Oに接しているから，方べきの定理より

$$AR^2 = AS\cdot AP, \quad ∴\ AS = \dfrac{AR^2}{AP} = \dfrac{4}{\sqrt{10}} = \dfrac{2\sqrt{10}}{5}$$

よって　　　　　　$SP = AP - AS = \sqrt{10} - \dfrac{2\sqrt{10}}{5} = \dfrac{3\sqrt{10}}{5}$

(ii)　△ABP と △SHP は相似であるから，

$$HP : BP = SP : AP = SH : AB$$

よって　　　　　　$HP = \dfrac{BP\cdot SP}{AP} = \dfrac{1}{\sqrt{10}} \dfrac{3\sqrt{10}}{5} = \dfrac{3}{5}$

また　　　　　　　$SH = \dfrac{AB\cdot SP}{AP} = \dfrac{3}{\sqrt{10}} \dfrac{3\sqrt{10}}{5} = \dfrac{9}{5}$

(iii)　$\tan\angle\mathrm{BCS}=\tan\angle\mathrm{HCS}=\dfrac{\mathrm{SH}}{\mathrm{HC}}=\dfrac{\mathrm{SH}}{\mathrm{HP}+\mathrm{PC}}=\dfrac{9}{5}\div\left(\dfrac{3}{5}+3\right)=\dfrac{1}{2}$

（3）（i）RT は円 O の直径であるから RT＝2．T から BC に下ろした垂線の足を U とすると，TU＝1，BU＝2，UC＝2．よって

$$\tan\angle\mathrm{BCT}=\tan\angle\mathrm{UCT}=\dfrac{\mathrm{UT}}{\mathrm{UC}}=\dfrac{1}{2}$$

したがって，$\tan\angle\mathrm{BCS}=\tan\angle\mathrm{BCT}$ となり，これは T は直線 SC 上にあることを示している．

　（ii）RT は円 O の直径であるから，∠RST は直径に対する円周角になる．よって，

$$\angle\mathrm{RSC}=\angle\mathrm{RST}=90°$$

また，円周角は中心角の $\dfrac{1}{2}$ であるから

$$\angle\mathrm{PSC}=\angle\mathrm{PST}=\dfrac{1}{2}\angle\mathrm{POT}=45°$$
　　　　　　　　　　　　　　　　　　　　　　　（解答終り）

　例題 2 では点 T は直線 SC 上にのっていた．このことは一般的に成り立つかどうかを調べてみよう．作図をしてみれば，3 辺の長さが 3：4：5 以外では点 T は直線 SC 上にはないように見える．そこで，3 辺の長さが 5：12：13 の直角三角形について，直線 SC と点 T の位置関係を計算してみることとする．

---

**設定条件を変更した問題**

　△ABC を AB＝5，BC＝12，CA＝13 である直角三角形とする．△ABC の内接円の中心を O とし，円 O が 3 辺 BC，CA，AB と接する点を，それぞれ P，Q，R とする．また，円 O と線分 AP との交点のうち，P と異なる点を S とする．さらに，S から辺 BC へ垂線を下ろし，辺 BC との交点を H とする．このとき，次の問いに答えよ．
　（1）（i）　内接円 O の半径 $r$ を求めよ．
　　　（ii）　線分 AP，SP の長さを求めよ．
　　　（iii）　線分 HP，SH の長さを求めよ．
　（2）　円 O 上に，点 T を線分 RT が円 O の直径となるようにとる．
　　　（i）　$\tan\angle\mathrm{BCS}$ を求めよ．
　　　（ii）　$\tan\angle\mathrm{BCT}$ を求めよ．

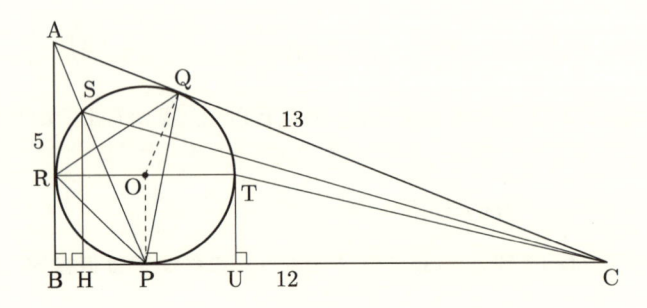

[解答] (1) (i) 図を見て，OP＝OR＝OQ＝$r$ であり

$$\triangle ABC = \triangle AOB + \triangle BOC + \triangle COA = \frac{1}{2} \times 5 \times 12 = 30$$

また，$\triangle AOB = \frac{1}{2} \cdot 5r$, $\triangle BOC = \frac{1}{2} \cdot 12r$, $\triangle COA = \frac{1}{2} \cdot 13r$ であるから

$$\frac{5r}{2} + \frac{12r}{2} + \frac{13r}{2} = 30, \quad \text{すなわち } 15r = 30, \quad \therefore \ r = 2$$

(ii) $\triangle ABP$ は直角三角形であり，BP＝RO＝2．三平方の定理より

$$\therefore \ AP^2 = AB^2 + BP^2 = 25 + 4 = 29 \quad \therefore \ AP = \sqrt{29}$$

SP については，円 O に AR は接しているから，方べきの定理を用い，

$$AR^2 = AS \cdot AP \quad \text{よって，} 3^2 = AS \cdot \sqrt{29}, \quad \therefore \ AS = \frac{9}{\sqrt{29}} = \frac{9\sqrt{29}}{29}$$

したがって $\quad SP = AP - AS = \sqrt{29} - \frac{9\sqrt{29}}{29} = \frac{20\sqrt{29}}{29}$

(iii) AB と SH はともに BC に垂直であるから，$\triangle ABP$ と $\triangle SHP$ は相似である．よって BP : HP＝AB : SH＝AP : SP＝$\sqrt{29} : \frac{20\sqrt{29}}{29} = 29 : 20$

したがって， $\quad HP = \frac{20}{29} \cdot BP = \frac{40}{29}, \quad SH = \frac{20}{29} \cdot AB = \frac{100}{29}$

(2) (i) $\tan \angle BCS = \dfrac{SH}{HC} = \dfrac{SH}{PC + HP}$

$$= \frac{100}{29} \div \left(10 + \frac{40}{29}\right) = \frac{10}{33} \quad (\because \ PC = BC - BP = 12 - 2 = 10)$$

(ii) $\tan \angle BCT = \dfrac{TU}{UC} = \dfrac{2}{12-4} = \dfrac{2}{8} = \dfrac{1}{4}$

したがって，この条件では $\tan \angle BCS > \tan \angle BCT$ となり，点 T は直線 SC 上にはない． (解答終り)

※ 例題 2 と設定条件を変えた問題において，内接円の半径 OP＝OR の長さを異なる方法で求めているがどちらの方法でもよい．

## 第2節　問題の解答を文章で書き表そう

　数学の問題の解答の書き方は，センター試験のように空欄に数値を入れる形式を除き，定まった形式はない．わかりやすく，自分の考えを正確に伝える書き方を，日頃から訓練しておくことが大切である．

　問題を熟読し，
（１）　題意にしたがってできるだけ正確に図を描き，条件や仮定からただちにわかることを整理する．
（２）　求めるべき結論とその結論を得るためには何がわかればよいかを考える．
（３）　仮定や条件から，図形に関する性質や定理・公式，および過去の学習経験を駆使して結論を導く．

　図形に関するよくある間違いは，計算ミスのほか，「自分で描いた図を好都合に誤解すること」，例えば，自分で描いた図において，三角形が直角三角形に似ていることから，直角三角形であることを確認することなく，直角三角形であると思い込んでしまうことはよくあることであるので注意しよう．

　例題3は，主に余弦定理と正弦定理の応用問題である．図を描いてどのように適用するかを式で表す．

　例題4では，円に内接する四角形 ABCD において，△ABD と △BCD の面積をそれぞれ $S_1$, $S_2$ とし $S_1/S_2 = \sqrt{5}-1$ と仮定する．この問題の解答の鍵は，この仮定と，

　　　　△ABD と △BCD の面積公式，
　　　　∠BAD + ∠BCD = $\pi$

から，余弦定理を適用して AD と DC を求めるところである．

　例題5で利用する主な定理は，余弦定理，正弦定理，三角形の面積定理，および方べきの定理である．円に内接する四角形 ABCD の面積を求めるには，四角形の1つの頂点の角度がわかればよい．

　問題にヒントが与えられていて，∠B を求めるように指示されている．そのために余弦定理を適用して，cos∠B と辺 AC の長さを $x$ として連立方程式をたてる．連立方程式を解くことによって，∠B と辺 AC の長さが得られる．

## 問題の部

**例題 3（2009 数 I A 改）**

$\triangle$ABC において，AB=1，BC=$\sqrt{7}$，AC=2 とし，$\angle$CAB の二等分線と辺 BC との交点を D とする。また，AD の延長と $\triangle$ABC の外接円 O との交点のうち A と異なるほうを E とする。このとき，次の問いに答えよ。

（1） $\angle$CAB，および BD, CD の長さを求めよ。
（2） $\triangle$BED の外接円の中心を O′ とする。このとき，外接円 O′ の半径，および $\tan\angle$EO′B を求めよ。

**+α の問題**

$\triangle$AEC の面積 $S$ を求めよ。

**例題 4（2007 数 I A 改）**

$\triangle$ABC において，AB=2，BC=$\sqrt{5}+1$，CA=$2\sqrt{2}$ とする。また，$\triangle$ABC の外接円の中心を O とする。円 O の円周上に点 D を，直線 AC に関して点 B と反対側の弧の上にとる。$\triangle$ABD の面積を $S_1$，$\triangle$BCD の面積を $S_2$ とするとき，

$$\frac{S_1}{S_2} = \sqrt{5} - 1 \qquad \cdots\cdots ①$$

であるとする。さらに 2 辺 AD と BC の延長の交点を E とし，$\triangle$ABE の面積を $S_3$，$\triangle$CDE の面積を $S_4$ とする。このとき，次の値を求めよ。

$$\frac{S_3}{S_4}, \quad \frac{S_2}{S_4}$$

**+α の問題**

例題 4 と同じ設定条件のもとで，AD=$\frac{4}{7}\sqrt{14}$，CD=$\frac{2}{7}\sqrt{14}$ であることを用いて次の値を求めよ。

（i） 四角形 ABCD の面積， （ii） $S_3$ と $S_4$， （iii） $S_1$ と $S_2$

第2節　問題の解答を文章で書き表そう　　　　　　　　　　　　　　　97

--- 例題 5（2011 数 I A 改）---

点 O を中心とする円の円周上に 4 点 A, B, C, D がこの順にある。四角形 ABCD の辺の長さは，それぞれ

$$AB=\sqrt{7}, \quad BC=2\sqrt{7}, \quad CD=\sqrt{3}, \quad DA=2\sqrt{3}$$

であるとする。このとき，次の問いに答えよ。

（1）（i）∠ABC，AC の長さ，および円 O の半径を求めよ。
　　　（ii）四角形 ABCD の面積を求めよ。

（2）点 A における円 O の接線と，点 D における円 O の接線の交点を E とする。また，線分 OE と辺 AD の交点を F とする。このとき，OF・OE を求めよ。

（3）辺 AD の延長と線分 OC の延長の交点を G，点 E から直線 OG に垂線を下ろし，直線 OG との交点を H とする。このとき，OH・OG を求めよ。

--- 設定条件を変更した問題 ---

点 O を中心とする円 O の円周上に点 A, B, C, D がこの順にある。四角形 ABCD の辺の長さは，それぞれ

$$AB=3\sqrt{2}, \quad BC=6, \quad CD=\frac{3\sqrt{10}}{5}, \quad DA=\frac{6\sqrt{5}}{5}$$

であるとする。また，点 A と点 D における円 O の接線の交点を E，線分 OE と辺 AD の交点を F とする。さらに，辺 AD の延長と線分 OC の延長との交点を G とする。このとき，次の問いに答えよ。

（1）∠ABC，および AC の長さを求めよ。
（2）円 O の半径，および四角形 ABCD，△GDC の面積を求めよ。
（3）OF・OE の値，および △EAD の面積を求めよ。

解 答 の 部

---
**例題 3（2009 数 I A 改）**

　△ABC において，AB=1，BC=$\sqrt{7}$，AC=2 とし，∠CAB の二等分線と辺 BC との交点を D とする。また，AD の延長と △ABC の外接円 O との交点のうち A と異なるほうを E とする。このとき，次の問いに答えよ。

　（1）　∠CAB，および BD, CD の長さを求めよ。

　（2）　△BED の外接円の中心を O′ とする。このとき，外接円 O′ の半径，および tan∠EO′B を求めよ。

---

[解答の流れ図]

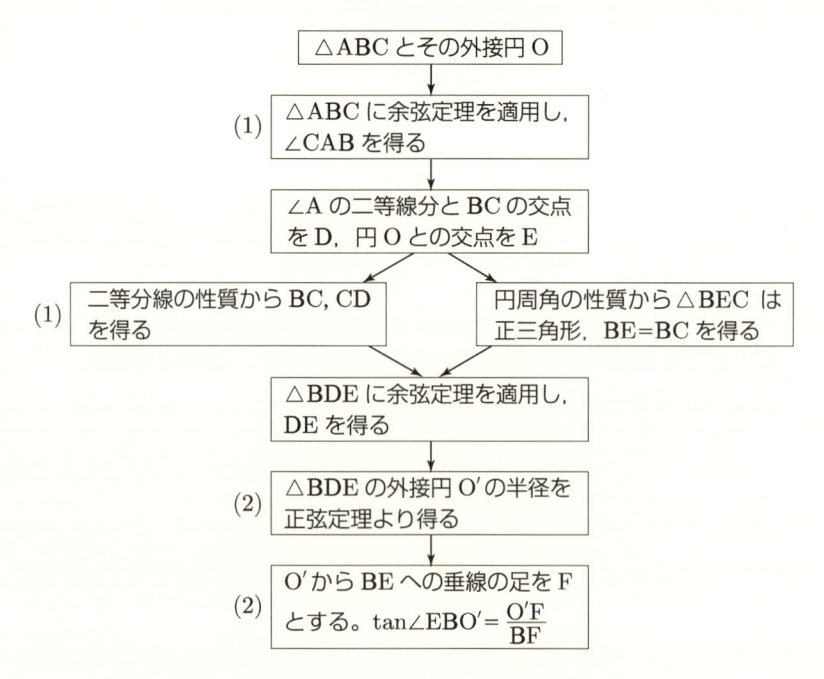

(1) △ABC とその外接円 O
　↓
(1) △ABC に余弦定理を適用し，∠CAB を得る
　↓
　∠A の二等線分と BC の交点を D，円 O との交点を E
　↓
(1) 二等分線の性質から BC, CD を得る　　円周角の性質から △BEC は正三角形，BE=BC を得る
　↓
　△BDE に余弦定理を適用し，DE を得る
　↓
(2) △BDE の外接円 O′ の半径を正弦定理より得る
　↓
(2) O′ から BE への垂線の足を F とする。tan∠EBO′ = $\dfrac{O'F}{BF}$

第2節　問題の解答を文章で書き表そう

まず，△ABC の 3 辺の長さがわかっている場合には，余弦定理を適用して，cos∠A，したがって∠A を求めることができる。次に，∠A の二等分線は対辺 BC を AB：AC に内分するから BD, DC が得られる。このような条件のもとで，平面図形と計量に関する性質や定理を用いて何が導かれるか，一方で，問題を解くために何がわかればよいか，を考える。本問の場合，円周角の定理"長さの等しい弧に対する円周角は等しい"や余弦定理などの利用を考えよう。

解答の流れ図は，問題の題意にそった図形と同時進行で考える。

[解答]　（1）　△ABC に余弦定理を適用して，
$$(\sqrt{7})^2 = 2^2 + 1 - 2 \cdot 1 \cdot 2 \cos\angle CAB$$
$$\therefore \cos\angle CAB = -\frac{1}{2}, \quad \therefore \angle CAB = 120°$$

AD は∠CAB の二等分線であるから，D は BC を 1：2 に内分する。よって
$$BD = \frac{1}{3}\sqrt{7}, \quad CD = \frac{2}{3}\sqrt{7}$$

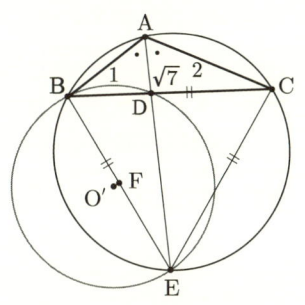

（2）　∠BAD = ∠CAD = 60°。円周角の定理から，∠CAD = ∠CBE，∠BAD = ∠BCE = 60°．したがって△BCE は正三角形となる。
$$\therefore BE = CE = BC = \sqrt{7}$$

次に DE を求めるために，△BDE に余弦定理を用いると，
$$DE^2 = BD^2 + BE^2 - 2BD \cdot BE \cos\angle DBE$$
$$= \left(\frac{\sqrt{7}}{3}\right)^2 + (\sqrt{7})^2 - 2 \cdot \frac{\sqrt{7}}{3} \cdot \sqrt{7} \cdot \frac{1}{2}$$
$$= \frac{7}{9} + 7 - \frac{7}{3} = \frac{49}{9}, \quad \text{よって } DE = \frac{7}{3}$$

また，円 O' の半径 R を求めるために △BDE に正弦定理を適用すると
$$\frac{DE}{\sin\angle DBE} = 2R,$$
よって，
$$R = \frac{1}{2} \cdot \frac{7}{3} \cdot \frac{2}{\sqrt{3}} = \frac{7}{3\sqrt{3}} = \frac{7\sqrt{3}}{9} \quad \left(\because \sin\angle DBE = \sin 60° = \frac{\sqrt{3}}{2}\right)$$

O' から BE に下ろした垂線の足を F とすると，
$$BF = \frac{1}{2}BE = \frac{\sqrt{7}}{2}, \quad O'B = R = \frac{7\sqrt{3}}{9},$$

よって三平方の定理より

$$\therefore \text{O}'\text{F}^2 = \text{O}'\text{B}^2 - \text{BF}^2 = \left(\frac{7\sqrt{3}}{9}\right)^2 - \left(\frac{\sqrt{7}}{2}\right)^2$$

$$= \frac{147}{81} - \frac{7}{4} = \frac{21}{324}, \quad \text{よって} \quad \text{O}'\text{F} = \frac{\sqrt{21}}{18}$$

したがって
$$\tan \angle \text{EBO}' = \frac{\text{O}'\text{F}}{\text{BF}} = \frac{\sqrt{3}}{9} \qquad \text{(解答終り)}$$

　本問の図に現れるすべての三角形の面積は計算できる。「$+\alpha$ の問題」として △AEC の面積を求めておく。

―― $+\alpha$ の問題 ――

△AEC の面積 $S$ を求めよ

[解答] 三角形の面積公式から

$$S = \frac{1}{2}\text{AE}\cdot\text{AC}\sin\angle\text{EAC} = \frac{1}{2}\text{AE}\cdot 2\cdot\frac{\sqrt{3}}{2} = \frac{\sqrt{3}}{2}\text{AE}$$

ここで AE を求めるために，△ABE に対して余弦定理を適用する。AE $= x$ とおくと

$$\text{BE}^2 = \text{AB}^2 + \text{AE}^2 - 2\text{AB}\cdot\text{AE}\cos\angle\text{BAE}$$

☞ この余弦定理の利用の仕方もよく記憶しておこう。

より

$$7 = 1 + x^2 - 2x\cos 60°, \quad \therefore x^2 - x - 6 = 0$$

$$x^2 - x - 6 = (x-3)(x+2) = 0, \quad \therefore x = 3, -2$$

$x > 0$ であるから $x = 3$，よって AE $= 3$ となる。したがって

$$S = \frac{\sqrt{3}}{2}\text{AE} = \frac{3\sqrt{3}}{2} \qquad \text{(解答終り)}$$

―― 例題 4（2007 数 I A 改）――

　△ABC において，AB $= 2$, BC $= \sqrt{5}+1$, CA $= 2\sqrt{2}$ とする。また，△ABC の外接円の中心を O とする。円 O の円周上に点 D を，直線 AC に関して点 B と反対側の弧の上にとる。△ABD の面積を $S_1$，△BCD の面積を $S_2$ とするとき，

$$\frac{S_1}{S_2} = \sqrt{5} - 1 \qquad \cdots\cdots ①$$

であるとする。さらに 2 辺 AD と BC の延長の交点を E とし，△ABE の

面積を $S_3$, $\triangle$CDE の面積を $S_4$ とする。このとき，次の値を求めよ。

$$\frac{S_3}{S_4}, \quad \frac{S_2}{S_4}$$

[図: △ABC と外接円O, 点D, E。AB=2, AC=$2\sqrt{2}$, BC=$\sqrt{5}+1$]

まず，△ABC において 3 辺の長さが与えられているので，△ABC に余弦定理を適用して，∠ABC および ∠ADC を求めることができる。本問を解く鍵は，AD：CD を求めることであり，それには △ABD と △BCD の面積公式と，仮定 $S_1:S_2=\sqrt{5}-1:1$ を用いることによって得られる。そこで，△ADC に余弦定理を適用して AD，および CD が求められる。

[解答の流れ図]

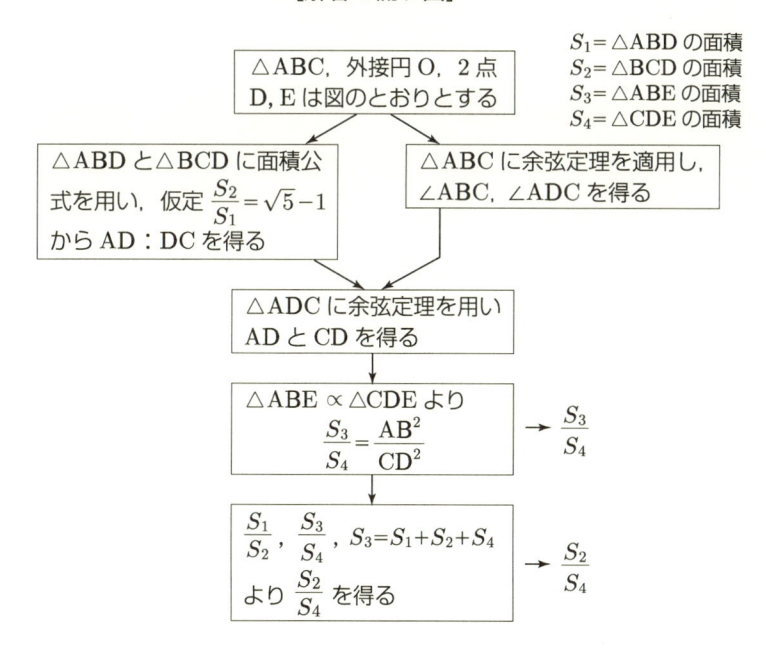

$S_1 = \triangle$ABD の面積
$S_2 = \triangle$BCD の面積
$S_3 = \triangle$ABE の面積
$S_4 = \triangle$CDE の面積

△ABC, 外接円 O, 2 点 D, E は図のとおりとする

↓

△ABD と △BCD に面積公式を用い，仮定 $\frac{S_2}{S_1}=\sqrt{5}-1$ から AD：DC を得る

△ABC に余弦定理を適用し，∠ABC, ∠ADC を得る

↓

△ADC に余弦定理を用い AD と CD を得る

↓

△ABE ∝ △CDE より
$\frac{S_3}{S_4} = \frac{AB^2}{CD^2}$ → $\frac{S_3}{S_4}$

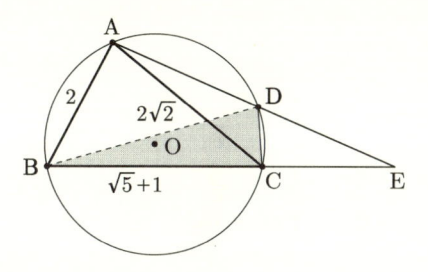

↓

$\frac{S_1}{S_2}, \frac{S_3}{S_4}$, $S_3 = S_1+S_2+S_4$ より $\frac{S_2}{S_4}$ を得る → $\frac{S_2}{S_4}$

ここで、問題である△ABEと△CDEの比が、すなわち$S_3:S_4=AB^2:CD^2$から得られる。さらに、$S_2:S_4$は$S_3:S_4$の値と$S_3=S_1+S_2+S_4$の関係式などから計算される。

$S_1:S_2$、$S_3:S_4$および$S_2:S_4$が求まれば、$S_1$から$S_4$までの1つがわかれば、$S_1$から$S_4$まですべてを求めることができる。「$+\alpha$の問題」として、四角形ABCD、△ABE、および△CDEの面積を求める問題をだしておいた。

**[解答]** まず、∠ABCを求めるために△ABCに余弦定理を適用する。
$AC^2=AB^2+BC^2-2AB\cdot BC\cos\angle ABC$ より
$$8=4+(\sqrt{5}+1)^2-2\times 2\times(\sqrt{5}+1)\cos\angle ABC,$$
$$\therefore\ 2\sqrt{5}+2=4(\sqrt{5}+1)\cos\angle ABC$$
$$\therefore\ \cos\angle ABC=\frac{2(\sqrt{5}+1)}{4(\sqrt{5}+1)}=\frac{1}{2},\quad \therefore\ \angle ABC=60°$$

円に内接する四角形の対角の和は180°であるから
$$\angle ABC=60°\text{ より}\quad\angle ADC=120°\qquad\cdots\cdots\text{②}$$

次に、△ABDと△BCDの面積からAD:CDを求める。
$$S_1=\triangle ABD=\frac{1}{2}AB\cdot AD\sin\angle BAD$$
$$S_2=\triangle BCD=\frac{1}{2}BC\cdot CD\sin\angle DCB$$

ここで∠BAD+∠DCB=180°より
$$\sin\angle BAD=\sin(180°-\angle DCB)=\sin\angle DCB$$

また、AB=2, BC=$\sqrt{5}+1$であるから、$\dfrac{S_1}{S_2}=\sqrt{5}-1$を用いて
$$\frac{S_1}{S_2}=\frac{AB\cdot AD}{BC\cdot CD}=\frac{2AD}{(\sqrt{5}+1)CD}=\sqrt{5}-1,$$

より、
$$\frac{AD}{CD}=\frac{1}{2}(\sqrt{5}-1)(\sqrt{5}+1)=\frac{1}{2}\cdot 4=2,\quad\text{ゆえに } AD=2CD\quad\cdots\cdots\text{③}$$

ADとDCを求めるために、CD=$x$とおいて、△ADCに余弦定理を適用すると、$AC^2=AD^2+DC^2-2AD\cdot DC\cos\angle ADC$ より
$$(2\sqrt{2})^2=4x^2+x^2-2(2x)x\left(-\frac{1}{2}\right)=4x^2+x^2+2x^2$$

よって $8=7x^2$, $\therefore\ x=\sqrt{\dfrac{8}{7}}=\dfrac{\sqrt{56}}{7}=\dfrac{2\sqrt{14}}{7}\quad(\because\ x>0)$

第2節　問題の解答を文章で書き表そう　　　　　　　　　　　　　103

したがって　　　　　　　$AD = \dfrac{4}{7}\sqrt{14}, \quad CD = \dfrac{2}{7}\sqrt{14}$　　　　　　……④

　$\triangle ABE$ と $\triangle CDE$ において，$\angle ABE = \angle CDE = 60°$，$\angle E$ は共通であるから $\triangle ABE$ と $\triangle CDE$ は相似である。相似な三角形の面積の比は，辺の相似比の2乗であるから

$$\dfrac{S_3}{S_4} = \dfrac{AB^2}{CD^2} = \dfrac{2^2}{\left(\dfrac{2}{7}\sqrt{14}\right)^2} = 4 \times \dfrac{49}{56} = \dfrac{49}{14} = \dfrac{7}{2} \qquad ……⑤$$

　次に，$\dfrac{S_2}{S_4}$ を求める。①から

$$S_1 = (\sqrt{5} - 1)S_2$$
$$S_3 = S_1 + S_2 + S_4$$
$$\quad = (\sqrt{5} - 1)S_2 + S_2 + S_4$$
$$\quad = \sqrt{5}\,S_2 + S_4$$

よって　　　　　　　　　$\dfrac{S_3}{S_4} = \dfrac{\sqrt{5}\,S_2 + S_4}{S_4}$

⑤から　　$\dfrac{7}{2} = \dfrac{\sqrt{5}\,S_2}{S_4} + 1, \quad \therefore \dfrac{S_2}{S_4} = \dfrac{1}{\sqrt{5}}\left(\dfrac{7}{2} - 1\right) = \dfrac{5}{2} \dfrac{1}{\sqrt{5}} = \dfrac{\sqrt{5}}{2}$　　……⑥

（解答終り）

　さて上記の解答をみれば，AD と CD が求まったとき，面積 $S_1$ と $S_2$ が求まり，ついで他の $S_3$, $S_4$ も，⑤ と ⑥ を利用して得られる。ここでは計算の筋道を少し変えて，AD と CD が与えられたとき，まず，四角形 ABCD の面積，ついで，$S_4$, $S_3$, $S_2$, および $S_1$ を計算してみよう。

―― ＋α の問題 ――

　例題4と同じ設定条件のもとで，$AD = \dfrac{4}{7}\sqrt{14}$，$CD = \dfrac{2}{7}\sqrt{14}$ であることを用いて次の値を求めよ。

　(i)　四角形 ABCD の面積，　(ii)　$S_3$ と $S_4$，　(iii)　$S_1$ と $S_2$

[解答]　(i)　仮定と②を用いて

四角形 ABCD の面積 $= \triangle ABC + \triangle ADC$

$\quad = \dfrac{1}{2} AB \cdot BC \sin \angle ABC + \dfrac{1}{2} AD \cdot DC \sin \angle ADC$

$\quad = \dfrac{1}{2} \times 2 \times (\sqrt{5} + 1) \times \dfrac{\sqrt{3}}{2} + \dfrac{1}{2} \times \dfrac{4}{7}\sqrt{14} \times \dfrac{2}{7}\sqrt{14} \times \dfrac{\sqrt{3}}{2}$

☞　まず，四角形 ABCD の面積，ついで $S_4$, $S_3$, $S_2$, $S_1$ の順に求まることを注意しよう。

$$=(\sqrt{5}+1)\frac{\sqrt{3}}{2}+\frac{8}{7}\frac{\sqrt{3}}{2}=\left(\sqrt{5}+\frac{15}{7}\right)\frac{\sqrt{3}}{2}$$

(ii) $a=$ 四角形 ABCD の面積 とおくと, $S_3=a+S_4$, ⑤ から $\frac{S_3}{S_4}=\frac{7}{2}$ を用いて,

$$\frac{S_3}{S_4}=\frac{a+S_4}{S_4}=\frac{7}{2},$$

よって $\qquad 2a+2S_4=7S_4 \quad$ すなわち, $S_4=\frac{2}{5}a$

したがって
$$S_4=\left(\sqrt{5}+\frac{15}{7}\right)\frac{\sqrt{3}}{5}, \quad \text{また, } S_3=\frac{7}{2}S_4=\left(\sqrt{5}+\frac{15}{7}\right)\frac{7\sqrt{3}}{10}$$

(iii) ⑥ から $\qquad S_2=\frac{\sqrt{5}}{2}S_4=\left(\sqrt{5}+\frac{15}{7}\right)\frac{\sqrt{15}}{10}$

ここで $\frac{S_1}{S_2}=\sqrt{5}-1$ を満たすから,

$$S_1=(\sqrt{5}-1)S_2$$
$$=(\sqrt{5}-1)\left(\sqrt{5}+\frac{15}{7}\right)\frac{\sqrt{15}}{10}=\left(\frac{10+4\sqrt{5}}{7}\right)\frac{\sqrt{15}}{5} \qquad \text{(解答終り)}$$

---

**例題 5** (*2011 数ⅠA 改*)

点 O を中心とする円の円周上に 4 点 A, B, C, D がこの順にある。四角形 ABCD の辺の長さは, それぞれ

$$AB=\sqrt{7}, \quad BC=2\sqrt{7}, \quad CD=\sqrt{3}, \quad DA=2\sqrt{3}$$

であるとする。このとき, 次の問いに答えよ。

（1） (i) ∠ABC, AC の長さ, および円 O の半径を求めよ。

(ii) 四角形 ABCD の面積を求めよ。

（2） 点 A における円 O の接線と, 点 D における円 O の接線の交点を E とする。また, 線分 OE と辺 AD の交点を F とする。このとき, OF·OE を求めよ。

（3） 辺 AD の延長と線分 OC の延長の交点を G, 点 E から直線 OG に垂線を下ろし, 直線 OG との交点を H とする。このとき, OH·OG を求めよ。

第2節　問題の解答を文章で書き表そう

[解答の流れ図]

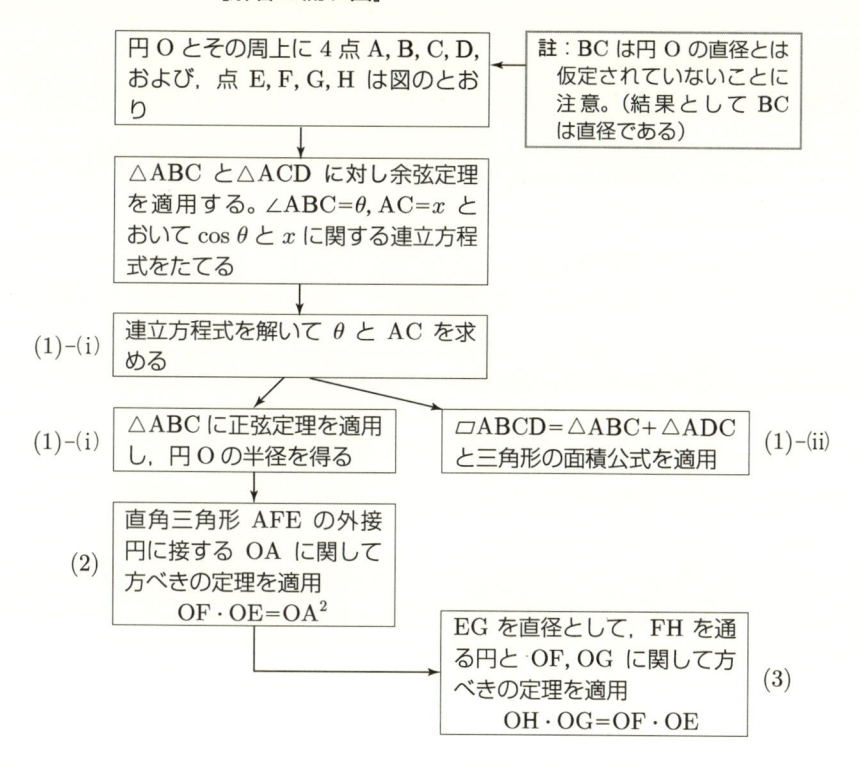

```
         ┌─────────────────────────┐     ┌─────────────────────────┐
         │円Oとその周上に4点A,B,C,D, │     │註：BCは円Oの直径とは      │
         │および，点E,F,G,Hは図のとお │     │仮定されていないことに     │
         │り                        │     │注意。（結果としてBC      │
         │                         │     │は直径である）           │
         └───────────┬─────────────┘     └─────────────────────────┘
                     ▼
         ┌─────────────────────────┐
         │△ABCと△ACDに対し余弦定理  │
         │を適用する。∠ABC=θ, AC=x と │
         │おいてcosθとxに関する連立方程 │
         │式をたてる                 │
         └───────────┬─────────────┘
                     ▼
(1)-(i)  ┌─────────────────────────┐
         │連立方程式を解いてθとACを求  │
         │める                      │
         └─────┬───────────┬───────┘
               ▼           ▼
(1)-(i) ┌──────────────┐ ┌──────────────────┐
        │△ABCに正弦定理を適用 │ │□ABCD=△ABC+△ADC  │ (1)-(ii)
        │し，円Oの半径を得る   │ │と三角形の面積公式を適用│
        └──────┬───────┘ └──────────────────┘
               ▼
(2)    ┌──────────────────┐
       │直角三角形 AFE の外接 │
       │円に接する OA に関して │
       │方べきの定理を適用     │
       │    OF・OE=OA²       │
       └──────┬───────────┘
              ▼
           ┌────────────────────────┐
           │EGを直径として，FHを通  │
           │る円とOF, OGに関して方   │ (3)
           │べきの定理を適用         │
           │    OH・OG=OF・OE      │
           └────────────────────────┘
```

　円Oの周上に4点A, B, C, Dがあり，4辺AB, BC, CD, DAの長さが与えられている。この問題の主題は，もちろん学習項目にあげた定理などを正確に利用することであるが，図形の問題としては，四角形ABCDの面積を求めることである。この問題を解く第一歩は∠ABC=θとおいてcosθを求めることにある。そのために，△ABCと△ADCに対しAC=xとおいて余弦定理を用いる。その際，△ADCは，円に内接する四角形の性質∠ABC+∠ADC=180°からcos∠ADC=cos(180°−θ)=−cosθとなることを用いる。

　このように，2つの三角形に関して余弦定理を適用することにより，$x^2$とcosθに関する連立方程式が得られ，これを解くことによって，cosθとx=ACが得られる。cosθの値がわかればsinθの値もわかるので，三角形の面積の公式により，△ABCと△ADCの面積が得られる。ついで，ACとsinθから正弦定理により外接円Oの半径も得られる。

(2), (3) の OF·OE と OH·OG の値は，方べきの定理のひとつを用いればよい．

**[解答]** (1) (i) $AC=x$, $\angle ABC=\theta$ とおき，$\triangle ABC$ に余弦定理を適用すると，
$$AC^2=AB^2+BC^2-2AB\cdot BC\cos\theta$$
$$\therefore x^2=7+28-2\cdot 14\cos\theta=35-28\cos\theta$$

> ☞ この問題を解く鍵は $\cos\theta$ と $x^2$ に関する連立方程式を解くことにある．

また，$\triangle ACD$ に余弦定理を用いて
$$AC^2=AD^2+DC^2-2AD\cdot DC\cos\angle ADC$$
$$\therefore x^2=12+3-2\cdot 6\cos(180°-\theta)=15+12\cos\theta$$

よって $35-28\cos\theta=15+12\cos\theta$
$$\therefore \cos\theta=\frac{20}{40}=\frac{1}{2}, \quad \therefore \theta=60°$$

また $\cos\theta=\frac{1}{2}$ であるから，
$$x^2=35-28\cdot\frac{1}{2}=21, \quad \therefore x=AC=\sqrt{21}$$

> ☞ この結果から $AB^2+AC^2 = 7+21=28=BC^2$ が成り立ち，$\triangle ABC$ は直角三角形，BC は円 O の直径となる．

次に，円 O の半径 $R$ は，$\triangle ABC$ に正弦定理を適用すると，
$$\frac{AC}{\sin\angle ABC}=2R,$$
$$\therefore R=\frac{AC}{2\sin\angle ABC}=\frac{\sqrt{21}}{2\cdot\frac{\sqrt{3}}{2}}=\sqrt{7}$$

> ☞ BC は円 O の直径であるから半径 $R=\frac{1}{2}BC=\sqrt{7}$ としてもよい．

(ii) 四角形 ABCD の面積は，三角形の面積公式を用いて
$$\square ABCD=\triangle ABC+\triangle ADC$$
$$=\frac{1}{2}AB\cdot BC\sin\angle ABC$$
$$+\frac{1}{2}AD\cdot DC\sin\angle ADC$$
$$=\frac{1}{2}\sqrt{7}\times 2\sqrt{7}\sin 60°$$
$$+\frac{1}{2}2\sqrt{3}\times\sqrt{3}\sin 120°$$
$$=7\times\frac{\sqrt{3}}{2}+3\times\frac{\sqrt{3}}{2}=5\sqrt{3}$$

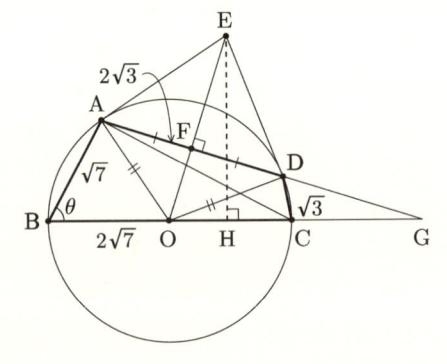

第2節 問題の解答を文章で書き表そう　　　　　　　　　　　107

（2）　△AOE と △DOE は合同であり，EF は AD の垂直二等分線となる（第2節の終わりの脚注参照）。

$$\therefore \angle AFE = 90°, \text{ かつ } \angle EAO = 90°$$

したがって，AO は AE を直径とする円に接している。方べきの定理から，

$$OA^2 = OF \cdot OE, \quad \therefore OF \cdot OE = 7$$

☞ この結果は，△AOE と △FOA が相似であることを利用して OA : OF = OE : OA からも得られる。

（3）　$\angle EFG = 90°$，$\angle EHG = 90°$ であるから，四角形 EFHG は，EG を直径とする円の円周上にある。よって方べきの定理から

$$OH \cdot OG = OF \cdot OE = 7$$

（解答終り）

この段階で，「+αの問題」として，例えば △EAD，および △GDC の面積を求める問題を考えることもできるが，次のように問題の設定を変えて，あらためて問題として取り上げる。

---

**設定条件を変更した問題**

点 O を中心とする円 O の円周上に点 A, B, C, D がこの順にある。四角形 ABCD の辺の長さは，それぞれ

$$AB = 3\sqrt{2}, \quad BC = 6, \quad CD = \frac{3\sqrt{10}}{5}, \quad DA = \frac{6\sqrt{5}}{5}$$

であるとする。また，点 A と点 D における円 O の接線の交点を E，線分 OE と辺 AD の交点を F とする。さらに，辺 AD の延長と線分 OC の延長との交点を G とする。このとき，次の問いに答えよ。

（1）　$\angle ABC$，および AC の長さを求めよ。
（2）　円 O の半径，および四角形 ABCD，△GDC の面積を求めよ。
（3）　$OF \cdot OE$ の値，および △EAD の面積を求めよ。

---

[解答]　$AC = x$，$\angle ABC = \theta$ とおく。

（1）　△ABC に余弦定理を適用すると
$AC^2 = AB^2 + BC^2 - 2 AB \cdot BC \cos \theta$，
$\therefore \; x^2 = (3\sqrt{2})^2 + 6^2 - 2 \cdot 3\sqrt{2} \cdot 6 \cos \theta$
$\quad = 54 - 36\sqrt{2} \cos \theta$

次に，△ADC に余弦定理を適用すると
$AC^2 = AD^2 + DC^2 - 2 AD \cdot DC \cos \angle ADC$，
$\angle ADC = 180° - \angle ABC$ であるから，

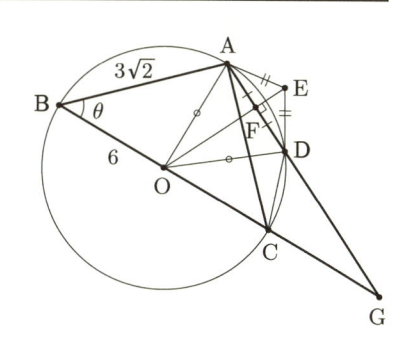

$$\cos\angle\mathrm{ADC}=\cos(180°-\theta)=-\cos\theta$$

$$\therefore\ x^2=\left(\frac{6\sqrt{5}}{5}\right)^2+\left(\frac{3\sqrt{10}}{5}\right)^2-2\cdot\frac{6\sqrt{5}}{5}\cdot\frac{3\sqrt{10}}{5}(-\cos\theta)$$

$$=\frac{180}{25}+\frac{90}{25}+\frac{180\sqrt{2}}{25}\cos\theta=\frac{54}{5}+\frac{36\sqrt{2}}{5}\cos\theta$$

これら 2 式から $x^2$ を消去すると

$$54-36\sqrt{2}\cos\theta=\frac{54}{5}+\frac{36\sqrt{2}}{5}\cos\theta$$

$$\therefore\ \left(\frac{36\sqrt{2}}{5}+36\sqrt{2}\right)\cos\theta=54-\frac{54}{5},\quad\therefore\ \cos\theta=\frac{54\times\frac{4}{5}}{36\sqrt{2}\times\frac{6}{5}}=\frac{1}{\sqrt{2}},$$

$$\therefore\ \theta=45°$$

また，

$$\mathrm{AC}=x=\sqrt{54-36\sqrt{2}\cdot\frac{1}{\sqrt{2}}}=\sqrt{54-36}=\sqrt{18}=3\sqrt{2}$$

（2） 円 O の半径を $R$ とすると，△ABC に正弦定理を適用して

$$2R=\frac{x}{\sin\angle\mathrm{ABC}}=\frac{3\sqrt{2}}{\sin 45°}=3\sqrt{2}\times\sqrt{2}=6,\quad\therefore\ R=3$$

次に四角形 ABCD の面積 $S$ は，

$$\sin\angle\mathrm{ADC}=\sin(180°-\angle\mathrm{ABC})=\sin\angle\mathrm{ABC}$$

であるから

$$S=\frac{1}{2}\mathrm{AB}\cdot\mathrm{AC}\sin\angle\mathrm{ABC}+\frac{1}{2}\mathrm{AD}\cdot\mathrm{CD}\sin\angle\mathrm{ADC}$$

$$=\frac{1}{2}\times 18\times\frac{1}{\sqrt{2}}+\frac{1}{2}\times\frac{18\sqrt{50}}{25}\times\frac{1}{\sqrt{2}}=\frac{9\sqrt{2}}{2}+\frac{9}{5}$$

また，△GCD の面積を $s$ とする．△GAB と △GCD において，∠BAG＝∠DCG，角 G は共通であるので相似となる．相似比が $m:n$ である図形の面積比は $m^2:n^2$ であること，および △GAB＝四角形 ABCD＋△GCD$(=S+s)$ であるから

$$\triangle\mathrm{GAB}:\triangle\mathrm{GCD}=\mathrm{AB}^2:\mathrm{CD}^2$$

$$=(3\sqrt{2})^2:\left(\frac{3\sqrt{10}}{5}\right)^2$$

$$=18:\frac{90}{25}=18:\frac{18}{5}=5:1$$

したがって $(S+s):s=5:1$，よって $s=\dfrac{S}{4}=\dfrac{1}{4}\left(\dfrac{9\sqrt{2}}{2}+\dfrac{9}{5}\right)$

（3） EF は AD の垂直二等分線であるから†，$AF = \dfrac{1}{2}AD = \dfrac{3}{5}\sqrt{5}$，かつ $\angle AFE = 90°$，また $\angle OAE = 90°$ であるから，OA は AE を直径とする円に接している．よって，方べきの定理から

$$OF \cdot OE = OA^2 = R^2 = 9$$

三平方の定理から

$$OF^2 = OA^2 - AF^2 = 9 - \frac{45}{25} = \frac{36}{5}, \qquad \therefore\ OF = \frac{6}{\sqrt{5}} = \frac{6\sqrt{5}}{5}$$

よって
$$OE = \frac{OA^2}{OF} = 9 \cdot \frac{5}{6\sqrt{5}} = \frac{15}{2\sqrt{5}} = \frac{15\sqrt{5}}{10}$$

ここで，
$$EF = OE - OF = \frac{15\sqrt{5}}{10} - \frac{6\sqrt{5}}{5} = \frac{3\sqrt{5}}{10}$$

したがって，
$$\triangle EAD = \frac{1}{2} AD \cdot EF = AF \cdot EF = \frac{3\sqrt{5}}{5} \cdot \frac{3\sqrt{5}}{10} = \frac{9}{10}$$

（解答終り）

---

† 右図のように，円 O 上の 2 点 A, D において接線を引き，交点を E とする．このとき，OE は AD の垂直二等分線となることを説明しておく（蛇足かも）．
　　△AOE と △DOE において
　　　　OA = OD，OE は共通，　　$\angle EAO = \angle EDO = 90°$
よって △AOE と △DOE は合同．よって
　　　　　　　　AE = DE，　　$\angle AEO = \angle DEO$
ここで EF は二等辺三角形 EAD の二等分線であるから，EF は AD の垂直二等分線である．

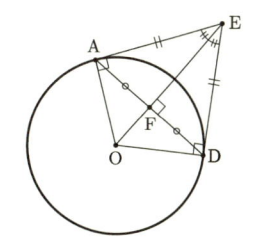

## 第3節　定義と定理・公式等のまとめ

**図形と計量**(数学Ⅰ), **平面図形**(数学A)

**[1] 三角比**

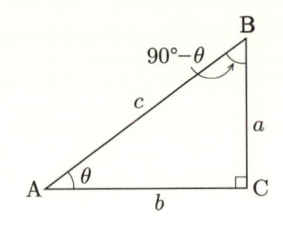

右の図の直角三角形 ABC において,
$$\angle A = \theta \quad (0 < \theta < 90°), \quad \angle C = 90°$$
$BC = a$, $CA = b$, $AB = c$ とする。このとき,
$$\sin \theta = \frac{a}{c}, \quad \cos \theta = \frac{b}{c}, \quad \tan \theta = \frac{a}{b}$$
を, $\angle A$ の**正弦**, **余弦**, **正接**といい, まとめて**三角比**という。

三角比の定義と, 三平方の定理から次の相互関係が成り立つ。

1. $\tan \theta = \dfrac{\sin \theta}{\cos \theta}$
2. $\sin^2 \theta + \cos^2 \theta = 1$
3. $1 + \tan^2 \theta = \dfrac{1}{\cos^2 \theta}$

三角比の定義を $\angle B = 90° - \theta$ にあてはめると次の公式が得られる。

$$\sin(90° - \theta) = \cos \theta = \frac{b}{c}$$
$$\cos(90° - \theta) = \sin \theta = \frac{a}{c}$$
$$\tan(90° - \theta) = \frac{1}{\tan \theta} = \frac{b}{a}$$

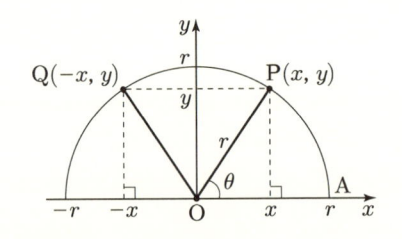

三角比の定義を $0°$ 以上 $180°$ 以下に拡張しよう。座標平面上に右図のように, 原点 O を中心とする半円を描き, $x$ 軸の正の部分と半円の交点を A とする。半円周上に
$$\angle AOP = \theta \quad (0 \leq \theta \leq 180°)$$
となる点 $P(x, y)$ をとり
$$\sin \theta = \frac{y}{r}, \quad \cos \theta = \frac{x}{r}, \quad \tan \theta = \frac{y}{x} \quad (\theta \neq 90°)$$
と定義する。この定義から $90° < \theta < 180°$ のとき, 次を満たす。
$$\sin \theta > 0, \quad \cos \theta < 0, \quad \tan \theta < 0$$

半円周上に点 P, Q を
$$\angle AOP = \theta, \quad \angle AOQ = 180° - \theta \quad (0° \leq \theta \leq 180°)$$

第3節　定義と定理・公式等のまとめ

を満たすようにとる。PとQは$y$軸に関して対称であるから，Pの座標を$(x, y)$とすると，Qの座標は$(-x, y)$となり，次の定理が成り立つ。

$$\sin(180°-\theta)=\sin\theta$$
$$\cos(180°-\theta)=-\cos\theta$$
$$\tan(180°-\theta)=-\tan\theta$$

また，定義と三平方の定理から

$$\tan\theta=\frac{\sin\theta}{\cos\theta} \quad (\theta\neq 90°)$$
$$\sin^2\theta+\cos^2\theta=1$$
$$1+\tan^2\theta=\frac{1}{\cos^2\theta} \quad (\theta\neq 90°)$$

主な$\theta$に対する三角比の値を求めておこう。

| $\theta$ | 0° | 30° | 45° | 60° | 90° | 120° | 135° | 150° | 180° |
|---|---|---|---|---|---|---|---|---|---|
| $\sin\theta$ | 0 | $\frac{1}{2}$ | $\frac{1}{\sqrt{2}}$ | $\frac{\sqrt{3}}{2}$ | 1 | $\frac{\sqrt{3}}{2}$ | $\frac{1}{\sqrt{2}}$ | $\frac{1}{2}$ | 0 |
| $\cos\theta$ | 1 | $\frac{\sqrt{3}}{2}$ | $\frac{1}{\sqrt{2}}$ | $\frac{1}{2}$ | 0 | $-\frac{1}{2}$ | $-\frac{1}{\sqrt{2}}$ | $-\frac{\sqrt{3}}{2}$ | $-1$ |
| $\tan\theta$ | 0 | $\frac{1}{\sqrt{3}}$ | 1 | $\sqrt{3}$ | なし | $-\sqrt{3}$ | $-1$ | $-\frac{1}{\sqrt{3}}$ | 0 |

### [2] 正弦定理と余弦定理

△ABCにおいて，頂点A, B, Cに向かい合う辺BC, CA, ABの長さをそれぞれ$a, b, c$で表す。また，△ABCの頂点を通る円を△ABCの**外接円**という。このとき，次の正弦定理が成り立つ。

**正弦定理**　　△ABCの外接円の半径を$R$とすると

$$\frac{a}{\sin\angle A}=\frac{b}{\sin\angle B}=\frac{c}{\sin\angle C}=2R$$

また，△ABCについて三平方の定理を用いると，次の余弦定理を証明することができる。

**余弦定理**　　$a, b, c$, ∠A, ∠B, ∠Cは正弦定理と同様とする。このとき

$$a^2=b^2+c^2-2bc\cos\angle A, \quad \cos\angle A=\frac{b^2+c^2-a^2}{2bc}$$
$$b^2=c^2+a^2-2ca\cos\angle B, \quad \cos\angle B=\frac{c^2+a^2-b^2}{2ca}$$
$$c^2=a^2+b^2-2ab\cos\angle C, \quad \cos\angle C=\frac{a^2+b^2-c^2}{2ab}$$

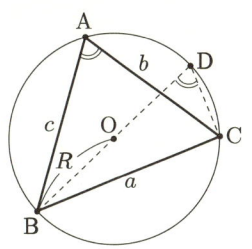

## [3] 図形と計量

### (1) 三角形の面積
△ABC の面積 $S$ は，2 辺の長さとその間の角を用いて表される。△ABC の頂点 A, B, C に向かい合う辺 BC, CA, AB の長さをそれぞれ $a, b, c$ とすると，
$$S = \frac{1}{2}bc\sin\angle A = \frac{1}{2}ca\sin\angle B = \frac{1}{2}ab\sin\angle C$$

### (2) 
半径 $r$ の**球の体積**を $V$，**表面積**を $S$ とすると
$$V = \frac{4}{3}\pi r^3, \quad S = 4\pi r^2$$

### (3) 相似な図形の面積比
相似比が $k:1$ である図形の面積比は $k^2:1$
相似比が $m:n$ である図形の面積比は $m^2:n^2$


## 平面図形（数学 A）

## [4] 三角形の性質

### (1)
△ABC において，頂点 A, B, C に向かい合う辺 BC, CA, AB の長さをそれぞれ $a, b, c$ でとすると，辺と角の大小関係について次のことが成り立つ。
1. $a > b$ ならば $\angle A > \angle B$ が成り立ち，逆も成り立つ。
2. $a = b$ ならば $\angle A = \angle B$ が成り立ち，逆も成り立つ。

### (2)
△ABC の 3 辺の長さを $a, b, c$ とすると，次のことが成り立つ。
1. 2 辺の長さの和は，他の 1 辺の長さより大きい：$a+b > c$
2. 2 辺の長さの差は，他の 1 辺の長さより小さい：$|a-b| < c$

これらをまとめると $\quad |a-b| < c < a+b$

### (3) 線分の内分点と外分点
$m$ と $n$ を正の数とする。点 P が線分 AB 上にあって
$$AP : PB = m : n$$
が成り立つとき，点 P は線分 AB を $m:n$ に**内分**するという。また，点 Q が線分 AB の延長上にあって
$$AQ : QB = m : n \quad (m \neq n)$$
が成り立つとき，点 Q は線分 AB を $m:n$ に**外分**するという。

外分では $m > n$ の場合は Q は B の右側に，また，$m < n$ の場合は Q は A の左側にあることに注意すること。

第3節　定義と定理・公式等のまとめ　　　　　　　　　　　　　　113

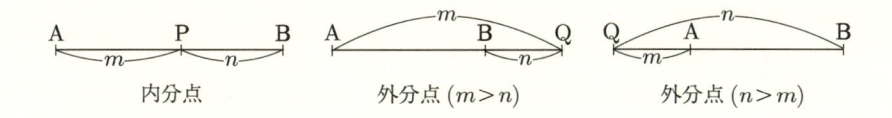

(4) 角の二等分線と比

△ABC の ∠A の二等分線と辺 BC の交点 P は辺 BC を AB：AC に内分する：

$$BP：PC = AB：AC$$

また，AB≠AC のとき，頂点 A の外角の二等分線と辺 BC の延長との交点 Q は，辺 BC を AB：AC に外分する：

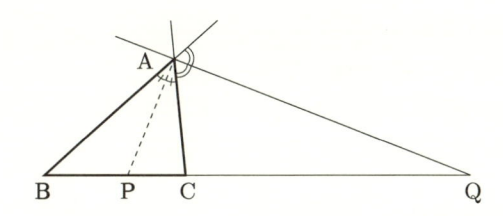

$$BQ：QC = AB：AC$$

(5) 三角形の外心，内心，重心

(i) △ABC の3つの辺の垂直二等分線は1点で交わる。その点を △ABC の**外心**といい，O で表す。O から3つの頂点までは等距離にある。外心 O を中心として，3つの頂点を通る円を描くことができる。この円を △ABC の**外接円**という（下左図）。

(ii) △ABC の3つの内角の二等分線は1点で交わる。その点を △ABC の**内心**といい，I で表す。I から3つの辺への距離は等しい。内心 I を中心として，△ABC の3辺に接する円を描くことができる。この円を △ABC の**内接円**という（下中図）。

(iii) △ABC の頂点と，それに向い合う辺の中点を結ぶ直線を**中線**という。△ABC の3つの中線は1点で交わる。その点を △ABC の**重心**といい，G で表す。G は各中線を 2：1 で内分する（下右図）。

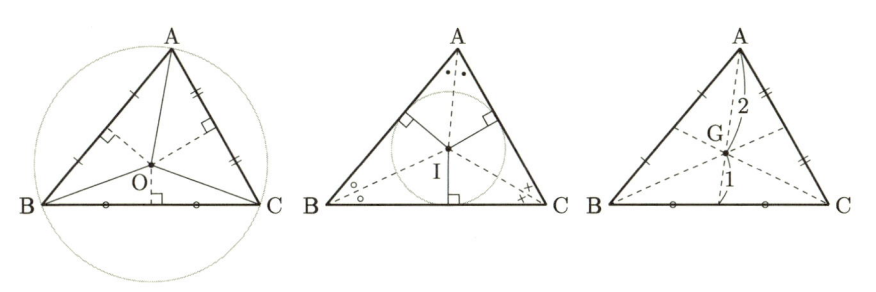

## [5] 円の性質

### (1) 円の弧, 弦, 中心角, および円周角

1つの円, または半径の等しい円において,

(i) 等しい中心角に対する弧の長さは等しく, 逆に, 等しい長さの弧に対する中心角は等しい。

(ii) 長さの等しい弧に対する弦の長さは等しい。

(iii) 1つの弧に対する円周角は一定であり, その弧に対する中心角の $\frac{1}{2}$ である。

(iv) 等しい円周角に対する弧の長さは等しく, 逆に, 等しい長さの弧に対する円周角は等しい。

(v) 円の周上に3点 A, Q, B があり, 点 P は直線 AB に関して点 Q と同じ側にあるとき次が成り立つ。

$$\text{点 P が円周上にある} \iff \angle APB = \angle AQB$$
$$\text{点 P が円の内部にある} \iff \angle APB > \angle AQB$$
$$\text{点 P が円の外部にある} \iff \angle APB < \angle AQB$$

### (2) 円に内接する四角形

四角形が円に内接するとき,

(i) 四角形の対角の和は 180° である。

(ii) 四角形の外角は, それと隣り合う内角の対角に等しい(下左図)。

逆に, 上記の (i), (ii) のどちらかが成り立つ四角形は円に内接する。

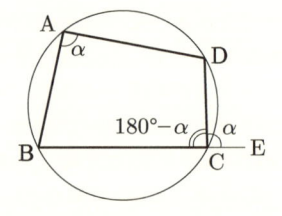

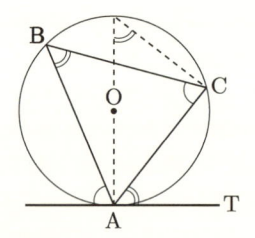

### (3) 円の接線

円 O の周上の3点を A, B, C とし, 直線 AT は点 A において, 円 O に接するとする。このとき, 次が成り立つ。

(i) AT⊥OA

(ii) ∠TAC=∠ABC (上右図)

逆に, 上記の (i), (ii) のどちらかが成り立てば, 直線 AT は円 O に接する。

## (4) 方べきの定理

円の2つの弦 AB, CD の交点，またはそれらの延長の交点を P とすると

$$PA \cdot PB = PC \cdot PD \quad (下左図)$$

また，円の外部の点 P から円に引いた接線の接点を T とする。P を通り，この円と2点 A, B で交わる直線を引くと

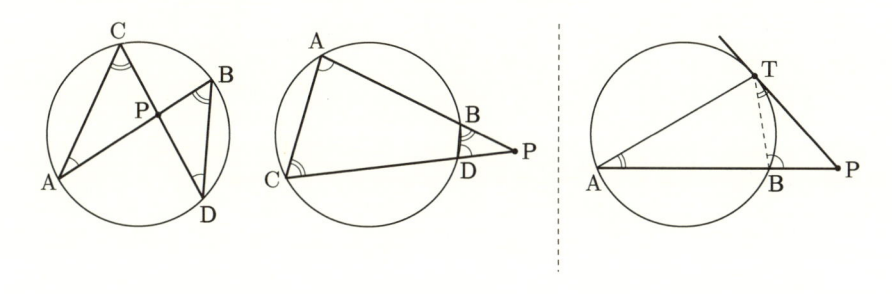

$$PA \cdot PB = PT^2 \quad (下右図)$$

## 第4節　問題作りに挑戦しよう

　まず，「+αの問題」「設定条件を変更した問題」作りからはじめよう。
　第3章の図形に関する問題では，例えば，与えられた問題の数値を変えた「設定条件を変更した問題」では解けないなど，うまくいかない場合がよくある。その理由を考えることは大切な学習であるのみならず，うまく解けない問題作りも役に立つかもしれない。例題2とそれに付随する「設定条件を変更した問題」は次に述べる意味で数学として大変興味のある問題である。探究的問題の一例としてあげておく。

　∠Bを直角とする△ABCにおいて，一定の方法(例題2参照)によって，2点S, Tを作図する。例題2では，AB=3, BC=4のときは
　　「tan∠SCB=tan∠TCB が成り立ち，3点S, T, Cは一直線上にある」
一方，「設定条件を変更した問題」では，設定をAB=5, BC=12とすると，
　　「tan∠SCB>tan∠TCB となり，3点S, T, Cは一直線上にない」
　図形を調べていくとき，3点が一直線上にあるかないかを調べる必要がときどき生じる。いくつかの直角三角形について作図してみると一般的には一直線上にはないようである。
　そこでAB=3, BC=4のとき，3点S, T, Cは一直線上にあることには偶然ではなく根拠があることを確かめてみよう。

　問題を次のように設定する。

---　問題1　---

　∠Bを直角とし，半径1の円Oを内接円とする△ABCにおいて，AB=$a$, BC=$b$とする。例題2にしたがって，円Oと△ABCとの接点をP, Q, Rとし，また点S, T, およびH, Uを定義する(図参照)。
　このとき，次を証明せよ。
　　　tan∠SCB=tan∠TCB が成り立ち，3点S, T, Cが一直線上にあるためには

第 4 節　問題作りに挑戦しよう　　　　　　　　　　　　　　　　　　　　117

$$a=3, \quad b=4$$

となることである（必要条件）。
したがって，それ以外では 3 点 S, T, C が一直線上にあることはない。

**ヒント**：AC＝AQ＋QC＝AR＋PC＝$a-1+b-1=a+b-2$ であり，△ABC
は直角三角形であるから

$$a^2+b^2=(a+b-2)^2, \quad \therefore \ ab=2(a+b)-2 \qquad \cdots\cdots ①$$

次に，tan∠SCB＝tan∠TCB を $a, b$ を用いて書いてみる。例題 2 と同じように計算して，

$\tan∠SCB=\dfrac{SH}{HC}$,

$SH=\dfrac{2a^2}{1+a^2}$, 　　$HC=\dfrac{2a}{1+a^2}+b-1$

$\therefore \ \tan∠SCB=\dfrac{2a^2}{2a+(1+a^2)(b-1)}$

$\tan∠TCB=\dfrac{1}{b-2}$

したがって，tan∠SCB＝tan∠TCB は

$$\dfrac{2a^2}{2a+(1+a^2)(b-1)}=\dfrac{1}{b-2},$$

簡単な式に書き直して，

$$(b-3)a^2=2a+b-1 \qquad \cdots\cdots ②$$

連立方程式 ①, ② の解は，② で $ab$ を ① で置き換えることを繰り返し

$$b=1+\dfrac{a^2}{3}$$

が得られ，これと ① から $a=3, b=4$ が得られる。

　逆に，例題 2 から AB＝3, BC＝4 ならば 3 点 S, T, C は一直線上にあることが証明されている。よって，
　　"∠B を直角とし，半径 1 の円 O を内接円とする△ABC において，AB＝
　　$a$, BC＝$b$ とする。例題 2 にしたがって点 S, T を定義する。このとき，3
　　点 S, T, C が一直線上にあるための必要十分条件は AB＝3, BC＝4 となる
　　ことである"
が成り立つ。
　例題 2 において，AB＝3，BC＝4 と設定されているのは，決して偶然ではないことがわかる。

# 第4章　場合の数と確率

> 学習項目：集合と要素の個数，場合の数，確率と期待値（数学 A）
>
> 　第4章では，数学 A から，「集合と要素の個数」「場合の数と確率」について学習する。例題として，主に大学入試センター試験 数学 I・数学 A の第4問を取り上げる。

## 第1節　例題の解答と基礎的な考え方

　集合については，2つの集合の共通部分と和集合，全体集合の部分集合とその補集合，そしてド・モルガンの法則などが大切である。

　ある事柄が起こる場合の数を求める問題では，いくつかの例題のように，その事柄をすべて書き出すことによって数えられるが，和の法則や積の法則，順列，重複順列，組合せの計算を適用したほうが便利な場合も多い。ある事柄が起こる場合の数の計算は確率を求めるうえでもっとも基本的な作業である。

　確率については，まず試行と事象，全事象と根元事象，事象の確率，和事象と積事象，余事象の確率，排反事象，独立な試行など，確率の学習で不可欠の言葉の意味を確認することが必要である。そのうえで，例えば，さいころを投げて出る目の数を調べる試行，白玉と赤玉が入った袋から玉を取り出す試行などによって，次に述べる確率計算にとって基本的な定理・公式を理解することが大切である。

（1） 互いに排反な事象の和事象の確率に関する加法定理，
（2） 余事象の確率公式，
（3） 2つの独立な試行で起こる2つの事象の積事象に関する確率の積公式，
（4） 反復試行の確率，

など。

次に，期待値について書いておこう。一般に，ある試行の結果起こる事象に対して定まる変量 $X$ が定義されていて，$X$ のとりえる値を $x_1, x_2, \cdots, x_n$ とし，$X$ がこれらの値をとる確率を $p_1, p_2, \cdots, p_n$ とすると

$$x_1p_1 + x_2p_2 + \cdots + x_np_n = E$$

を変量 $X$ の**期待値**という。

センター試験では従来期待値を計算する問題が含まれている。問題の根元事象が何であるか，また，その根元事象から導びかれる事象とその変量，確率を考えることが大切である。

---

**例題 1**（*2012* 数 I A）

1から9までの数字が1つずつ書かれた9枚のカードから5枚のカードを同時に取り出す試行を行う。このとき次の問いに答えよ。

（1）（i） カードの取り出し方は何通りあるか。

（ii） 取り出したカードの中に5と書かれたカードがある取り出し方は何通りあるか。また，5と書かれたカードがないカードの取り出し方は何通りあるか。

（2） 次のように得点を定める。

● 取り出したカードの中に5と書かれたカードがない場合は，得点を0，

● 取り出したカードの中に5と書かれたカードがある場合，この5枚を書かれている数字の小さい順に並べ，5と書かれたカードが小さいほうから $k$ 番目にあるとき，得点を $k$ 点とする。

このとき，

（i） 得点のとりうる値と，その得点をとる確率を求めよ。

（ii） 得点の期待値を求めよ。

第1節 例題の解答と基礎的な考え方

[問題の意義と解答の要点]
- 問題を解くまえに，この問題で取り扱われている試行，根元事象，事象，変量または得点など確率の基本的な言葉をあてはめてみよう。
- 本問では，試行は「1から9までの数字の書かれた9枚のカードから同時に5枚を取り出すこと」で，取り出したカードに書かれている数字を小さいほうから順に並べる。この「5個の数字の列」が根元事象であり，根元事象に対して5があるかないか，あれば左から何番目にあるかによって得点が定義されている。
- そこで問題は，とりうる得点の数と，各得点をとる事象の確率を求めることである。例えば，得点が2となる事象の確率は次の式で計算する。

$$\frac{\text{得点が2となる根元事象の個数}}{\text{すべての根元事象の個数}}$$

定義から，得点が2の根元事象は $\boxed{A}\,5\,\boxed{C}\boxed{D}\boxed{E}$ の形をしている。A には1, 2, 3, 4 の中から1つの数字，C, D, E には 6, 7, 8, 9 の中から3つの数字があればよいから，場合の数の積の法則を用いて，$_4C_1 \times {}_4C_3 = \frac{4}{1} \times \frac{4 \cdot 3 \cdot 2}{3 \cdot 2 \cdot 1} = 4 \times 4 = 16$. すべての根元事象の個数は $_9C_5 = 126$ であるから，得点が2となる確率は $\frac{16}{126} = \frac{8}{63}$ となる。

[解答] （1）（i） 9枚のカードの中から5枚を取り出す組合せの数であるから，$_9C_5 = \frac{9 \cdot 8 \cdot 7 \cdot 6 \cdot 5}{5 \cdot 4 \cdot 3 \cdot 2 \cdot 1} = 126$ 通り。

（ii） 5と書かれたカードがある取り出し方は，5以外の数字が書かれた8枚のカードの中から4枚の取り出し方であるから，$_8C_4 = \frac{8 \cdot 7 \cdot 6 \cdot 5}{4 \cdot 3 \cdot 2 \cdot 1} = 70$ 通りである。また，5と書かれたカードがない取り出し方は，5以外の数字が書かれた8枚のカードの中から5枚の取り出し方であるから，$_8C_5 = \frac{8 \cdot 7 \cdot 6 \cdot 5 \cdot 4}{5 \cdot 4 \cdot 3 \cdot 2 \cdot 1} = 56$ 通りとなる。（場合の数の和の法則 $_9C_5 = {}_8C_4 + {}_8C_5$ が成り立つ。）

（2）（i） 得点のとりうる値は 0, 1, 2, 3, 4, 5 の6個である。

得点が0となる場合は，5と書かれたカードを含まない場合であるから，

$$\frac{56}{126} = \frac{4}{9}$$

得点が1となるのは，$5\,\boxed{6}\boxed{7}\boxed{8}\boxed{9}$ の場合のみで，確率は $\frac{1}{126}$

得点が 2 となるのは，$\boxed{A}5\boxed{CDE}$ の場合で，${}_4C_1 \times {}_4C_3 = 16$ 通り，確率は
$$\frac{16}{126} = \frac{8}{63}$$
得点が 3 となるのは，$\boxed{AB}5\boxed{DE}$ の場合で，${}_4C_2 \times {}_4C_2 = 36$ 通り，確率は
$$\frac{36}{126} = \frac{2}{7}$$
得点が 4 となるのは，$\boxed{ABC}5\boxed{E}$ の場合で，${}_4C_3 \times {}_4C_1 = 16$ 通り，確率は
$$\frac{16}{126} = \frac{8}{63}$$
得点が 5 となるのは，$\boxed{1}\boxed{2}\boxed{3}\boxed{4}\boxed{5}$ の場合のみで，確率は $\frac{1}{126}$

（確率の総和は
$$\frac{56}{126} + \frac{1}{126} + \frac{16}{126} + \frac{36}{126} + \frac{16}{126} + \frac{1}{126} = \frac{126}{126} = 1$$
となっており，計算が正しいことがわかる。）

(ii) また，得点の期待値は
$$0 \times \frac{56}{126} + 1 \times \frac{1}{126} + 2 \times \frac{16}{126} + 3 \times \frac{36}{126} + 4 \times \frac{16}{126} + 5 \times \frac{1}{126} = \frac{210}{126} = \frac{5}{3}$$

（解答終り）

―― **設定条件を変更した問題** ――

1 から 10 までの数字が 1 つずつ書かれた 10 枚のカードから 5 枚のカードを同時に取り出す。1 から 10 までの間にある素数 2, 3, 5, 7 に着目する。取り出した 5 枚のカードの中にある最大の素数をその試行の得点とする。素数が含まれない場合には得点は 0 とする。この試行の得点の期待値を求めよ。

[解答] カードの取り出し方は全部で ${}_{10}C_5 = \frac{10 \cdot 9 \cdot 8 \cdot 7 \cdot 6}{5 \cdot 4 \cdot 3 \cdot 2 \cdot 1} = 252$ 通り。とりえる得点は，0, 2, 3, 5, 7 の 5 種類である。各得点によって場合分けをすると，

(i) 得点が 0 となる場合の数は，素数を含まない場合であるから，1, 4, 6, 8, 9, 10 の中から 5 枚取り出す場合であるから，${}_6C_5 = 6$ 通り。

(ii) 得点が 2 となる場合の数は，2 をとり，2, 3, 5, 7 を除く 1, 4, 6, 8, 9, 10 の 6 枚の中から 4 枚取り出す場合であるから，${}_6C_4 = 15$ 通り。

(iii) 得点が 3 となる場合の数は，3 をとり，3, 5, 7 を除く 1, 2, 4, 6, 8, 9, 10 の 7 枚の中から 4 枚取り出す場合であるから，${}_7C_4 = 35$ 通り。

第1節　例題の解答と基礎的な考え方

(iv) 得点が5となる場合の数は，5をとり，7を除く1, 2, 3, 4, 6, 8, 9, 10 の8枚の中から4枚取り出す場合であるから ${}_8C_4=70$ 通り。

(v) 得点が7となる場合の数は，7をとり，あとの4枚は何をとってもよいから，${}_9C_4=126$ 通り。

よって得点が $0, 2, 3, 5, 7$ となる確率はそれぞれ

$$\frac{6}{252},\ \frac{15}{252},\ \frac{35}{252},\ \frac{70}{252},\ \frac{126}{252}$$

となる。したがって得点の期待値は

$$0\times\frac{6}{252}+2\times\frac{15}{252}+3\times\frac{35}{252}+5\times\frac{70}{252}+7\times\frac{126}{252}=\frac{1367}{252}$$

（解答終り）

---

**── 例題 2（2010 数 I A 改）──**

袋の中に赤玉5個，白玉5個，黒玉1個の合計11個の玉が入っている。赤玉と白玉にはそれぞれ1から5までの数字が1つずつ書かれており，黒玉には何も書かれていない。なお，同じ色の玉には同じ数字は書かれていない。この袋から同時に5個の玉を取り出す。

取り出した5個の中に同じ数字の赤玉と白玉の組が2組あれば得点は2点，1組だけあれば得点は1点，1組もなければ得点は0点とする。

（1）5個の玉の取り出し方は何通りあるか。

（2）得点が0点となる取り出し方のうち，黒玉が含まれているのは何通りあり，また，黒玉が含まれていないのは何通りあるか。

（3）得点が1点となる取り出し方のうち，黒玉が含まれているのは何通りあり，また，黒玉が含まれていないのは何通りあるか。

（4）得点が0点，1点，2点となる確率 $P(0), P(1), P(2)$ を求めよ。また，得点の期待値を求めよ。

（5）得点が2となる取り出し方のうち，黒玉が含まれている場合の数，および黒玉が含まれていない場合の数を求めよ。また，得点が2となる確率を求めよ。

---

[問題の意義と解答の要点]

● 袋の中に1から5までの番号のついた赤玉と白玉，および黒玉1個の計11個の玉が入っている。この袋から「5個の玉を取り出す」という試行を行

い，試行により取り出された玉の状況が根元事象，各根元事象に対し 変量＝得点 が定義されている。根元事象の総数は $_{11}C_5 = 462$ 通りである。

- この問題では，得点が $0, 1, 2$ の 3 通りである。「得点が $0, 1, 2$ となる事象の場合の数」＝「得点が $0, 1, 2$ となる根元事象の個数」を求めるのが問題である。数えもれや重複して数えることがないように順序よく計算できるかどうかを問う問題である。
- ここでは各得点に対し，玉の色を分類して場合の数を求めるという素朴な方法をとったが，考えやすい利点はある一方，玉の数が大きくなると考えるパターンが多くなり複雑になる。本例題の後の「設定条件を変更した問題」とその解答を比較してみること。
- ある事象の確率を求めるとき，余事象の確率の公式を用いると便利な場合がある。そのような場合，直接その事象の確率も計算して検算しておこう。

[解答] （1） 11 個の異なるもののなかから 5 個取り出し，順序は考えないで 1 組としたものの組の個数であるから

$$_{11}C_5 = \frac{11 \cdot 10 \cdot 9 \cdot 8 \cdot 7}{5 \cdot 4 \cdot 3 \cdot 2 \cdot 1} = 462 \text{ 通り} \quad \cdots\cdots ①$$

（2） 得点が 0 となる場合。

(i) 黒玉が含まれる場合は，残りの 4 個を赤玉と白玉でとる。場合を分けて
- 赤玉 4 個，白玉 0 個の場合は $_5C_4 \times _5C_0 = 5 \times 1 = 5$
- 赤玉 3 個，白玉 1 個で赤玉と白玉が同じ番号でない場合は，赤玉 3 個を任意にとり，それ以外の番号の白玉 2 個の中から 1 個とればよいから
$$_5C_3 \times _2C_1 = 10 \times 2 = 20$$
- 赤玉 2 個，白玉 2 個で赤玉と同じ番号でない場合は
$$_5C_2 \times _3C_2 = 10 \times 3 = 30$$
- 赤玉 1 個，白玉 3 個で赤玉と同じ番号でない場合は $_5C_1 \times _4C_3 = 5 \times 4 = 20$
- 赤玉 0 個，白玉 4 個の場合は $_5C_0 \times _5C_4 = 1 \times 5 = 5$

したがって，得点が 0 で黒玉が含まれる場合の数は

$$5 + 20 + 30 + 20 + 5 = 80 \quad \cdots\cdots ②$$

(ii) 黒玉が含まれない場合，5 個を赤玉と白玉から取り出す。
- 赤玉 5 個，白玉 0 個とる場合は $_5C_5 \times _5C_0 = 1 \times 1 = 1$
- 赤玉 4 個，白玉 1 個で赤玉と同じ番号でない場合は $_5C_4 \times _1C_1 = 5 \times 1 = 5$

第1節　例題の解答と基礎的な考え方　　　　　　　　　　　　　　　125

- 赤玉 3 個, 白玉 2 個で赤玉と同じ番号でない場合は
$$_5C_3 \times _2C_2 = 10 \times 1 = 10$$
- 上記で赤玉と白玉を入れ換えた場合をあわせて 16

したがって, 得点が 0 で黒玉が含まれない場合の数は
$$1+5+10+16 = 32 \qquad \cdots\cdots ③$$

(3)　得点が 1 となる場合。
(i)　黒玉が含まれる場合は, 残りの 4 個を赤玉と白玉でとる。
- 赤玉 4 個, 白玉 0 個の場合は得点が 0 となるので除外する。
- 赤玉 3 個, 白玉 1 個で得点 1 となる場合は, 赤玉を 5 個の中から任意に 3 個取り出し, その 3 個の番号と同じ番号の白玉を 1 つとればよいから
$$_5C_3 \times _3C_1 = 10 \times 3 = 30$$
- 赤玉 2 個, 白玉 2 個で得点 1 となるのは, 赤玉 2 個を 5 個の中から 2 個を任意にとり, 赤玉 2 個と同じ番号の白玉の中から 1 つ, 赤玉 2 個の番号と異なる番号の白玉の中から 1 つ取り出すのであるから
$$_5C_2 \times _2C_1 \times _3C_1 = 10 \times 2 \times 3 = 60$$
- 赤玉 1 個, 白玉 3 個で得点 1 となる場合は
$$_5C_1 \times _1C_1 \times _4C_2 = 5 \times 1 \times 6 = 30$$

したがって, 得点が 1 で黒玉を含む場合の数は
$$30+60+30 = 120 \qquad \cdots\cdots ④$$

(ii)　黒玉が含まれない場合は, 赤玉と白玉を 5 個取り出す。
- 赤玉 4 個, 白玉 1 個で得点 1 となる場合は $_5C_4 \times _4C_1 = 5 \times 4 = 20$
- 赤玉 3 個, 白玉 2 個で得点 1 となる場合は $_5C_3 \times _3C_1 \times _2C_1 = 10 \times 3 \times 2 = 60$
- 赤玉 2 個, 白玉 3 個で得点 1 となる場合は $_5C_2 \times _2C_1 \times _3C_2 = 10 \times 2 \times 3 = 60$
- 赤玉 1 個, 白玉 4 個で得点 1 となる場合は $_5C_1 \times _1C_1 \times _4C_3 = 5 \times 1 \times 4 = 20$

したがって, 得点 1 で黒玉を含まない場合の数は
$$20+60+60+20 = 160 \qquad \cdots\cdots ⑤$$

(4)　得点が 1 となる確率 $P(1)$ は, ①, ④, ⑤より
$$P(1) = \frac{120+160}{462} = \frac{20}{33}$$

また, 得点が 0 となる確率 $P(0)$ は, ①, ②, ③より
$$P(0) = \frac{80+32}{462} = \frac{8}{33}$$

この試行において得点は 0 か 1 か 2 であり，互いに排反事象である。よって
$$P(0)+P(1)+P(2)=1,$$
$$\therefore P(2)=1-P(0)-P(1)=1-\frac{8}{33}-\frac{20}{33}=\frac{5}{33} \quad \cdots\cdots ⑥$$

したがって，得点の期待値は，
$$0\times\frac{8}{33}+1\times\frac{20}{33}+2\times\frac{5}{33}=\frac{30}{33}=\frac{10}{11}$$

（5） （i） 得点が 2 で，黒玉を含む場合。赤玉と白玉を同じ番号で 2 個ずつ取り出す場合であるから $_5C_2\times _5C_2=10\times 1=10$

（ii） 得点が 2 で，黒玉が含まれない場合。

● 赤玉 3 個，白玉 2 個を取り出して得点が 2 となるのは，赤玉 5 個の中から 3 個を取り出し，その 3 個と同じ番号の白玉の中から 2 個を取り出す場合の数であるから $_5C_3\times _3C_2=10\times 3=30$

● 赤玉 2 個，白玉 3 個を取り出して得点が 2 となるのは，赤玉 5 個の中から 2 個を取り出し，その 2 個と同じ番号の白玉を 2 個とり，残りの白玉 3 個の中から 1 個を取り出す場合であるから $_5C_2\times _2C_2\times _3C_1=10\times 1\times 3=30$

したがって，得点が 2 となる場合の数は，黒玉を含む場合と含まない場合の数を加えると，$10+30+30=70$ 通りとなる。よって，得点が 2 となる確率は $\frac{70}{462}=\frac{5}{33}$ となり，⑥と一致する。　　　　　　　　　　　　　　　（解答終り）

ここでは，赤玉，白玉の数を多く設定したことにともなう解法の効率化を考える。

---
**設定条件を変更した問題**

袋の中に赤玉 6 個，白玉 6 個，黒玉 1 個の合計 13 個の玉が入っている。赤玉と白玉には，それぞれ 1 から 6 までの数字が 1 つずつ書かれており，黒玉には何も書かれていない。なお，同じ色の玉には同じ数字は書かれていない。この袋から同時に 6 個の玉を取り出す。

取り出した 6 個の玉の中に同じ数字の赤玉と白玉の組が 3 組あれば得点は 3 点，2 組あれば得点は 2 点，1 組だけあれば得点は 1 点，1 組もなければ得点は 0 点とする。このゲームについて，次の問いに答えよ。

（1） 6 個の玉の取り出し方は何通りあるか。

（2） 得点が 0 点，1 点，2 点，3 点となる場合の数を求めよ。

(3) 得点の期待値を求めよ。

13個の玉（赤玉6，白玉6，黒玉1）が入っている袋の中から6個の玉を取り出す。この試行により，全事象は，根元事象 $_{13}C_6=1716$ 通りから成り立っている。各根元事象に対して，取り出された玉の状態に応じて得点が0点から3点までとれるという。問題は，各得点をとる根元事象の個数，すなわち場合の数を求めることにある。

例題2においては，黒玉を含むか含まないかの場合分けのあと，赤玉と白玉を取り出す個数を指定して，各得点をとる場合の数を求めた。この方法はわかりやすいが玉の数が多くなると場合分けが複雑になるので，別の方法を用いる。すなわち，まず黒玉を含むか含まないかの場合分けは同じであるが，ついで各得点をとるための数字の組合せを先に調べ，その後で赤，白の色の場合分けをつけ加えるという方法をとる。

[解答] （1） 13個の玉の中から6個の玉の取り出し方は
$$_{13}C_6 = \frac{13\cdot 12\cdot 11\cdot 10\cdot 9\cdot 8}{6\cdot 5\cdot 4\cdot 3\cdot 2\cdot 1} = 1716 \text{ 通り} \qquad \cdots\cdots ①$$

（2） (i) 得点が0で黒玉を含まない場合。 1から6までの数字の中から，互いに異なる6個の数字の取り出し方は，$\{1,2,3,4,5,6\}$ の一通りである。各数字に対して赤と白の2通りの取り出し方があるので，黒玉を含まないで，得点が0となる場合の数は $2^6=64$ 通り。

(ii) 得点が0で黒玉を含む場合。 5個の玉はすべて数字が異なるから，数字の組合せは $_6C_5=6$ 通り。各数字に対して赤と白の2通りあるので，黒玉を含み，得点が0となる場合の数は $6\times 2^5=192$ 通り。

(iii) 得点が1で黒玉を含まない場合。 赤，白1個ずつ同じ番号の玉の取り出し方は $_6C_1=6$ 通り，残り4個の玉は異なる数字であるから，5個の数字の中から4個の取り出し方は $_5C_4$ 通りあり，4個の数字の玉には赤と白の2通りがあるから，得点が1で黒玉を含まない場合の数は，$_6C_1\times {}_5C_4\times 2^4 = 6\times 5\times 2^4 = 480$ 通り。

(iv) 得点が1で黒玉を含む場合。 赤，白1個ずつ同じ番号の玉の取り出し方は $_6C_1=6$ 通り，残り3個の玉は異なる数字であるから，5個の数字の中から3個の取り出し方は $_5C_3=10$ 通りあり，3個の数字の玉には赤と白の2通

りがあるから，得点が 1 で黒玉を含む場合の数は $_6C_1 \times {}_5C_3 \times 2^3 = 6 \times 10 \times 2^3 = 480$ 通り。

同様にして，
- (v) 得点が 2 で黒玉を含まない場合は $_6C_2 \times {}_4C_2 \times 2^2 = 15 \times 6 \times 4 = 360$ 通り。
- (vi) 得点が 2 で黒玉を含む場合は $_6C_2 \times {}_4C_1 \times 2^1 = 15 \times 4 \times 2 = 120$ 通り。
- (vii) 得点が 3 で黒玉を含まない場合は $_6C_3 = 20$ 通り。
- (viii) 得点が 3 で黒玉を含む場合は 0 通り。

以上をまとめると，得点が 0 となる場合の数は $64 + 192 = 256$ 通り，1 点となる場合の数は $480 + 480 = 960$ 通り，2 点となる場合の数は $360 + 120 = 480$ 通り，得点が 3 点となる場合の数は 20 通りとなる。全部加えると，

$$256 + 960 + 480 + 20 = 1716$$

となり ① と一致し，場合の数の重複や数え落しはないことがわかる。

(3) 以上から，得点の期待値は

$$0 \times \frac{256}{1716} + 1 \times \frac{960}{1716} + 2 \times \frac{480}{1716} + 3 \times \frac{20}{1716} = \frac{1980}{1716} = \frac{15}{13} \text{点}$$

(解答終り)

---

**例題 3（2008 数 I A 改）**

さいころを 3 回投げ，次の規則にしたがって文字の列をつくる。ただし，何も書かれていないときや，文字が 1 つだけのときも文字の列とよぶことにする。

1 回目は次のようにする。
- 出た目の数が 1, 2 のときは，文字 A を書く。
- 出た目の数が 3, 4 のときは，文字 B を書く。
- 出た目の数が 5, 6 のときは，何も書かない。

2 回目，3 回目は次のようにする。
- 出た目の数が 1, 2 のときは，文字の列の右側に文字 A を 1 つ付け加える。
- 出た目の数が 3, 4 のときは，文字の列の右側に文字 B を 1 つ付け加える。
- 出た目の数が 5, 6 のときは，一番右側の文字を削除する。ただし，何も書かれていないときはそのままにする。

第1節　例題の解答と基礎的な考え方　　　　　　　　　　　　　　　　　129

　　以下の問いでは，さいころを3回投げ終わったときにできる文字の列に
　ついて考える。
　　（1）　文字列がAAAとなるさいころの目の出方は何通りあるか。次
　に，ABとなるさいころの目の出方は何通りあるか。また，BAとなるさ
　いころの目の出方は何通りあるか。
　　（2）　文字列がAとなる確率，何も書かれていない文字列となる確率
　を求めよ。
　　（3）　文字列の字数が3となる確率，字数が2となる確率を求めよ。ま
　た，文字列の字数の期待値を求めよ。ただし，何も書かれていないときの
　字数は0とする。

[問題の意義と解答の要点]

- さいころを3回投げて出た目の数に応じてAとBからなる文字列が定義
  される。根元事象は$6^3=216$個あり，この一つひとつに対して文字列に応じ
  て分類するのは効率が悪い。そこで，さいころの目が1,2のときはa, 3,4
  のときはb, 5,6のときはcを対応させると，1つの試行に対して$\{a,b,c\}$
  の順列ができる。重複をゆるした$\{a,b,c\}$の順列は$3^3=27$個ある。

- 1回の試行により$\{a,b,c\}$の順列が対応し，その順列が起こる確率はすべ
  て$\left(\frac{2}{6}\right)^3=\frac{1}{27}$である。この重複をゆるした$\{a,b,c\}$の順列を根元事象と考え
  ることができる。各順列に対し，AとBからなる文字列が対応する。解答
  に示したように，a,b,cの順列とA,Bの文字列の対応を表にまとめると問
  題の解答は容易である。

- 設定条件を変更した問題では，さいころを4回投げ，1,2,3の目が出たと
  きはA，4と5が出たときはB，6が出たときは一番右側の文字を削除する
  か何も書かないルールで文字列をつくる。例題3と同じように考えると，
  a,b,cを4個並べた順列が対応し全部で$3^4=81$個あり，順列と文字列の対
  応表をつくるのは効率が悪い。そこで特に文字列の文字数に関心がある場合
  にはより簡便な方法がある。

[解答]　（1）　さいころを投げて出る目の数が1と2のときa, 3と4のとき
b, 5と6のときcで表すことにする。3回投げ終わったとき，3つの文字a,
b, cからなる重複をゆるした順列ができる。順列の個数は$3^3=27$個となり，

それぞれの順列に対し，問題の規則にしたがって，AとBの文字列が対応する。a, b, c の順列と，A, B の文字列との対応は表のようになる。

さて，文字列が AAA となるのは，表から {a, a, a} の場合のみであり，a は1と2の2通りあるから，{a, a, a} となるのは $2^3=8$ 通りある。

次に，文字列が AB となるのは，{c, a, b} の場合であるから8通りとなる。また，文字列が BA となるのは {c, b, a} の場合であるから8通りである。

（2） 文字列が A となるのは，表から，a, b, c の順列が {a, a, c}，{a, b, c}，{a, c, a}，{b, c, a}，{c, c, a} の5通りである。a, b, c の順列が起こる確率は $\frac{1}{27}$ であるから，文字列が A となる確率は $\frac{5}{27}$ となる。

また，文字列の字数が0となる a, b, c の順列の個数は，表から5通り。よって字数が0となる確率は $\frac{5}{27}$ となる。

（3） 文字列の字数が1である a, b, c の順列の個数は，表から10通り。したがって，文字列の字数が1である確率は $\frac{10}{27}$ となる。

同様に，文字列の字数が2である a, b, c の順列の個数は，表から4通り。したがって，文字列の字数が2である確率は $\frac{4}{27}$ となる。

また，文字列の字数が3である確率は $\frac{8}{27}$ となる。

したがって，文字列の字数の確率の和は
$$\frac{5}{27}+\frac{10}{27}+\frac{4}{27}+\frac{8}{27}=\frac{27}{27}=1,$$

表　a, b, c の順列と A, B の文字列の対応

| 順列 | 文字列 | 順列 | 文字列 | 順列 | 文字列 |
|---|---|---|---|---|---|
| a a a | A A A | b a a | B A A | c a a | A A |
| a a b | A A B | b a b | B A B | c a b | A B |
| a a c | A | b a c | B | c a c | なし |
| a b a | A B A | b b a | B B A | c b a | B A |
| a b b | A B B | b b b | B B B | c b b | B B |
| a b c | A | b b c | B | c b c | なし |
| a c a | A | b c a | A | c c a | A |
| a c b | B | b c b | B | c c b | B |
| a c c | なし | b c c | なし | c c c | なし |

また，文字列の字数の期待値は

$$1 \times \frac{10}{27} + 2 \times \frac{4}{27} + 3 \times \frac{8}{27} = \frac{42}{27} = \frac{14}{9}$$

（解答終り）

　例題3においては，さいころを3回投げる試行に対して，出た目の数を3つ並べる代わりに，文字a, b, cの順列を対応させた。a, b, cを3個並べてできる順列を根元事象と考えることができる。各根元事象の起こる確率は $\frac{1}{27}$ であり，根元事象は27個ある。27個であるから根元事象の順列と文字列の対応表をつくるのはさほど困難ではなく，文字列の字数の期待値を計算するためには，結局，対応表をつくったほうが速く正確に計算できる。

　では，「設定条件を変更した問題」において，さいころを4回投げ，文字列をつくる規則を変えてみよう。例題3と同じようにa, b, cの順列を対応させると，a, b, cが4個並ぶ $3^4 = 81$ 個の列ができて，表をつくることは現実的でない。そこで本問では，例題とは異なり，A, Bの並び方を無視し文字数にのみ着目して分類していく。各文字数に対し，できあがる文字列と確率が求められる。

---

**設定条件を変更した問題**

　さいころを4回投げ，次の規則にしたがって文字の列をつくる。ただし，何も書かれていないときや，文字が1つだけのときも文字列とよぶことにする。

　1回目は次のようにする。
- 出た目の数が1, 2, 3のときは，文字Aを書く。
- 出た目の数が4, 5のときは，文字Bを書く。
- 出た目の数が6のときは，何も書かない。

　2～4回目は次のようにする。
- 出た目の数が1, 2, 3のときは，文字列の右側にAを1つ付け加える。
- 出た目の数が4, 5のときは，文字列の右側にBを1つ付け加える。
- 出た目の数が6のときは，一番右側の文字を削除する。ただし，何も書かれていないときはそのままにする。

　以下の問いでは，さいころを4回投げ終わったときにできる文字の列について考える。

(1) 4回投げ終わったときの，さいころの目の出方は何通りあるか。また，できあがる文字列の種類は何通りあるか（字数0も1種類とする）。
(2) 文字数が0となる場合の確率を求めよ。
(3) 文字数の期待値を求めよ。

[解答] (1) さいころの目は6種類，4回投げるから，目の出方は $6^4=1296$ 通り。

いま，さいころを投げて，1から5の目が出てAかBの文字を追加する場合をp，6の目が出て追加なし，または削除となる場合をqと書くことにする。このとき，4回さいころを投げると，結果は，例えば $\{p, q, p, p\}$ のように表される。このような目の出方を表す種類は $2^4=16$ 通りとなる。

さいころを1回投げて，pとなる確率は $\dfrac{5}{6}$，qとなる確率は $\dfrac{1}{6}$ である。1回の試行（4回投げる）で，目の出方と，それに対応する文字数と確率を表にまとめる。目の出方に対する確率と文字数は，pとqの出方からわかる。

**表 さいころの目の出方と文字数，確率表**

| 目の出方 | 文字数 | 確率 | 目の出方 | 文字数 | 確率 |
|---|---|---|---|---|---|
| p p p p | 4 | $\dfrac{5^4}{6^4}$ | q p p q | 1 | $\dfrac{5^2}{6^4}$ |
| p p p q | 2 | $\dfrac{5^3}{6^4}$ | q p q p | 1 | $\dfrac{5^2}{6^4}$ |
| p p q p | 2 | $\dfrac{5^3}{6^4}$ | q q p p | 2 | $\dfrac{5^2}{6^4}$ |
| p q p p | 2 | $\dfrac{5^3}{6^4}$ | p q q q | 0 | $\dfrac{5}{6^4}$ |
| q p p p | 3 | $\dfrac{5^3}{6^4}$ | q p q q | 0 | $\dfrac{5}{6^4}$ |
| p p q q | 0 | $\dfrac{5^2}{6^4}$ | q q p q | 0 | $\dfrac{5}{6^4}$ |
| p q p q | 0 | $\dfrac{5^2}{6^4}$ | q q q p | 1 | $\dfrac{5}{6^4}$ |
| p q q p | 1 | $\dfrac{5^2}{6^4}$ | q q q q | 0 | $\dfrac{1}{6^4}$ |

例：$\{p, q, q, p\}$ の文字数は 1 で，確率は $\dfrac{5}{6} \times \dfrac{1}{6} \times \dfrac{1}{6} \times \dfrac{5}{6} = \dfrac{5^2}{6^4}$,

$\{p, p, q, p\}$ の文字数は 2 で，確率は $\dfrac{5}{6} \times \dfrac{5}{6} \times \dfrac{1}{6} \times \dfrac{5}{6} = \dfrac{5^3}{6^4}$,

$\{q, q, p, q\}$ の文字数は 0 で，確率は $\dfrac{1}{6} \times \dfrac{1}{6} \times \dfrac{5}{6} \times \dfrac{1}{6} = \dfrac{5}{6^4}$，など．

そこで文字数の種類の数を考えよう．ある文字数に対して，できあがる文字列は，1 文字に対して $A, B$ の 2 通りある．したがって，文字数が $k$ ($k = 0, 1, 2, 3, 4$) ならば，文字列は $2^k$ 通りある．よって文字列の種類は
$$2^0 + 2^1 + 2^2 + 2^3 + 2^4 = 31 \text{ 通り．}$$

（2） 文字数が 0 となる確率は，上の表から文字数が 0 となる目の出方は
$$\{p, p, q, q\}, \ \{p, q, p, q\}, \ \{p, q, q, q\}$$
$$\{q, p, q, q\}, \ \{q, q, p, q\}, \ \{q, q, q, q\}$$
の場合であるから，
$$\dfrac{1}{6^4}(5^2 + 5^2 + 5 + 5 + 5 + 1) = \dfrac{66}{6^4} = \dfrac{11}{216}$$

（3） 文字数の期待値を求めるために，文字数ごとの確率を求める．

- 文字数が 1 となる確率は表から，$\dfrac{1}{6^4}(5^2 + 5^2 + 5^2 + 5) = \dfrac{80}{6^4}$
- 文字数が 2 となる確率は表から，$\dfrac{1}{6^4}(5^3 + 5^3 + 5^3 + 5^2) = \dfrac{400}{6^4}$
- 文字数が 3 となる確率は表から，$\dfrac{5^3}{6^4} = \dfrac{125}{6^4}$
- 文字数が 4 となる確率は表から，$\dfrac{5^4}{6^4} = \dfrac{625}{6^4}$

以上の結果から確率の総和は
$$\dfrac{1}{6^4}(66 + 80 + 400 + 125 + 625) = \dfrac{1296}{1296} = 1,$$
また，文字数の期待値は
$$\dfrac{1}{6^4}(1 \times 80 + 2 \times 400 + 3 \times 125 + 4 \times 625) = \dfrac{3755}{1296} \qquad \text{（解答終り）}$$

## 第2節　問題の解答を文章で書き表そう

　確率の問題では，その主旨を理解するのが難しい場合が多い。問題の意味がわかるまで何回も読むことが大切である。解答を書くまえに，準備として試行，根元事象，事象，事象に対する変量とは何か，また変量のとりうる値を明確に把握しておこう。

　例題4,5では，試行はともにさいころを投げることである。しかし，事象と変量はまったく異なっている。例題4では "出た目の数の和が3を超えたところでやめて"「出た目の数の記録」が事象であり，変量は「さいころを投げた回数」である。

　一方，例題5では "さいころを8回投げる" という試行に対して，得点＝変量　を次のように定義している。すなわち

　（1）　4以下の目が3回出たときのみ得点が与えられ，それ以外は0点である，

　（2）　$n$ 回目に初めて4以下の目が出たとき，得点は $n$ とする，

である。この試行の根元事象は1から6までの数8個からなる順列である。とりうる得点は，0から6までの7個の数であることがわかる。

　まず最初に，確率の問題を解く一般的な解答の流れ図を示しておこう。

[解答の流れ図]

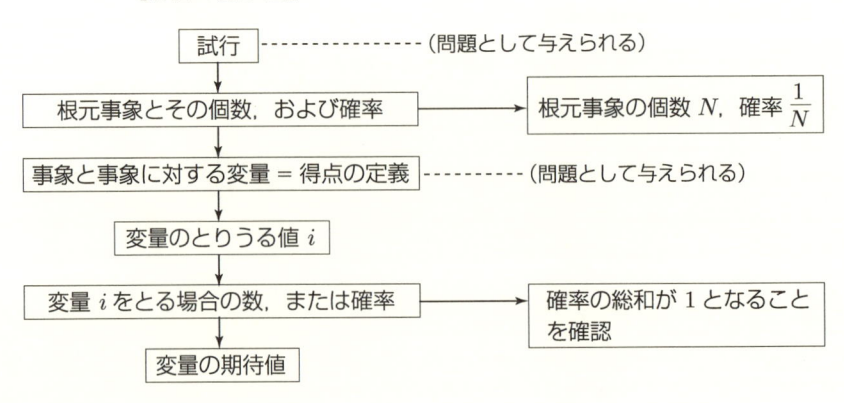

試行 ---------------- (問題として与えられる)
↓
根元事象とその個数，および確率 → 根元事象の個数 $N$，確率 $\dfrac{1}{N}$
↓
事象と事象に対する変量＝得点の定義 ---------- (問題として与えられる)
↓
変量のとりうる値 $i$
↓
変量 $i$ をとる場合の数，または確率 → 確率の総和が1となることを確認
↓
変量の期待値

## 問題の部

**例題 4**（*2009 数 I A 改*）

さいころを繰り返し投げ，出た目の数を加えていく。その合計が 4 以上になったところで投げることを終了する。

（1） 1 の目が出たところで終了する目の出方は何通りあるか。また，2 の目が出たところで終了する目の出方は何通りあるか。

（2） 終了するまでに投げる回数の期待値を求めよ。

**設定条件を変更した問題**

さいころを繰り返し投げ，出た目が 1, 2, 3 のときは得点 1 を加え，4, 5 が出たときは得点 2 を加え，6 が出たときは得点 3 を加えていく。得点の合計が 4 以上になったところで投げることを終了する。

（1） 1 の目が出たところで終了する目の出方は何通りあるか。また，4 の目が出たところで終了する目の出方は何通りあるか。

（2） 終了するまでに投げる回数の期待値を求めよ。

**例題 5**（*2011 数 I A 改*）

（1） 1 個のさいころを投げるとき，4 以下の目が出る確率 $p$，および 5 以上の目が出る確率 $q$ を求めよ。

以下では，1 個のさいころを 8 回繰り返し投げる。

（2） (i) 8 回のなかで 4 以下の目がちょうど 3 回出る確率を求めよ。

(ii) 第 1 回目に 4 以下の目が出て，さらに次の 7 回のなかで 4 以下の目がちょうど 2 回出る確率を求めよ。

(iii) 第 1 回目に 5 以上の目が出て，さらに次の 7 回のなかで 4 以下の目がちょうど 3 回出る確率を求めよ。

（3） $_8C_3$ に等しいものを次の ①〜⑧ の中から選べ。

① $_7C_2 \times _7C_3$  ② $_8C_1 \times _8C_2$  ③ $_7C_2 \times _7C_3$  ④ $_8C_1 \times _8C_2$

⑤ $_7C_4 \times _7C_5$  ⑥ $_8C_6 \times _8C_7$  ⑦ $_7C_4 \times _7C_5$  ⑧ $_8C_6 \times _8C_7$

（4） 得点を次のように定める。

8回のなかで4以下の目がちょうど3回出た場合，$n=1,2,3,4,5,6$ に対して，第 $n$ 回目に初めて4以下の目が出たときは得点は $n$ 点とする。また，4以下の目が出た回数がちょうど3回とならないときは，得点は0点とする。

このとき，得点の期待値を求めよ。

--- 設定条件を変更した問題 ---

1個のさいころを5回繰り返し投げる。このとき，5以上の目が $m$ 回目に初めて出たとし，また，5以上の目が5回のうち $n$ 回出たとする。このときの得点を $m \times n$ 点とする。例えば，3, 6, 4, 5, 5 と出た場合の得点は $2 \times 3 = 6$ 点となる。

このとき，次の問いに答えよ。

（1） 5以上の目が4回出る確率を求めよ。

（2） 5以上の目が1回目に出て，かつ5以上の目が3回出る確率を求めよ。

（3） 得点の期待値を求めよ。

第2節 問題の解答を文章で書き表そう　　　　　　　　　　　　　　137

**解 答 の 部**

――― 例題 4（2009 数 I A 改）―――――――――――――――
　さいころを繰り返し投げ，出た目の数を加えていく。その合計が 4 以上になったところで投げることを終了する。
　（1）　1 の目が出たところで終了する目の出方は何通りあるか。また，2 の目が出たところで終了する目の出方は何通りあるか。
　（2）　終了するまでに投げる回数の期待値を求めよ。

　この問題の試行は「さいころを投げる」ことで，根元事象は，「出た目の数の記録」である。一つひとつの根元事象の起こる確率は $\frac{1}{6}$ である。そこで，何回かの試行を繰り返し行い，出た目の数の和が 4 以上になったところで投げることを終了する。このときにできた 1 から 6 までの数の記録を 1 つの事象と考える。例えば，$\{4\}, \{3,5\}, \{1,1,6\}$ などはそれぞれ事象と考えられる。各事象に対して，さいころを投げた回数＝"事象の字の個数"を変量と定義する。上の例では，変量はそれぞれ 1, 2, 3 であり，それが起こる確率は $\frac{1}{6}, \frac{1}{6^2}, \frac{1}{6^3}$ である。

［解答の流れ図］

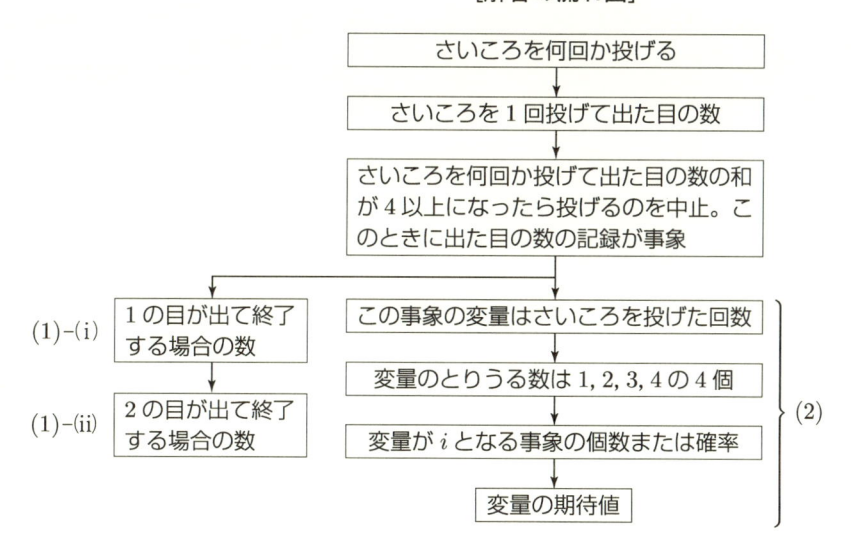

```
          ┌──────────────────────┐
          │ さいころを何回か投げる │
          └──────────┬───────────┘
                     ↓
          ┌──────────────────────────────┐
          │ さいころを 1 回投げて出た目の数 │
          └──────────┬───────────────────┘
                     ↓
          ┌────────────────────────────────────────┐
          │ さいころを何回か投げて出た目の数の和   │
          │ が 4 以上になったら投げるのを中止。こ  │
          │ のときに出た目の数の記録が事象         │
          └──────────┬─────────────────────────────┘
                     ↓
 (1)-(i) ┌──────────────┐    ┌──────────────────────────────────┐
        │1 の目が出て終了│    │この事象の変量はさいころを投げた回数│
        │する場合の数   │    └──────────┬───────────────────────┘
        └──────┬───────┘               ↓
               ↓                ┌──────────────────────────────┐
 (1)-(ii)┌──────────────┐       │変量のとりうる数は 1, 2, 3, 4 の 4 個│   (2)
        │2 の目が出て終了│       └──────────┬───────────────────┘
        │する場合の数   │                  ↓
        └──────────────┘       ┌──────────────────────────────┐
                               │変量が i となる事象の個数または確率│
                               └──────────┬───────────────────┘
                                          ↓
                               ┌──────────────┐
                               │ 変量の期待値 │
                               └──────────────┘
```

[解答]　(1)　1の目が出て終了するのは，そのまえまでに和が3となっているときであるから，1の目が出るまえは
$$\{1,1,1\},\ \{1,2\},\ \{2,1\},\ \{3\}$$
の4通りである。

また，2の目が出て終了するのは，そのまえまでの和が2，または3となっている場合であるから
$$\{1,1\},\ \{2\},\ \{1,1,1\},\ \{1,2\},\ \{2,1\},\ \{3\}$$
の6通りである。

(2)　さいころを投げる回数の期待値を求めるために，さいころを投げる回数に対する確率を求める必要がある。投げる回数は1から4までの4通りある。

- 1回で終了するのは $\{4\},\{5\},\{6\}$ の場合で，確率は $\dfrac{1}{6}\times 3=\dfrac{3}{6}=\dfrac{1}{2}$
- 2回で終了するのは，
   1回目が1，2回目は3,4,5,6が出る場合の4通り，
   1回目が2，2回目は2,3,4,5,6が出る場合の5通り，
   1回目が3，2回目は1,2,3,4,5,6が出る場合の6通り
であるから，全部で15通りある。したがって2回で終了する確率は
$$\frac{15}{6^2}=\frac{15}{36}=\frac{5}{12}$$

- 4回で終了する場合は，3回目までの和が3で4回目は何でもよい。ということは1回目，2回目，3回目は1で4回目は何でもよい。したがって，4回で終了する確率は
$$\frac{1}{6^3}\times\frac{6}{6}=\frac{1}{216}$$

- 3回で終了する確率は，余事象の確率として
$$1-\left(\frac{1}{2}+\frac{5}{12}+\frac{1}{216}\right)=1-\frac{199}{216}=\frac{17}{216}$$

☞ 3回で終了する目の出方を，出る目の小さいほうから順に書くと，
$\{1,1,2\},\{1,1,3\},\{1,1,4\},$
$\{1,1,5\},\{1,1,6\}$
$\{1,2,1\},\{1,2,2\},\{1,2,3\},$
$\{1,2,4\},\{1,2,5\},\{1,2,6\}$
$\{2,1,1\},\{2,1,2\},\{2,1,3\},$
$\{2,1,4\},\{2,1,5\},\{2,1,6\}$
の17通りとなる。よって，3回で終了する確率は $\dfrac{17}{216}$ となって余事象の確率として得られた結果と一致する。

確率の総和は
$$\frac{1}{2}+\frac{5}{12}+\frac{17}{216}+\frac{1}{216}=\frac{216}{216}=1$$

したがって，終了するまでに投げる回数の期待値は

$$1 \times \frac{1}{2} \times 2 \times \frac{5}{12} + 3 \times \frac{17}{216} + 4 \times \frac{1}{216} = \frac{343}{216}$$ （解答終り）†

---
**設定条件を変更した問題**

さいころを繰り返し投げ，出た目が 1, 2, 3 のときは得点 1 を加え，4, 5 が出たときは得点 2 を加え，6 が出たときは得点 3 を加えていく。得点の合計が 4 以上になったところで投げることを終了する。

（1）　1 の目が出たところで終了する目の出方は何通りあるか。また，4 の目が出たところで終了する目の出方は何通りあるか。

（2）　終了するまでに投げる回数の期待値を求めよ。

---

　この問題の試行は「さいころを投げる」ことで，根元事象は，「出た目の数の記録」である。各根元事象の確率は $\frac{1}{6}$ となる。この根元事象に対して，得点が定義されている。そこで，さいころを繰り返し投げて，得点の和が 4 以上になったところで，投げることを終了する。この事象の　投げた回数＝変量　に対する確率を求めることが問題である。

[解答]　（1）　この問題では，さいころを 1 回投げるごとに得点 1 以上を加えるので，最大 4 回まで投げることになる。以下，1 回目，2 回目，3 回目，4 回目のそれぞれの回に投げて得た得点を $x, y, z, w$（$1 \leq x, y, z, w \leq 3$）と書く。

　得点が 1 となる目は $\{1, 2, 3\}$ の 3 通り，2 となるのは $\{4, 5\}$ の 2 通り，3 となるのは $\{6\}$ の 1 通り。

　まず，1 の目が出たところで終了するのは
　　(i)　$\{x, y\}$ で $y$ が 1 の目，
　　(ii)　$\{x, y, z\}$ で $z$ が 1 の目，かつ $x + y = 3$，
　　(iii)　$\{x, y, z, w\}$ で $w$ が 1 の目，かつ $x + y + z = 3$
の 3 つの場合である。

　(i) の場合は $x = 3$ であるから 6 の目のみで 1 通り。
　(ii) の場合，$x = 1$ かつ $y = 2$ かまたは $x = 2$ かつ $y = 1$ であるから

---
†　変量のとりうる値は 1, 2, 3, 4 の 4 種類である。各変量の値となるさいころの目の出方はすべて書き下すことができる。解答に書いたように，2 回または 3 回で終わる場合の目の出方は，順序よく書き忘れのないように細心の注意をはらうこと。

$$3\times 2+2\times 3=12 \text{ 通り}$$

(iii)の場合，$x=y=z=1$ であるから

$$3\times 3\times 3=27 \text{ 通り}$$

したがって，1の目が出て終了する目の出方は

$$1+12+27=40 \text{ 通り}$$

次に，4の目が出たところで終了するのは，4の目は得点2であるから

(i)　$\{x, y\}$ で $y$ が4の目で2点，$x$ は得点が2または3，

(ii)　$\{x, y, z\}$ で $z$ が4の目で2点，$x+y=2$ かまたは3，

(iii)　$\{x, y, z, w\}$ で $w$ が4の目で2点，$x+y+z=3$

の3つの場合である。

(i)の場合は $x=2$ かまたは3であるから $2+1=3$ 通り，

(ii)の場合は $x+y=2$ かまたは3，すなわち $(x, y)=(1, 1), (1, 2), (2, 1)$ の場合であり，

$(x, y)=(1, 1)$ となる目の出方は $3\times 3=9$ 通り，
$(x, y)=(1, 2)$ となる目の出方は $3\times 2=6$ 通り，
$(x, y)=(2, 1)$ となる目の出方は $2\times 3=6$ 通り。

(iii)の場合は $x+y+z=3$，すなわち $(x, y, z)=(1, 1, 1)$，よって，

$$3\times 3\times 3=27 \text{ 通り}。$$

したがって，4の目が出て終了する目の出方は

$$3+9+6+6+27=51 \text{ 通り}。$$

(2)　さいころを投げる回数と，そのときの得点の順列を書き上げる。

1回で終了することはない。

2回で終了する場合の得点の順列 $(x, y)$（ただし，$x\leqq 3, x+y\geqq 4$）とその確率。

$$(x, y)=(1, 3), (2, 2), (2, 3), (3, 1), (3, 2), (3, 3)$$

したがって，得点が $1, 2, 3$ となる確率はそれぞれ $\frac{1}{2}, \frac{1}{3}, \frac{1}{6}$ であるから，上記の得点の順列の確率は

$$\frac{1}{2}\times\frac{1}{6}+\frac{1}{3}\times\frac{1}{3}+\frac{1}{3}\times\frac{1}{6}+\frac{1}{6}\times\frac{1}{2}+\frac{1}{6}\times\frac{1}{3}+\frac{1}{6}\times\frac{1}{6}$$

$$=\frac{3+4+2+3+2+1}{36}=\frac{15}{6^2}=\frac{540}{6^4}$$

3回で終了する場合 $(x, y, z)$（ただし，$x+y\leqq 3, x+y+z\geqq 4$）とその確率。

$$(x, y, z)=(1, 1, 2), (1, 1, 3), (1, 2, 1), (1, 2, 2), (1, 2, 3), (2, 1, 1),$$
$$(2, 1, 2), (2, 1, 3)$$

よって確率は

$$\left(\frac{1}{2}\right)^2\frac{1}{3}+\left(\frac{1}{2}\right)^2\frac{1}{6}+\left(\frac{1}{2}\right)^2\frac{1}{3}+\frac{1}{2}\left(\frac{1}{3}\right)^2+\frac{1}{2}\cdot\frac{1}{3}\cdot\frac{1}{6}+\frac{1}{3}\left(\frac{1}{2}\right)^2+\left(\frac{1}{3}\right)^2\frac{1}{2}$$
$$+\frac{1}{3}\cdot\frac{1}{2}\cdot\frac{1}{6}=\frac{6+3+6+4+2+6+4+2}{72}=\frac{33}{72}=\frac{594}{6^4}$$

4回で終了する場合 $(x, y, z, w)$（ただし，$x+y+z+w \geqq 4$）とその確率。

$$(x, y, z, w) = (1, 1, 1, 1), (1, 1, 1, 2), (1, 1, 1, 3)$$

よって確率は

$$\left(\frac{1}{2}\right)^4+\left(\frac{1}{2}\right)^3\frac{1}{3}+\left(\frac{1}{2}\right)^3\frac{1}{6}=\frac{3+2+1}{48}=\frac{6}{48}=\frac{162}{6^4}$$

以上の結果から

$$確率の総和 = \frac{540}{6^4}+\frac{594}{6^4}+\frac{162}{6^4}=\frac{1296}{6^4}=1$$

また，投げる回数の期待値は

$$2\times\frac{540}{6^4}+3\times\frac{594}{6^4}+4\times\frac{162}{6^4}=\frac{3510}{6^4}=\frac{65}{24}$$

（解答終り）[†]

---

**例題 5**（*2011 数 I A 改*）

（1） 1個のさいころを投げるとき，4以下の目が出る確率 $p$，および 5以上の目が出る確率 $q$ を求めよ。

以下では，1個のさいころを8回繰り返し投げる。
（2） (i) 8回のなかで4以下の目がちょうど3回出る確率を求めよ。
　　　(ii) 第1回目に4以下の目が出て，さらに次の7回のなかで
　　　　　4以下の目がちょうど2回出る確率を求めよ。
　　　(iii) 第1回目に5以上の目が出て，さらに次の7回のなかで
　　　　　4以下の目がちょうど3回出る確率を求めよ。

---

[†] この問題の場合，さいころを2回から4回投げると得点が4点以上になり，試行が終わる。2回から4回投げて出る目の数に対応した得点の記録が事象であり，各事象に対して，さいころを投げた回数が変量である。変量のとりうる数は $2, 3, 4$ しかない。少しややこしいが問題の原理をしっかり理解しよう。そこで，例えば，変量が2となる事象(すなわち得点の記録 $(x, y) = (1, 3), (2, 2)$ など)とその確率を求めることにより問題を解いたわけである。

（3） $_8C_3$ に等しいものを，次の ①〜⑧ の中から選べ。

① $_7C_2 \times _7C_3$  ② $_8C_1 \times _8C_2$  ③ $_7C_2 \times _7C_3$  ④ $_8C_1 \times _8C_2$
⑤ $_7C_4 \times _7C_5$  ⑥ $_8C_6 \times _8C_7$  ⑦ $_7C_4 \times _7C_5$  ⑧ $_8C_6 \times _8C_7$

（4） 得点を次のように定める。

8回の中で4以下の目がちょうど3回出た場合，$n=1,2,3,4,5,6$ に対して，第 $n$ 回目に初めて4以下の目が出たときは得点は $n$ 点とする。また，4以下の目が出た回数がちょうど3回とならないときは，得点は0点とする。

このとき，得点の期待値を求めよ。

[解答の流れ図]

(1) 試行：さいころを8回投げる。
4以下の目が出る確率 $\dfrac{2}{3}$,
5以上の目が出る確率 $\dfrac{1}{3}$

↓

得点：4以下の目がちょうど3回出る場合以外は得点0，第 $n$ 回目に初めて4以下の目が出た場合には得点 $n$

↓

$n$ のとりえる値は 0, 1, 2, 4, 5, 6.
得点が $n$ となる事象の確率 $P(n)$ を求める（反復試行の確率公式を利用する）

↓

(2) 例 $P(0)$：4以下の目がちょうど3回出る確率は
$_8C_3 p^3 q^5$，$\therefore P(0) = 1 - _8C_3 p^3 q^5$

〜 例 $P(3)$：1, 2回目は5以上，3回目は4以下，あと5回のうち，2回が4以下となる場合であるから
$P(3) = q \cdot q \cdot p \cdot _5C_2 p^2 q^3$ 〜 …

↓

(4) 得点の期待値を求める

第2節　問題の解答を文章で書き表そう

確率は難しく，問題をみても何が何だかさっぱりわからないという場合も多いが，基礎・基本に立ち返れば意外とわかる。本問は反復試行に関する問題である。同じ条件のもとで同じ試行を何回か繰り返し行い，各回の試行が独立であるときを**反復試行**という。1回の試行で事象Aが起こる確率を $p$，事象Aが起こらない確率を $q=1-p$ とする。この試行を $n$ 回繰り返し行うとき，事象Aがちょうど $r$ 回起こる確率は ${}_nC_r p^r q^{n-r}$ となる。

さて，本問における試行とは，さいころを8回投げて「出る目の数を順番に記録する」ことである。1から6までの数が8個並んだデータが根元事象であると考えられる。

この根元事象に対し，得点，すなわち変量を問題文に書かれているように定義する。変量のとりうる数値は0から6までの7個である。この問題を解く鍵は，変量＝得点 が $n$ $(n=0,1,2,\cdots,6)$ となる確率 $P(n)$ を求めることである。問(2)(i)は得点が0でない確率，(ii)は得点が1となる確率である。このことに気づけば，あとは容易に $P(n)$ を求めることができる。

[解答]　（1）　さいころを投げて，4以下の目が出る確率 $p$ は $\dfrac{4}{6}=\dfrac{2}{3}$，5以上の目が出る確率 $q$ は $1-p=\dfrac{1}{3}$

（2）　(i)　8回のなかで4以下の目がちょうど3回出る確率は
$$_8C_3 p^3 q^5 = \dfrac{8\cdot 7\cdot 6}{3\cdot 2\cdot 1}p^3 q^5 = 56p^3 q^5$$

(ii)　第1回目が4以下で，あとの7回のなかで4以下の目が2回出る確率は，
$$p\times {}_7C_2 p^2 q^5 = \dfrac{7\cdot 6}{2\cdot 1}p^3 q^5 = 21p^3 q^5$$

(iii)　第1回目が5以上で，あとの7回のなかで4以下の目が3回出る確率は，
$$q\times {}_7C_3 p^3 q^4 = \dfrac{7\cdot 6\cdot 5}{3\cdot 2\cdot 1}p^3 q^5 = 35p^3 q^5$$

（3）　　${}_8C_3 = \dfrac{8\cdot 7\cdot 6}{3\cdot 2\cdot 1}=56$，　${}_7C_2 + {}_7C_3 = \dfrac{7\cdot 6}{2\cdot 1}+\dfrac{7\cdot 6\cdot 5}{3\cdot 2\cdot 1}=21+35=56$

一般に，$m\geqq n$ のとき ${}_mC_n = {}_mC_{m-n}$ が成り立つから
$$_7C_2 = {}_7C_5,\quad {}_7C_3 = {}_7C_4,\quad \therefore\ {}_7C_2 + {}_7C_3 = {}_7C_5 + {}_7C_4$$
よって ${}_8C_3 = {}_7C_2 + {}_7C_3 = {}_7C_5 + {}_7C_4$，したがって，${}_8C_3$ に等しいのは③と⑦であ

る．

(4) 得点が $n$ となる確率を $P(n)$ と書くことにする．

以下，得点の期待値を求めるために $P(n)$ $(n=0,1,2,\cdots,6)$ を求める．

$P(0)$：4以下の目が出る回数が"ちょうど3回出る"場合以外であるから，(2)(i) から，$P(0)=1-56p^3q^5$

$P(1)$：得点が1となるのは，1回目に4以下，あとの7回のうち4以下の目が2回出る場合であるから $P(1)=p\times {}_7C_2\, p^2q^5=21p^2q^5$

$P(2)$：得点が2となるのは，1回目は5以上，2回目は4以下，あとの6回のなかで4以下の目が2回出る場合であるから $P(2)=q\times p\times {}_6C_2\, p^2q^4=15p^3q^5$

$P(3)$：1回目と2回目は5以上，3回目に4以下，あとの5回のなかで4以下の目が2回出る場合であるから
$$P(3)=q\times q\times p\times {}_5C_2\, p^2q^3=10p^3q^5$$

以下 $P(4),P(5)$ および $P(6)$ も同様に考えて，

$P(4)$： $\qquad P(4)=q\times q\times q\times p\times {}_4C_2\, p^2q^2=6p^3q^5$

$P(5)$： $\qquad P(5)=q\times q\times q\times q\times p\times {}_3C_2\, p^2q=3p^3q^5$

$P(6)$： $\qquad P(6)=q\times q\times q\times q\times p\times p\times p=p^3q^5$

したがって，得点の期待値は

$0\cdot P(0)+1\cdot P(1)+2\cdot P(2)+3\cdot P(3)+4\cdot P(4)+5\cdot P(5)+6\cdot P(6)$

$=(1\times 21+2\times 15+3\times 10+4\times 6+5\times 3+6\times 1)p^3q^5$

$=126p^3q^5$

$=126\left(\dfrac{2}{3}\right)^3\left(\dfrac{1}{3}\right)^5=\dfrac{112}{729}$

なお，すべての確率の和は

$$(1-56p^3q^5)+(21+15+10+6+3+1)p^3q^5=1 \qquad \text{(解答終り)}$$

---

**── 設定条件を変更した問題 ──**

1個のさいころを5回繰り返し投げる．このとき，5以上の目が $m$ 回目に初めて出たとし，また，5以上の目が5回のうち $n$ 回出たとする．このときの得点を $m\times n$ 点とする．例えば，3, 6, 4, 5, 5 と出た場合の得点は $2\times 3=6$ 点となる．

このとき，次の問いに答えよ．

(1) 5以上の目が4回出る確率を求めよ．

(2) 5以上の目が1回目に出て，かつ5以上の目が3回出る確率を求

第2節 問題の解答を文章で書き表そう 145

めよ。
（3） 得点の期待値を求めよ。

　この問題の試行，事象，および事象の変量を考えてみよう。試行は「さいころを5回繰り返し投げる」こと，事象は，その結果「1から6までの数が5個並んだ順列」である。例題1との違いは，得点の定義にある。得点のとりうる値は，$0, 1, 2, 3, 4, 5, 6, 8, 9$ の9通りである。得点が7点となることはない。

[解答] 4以下の目の出る確率 $p$ は $\frac{2}{3}$，5以上の目が出る確率 $q$ は $\frac{1}{3}$ である。
（1） 反復試行の確率公式から，5回投げるうち5以上の目が4回出る確率は，${}_5C_4\, pq^4 = 5pq^4$
（2） 1回目は5以上の目，残り4回のうち5以上の目が2回出る確率は，$q \times {}_4C_2\, p^2 q^2 = 6p^2 q^3$ （得点3）
（3） 得点の期待値を求めるために，得点と確率の表をつくる。
　$m$ は，さいころを5回投げるうち初めて $m$ 回目に5以上の目が出る数，$n$ は，さいころを5回投げて5以上の目が出る回数とする。計算例を2つあげよう。

$m=2, n=4$，得点は $m \times n = 8$，確率は $p \times q^4 = \dfrac{2}{3^5}$

$m=3, n=2$，得点は $m \times n = 6$，確率は $p \times p \times q \times {}_2C_1\, pq = 2p^3 q^2 = \dfrac{16}{3^5}$

**表 得点と確率**（左が確率，右が得点）

|  | $n=1$ | $n=2$ | $n=3$ | $n=4$ | $n=5$ |
|---|---|---|---|---|---|
| $m=1$ | $\frac{16}{3^5}$, 1 | $\frac{32}{3^5}$, 2 | $\frac{24}{3^5}$, 3 | $\frac{8}{3^5}$, 4 | $\frac{1}{3^5}$, 5 |
| $m=2$ | $\frac{16}{3^5}$, 2 | $\frac{24}{3^5}$, 4 | $\frac{12}{3^5}$, 6 | $\frac{2}{3^5}$, 8 | — |
| $m=3$ | $\frac{16}{3^5}$, 3 | $\frac{16}{3^5}$, 6 | $\frac{4}{3^5}$, 9 | — | — |
| $m=4$ | $\frac{16}{3^5}$, 4 | $\frac{8}{3^5}$, 8 | — | — | — |
| $m=5$ | $\frac{16}{3^5}$, 5 | — | — | — | — |

前頁の表から，得点の期待値は

$$\frac{1}{3^5}\{(16\times 1+32\times 2+24\times 3+8\times 4+1\times 5)$$
$$+(16\times 2+24\times 4+12\times 6+2\times 8)$$
$$+(16\times 3+16\times 6+4\times 9)+(16\times 4+8\times 8)+16\times 5\}=\frac{793}{3^5}=\frac{793}{243}$$

(解答終り)[†]

---

[†] 表において，各縦の列の確率を加えると

$n=1$ の場合 $\quad\dfrac{1}{3^5}(16\times 5)=\dfrac{80}{3^5}={}_5C_1\dfrac{1}{3}\left(\dfrac{2}{3}\right)^4$

同様に

$n=2$ の場合 $\dfrac{80}{3^5}={}_5C_2\left(\dfrac{1}{3}\right)^2\left(\dfrac{2}{3}\right)^3,\qquad n=3$ の場合 $\dfrac{40}{3^5}={}_5C_3\left(\dfrac{1}{3}\right)^3\left(\dfrac{2}{3}\right)^2,$

$n=4$ の場合 $\dfrac{10}{3^5}={}_5C_4\left(\dfrac{1}{3}\right)^4\left(\dfrac{2}{3}\right)\qquad n=5$ の場合 $\dfrac{1}{3^5}={}_5C_5\left(\dfrac{1}{3}\right)^5$

これらに $n=0$ である確率 ${}_5C_0\left(\dfrac{2}{3}\right)^5$ を加えると，二項定理から

$${}_5C_0\left(\dfrac{2}{3}\right)^5+{}_5C_1\dfrac{1}{3}\left(\dfrac{2}{3}\right)^4+{}_5C_2\left(\dfrac{1}{3}\right)^2\left(\dfrac{2}{3}\right)^3+{}_5C_3\left(\dfrac{1}{5}\right)^3\left(\dfrac{2}{3}\right)^2+{}_5C_4\left(\dfrac{1}{3}\right)^4\dfrac{2}{3}+{}_5C_5\left(\dfrac{1}{3}\right)^5$$
$$=\left(\dfrac{1}{3}+\dfrac{2}{3}\right)^5=1$$

となり，すべての得点の確率を加えると1となる。

# 第3節　定義と定理・公式等のまとめ

**場合の数と確率**(数学A)
**［1］　集合とその要素の個数**
**（1）　集　　合**
　数学では，範囲がはっきりしたものの集まりを**集合**という。また，集合を構成している一つひとつのものを，その**集合の要素**という。$a$が集合$A$の要素であるとき，$a$は$A$に**属する**といい，記号で$a \in A$と表す。また，$a$が$A$の要素でないとき$a \notin A$で表す。

　2つの集合$A, B$において，$a \in A$ならば$a \in B$が成り立つとき，$A$は$B$の**部分集合**であるといい，記号$A \subset B$で表す。このとき，**$A$は$B$に含まれる**または，**$B$は$A$を含む**という。

　2つの集合$A, B$に対して，$A$と$B$のどちらにも属する要素全体を，$A$と$B$の**共通部分**といい，$A \cap B$で表す。また，$A$と$B$の少なくとも一方に属する要素全体の集合を，$A$と$B$の**和集合**といい，$A \cup B$で表す。

　要素がまったくない集合を**空集合**といい，記号$\emptyset$で表す。

　考える対象の集合$U$をあらかじめ決めて，要素としては$U$の要素だけを，集合としては$U$の部分集合だけを考えることが多い。このとき，$U$を**全体集合**という。$U$の部分集合$A$に対して，$A$に属さない$U$の要素全体を，（$U$に関する）$A$の**補集合**といい，$\overline{A}$で表す。

　一般に，$A \cup B, A \cap B$の補集合$\overline{A \cup B}, \overline{A \cap B}$について，**ド・モルガンの法則**が成り立つ。

$$\overline{A \cup B} = \overline{A} \cap \overline{B}, \quad \overline{A \cap B} = \overline{A} \cup \overline{B}$$

**（2）　集合の要素の個数**
　集合の要素の個数が無限である場合を**無限集合**といい，有限個である場合を**有限集合**という。ここでは有限集合の要素の個数について考える。

　集合$A$が有限集合であるとき，その要素の個数を$n(A)$で表す。全体集合$U$と2つの部分集合$A, B$に対して，次が成り立つ。

(i)　　$n(A \cup B) = n(A) + n(B) - n(A \cap B)$
(ii)　　$A \cap B = \emptyset$のとき，$n(A \cup B) = n(A) + n(B)$
(iii)　　$n(\overline{A}) = n(U) - n(A)$

## [2] 場合の数
### (1) 和と積の法則
　事柄 $A, B$ は同時には起こらないとする。$A$ の起こり方が $m$ 通り，$B$ の起こり方が $n$ 通りとする。このとき，$A$ または $B$ のどちらかが起こる場合は $m+n$ 通りある。これを**和の法則**という。

　事柄 $A$ の起こり方が $m$ 通りあり，その各々の場合について，事柄 $B$ の起こり方が $n$ 通りあるとする。このとき，$A$ と $B$ がともに起こる場合は $mn$ 通りある。これを**積の法則**という。

### (2) 順列
　ある集合からいくつかの要素を取り出して，順序をつけて一列に並べる配列を**順列**という。$r \leq n$ のとき，異なる $n$ 個のもののなかから異なる $r$ 個を取り出して並べる順列を，$n$ 個から $r$ 個とる順列といい，その順列の総数を
$$_nP_r = n(n-1)(n-2)\cdots(n-r+1) = \frac{n!}{(n-r)!}$$
で表す。なお，
$$n! = {_nP_n} = n(n-1)(n-2)\cdots 3\cdot 2\cdot 1$$
を $n$ の**階乗**という($0!=1$, $_nP_0=1$ とする)。

### (3) 円順列・重複順列
　いくつかのものを円形に並べた配列を**円順列**という。円順列では，回転して重なるものは同じ並び方であると考える。異なる $n$ 個のものの円順列の総数は
$$\frac{_nP_n}{n} = \frac{n(n-1)(n-2)\cdots 2\cdot 1}{n} = (n-1)!$$
　異なる $n$ 個のものから，重複を許して $r$ 個を取り出して並べる順列を，$n$ 個から $r$ 個とる**重複順列**という。$n \leq r$ でもよい。$n$ 個から $r$ 個とる重複順列の総数は $n^r$

### (4) 組合せ
　$r \leq n$ のとき，異なる $n$ 個のもののなかから異なる $r$ 個のものを取り出し，順序は考慮しないで一組としたものを，$n$ 個から $r$ 個とる**組合せ**といい，その組の総数を $_nC_r$ で表す。$_nC_r \times r! = {_nP_r}$ から
$$_nC_r = \frac{_nP_r}{r!} = \frac{n(n-1)(n-2)\cdots(n-r+1)}{r(r-1)\cdots 3\cdot 2\cdot 1}, \quad 特に\ _nC_n = 1$$

**$_nC_r$ の性質**

(1) $\displaystyle _nC_r = \frac{_nP_r}{r!} = \frac{n(n-1)(n-2)\cdots(n-r+1)}{r(r-1)\cdots 3\cdot 2\cdot 1}, \quad 特に\ _nC_n = 1$

(2) $\displaystyle _nC_r = \frac{n!}{r!(n-r)!}$

(3) $_nC_r = {_nC_{n-r}} \quad (0 \leq r \leq n)$

第3節　定義と定理・公式等のまとめ

（4）　$_nC_r = {_{n-1}C_{r-1}} + {_{n-1}C_r}$　$(1 \leq r \leq n-1,\ n \geq 2)$

## （5）二項定理

$n$ を自然数とし，$(a+b)^n$ の展開式を，組合せの数 $_nC_r$ を利用して求めよう。展開式の各項は $a, b$ の $n$ 次式で $a^{n-r}b^r$ $(r=0, 1, 2, \cdots, n)$ と表される。$a^{n-r}b^r$ の係数は，$n$ 個の因数 $a+b$ のうち，$r$ 個から $b$ を，残りの $n-r$ 個から $a$ を取り出す方法の総数 $_nC_r$ に等しい。よって，次の**二項定理**が成り立つ。

$$(a+b)^n = {_nC_0}a^n + {_nC_1}a^{n-1}b + \cdots + {_nC_r}a^{n-r}b^r + \cdots + {_nC_n}b^n,$$

ただし，$_nC_0 = 1$ とする。

## [3] 確　率

### （1）事象と確率

例えば，1個のさいころを投げるとき，出る目の数は 1, 2, 3, 4, 5, 6 のうちのどれかである。そのどれであるかは偶然によって決まる。このように，同じ状態のもとで繰り返すことができ，その結果は偶然によって決まる実験や観測などを**試行**といい，その結果起こる事柄を**事象**という。上の例では，「さいころを投げる」ことが試行で，「出た目の数」が事象である。

一般に，ある試行において，起こりうる場合全体の集合を $U$ とすると，この試行におけるどの事象も，$U$ の部分集合で表すことができる。全体集合 $U$ で表される事象を**全事象**，空集合 $\emptyset$ で表される事象を**空事象**という。また，$U$ の1個の要素からなる集合で表される事象を**根元事象**という。

1つの試行において，ある事象 $A$ の起こることが期待される割合を，事象 $A$ の起こる**確率**といい，これを $P(A)$ で表す。また，この試行において，根元事象のどれが起こることも同じ程度に期待できるとき，これらの根元事象は**同様に確からしい**という。

全事象 $U$ の要素の個数を $n(U)$，事象 $A$ の要素の個数を $n(A)$ とする。$U$ のどの根元事象も同様に確からしいとき，事象 $A$ の起こる確率 $P(A)$ を，次の式で定義する。

$$P(A) = \frac{n(A)}{n(U)} = \frac{事象 A の起こる場合の数}{起こりうるすべての場合の数}$$

### （2）確率の基本的性質

一般に，2つの事象 $A, B$ があって，「事象 $A$ と $B$ がともに起こる」という事象を $A$ と $B$ の**積事象**といい，$A \cap B$ で表す。

また，「事象 $A$ または事象 $B$ が起こる」という事象を，$A$ と $B$ の**和事象**といい，$A \cup B$ で表す。

2つの事象 $A, B$ が同時には決して起こらないとき，すなわち $A \cap B = \emptyset$ のとき，2つの事象 $A, B$ は**互いに排反**である，または**排反事象**であるという。

**確率の基本的性質**
1. 任意の事象 $A$ に対して $0 \leq P(A) \leq 1$
   特に空事象 $\emptyset$ の確率は $P(\emptyset) = 0$
   　　全事象 $U$ の確率は $P(U) = 1$
2. 2つの事象 $A, B$ が互いに排反であるとき
   $$P(A \cup B) = P(A) + P(B) \quad (\text{確率の} \textbf{加法定理} \text{という})$$
3. 2つの事象 $A, B$ が互いに排反でないときは
   $$P(A \cup B) = P(A) + P(B) - P(A \cap B)$$
4. 3つ以上の事象については，その中のどの2つの事象も互いに排反であるとき，これらの事象は互いに排反である。または排反事象であるという。このとき確率の加法定理は成り立つ。
5. 全事象を $U$，事象 $A$ に対して，「$A$ が起こらない」という事象を，$A$ の**余事象**といい，$\overline{A}$ で表す。このとき
   $$P(\overline{A}) = 1 - P(A)$$

**（3）独立試行の確率**

2つの試行が互いに他方の結果に影響を及ぼさないとき，これらの**試行は独立**であるという。

2つの独立な試行を $S, T$ とする。$S$ では事象 $A$ が起こり，$T$ では事象 $B$ が起こる事象を $C$ とすると，事象 $C$ の起こる確率は
$$P(C) = P(A) \cdot P(B)$$

※　独立な試行と排反事象は大切な事柄であるので次の例でしっかり理解しておこう。

　**例**（独立な試行と排反事象）　Aの袋には白玉5個，赤玉3個，Bの袋には白玉4個，赤玉6個が入っている。A, Bの袋から玉を1個ずつ取り出すとき，取り出した玉の色が異なる確率を求めよう。

　まず，Aの袋から玉を1個取り出す試行と，Bの袋から玉を1個取り出す試行は独立である。取り出した玉が色が異なるのは，
　　(i)　Aから取り出した玉は赤，Bから取り出した玉は白
　　(ii)　Aから取り出した玉は白，Bから取り出した玉は赤
のどちらかであり，この2つの事象は互いに排反である。(i) の起こる確率は，独立な試行の確率の公式から $\frac{3}{8} \times \frac{4}{10}$，また (ii) の起こる確率は $\frac{5}{8} \times \frac{6}{10}$．したがって，排反事象の加法定理から，取り出した玉の色が異なる確率は $\frac{3}{8} \times \frac{4}{10} + \frac{5}{8} \times \frac{6}{10} = \frac{42}{80} = \frac{21}{40}$

第3節 定義と定理・公式等のまとめ　　　　　　　　　　　　　　　　　　　151

さらに，3つ以上の試行において，どの試行の結果も，他の試行の結果に影響を及ぼさないとき，これらの試行は**独立**であるという。3つの独立な試行 $T_1, T_2, T_3$ において，$T_1$ では事象 $A$ が起こり，$T_2$ では事象 $B$ が起こり，$T_3$ では事象 $C$ が起こるという事象を $D$ とすると，次の等式が成り立つ。
$$P(D) = P(A) \cdot P(B) \cdot P(C)$$

### (4) 反復試行

同じ条件のもとで同じ試行を何回も繰り返し行うとき，各回の試行は互いに独立である。このような試行を**反復試行**という。

1回の試行で事象 $A$ が起こる確率を $p$ とする。この試行を $n$ 回繰り返し行うとき，事象 $A$ がちょうど $r$ 回起こる確率は
$$_nC_r p^r q^{n-r} \quad (\text{ただし } q = 1-p)$$

### (5) 期待値

ある試行の結果生じる事象に対し，**変量** $X$ が設定され，$X$ のとりうる値を $x_1, x_2, \cdots, x_n$ とする。$X$ がこれらの値をとる確率をそれぞれ $p_1, p_2, \cdots, p_n$ とする。このとき，$X$ の**期待値** $E$ を次の式で定義する。
$$E = x_1 p_1 + x_2 p_2 + \cdots + x_n p_n \quad (\text{ただし，} p_1 + p_2 + \cdots + p_n = 1)$$

## 第4節　問題作りに挑戦しよう

まず,「+αの問題」「設定条件を変更した問題」作りからはじめよう。

確率の学習では,まず確率で現れる言葉の意味をしっかり理解しておく必要がある。例えば,試行と事象,全事象と根元事象,根元事象に対する確率と変量,2つの事象が排反事象である,2つの試行が互いに独立である,変量の期待値,など。(2つの事象が独立である,あるいは,2つの試行が排反である,などとはいわないことに注意しよう。)

確率の問題は,次のような手順になっている。

　　第1段階　試行とそれにともなう事象(根元事象)を定義する,
　　第2段階　根元事象に対し,変量 $X$ を設定する(確率変数),
　　第3段階　$X$ のとりうる値 $x_i$ ($i=1, 2, \cdots, n$) と,$X$ が $x_i$ をとる確率 $p_i$ を求める(確率分布)。ただし,$p_1+p_2+\cdots+p_n=1$
　　第4段階　$X$ の期待値を計算する。

第1段階と第2段階は問題のなかに設定されているので,第3段階と第4段階について解答することになる。センター試験で出題される問題では,試行は,

　(1)　さいころを何回か投げる,
　(2)　袋の中から,(番号の書かれた)赤玉や白玉を取り出す,

などである。確率の問題づくりでは,試行に対して事象や変量をいかに導入するかが考えどころである。さいころを投げる3つの例題について問題の構図を比較してみよう(詳細は本文中の例題と解答を参照)。

　　例題3　試行:さいころを3回繰り返し投げる。
　　　　　　根元事象:出た目の順に1から6までの数の3個の数字からなる順列,各根元事象に対して,ある規則にしたがって文字列を対応させる。
　　　　　　変量:文字列の文字の個数。変量のとりえる数は,0から3までの4個。
　　例題4　試行:さいころを繰り返し投げて,出た目の数の和が初めて4以上になったとき投げることをやめる。したがって,投げる回数

第4節　問題作りに挑戦しよう　　　　　　　　　　　　　　　153

　　　　　　　は一定ではない．
　　　　　事象：さいころを繰り返し投げて，出た目の数の和が4以上となる
　　　　　　　までの数の記録．
　　　　　変量：事象の数の個数＝投げた回数．変量のとりえる数は，1から
　　　　　　　4までの4個．
**例題5**　試行：さいころを8回繰り返し投げる．
　　　　　根元事象：出た目の順に1から6までの数の8個の数字からなる順
　　　　　　　列．
　　　　　変量：変量＝得点が$n$であるとは，8回投げるうち，第$n$回目に初
　　　　　　　めて4以下の数が出て，かつ4以下の目の数が8回のうちち
　　　　　　　ょうど3回出たとき，それ以外は0点．変量のとりうる数
　　　　　　　は，0から6までの7個．

　以上の例からわかるように，試行がさいころを投げることであっても，変量の定義によっていろいろの問題が考えられる．

　例題5の「設定条件を変更した問題」では，得点の与え方を例題5より自然な条件に変更してある．すなわち，

　　試行：さいころを5回繰り返し投げる．
　　根元事象：出た目の順に1から6までの数の5個の数字からなる順列．
　　変量＝得点は$m \times n$であるとは，5回投げるうち第$m$回目に初めて5以
　　　　　上の数が出て，かつ5以上の目の数が5回のうちちょうど$n$回出
　　　　　たとき．それ以外は0点．変量のとりえる数は，7を除く0から9
　　　　　までの9個．

　各得点をとる確率，および得点の期待値は解答に書かれているので，よくわかるまで読んでいただきたい．確率の総和が1になることが二項定理を適用して導かれるところが問題としておもしろい．

　ここでさいころではなく，袋から番号の書かれている赤白の球を取り出す試行に関する問題を作ってみよう．

── **問題 1** ──────────────────────────

袋の中に赤球 4 個と白球 4 個，合計 8 個の球が入っている。赤球，および白球にはそれぞれ 1 から 4 までの番号が書かれている。そこで，次の 2 種類の試行を考える。

(A) 袋の中から 2 個の球を同時に取り出し，それぞれ色と番号を調べる。

(B) 袋の中から 1 個の球を取り出し，色と番号を調べてからその球を袋の中に戻し，かき混ぜてから再び 1 個の球を取り出して色と番号を調べる。

それぞれの試行の結果，2 個の球の色と番号に対して変量(=得点)を次のように定義する。

(1) 2 個の球が同じ色ならば，2 個の球の番号の積，

(2) 2 個の球の色が異なる場合には，2 個の球の番号の和

とする。このとき，それぞれの試行 (A), (B) の得点の期待値を求めよ。

────────────────────────────────

**ヒント**：試行(A)の場合を考えよう。8 個の中から 2 個取り出すのであるから ${}_8C_2=28$ 通りの出方がある。例えば，赤の 3 番と白の 4 番が出たときは (赤 3, 白 4) と書くことにする。これが一つの根元事象であり，この根元事象の起こる確率は $\frac{1}{28}$ である。この事象の得点は定義から $3+4=7$ である。

とりうる得点の数は，2, 3, 4, 5, 6, 7, 8, 12 の 8 通りである。これらの各得点をとる確率を求める。例えば，得点が 2 となる根元事象は (赤 1, 赤 2), (白 1, 白 2), (赤 1, 白 1) からなり，得点が 2 となる根元事象の個数は 3, 確率は $\frac{3}{28}$ である。また，得点が 5 となる根元事象は (赤 1, 白 4), (赤 2, 白 3), (赤 3, 白 2), (赤 4, 白 1) からなり，得点が 5 となる根元事象の個数は 4, 確率は $\frac{4}{28}$ となる。

以下，とりうる得点と，その得点をとる根元事象の個数を表にまとめよう。

| 得 点 | 2 | 3 | 4 | 5 | 6 | 7 | 8 | 12 |
|---|---|---|---|---|---|---|---|---|
| 根元事象の個数 | 3 | 4 | 5 | 4 | 5 | 2 | 3 | 2 |

したがって，得点の期待値は

$$2\times\frac{3}{28}+3\times\frac{4}{28}+4\times\frac{5}{28}+5\times\frac{4}{28}+6\times\frac{5}{28}+7\times\frac{2}{28}+8\times\frac{3}{28}+12\times\frac{2}{28}=\frac{150}{28}=\frac{75}{14}$$

第4節 問題作りに挑戦しよう　　　　　　　　　　　　　　　　　155

　次に試行(B)を考える。試行(B)では $8 \times 8 = 64$ 通りの出方がある。1回目に赤3，2回目に白1が出た場合を{赤3, 白1}と書き，これが一つの根元事象である。根元事象の起こる確率は $\frac{1}{64}$ となる。{赤4, 白2}と{白2, 赤4}とは同じものではないことに注意しよう。得点のとりうる値は 1, 2, 3, 4, 5, 6, 7, 8, 9, 12, 16 の11通りになる。これらの得点をとる根元事象の個数を計算するには，1回目に赤球が出て，2回目には赤球が出る場合と白球が出る場合に分けて計算するとわかりやすい。

1回目が赤，2回目も赤の場合の球の出方と得点表。

| 1回目 | 2回目 | 得点表 |
|---|---|---|
| 赤1 | 赤1, 赤2, 赤3, 赤4 | 1, 2, 3, 4 |
| 赤2 | 赤1, 赤2, 赤3, 赤4 | 2, 4, 6, 8 |
| 赤3 | 赤1, 赤2, 赤3, 赤4 | 3, 6, 9, 12 |
| 赤4 | 赤1, 赤2, 赤3, 赤4 | 4, 8, 12, 16 |

1回目が赤，2回目は白の場合の球の出方と得点表。

| 1回目 | 2回目 | 得点表 |
|---|---|---|
| 赤1 | 白1, 白2, 白3, 白4 | 2, 3, 4, 5 |
| 赤2 | 白1, 白2, 白3, 白4 | 3, 4, 5, 6 |
| 赤3 | 白1, 白2, 白3, 白4 | 4, 5, 6, 7 |
| 赤4 | 白1, 白2, 白3, 白4 | 5, 6, 7, 8 |

　上の表から，例えば得点が8になる根元事象は3個あり，それらは{赤2, 赤4}, {赤4, 赤2}, {赤4, 白4}であることがわかる。

　1回目が白球の場合も同じであるから，とりうる得点と，その得点をとる根元事象の個数を表にまとめると次のようになる。

| 得　点 | 1 | 2 | 3 | 4 | 5 | 6 | 7 | 8 | 9 | 12 | 16 |
|---|---|---|---|---|---|---|---|---|---|---|---|
| 根元事象の個数 | 2 | 6 | 8 | 12 | 8 | 10 | 4 | 6 | 2 | 4 | 2 |

したがって，得点の期待値は

$$1 \times \frac{2}{64} + 2 \times \frac{6}{64} + 3 \times \frac{8}{64} + 4 \times \frac{12}{64} + 5 \times \frac{8}{64} + 6 \times \frac{10}{64} + 7 \times \frac{4}{64} + 8 \times \frac{6}{64}$$
$$+ 9 \times \frac{2}{64} + 12 \times \frac{4}{64} + 16 \times \frac{2}{64} = \frac{360}{64} = \frac{45}{8}$$

# 第III部

## 実践編2

大学入試センター試験
数学II・数学B

# 第5章 式と証明，
複素数と方程式，
図形と方程式，
三角関数，
指数関数と対数関数

> 学習項目：多項式の除法，剰余定理と因数定理，2次方程式の虚数解，図形と方程式・不等式，一般角の三角関数，加法定理，指数関数と対数関数，指数関数とそのグラフ，対数関数とそのグラフ（数学II）
>
> 第5章では，数学IIから「式と証明」「複素数と方程式」「図形と方程式」，および「いろいろな関数」として主に三角関数，指数関数，および対数関数など盛りだくさんの内容である．例題としては主に，大学入試センター試験 数学II・数学Bから第1問を取り上げる．第1問は従来から，主に三角関数および指数関数，対数関数を含む方程式や不等式に関する問題が出題されている．

## 第1節　例題の解答と基礎的な考え方

　第1節の主な目的は，問題とその解法をしっかりわかることである。第5章の学習項目は数多いが，そのなかで重要であるのは，三角関数の加法定理およびそれから導かれるいくつかの公式を用いた式の変形，および指数関数と対数関数の取り扱いである。その他，多項式の割り算，剰余定理と因数定理，分数式の計算，2次方程式の判別式と複素数の導入，点と直線，直線と円の関係，不等式の表す領域など基礎的な事柄をおさえておきたい。

　三角関数では一般角と弧度法が導入され，加法定理や2倍角の公式，三角関数の合成などの重要な公式が自在に応用できること，また，典型的な角に対する値とグラフを描けることが大切である。第3章で学んだ余弦定理や正弦定理とあわせて，三角関数に関する基本的な定理をまとめて理解しておこう。

　対数関数では，対数の定義
$$y=a^x \iff x=\log_a y \quad (a>0, a\neq 1, y>0)$$
をしっかり理解すること。この関係と指数法則から対数の性質が導かれる。対数の底と真数に関する条件，底の変換公式，および対数関数のグラフの形状などが基本的な事柄である。

---
**例題 1**（*2012* 数IIB）

［1］ $a>0, a\neq 1$ として不等式
$$2\log_a(8-x) > \log_a(x-2) \quad \cdots\cdots ①$$
を満たす $x$ の範囲を求めよ。

---

[問題の意義と解答の要点]
- 対数関数を含む不等式を解くうえで忘れてはならない次の2つの性質を理解しているかどうかを問う問題である。
  - （1） 真数は正であること，
  - （2） 不等式 $\log_a x > \log_a y \ (x>0, y>0)$ は
    　　　$0<a<1$ の場合は $x<y$，　$a>1$ の場合は $x>y$
    と同値となること

である。

第1節　例題の解答と基礎的な考え方　　　　　　　　　　　　　　161

**解答**　不等式①に含まれる対数関数の真数は正でなければならないから，
$$8-x>0, \quad x-2>0, \quad \text{よって} \quad 2<x<8 \quad \cdots\cdots②$$
次に $0<a<1$ の場合には，不等式①は
$$2\log_a(8-x)>\log_a(x-2) \iff (8-x)^2<x-2$$
$$\therefore\ x^2-16x+64<x-2, \quad \text{よって} \quad x^2-17x+66<0$$
したがって
$$x^2-17x+66=(x-6)(x-11)<0 \quad \text{より} \quad 6<x<11$$
したがって，真数が正である条件②とあわせて，不等式①を満たす $x$ の範囲は $6<x<8$ である。

$a>1$ の場合は，不等式①は
$$2\log_a(8-x)>\log_a(x-2) \iff (8-x)^2>x-2$$
よって
$$x^2-17x+66=(x-6)(x-11)>0 \quad \text{より} \quad x<6\ \text{または}\ x>11$$
したがって，条件②とあわせて不等式①を満たす $x$ の範囲は $2<x<6$ である。
　　　　　　　　　　　　　　　　　　　　　　　　　　　　　　（解答終り）

---

**例題1（2012 数ⅡB 改）**

[2]　$0\leq\alpha\leq\pi$ として
$$\sin\alpha=\cos 2\beta \quad \cdots\cdots①$$
を満たす $\beta$ を考える。ただし $0\leq\beta\leq\pi$ とする。

（1）　$\alpha=\dfrac{\pi}{6}$ のとき①を満たす $\beta$ をすべて求めよ。

（2）　$\alpha$ の各値に対して，$\beta$ のとりうる値は2つある。そのうちの小さいほうを $\beta_1$，大きいほうを $\beta_2$ とする。このとき，$0\leq\alpha<\dfrac{\pi}{2}$ の場合と $\dfrac{\pi}{2}\leq\alpha\leq\pi$ の場合に分けて，$\beta_1, \beta_2$ を $\alpha$ を用いて表せ。

（3）　$\alpha+\dfrac{\beta_1}{2}+\dfrac{\beta_2}{3}$ のとりうる値の範囲，および
$$y=\sin\left(\alpha+\dfrac{\beta_1}{2}+\dfrac{\beta_2}{3}\right)$$
が最大となる $\alpha$ と，そのときの $y$ の値を求めよ。

[問題の意義と解答の要点]

● $0 \leq \alpha \leq \pi$ のとき $0 \leq \sin \alpha \leq 1$ を満たす。$y = \sin \alpha$ $(0 \leq \alpha \leq \pi)$ と $y = \cos 2\beta$ $(0 \leq \beta \leq \pi)$ のグラフを描いてみると、各 $\alpha$ に対して、① $\sin \alpha = \cos 2\beta$ を満たす $\beta$ は、区間 $0 \leq \beta \leq \frac{\pi}{4}$ および $\frac{3}{4}\pi \leq \beta \leq \pi$ にそれぞれ1個ずつ存在する。$0 \leq \beta \leq \frac{\pi}{4}$ を満たす $\beta$ を $\beta_1$、$\frac{3}{4}\pi \leq \beta \leq \pi$ を満たす $\beta$ を $\beta_2$ とする。一般に $\cos 2\beta = \cos(2\pi - 2\beta)$ であるから、$\beta_1$ が求まれば $\beta_2 = \pi - \beta_1$ となる。（図 $y = \sin \alpha, y = \cos 2\beta$ 参照）

公式 $\cos \theta = \sin\left(\frac{\pi}{2} \pm \theta\right)$ であるから

$\sin \alpha = \cos 2\beta = \sin\left(\frac{\pi}{2} \pm 2\beta\right)$,

よって $\alpha = \frac{\pi}{2} \pm 2\beta$,

すなわち $\beta = \pm \frac{1}{2}\left(\frac{\pi}{2} - \alpha\right)$

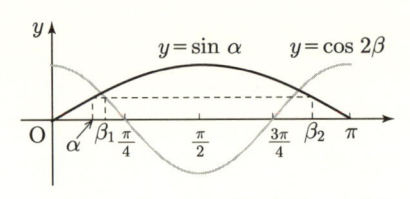

$y = \sin \alpha, \ y = \cos 2\beta \quad (0 \leq \alpha, \beta \leq \pi)$

ここで、$0 \leq \alpha \leq \pi$ を満たす $\alpha$ に対し、$0 \leq \beta_1 \leq \pi$ を満たすように $\beta_1$ の表現を決めることがこの問題を解く鍵である。このために $\alpha$ を $0 \leq \alpha \leq \frac{\pi}{2}$ と $\frac{\pi}{2} \leq \alpha \leq \pi$ を満たすように場合分けをしなければならない。

[解答] （1） $\alpha = \frac{\pi}{6}$ のとき $\sin \frac{\pi}{6} = \frac{1}{2}$、よって $\cos 2\beta = \frac{1}{2}$ を満たす $\beta$ は $0 \leq \beta \leq \pi$ において、$\frac{\pi}{6}$ と $\pi - \frac{\pi}{6} = \frac{5}{6}\pi$ の2つがある。

（2） 公式 $\cos \theta = \sin\left(\frac{\pi}{2} \pm \theta\right)$ から ① は

$\sin \alpha = \cos 2\beta = \sin\left(\frac{\pi}{2} \pm 2\beta\right)$、よって $\alpha = \frac{\pi}{2} \pm 2\beta$, ∴ $\beta = \pm \frac{1}{2}\left(\frac{\pi}{2} - \alpha\right)$

そこで、$0 \leq \alpha \leq \frac{\pi}{2}$ のときは $\beta_1 = \frac{1}{2}\left(\frac{\pi}{2} - \alpha\right)$、よって $\beta_2 = \pi - \beta_1 = \frac{1}{2}\alpha + \frac{3}{4}\pi$ ととればよい。

また、$\frac{\pi}{2} \leq \alpha \leq \pi$ のときは $\beta_1 = -\frac{1}{2}\left(\frac{\pi}{2} - \alpha\right) = \frac{1}{2}\left(\alpha - \frac{\pi}{2}\right)$、よって $\beta_2 = \pi - \beta_1 = -\frac{1}{2}\alpha + \frac{5}{4}\pi$ ととればよい。

（3） $\gamma = \alpha + \frac{\beta_1}{2} + \frac{\beta_2}{3}$ とおき、$\beta_1, \beta_2$ に上式を代入すると、

$0 \leq \alpha \leq \frac{\pi}{2}$ のとき $\gamma = \alpha + \frac{1}{2} \times \frac{1}{2}\left(\frac{\pi}{2} - \alpha\right) + \frac{1}{3} \times \left(\frac{1}{2}\alpha + \frac{3}{4}\pi\right) = \frac{11}{12}\alpha + \frac{3}{8}\pi$

第1節　例題の解答と基礎的な考え方

このとき　　　　$\frac{3}{8}\pi \leqq \gamma \leqq \frac{5}{6}\pi$　$\left(\because \frac{11}{12}\times 0+\frac{3}{8}\pi \leqq \gamma \leqq \frac{11}{12}\times\frac{\pi}{2}+\frac{3}{8}\pi\right)$

$\frac{\pi}{2}\leqq\alpha\leqq\pi$ のとき　$\gamma=\alpha+\frac{1}{2}\times\frac{1}{2}\left(\alpha-\frac{\pi}{2}\right)+\frac{1}{3}\left(-\frac{1}{2}\alpha+\frac{5}{4}\pi\right)=\frac{13}{12}\alpha+\frac{7}{24}\pi$

このとき　　　　$\frac{5}{6}\pi \leqq \gamma \leqq \frac{11}{8}\pi$　$\left(\because \frac{13}{12}\times\frac{\pi}{2}+\frac{7}{24}\pi \leqq \gamma \leqq \frac{13}{12}\pi+\frac{7}{24}\pi\right)$

したがって，$0\leqq\alpha\leqq\pi$ のとき $\gamma=\alpha+\frac{\beta_1}{2}+\frac{\beta_2}{3}$ のとりうる値の範囲は

$$\frac{3}{8}\pi \leqq \gamma \leqq \frac{11}{8}\pi$$

となる。

また $y=\sin\gamma$ は $\gamma=\frac{\pi}{2}$ のとき最大値 1 をとる。ここで $\gamma=\frac{\pi}{2}$ となる $\alpha$ は，$\gamma=\frac{\pi}{2}$ が $\frac{3}{8}\pi<\gamma<\frac{5}{6}\pi$ の間にあることから

$$\frac{11}{12}\alpha+\frac{3}{8}\pi=\frac{\pi}{2} \quad \text{より} \quad \alpha=\frac{12}{11}\times\frac{\pi}{8}=\frac{3}{22}\pi \qquad \text{（解答終り）}$$

---

**例題 2**（*2010 数IIB 改*）

［1］連立方程式

$$(*)\begin{cases} xy=128 & \cdots\cdots① \\ \dfrac{1}{\log_2 x}+\dfrac{1}{\log_2 y}=\dfrac{7}{12} & \cdots\cdots② \end{cases}$$

を満たす正の実数 $x, y$ を求めよ。

---

［問題の意義と解答の要点］

- ①の両辺の底を 2 とする対数をとり，$\log_2 x=r$，$\log_2 y=s$ とおいて，$r$ と $s$ に関する連立方程式を解くのが一般によく用いられる方法である。また，①から $y=\dfrac{128}{x}$ とおいて②に代入し，$\log_2 x$ の 2 次方程式を解く方法でも同じ結果を得る。ここで，方程式は $x$ と $y$ を入れ換えても変わらないから，解 $(a, b)$ を得れば $(b, a)$ も解となる。$128=2^7$ より $\log_2 128=7$ に注意。

[解答]　①の両辺の 2 を底とする対数をとれば

$$\log_2 xy=\log_2 128=\log_2 2^7, \quad \therefore \ \log_2 x+\log_2 y=7 \qquad \cdots\cdots③$$

次に，②の左辺を通分し，③を用いると
$$\frac{\log_2 x + \log_2 y}{\log_2 x \cdot \log_2 y} = \frac{7}{\log_2 x \cdot \log_2 y} = \frac{7}{12}$$
よって，
$$\log_2 x \cdot \log_2 y = 12 \qquad \cdots\cdots ④$$

ここで $\log_2 x = r$, $\log_2 y = s$ とおくと，③と④から $r$ と $s$ の次の連立方程式を得る。
$$(**) \quad \begin{cases} r + s = 7 & \cdots\cdots ⑤ \\ r \cdot s = 12 & \cdots\cdots ⑥ \end{cases}$$

この連立方程式の解は，⑤から $r = 7 - s$，これを⑥に代入して，
$$(7-s)s = 12, \quad すなわち \quad s^2 - 7s + 12 = 0$$
よって，
$$s^2 - 7s + 12 = (s-3)(s-4) = 0,$$
$$\therefore s = 3, 4 \quad よって \quad r = 4, 3$$

よって連立方程式 $(**)$ の解は $(r, s) = (4, 3)$，または $(3, 4)$ となり，
$$\log_2 x = 4 \text{ から } x = 2^4 = 16, \quad \log_2 x = 3 \text{ から } x = 2^3 = 8$$
したがって，連立方程式 $(*)$ の解は $(x, y) = (16, 8)$，または $(8, 16)$

(解答終り)

---

**例題 2**（*2010* 数 IIB 改）

[2] $0 < \theta < \frac{\pi}{2}$ の範囲において
$$\sin 4\theta = \cos\theta \qquad \cdots\cdots ①$$
を満たす $\theta$ と $\sin\theta$ の値を求めよ。

**[問題の意義と解答の要点]**

- この問題は，①を満たす $\theta$ と $\sin\theta$ の値を求める 2 つの問題から成り立っている。まず，$\sin 4\theta$ の周期は $\frac{\pi}{2}$ で，$\cos\theta$ は $0 < \theta < \frac{\pi}{2}$ において正であるから，①を満たす $\theta$ は $0 < \theta < \frac{\pi}{4}$ に 2 つあることがわかる。

- 公式 $\cos\theta = \sin\left(\frac{\pi}{2} \pm \theta\right)$ を用いることにより，①を満たす 2 つの $\theta$ は求まる。

- $\sin\theta$ の値は，$\theta$ が $\frac{\pi}{6}$ とか $\frac{\pi}{4}$ などの特殊な場合を除いては，方程式①が手がかりである。これはよくある問題であるので解答の筋道をよく理解して

第1節 例題の解答と基礎的な考え方

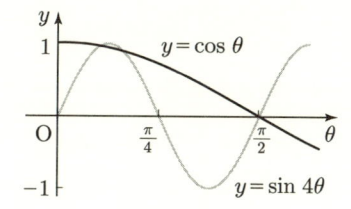

おきたい。まず，①を2倍角の公式を繰り返し利用することにより $\sin\theta = w$ の3次方程式が得られる。一般には3次方程式の解を求めることは簡単ではないが，本問では幸いにも，本章第3節 [1] で学ぶ項目のなかの因数定理を適用することにより3次式が因数分解できるので解くことができる。

**[解答]** まず，$\sin 4\theta$ と $\cos\theta$ のグラフを描いてみると，0から $\frac{\pi}{4}$ の間に2つの $\theta$ に対して①を満たすことがわかる。

一般に，すべての $\theta$ に対して
$$\cos\theta = \sin\left(\frac{\pi}{2} \pm \theta\right)$$
したがって①は
$$\sin 4\theta = \sin\left(\frac{\pi}{2} - \theta\right)$$
よって $4\theta = \frac{\pi}{2} - \theta$, $\therefore \theta = \frac{\pi}{10}$

**$\cos\theta$ と $\sin 4\theta$**

また，
$$\sin 4\theta = \sin\left(\frac{\pi}{2} + \theta\right)$$
よって $4\theta = \frac{\pi}{2} + \theta$, $\therefore \theta = \frac{\pi}{6}$

したがって，①を満たす $\theta$ は $\frac{\pi}{6}$ と $\frac{\pi}{10}$ の2つであり，ともに $0 < \theta < \frac{\pi}{2}$ を満たしている。

次に，$\theta$ が $\frac{\pi}{6}, \frac{\pi}{10}$ のときの $\sin\theta$ の値を求める。$\sin\frac{\pi}{6} = \frac{1}{2}$ であるから，残りの $\sin\frac{\pi}{10}$ を求める。2倍角の公式を用いて，
$$\sin 4\theta = 2\sin 2\theta \cos 2\theta$$
$$= 4\sin\theta\cos\theta(\cos^2\theta - \sin^2\theta)$$
$$= 4\sin\theta\cos\theta(1 - 2\sin^2\theta) = \cos\theta$$

$0 < \theta < \frac{\pi}{2}$ より $\cos\theta \neq 0$. よって

$4\sin\theta(1 - 2\sin^2\theta) = 1$，よって $8\sin^3\theta - 4\sin\theta + 1 = 0$

ここで $w = \sin\theta$ とおくと
$$8w^3 - 4w + 1 = 0 \qquad \cdots\cdots ②$$

$w = \sin\frac{\pi}{6} = \frac{1}{2}$ は方程式①を満たしているから，②は $w = \frac{1}{2}$ を解としてもつはずである。実際，$w = \frac{1}{2}$ は②を満たしている。したがって，因数定理か

ら，$8w^3-4w+1$ は $2w-1$ で割り切れる。

$$\therefore 8w^3-4w+1=(2w-1)(4w^2+2w-1)=0 \quad (※2 参照)$$

よって $w=\dfrac{1}{2}$ 以外の解は $4w^2+2w-1=0$ の解である。$\therefore w=\dfrac{-1\pm\sqrt{5}}{4}$

$$\sin\theta=\sin\dfrac{\pi}{10}>0 \text{ であるから } \sin\dfrac{\pi}{10}=\dfrac{-1+\sqrt{5}}{4} \quad \cdots\cdots ③$$

(解答終り)

よく似た問題をだしておく。

---

**＋α の問題**

$0<\theta\leq\dfrac{\pi}{2}$ の範囲において

$$\sin 3\theta=\cos 2\theta \quad \cdots\cdots ①$$

を満たす $\theta$ と $\sin\theta$ の値を求めよ。

---

**解答** 一般にすべての $\theta$ に対して

$$\cos 2\theta=\sin\left(\dfrac{\pi}{2}-2\theta\right)=\sin\left(\dfrac{\pi}{2}+2\theta\right)$$

条件式 $\sin 3\theta=\cos 2\theta$ から

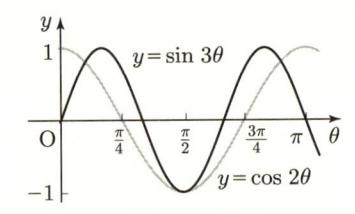

$$3\theta=\dfrac{\pi}{2}-2\theta, \text{ または } 3\theta=\dfrac{\pi}{2}+2\theta,$$

$$\therefore \theta=\dfrac{\pi}{10} \text{ または } \theta=\dfrac{\pi}{2}$$

**sin 3θ と cos 2θ**

$\theta=\dfrac{\pi}{10},\dfrac{\pi}{2}$ は ① を満たし，かつ $0<\theta\leq\dfrac{\pi}{2}$ を満たしている。

$\sin\dfrac{\pi}{2}=1$ であり，また $\sin\dfrac{\pi}{10}$ の値は例題 2 [2] の結果から $\dfrac{-1+\sqrt{5}}{4}$ となることがわかっている。そこで，$\sin 3\theta=\cos 2\theta$ からも同じ結果が得られることを示す。

加法定理と 2 倍角の公式を用いると，① は

$$\sin 3\theta-\cos 2\theta=\sin 2\theta\cos\theta+\cos 2\theta\sin\theta-\cos 2\theta$$
$$=2\sin\theta\cos^2\theta+(\cos^2\theta-\sin^2\theta)\sin\theta-(\cos^2\theta-\sin^2\theta)$$
$$=2\sin\theta(1-\sin^2\theta)+(1-2\sin^2\theta)\sin\theta-(1-2\sin^2\theta)$$
$$=-4\sin^3\theta+2\sin^2\theta+3\sin\theta-1=0 \quad \cdots\cdots ②$$

ここで $\sin\theta=w$ とおくと ② は

$$-4w^3+2w^2+3w-1=0$$

第1節 例題の解答と基礎的な考え方

左辺を $f(w)$ とおくと，$f(1)=0$，よって因数定理より
$$f(w)=(w-1)(-4w^2-2w+1) \quad (※2 参照)$$
したがって，$f(w)=0$ の解は $w=1$ と $-4w^2-2w+1=0$ の解である。よって，
$$w=1, \text{ または } w=\frac{-1\pm\sqrt{5}}{4}.$$

ここで $w=1$ は $\sin\frac{\pi}{2}$ に対応している解である。$\sin\frac{\pi}{10}>0$ であるから $\sin\frac{\pi}{10}$ $=\frac{-1+\sqrt{5}}{4}$ となり，例題2 [2] で求めた値と一致する。　　　　　　　　（解答終り）

※1　蛇足ながら，$\cos\frac{\pi}{10}$ を求めるために，① を変形し，$w=\cos\theta$ とおいても $w$ の3次方程式は得られない。

※2　
$8w^3-4w-1$
　$=(2w-1)(4w^2+2w-1)$ の計算

$$\begin{array}{r} 4w^2+2w\phantom{+}-1\phantom{)} \\ 2w-1\overline{)8w^3\phantom{+0w^2}-4w+1} \\ \underline{8w^3-4w^2\phantom{+0w+00}} \\ 4w^2-4w\phantom{+00} \\ \underline{4w^2-2w\phantom{+00}} \\ -2w+1 \\ \underline{-2w+1} \\ 0 \end{array}$$

$-4w^3+2w^2+3w-1$
　$=(w-1)(-4w^2-2w+1)$ の計算

$$\begin{array}{r} -4w^2-2w\phantom{+}+1\phantom{)} \\ w-1\overline{)-4w^3+2w^2+3w-1} \\ \underline{-4w^3+4w^2\phantom{+00w+00}} \\ -2w^2+3w\phantom{+00} \\ \underline{-2w^2+2w\phantom{+00}} \\ w-1 \\ \underline{w-1} \\ 0 \end{array}$$

168　第 5 章　式と証明, 複素数と方程式, 図形と方程式, 三角関数, 指数関数と対数関数

# 第2節　問題の解答を文章で書き表そう ─────

　第 5 章の第 2 節では，主に三角関数，および対数関数に関する問題を取り扱う。三角関数では加法定理とそれから導かれるいくつかの定理公式，例えば，倍角の公式，半角の公式，三角関数の合成の公式などの適用，また対数関数では底の変換公式，対数関数のグラフなど，対数関数の基本的な性質を利用して問題を解く。

　例題 3 [1] では，$xy$ 平面上の範囲 $E$ における対数関数の最大値・最小値問題である。変換 $s=\log_2 x$, $t=\log_2 y$ により $st$ 平面の 1 次不等式で囲まれた範囲 $G$ における $s$ と $t$ の 1 次式の最大値・最小値問題に帰着され，解くことができる。

　例題 3 [2] では，三角方程式を満たす $\sin\theta$ と $\theta$ を求める問題である。2 倍角の公式により，$\sin\theta$ の値は 2 次方程式の解として求められるが，$\theta$ の値は正確には求められず，不等式を満たすことを証明するにとどまる。

　例題 4 [1] は三角不等式を解く問題で，2 倍角の公式と加法定理により，$\sin\theta$ と $\cos\theta$ の 1 次式の積の不等式に変換される。

　例題 4 [2] は，対数関数を含む不等式の満たす範囲を図示する問題である。底の変換公式を用いて不等式を変形する。底 $y$ が $y>1$ の場合と，$0<y<1$ の場合に分けて不等式の満たす範囲を $xy$ 平面上に図示する。

　例題 5 [1] は，三角関数のある範囲における最大値・最小値問題である。$\sin\theta$ と $\cos\theta$ の 1 次式を $t$ と変換すると，$t$ の 2 次式に対する最大値・最小値問題に帰着される。一般に，$t$ の変換式がいつもうまくみつかるとは限らないが，問題によっては試してみる価値はある。

　例題 5 [2] は，対数関数の連立不等式を満たす自然数を求める問題である。ひとつの対数関数は底の変換公式を用いて変形し，因数分解をする。他方の不等式は試みに自然数を代入してみることにより，不等式を満たす自然数の範囲がわかる。不等式をじっと眺めてみるのがよい。

## 問題の部

**― 例題 3（2009 数ⅡB 改）―**

［1］ $x, y$ の座標平面上の範囲 $E$ を
$$x \geq 2, \quad y \geq 2, \quad 8 \leq xy \leq 16 \qquad \cdots\cdots ①$$
とする。このとき，$E$ において
$$z = \log_2 \sqrt{x} + \log_2 y \qquad \cdots\cdots ②$$
が最大値をとる $x, y$ の値と，そのときの最大値を求めよ。また，$z$ が最小値をとる $x, y$ の値と，そのときの最小値を求めよ。

**― 設定条件を変更した問題 ―**

座標平面上の範囲 $E$ を
$$\underline{\underline{x \geq 3, \quad y \geq 1, \quad 9 \leq xy^2 \leq 27}}$$
とする。このとき，$E$ において
$$\underline{\underline{z = x\sqrt{y}}}$$
が最大値をとる $x, y$ の値と，そのときの最大値を求めよ。また，$z$ が最小値をとる $x, y$ と，そのときの最小値を求めよ。

**― 例題 3（2009 数ⅡB 改）―**

［2］ $0 \leq \theta < 2\pi$ の範囲で
$$5\sin\theta - 3\cos 2\theta = 3 \qquad \cdots\cdots ①$$
を満たす $\theta$ について考える。

（1） 方程式①を満たす $\sin\theta$ の値を求めよ。

（2） $0 \leq \theta < 2\pi$ の範囲でこの値をとる $\theta$ のうち，小さいほうを $\theta_1$，大きいほうを $\theta_2$ とする。このとき $\cos\theta_1, \cos\theta_2$ を求めよ。

（3） $\theta_1$ について，不等式 $\dfrac{\pi}{5} < \theta_1 < \dfrac{\pi}{4}$ を証明せよ。ただし，必要ならば $\cos\dfrac{\pi}{5} = \dfrac{1+\sqrt{5}}{4}$ を用いてもよい。

（4） 不等式 $\theta_2 < n\theta_1$ を満たす最小の自然数 $n$ を求めよ。

── 設定条件を変更した問題 ──

$0 \leq \theta < 2\pi$ の範囲で
$$2\cos 2\theta = 7\cos \theta \qquad \cdots\cdots ①$$
を満たす $\theta$ は何個あるか。また，① を満たす $\cos\theta$ と $\sin\theta$ の値の組を求めよ。

── 例題 4（*2007 数ⅡB 改*） ──

[1] $0 \leq x < 2\pi$ とする。不等式
$$\sin 2x > \sqrt{2}\cos\left(x + \frac{\pi}{4}\right) + \frac{1}{2} \qquad \cdots\cdots ①$$
を満たす $x$ の範囲を求めよ。

── ＋α の問題 ──

$0 \leq x < 2\pi$ とする。不等式
$$\sin 2x \leq \sqrt{2}\cos\left(x + \frac{\pi}{4}\right) + \frac{1}{2} \qquad \cdots\cdots ①'$$
を満たす $x$ の範囲を求めよ。

── 設定条件を変更した問題 ──

$0 \leq x < 2\pi$ とする。不等式
$$2\sin 2x > 4\sin\left(x + \frac{\pi}{3}\right) - \sqrt{3} \qquad \cdots\cdots ①$$
を満たす $x$ の範囲を求めよ。

── 例題 4（*2007 数ⅡB 改*） ──

[2] 不等式
$$2 + \log_{\sqrt{y}} 3 < \log_y 81 + 2\log_y\left(1 - \frac{x}{2}\right) \qquad \cdots\cdots ①$$
の表す範囲を求めよ。

第 2 節　問題の解答を文章で書き表そう

---

**設定条件を変更した問題**

不等式
$$1+\frac{1}{2}\log_{\sqrt{y}} 3 > \log_y \sqrt{3} + \log_y(\sqrt{3}-x) \quad \cdots\cdots ①'$$
の表す範囲を求めよ。

---

**例題 5（2011 数 II B 改）**

［1］　$-\dfrac{\pi}{2} \leqq \theta \leqq 0$ のとき，関数
$$y = \cos 2\theta + \sqrt{3}\sin 2\theta - 2\sqrt{3}\cos\theta - 2\sin\theta \quad \cdots\cdots ①$$
の最小値を求めよう。

（1）　$t = \sin\theta + \sqrt{3}\cos\theta \quad \cdots\cdots ②$
とおき，$y$ を $t$ の 2 次式として表せ。

（2）　$-\dfrac{\pi}{2} \leqq \theta \leqq 0$ のとき，$t$ のとりうる値の範囲を求めよ。

（3）　$y$ が最小値をとる $t$ の値，したがって $\theta$ の値，およびそのときの $y$ の最小値を求めよ。

---

**設定条件を変更した問題**

$0 \leqq \theta \leqq \dfrac{\pi}{2}$ の範囲で，次の関数の最大値とそのときの $\theta$ の値，および最小値とそのときの $\theta$ の値を求めよ。
$$y = \frac{\sqrt{3}}{2}\sin 2\theta + \frac{1}{2}\cos 2\theta + \sqrt{3}\sin\theta - \cos\theta \quad \cdots\cdots ①'$$

---

**例題 5（2011 数 II B 改）**

［2］　$x$ を自然数とする。条件
$$12(\log_2\sqrt{x})^2 - 7\log_4 x - 10 > 0 \quad \cdots\cdots ①$$
$$x + \log_3 x < 14 \quad \cdots\cdots ②$$
を満たす $x$ を求めよう。

（1）　$x$ を正の実数として，条件 ① を考える。$X = \log_2 x$ とおいて，$X$ の満たす条件を求めよ。そこで，条件 ① を満たす最小の自然数 $x$ を求めよ。

（2） 条件②について考える。②を満たす最大の自然数 $x$ を求めよ。
そこで，①と②を満たすすべての自然数を求めよ。

---

**＋α の問題**

次の不等式を満たすすべての自然数 $x$ を求めよ。

$$18(\log_3 \sqrt[3]{x})^2 - 9\log_9 x < \frac{35}{4} \qquad \cdots\cdots ①'$$

$$x + \log_5 x > 25 \qquad \cdots\cdots ②'$$

## 解 答 の 部

**── 例題 3（2009 数ⅡB 改）──**

［1］ $x, y$ の座標平面上の範囲 $E$ を
$$x \geqq 2, \quad y \geqq 2, \quad 8 \leqq xy \leqq 16 \quad \cdots\cdots ①$$
とする。このとき，$E$ において
$$z = \log_2 \sqrt{x} + \log_2 y \quad \cdots\cdots ②$$
が最大値をとる $x, y$ の値と，そのときの最大値を求めよ。また，$z$ が最小値をとる $x, y$ の値と，そのときの最小値を求めよ。

---

$x, y$ の座標平面を簡単のため $xy$ 平面と書くことにする。

$xy$ 平面上の範囲 $E$ は右図のようになる。$E$ における $z$ の最大値・最小値問題を解くには，
$$s = \log_2 x, \quad t = \log_2 y$$
と変換するのが常套手段である。

[解答] $xy$ 平面上の範囲 $E$ は，
$$s = \log_2 x, \quad t = \log_2 y$$
とおくと，

$\log_2 x \geqq \log_2 2 = 1, \quad \therefore \ s \geqq 1$

$\log_2 y \geqq \log_2 2 = 1, \quad \therefore \ t \geqq 1$

$\log_2 8 \leqq \log_2 xy \leqq \log_2 16$，

よって， $3 \leqq \log_2 x + \log_2 y \leqq 4$

したがって， $3 \leqq s + t \leqq 4$

したがって，$E$ は $st$ 平面上の範囲 $G$：
$$s \geqq 1, \quad t \geqq 1, \quad 3 \leqq s + t \leqq 4$$
に対応する。また，
$$z = \log_2 \sqrt{x} + \log_2 y = \frac{1}{2} s + t$$

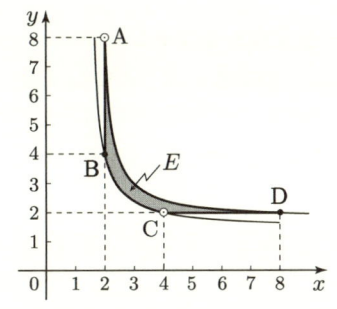

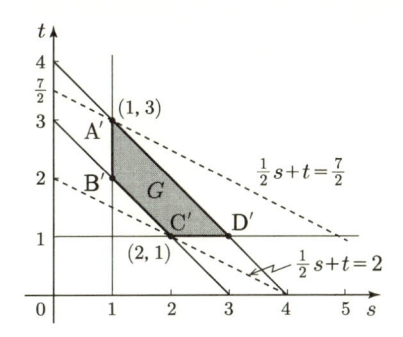

よって問題は，$st$ 平面上の範囲 $G$ において，$z = \frac{1}{2} s + t$ の最大値・最小値問題に帰着された。

$G$ の点を通る直線 $\frac{1}{2}s+t=z$，または $t=-\frac{1}{2}s+z$ のうち $t$ 切片 $z$ が最大となるのは，図から点 $(1,3)$ を通るときである。すなわち $s=1, t=3$ のとき $z$ は最大値 $\frac{1}{2}\times 1+3=\frac{7}{2}$ をとる。

同様に点 $(2,1)$ を通るとき，$z$ は最小値 $\frac{1}{2}\times 2+1=2$ をとる。

以上をまとめると，

$s=1, t=3$，すなわち $x=2, y=8$ のとき，$z$ は最大値 $\frac{7}{2}$ をとる，

$s=2, t=1$，すなわち $x=4, y=2$ のとき，$z$ は最小値 $2$ をとる。

(解答終り)

解の結果をみてみると，$xy$ 平面上の範囲 $E$ の 4 つの尖点 A, B, C, D のうち A と C でそれぞれ最大値，最小値をとっている。次の問題では，B と D でそれぞれ最大値，最小値をとるように設定してある。

---

**設定条件を変更した問題**

$x, y$ の座標平面上の範囲 $E$ を

$$x \geq 3,\ y \geq 1,\ 9 \leq xy^2 \leq 27$$

とする。このとき，$E$ において，

$$z = x\sqrt{y}$$

が最大値をとる $x, y$ の値と，そのときの最大値を求めよ。また，$z$ が最小値をとる $x, y$ と，そのときの最小値を求めよ。

---

**[解答]** 範囲 $E$ の数値が 3 のべきになっていることに注意して，$x, y$ の底を 3 とする対数をとる。

$$s=\log_3 x, \quad t=\log_3 y$$

とおくと，$E$ は

$$G = \{s \geq 1,\ t \geq 0,\ 2 \leq s+2t \leq 3\}$$

にうつる。また $r = \log_3 z$ とおくと，

$$r = \log_3 z = \log_3 x + \log_3 \sqrt{y} = s + \frac{1}{2}t$$

となる。$G$ において，$r = s + \frac{1}{2}t$ が最大，最小となるのは

$(s, t) = (3, 0)$ のとき，$r$ は最大値が 3

$(s, t) = \left(1, \dfrac{1}{2}\right)$ のとき,$r$ は最小値が $\dfrac{5}{4}$

をとる。したがって,

$x = 27, y = 1$ のとき $z$ は最大値 $27$,

$x = 3, y = \sqrt{3}$ のとき $z$ は最小値 $3^{\frac{5}{4}}$

をとる。

(解答終り)[†]

---

**例題3**(*2009* 数ⅡB 改)

[2] $0 \leq \theta < 2\pi$ の範囲で

$$5\sin\theta - 3\cos 2\theta = 3 \quad \cdots\cdots ①$$

を満たす $\theta$ について考える。

(1) 方程式①を満たす $\sin\theta$ の値を求めよ。

(2) $0 \leq \theta < 2\pi$ の範囲でこの値をとる $\theta$ のうち,小さいほうを $\theta_1$,大きいほうを $\theta_2$ とする。このとき $\cos\theta_1, \cos\theta_2$ を求めよ。

(3) $\theta_1$ について,不等式 $\dfrac{\pi}{5} < \theta_1 < \dfrac{\pi}{4}$ を証明せよ。ただし,必要ならば $\cos\dfrac{\pi}{5} = \dfrac{1+\sqrt{5}}{4}$ を用いてもよい。

(4) 不等式 $\theta_2 < n\theta_1$ を満たす最小の自然数 $n$ を求めよ。

---

方程式①をみてただちに気づくことは,$\cos 2\theta$ を $2$ 倍角の公式を利用して変形すると $\sin\theta$ の $2$ 次方程式が得られ,$\sin\theta$ の値が求まることである。このとき $\sin\theta > 0$ ならば,この値をとる $\theta$ は第 $1$ 象限と第 $2$ 象限に $2$ 個あり,また $\sin\theta < 0$ ならば,第 $3$ 象限と第 $4$ 象限に $2$ 個ある。これらのことに注意して解答にとりかかろう。

[解答] (1) 方程式①において $2$ 倍角の公式

$$\cos 2\theta = \cos^2\theta - \sin^2\theta = 1 - 2\sin^2\theta$$

を代入すると,$5\sin\theta - 3(1 - 2\sin^2\theta) = 3$ より,

$6\sin^2\theta + 5\sin\theta - 6 = 0, \quad \therefore \ (2\sin\theta + 3)(3\sin\theta - 2) = 0$

---

[†] 例題3[1] を解く鍵は,$st$ 平面上に範囲 $G$ を図示し,$G$ の点を通る直線群 $\dfrac{1}{2}s + t = k$ のなかで $k$ が最大,または最小となる直線を求めるのがもっとも確実な方法である。

ここで $-1 \leqq \sin\theta \leqq 1$ より $\sin\theta = \dfrac{2}{3}$

(2) $\theta_1$ を $0 < \theta_1 < \dfrac{\pi}{2}$ で $\sin\theta_1 = \dfrac{2}{3}$ とすると，$\cos\theta_1 > 0$，

$$\sin^2\theta_1 + \cos^2\theta_1 = 1 \quad \text{より} \quad \cos\theta_1 = \sqrt{1 - \left(\dfrac{2}{3}\right)^2} = \dfrac{\sqrt{5}}{3}$$

また，$\theta_2 = \pi - \theta_1$ とすると，$\dfrac{\pi}{2} < \theta_2 < \pi$，かつ $\sin\theta_2 = \dfrac{2}{3}$，$\cos\theta_2 = -\dfrac{\sqrt{5}}{3}$

(3) $\cos\dfrac{\pi}{5} = \dfrac{1+\sqrt{5}}{4}$，$\cos\theta_1 = \dfrac{\sqrt{5}}{3}$，$\cos\dfrac{\pi}{4} = \dfrac{\sqrt{2}}{2}$ の大小を比較すると，

$$\dfrac{1+\sqrt{5}}{4} - \dfrac{\sqrt{5}}{3} = \dfrac{3+3\sqrt{5}-4\sqrt{5}}{12} = \dfrac{3-\sqrt{5}}{12} > 0,$$

また

$$\dfrac{\sqrt{5}}{3} - \dfrac{\sqrt{2}}{2} = \dfrac{2\sqrt{5}-3\sqrt{2}}{6} = \dfrac{\sqrt{20}-\sqrt{18}}{6} > 0$$

よって

$$\dfrac{1+\sqrt{5}}{4} > \dfrac{\sqrt{5}}{3} > \dfrac{\sqrt{2}}{2}, \quad \therefore\ \cos\dfrac{\pi}{5} > \cos\theta_1 > \cos\dfrac{\pi}{4}$$

ここで $\cos\theta$ は $0 < \theta < \dfrac{\pi}{2}$ において単調減少であるから，$\dfrac{\pi}{5} < \theta_1 < \dfrac{\pi}{4}$ が成り立つ．

(4) $\theta_2 = \pi - \theta_1$ と (3) から $\dfrac{3}{4}\pi < \theta_2 < \dfrac{4}{5}\pi$，また (3) から $\dfrac{\pi}{5} < \theta_1$

$$\therefore\ \dfrac{4}{5}\pi < 4\theta_1$$

$$\therefore\ 3\theta_1 < \dfrac{3}{4}\pi < \theta_2 < \dfrac{4}{5}\pi < 4\theta_1$$

すなわち $\quad 3\theta_1 < \theta_2 < 4\theta_1$

したがって，$\theta_2 < n\theta_1$ を満たす最小の自然数 $n$ は 4 である． **（解答終り）**[†]

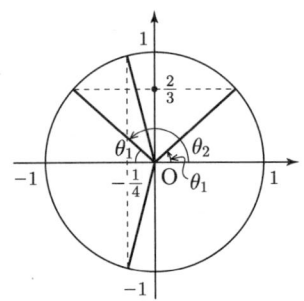

---

**設定条件を変更した問題**

$0 \leqq \theta < 2\pi$ の範囲で

$$2\cos 2\theta = 7\cos\theta \quad \cdots\cdots ①$$

を満たす $\theta$ は何個あるか．また，① を満たす $\cos\theta$ と $\sin\theta$ の値の組を求めよ．

---

[†] 例題 3 [2] では，三角方程式を満たす $\sin\theta$ と $\theta$ を求める問題である．2 倍角の公式により，$\sin\theta$ の値は 2 次方程式の解として求めることができる．しかし，$\sin\theta$ の値に対する $\theta$ の値は特殊な場合を除き計算で正確に求めることは困難である．そこで問題では，$\theta$ の値の範囲を不等式の形で求めるように誘導している．

第2節 問題の解答を文章で書き表そう 177

**[解答]** 与えられた方程式①を2倍角の公式を用いて変形すると
$$2\cos 2\theta - 7\cos\theta = 2(2\cos^2\theta - 1) - 7\cos\theta = 0,$$
$$\therefore 4\cos^2\theta - 7\cos\theta - 2 = (4\cos\theta + 1)(\cos\theta - 2) = 0$$

$0 \leq \theta < 2\pi$ より $-1 \leq \cos\theta < 1$ であるから $\cos\theta = -\dfrac{1}{4}$. ここで $\cos\theta = -\dfrac{1}{4}$ を満たす $\theta$ は第2象限と第3象限にある。よって，①を満たす $\theta$ は $0 \leq \theta < 2\pi$ の範囲内に2個ある。

$$\sin^2\theta + \cos^2\theta = 1, \ \cos\theta = -\dfrac{1}{4} \text{ より } \sin^2\theta = \dfrac{15}{16}, \quad \therefore \sin\theta = \pm\dfrac{\sqrt{15}}{4}$$

よって，①を満たす $\sin\theta$ と $\cos\theta$ の組は
$$(\cos\theta, \sin\theta) = \left(-\dfrac{1}{4}, \dfrac{\sqrt{15}}{4}\right), \ \left(-\dfrac{1}{4}, -\dfrac{\sqrt{15}}{4}\right)$$
となる。 **（解答終り）**

---

**例題4（2007 数ⅡB 改）**

[1] $0 \leq x < 2\pi$ とする。不等式
$$\sin 2x > \sqrt{2}\cos\left(x + \dfrac{\pi}{4}\right) + \dfrac{1}{2} \qquad \cdots\cdots ①$$
を満たす $x$ の範囲を求めよ。

---

**[解答の流れ図]**

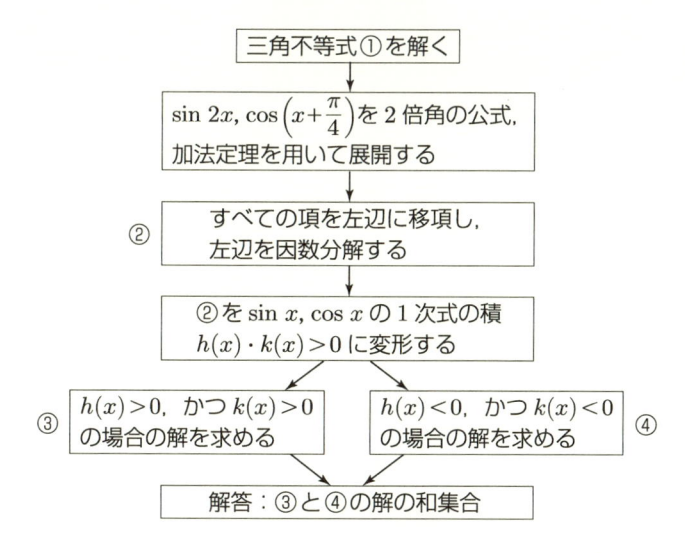

三角不等式①を解く
↓
$\sin 2x, \cos\left(x + \dfrac{\pi}{4}\right)$ を2倍角の公式，加法定理を用いて展開する
↓
② すべての項を左辺に移項し，左辺を因数分解する
↓
②を $\sin x, \cos x$ の1次式の積 $h(x) \cdot k(x) > 0$ に変形する
↓
③ $h(x) > 0$，かつ $k(x) > 0$ の場合の解を求める ／ ④ $h(x) < 0$，かつ $k(x) < 0$ の場合の解を求める
↓
解答：③と④の解の和集合

三角不等式を満たす $x$ の範囲を求める問題である。最初になすべきことは，$\sin 2x$ に 2 倍角の公式を，また $\cos\left(x+\dfrac{\pi}{4}\right)$ に加法定理を適用して，① を $\sin x$ と $\cos x$ のみを含む不等式 ($\sin x$ と $\cos x$ の 2 次不等式) に変形する。そしてすべての項を左辺に移す。

[解答] 2 倍角の公式と加法定理から

$$(左辺) = \sin 2x = 2\sin x \cos x,$$
$$(右辺) = \sqrt{2}\cos\left(x+\dfrac{\pi}{4}\right) = \sqrt{2}\left(\cos x \cos\dfrac{\pi}{4} - \sin x \sin\dfrac{\pi}{4}\right)$$
$$= \sqrt{2}\left(\dfrac{1}{\sqrt{2}}\cos x - \dfrac{1}{\sqrt{2}}\sin x\right)$$
$$= \cos x - \sin x$$

したがって ① は

$$2\sin x \cos x - (\cos x - \sin x) - \dfrac{1}{2} > 0$$
$$\therefore\ 4\sin x \cos x + 2\sin x - 2\cos x - 1 > 0 \qquad \cdots\cdots ②$$

ここで $a = \sin x,\ b = \cos x$ とおくと，② は
$$4ab + 2a - 2b - 1 = (2a-1)(2b+1) > 0$$
よって

$$\begin{cases} 2a-1 > 0 \\ \quad かつ \\ 2b+1 > 0 \end{cases}\ ,\ または\ \begin{cases} 2a-1 < 0 \\ \quad かつ \\ 2b+1 < 0 \end{cases}$$

☞ 不等式 ② から不等式 ③，または ④ となること，③ と ④ は $\sin\theta$ と $\cos\theta$ のグラフから解く。

$a, b$ をもとの $\sin x, \cos x$ にもどして

$$\begin{cases} 2\sin x - 1 > 0 \\ \quad かつ \qquad \cdots\cdots ③,\ または \\ 2\cos x + 1 > 0 \end{cases}\ \begin{cases} 2\sin x - 1 < 0 \\ \quad かつ \qquad \cdots\cdots ④ \\ 2\cos x + 1 < 0 \end{cases}$$

したがって，$0 \leqq x < 2\pi$ の範囲で，この不等式を満たす範囲を求めればよい。

③ の場合。$y = \sin x,\ y = \cos x$ のグラフを参考にして，

$\sin x > \dfrac{1}{2}$ を満たす $x$ の範囲は，$\dfrac{\pi}{6} < x < \dfrac{5}{6}\pi,$

$\cos x > -\dfrac{1}{2}$ を満たす $x$ の範囲は，$0 \leqq x < \dfrac{2}{3}\pi,\ \dfrac{4}{3}\pi < x < 2\pi$

したがって ③ を満たす $x$ の範囲は

$$\left\{\frac{\pi}{6}<x<\frac{5}{6}\pi\right\}\cap\left\{0\leq x<\frac{2}{3}\pi,\ \frac{4}{3}\pi<x<2\pi\right\}=\left\{\frac{\pi}{6}<x<\frac{2}{3}\pi\right\} \quad \cdots\cdots ⑤$$

④の場合．

$\sin x<\dfrac{1}{2}$ を満たす $x$ の範囲は，$0\leq x<\dfrac{\pi}{6},\ \dfrac{5}{6}\pi<x<2\pi$，

$\cos x<-\dfrac{1}{2}$ を満たす $x$ の範囲は，$\dfrac{2}{3}\pi<x<\dfrac{4}{3}\pi$

したがって④を満たす $x$ の範囲は

$$\left\{0\leq x<\frac{\pi}{6},\ \frac{5}{6}\pi<x<2\pi\right\}\cap\left\{\frac{2}{3}\pi<x<\frac{4}{3}\pi\right\}=\left\{\frac{5}{6}\pi<x<\frac{4}{3}\pi\right\} \quad \cdots\cdots ⑥$$

以上のことから，不等式①を満たす $x$ の範囲は⑤と⑥の和集合で

$$\frac{\pi}{6}<x<\frac{2}{3}\pi,\quad \frac{5}{6}\pi<x<\frac{4}{3}\pi \quad \cdots\cdots ⑦$$

となる(図 参照)． **(解答終り)**

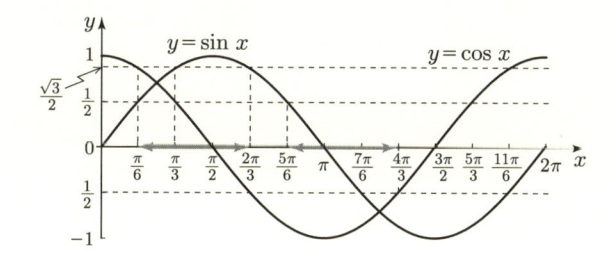

$x$ の範囲⑦の $0\leq x\leq 2\pi$ における補集合は

$$0\leq x\leq \frac{\pi}{6},\quad \frac{2}{3}\pi\leq x\leq \frac{5}{6}\pi,\quad \frac{4}{3}\pi\leq x<2\pi$$

である．

　では，不等式①の不等号の向きが逆の場合，不等式を満たす範囲はどうなるかを考えてみよう．⑦の補集合に一致するかどうかを確かめてみよう．

---

**＋αの問題**

$0\leq x<2\pi$ とする．不等式

$$\sin 2x \leq \sqrt{2}\cos\left(x+\frac{\pi}{4}\right)+\frac{1}{2} \quad \cdots\cdots ①'$$

を満たす $x$ の範囲を求めよ．

**[解答]** （例題 4 [1] の解答と同様に）2 倍角の公式と加法定理を用いると

$$2\sin x \cos x \leqq \sqrt{2}\left(\cos x \cos \frac{\pi}{4} - \sin x \sin \frac{\pi}{4}\right) + \frac{1}{2} = \cos x - \sin x + \frac{1}{2}$$

$$\therefore\ 4\sin x \cos x - 2\cos x + 2\sin x - 1 \leqq 0$$

$$\therefore\ (2\sin x - 1)(2\cos x + 1) \leqq 0 \quad \cdots\cdots ②'$$

したがって，不等式 ② を満たす $x$ は

$$\begin{cases} 2\sin x - 1 \geqq 0 \\ \text{かつ} \quad \cdots\cdots ③' \\ 2\cos x + 1 \leqq 0 \end{cases} \text{，または，} \begin{cases} 2\sin x - 1 \leqq 0 \\ \text{かつ} \quad \cdots\cdots ④' \\ 2\cos x + 1 \geqq 0 \end{cases}$$

③' の場合，グラフを参考にして

$$\sin x \geqq \frac{1}{2} \text{ を満たす } x \text{ の範囲は，} \frac{\pi}{6} \leqq x \leqq \frac{5}{6}\pi$$

$$\cos x \leqq -\frac{1}{2} \text{ を満たす } x \text{ の範囲は，} \frac{2}{3}\pi \leqq x \leqq \frac{4}{3}\pi$$

したがって ③' を満たす $x$ の範囲は上記 2 つの範囲の共通部分で

$$\frac{2}{3}\pi \leqq x \leqq \frac{5}{6}\pi \quad \cdots\cdots ⑤'$$

④' の場合，

$$\sin x \leqq \frac{1}{2} \text{ を満たす } x \text{ の範囲は，} 0 \leqq x \leqq \frac{\pi}{6},\ \frac{5}{6}\pi \leqq x < 2\pi$$

$$\cos x \geqq -\frac{1}{2} \text{ を満たす } x \text{ の範囲は，} 0 \leqq x \leqq \frac{2}{3}\pi,\ \frac{4}{3}\pi \leqq x < 2\pi$$

したがって ④' を満たす $x$ の範囲は上記 2 つの範囲の共通部分で，

$$0 \leqq x \leqq \frac{\pi}{6},\ \frac{4}{3}\pi \leqq x < 2\pi \quad \cdots\cdots ⑥'$$

以上のことから，不等式 ①' を満たす $x$ の範囲は ⑤' と ⑥' の和集合となるので

$$0 \leqq x \leqq \frac{\pi}{6},\ \frac{2}{3}\pi \leqq x \leqq \frac{5}{6}\pi,\ \frac{4}{3}\pi \leqq x < 2\pi \quad \cdots\cdots ⑦'$$

となり，① を満たす $x$ の区間 ⑦ の $0 \leqq x < 2\pi$ における補集合と一致している（当然）。 **（解答終り）**

例題 4 [1] では，与えられた三角不等式は，2 倍角の公式と加法定理を用いて $\sin x$ と $\cos x$ の 1 次式の積に変形することが問題を解く鍵となった。そこで同様な問題を取り上げよう。

第2節　問題の解答を文章で書き表そう　　　　　　　　　　　　　　　　181

---
**設定条件を変更した問題**

$0 \leq x < 2\pi$ とする。不等式

$$2\sin 2x > 4\sin\left(x+\frac{\pi}{3}\right)-\sqrt{3} \qquad \cdots\cdots ①$$

を満たす $x$ の範囲を求めよ。

---

[解答]　$\sin 2x$ には2倍角の公式，$\sin\left(x+\frac{\pi}{3}\right)$ には加法定理を適用すると

$$4\sin x \cos x - 4\left(\sin x \cos\frac{\pi}{3} + \cos x \sin\frac{\pi}{3}\right) + \sqrt{3} > 0$$

$$\therefore\ 4\sin x \cos x - 4\left(\frac{1}{2}\sin x + \frac{\sqrt{3}}{2}\cos x\right) + \sqrt{3}$$

$$= 4\sin x \cos x - 2\sin x - 2\sqrt{3}\cos x + \sqrt{3} > 0$$

左辺を因数分解して

$$(2\sin x - \sqrt{3})(2\cos x - 1) > 0 \qquad \cdots\cdots ②$$

ここで②が成り立つためには

$$\begin{cases} 2\sin x - \sqrt{3} > 0 \\ \text{かつ} \\ 2\cos x - 1 > 0 \end{cases} \cdots\cdots ③,\ \text{または}\ \begin{cases} 2\sin x - \sqrt{3} < 0 \\ \text{かつ} \\ 2\cos x - 1 < 0 \end{cases} \cdots\cdots ④$$

を満たす $x$ の範囲を求めればよい。

まず，③を満たす $x$ の範囲を求める。

$\sin x > \frac{\sqrt{3}}{2}$ を満たす $x$ の範囲は，$\frac{\pi}{3} < x < \frac{2}{3}\pi$

$\cos x > \frac{1}{2}$ を満たす $x$ の範囲は，$0 < x < \frac{\pi}{3}$, $\frac{5}{3}\pi < x < 2\pi$

したがって③を満たす $x$ の範囲は存在しない。

次に，④を満たす $x$ の範囲を求める。

$\sin x < \frac{\sqrt{3}}{2}$ を満たす $x$ の範囲は，$0 < x < \frac{\pi}{3}$, $\frac{2}{3}\pi < x < 2\pi$

$\cos x < \frac{1}{2}$ を満たす $x$ の範囲は，$\frac{\pi}{3} < x < \frac{5}{3}\pi$

したがって，④を満たす $x$ の範囲は $\frac{2}{3}\pi < x < \frac{5}{3}\pi$

よって，不等式①を満たす $x$ の範囲は $\frac{2}{3}\pi < x < \frac{5}{3}\pi$ となる。**(解答終り)**

#### 例題 4 (2007 数 IIB 改)

[2] 不等式
$$2+\log_{\sqrt{y}} 3 < \log_y 81 + 2\log_y\left(1-\frac{x}{2}\right) \quad \cdots\cdots ①$$
の表す範囲を求めよ。

対数関数を含む不等式を満たす $x$ の範囲を求める問題である。対数関数が現れた場合，真っ先に注意することは，底が 1 でない正数であること，および真数が正でなければならないことである。次に，不等式，または方程式に現れるいくつかの対数関数の底が同じでないときは，底の変換公式により，同じ底にそろえること。共通の底は，1 でない正数で都合のよい数を選ぶのがよい。

また，不等式の変形において，負の数をかけると，不等号の向きが変わることを注意すること。

[解答の流れ図]

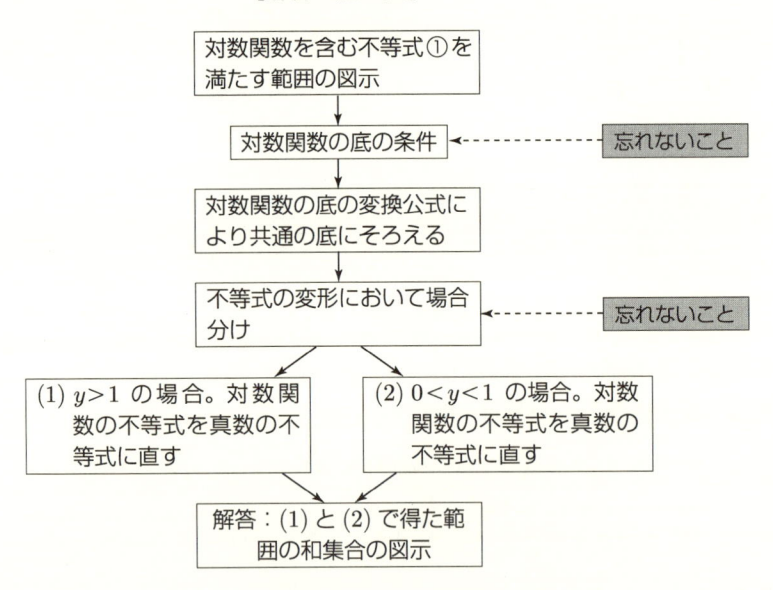

```
┌─────────────────────────┐
│ 対数関数を含む不等式①を │
│ 満たす範囲の図示        │
└─────────────────────────┘
           ↓
┌─────────────────────┐
│ 対数関数の底の条件  │ ←------ 忘れないこと
└─────────────────────┘
           ↓
┌─────────────────────────┐
│ 対数関数の底の変換公式に│
│ より共通の底にそろえる  │
└─────────────────────────┘
           ↓
┌─────────────────────────┐
│ 不等式の変形において場合│ ←------ 忘れないこと
│ 分け                    │
└─────────────────────────┘
      ↙              ↘
┌──────────────────┐  ┌──────────────────┐
│(1) $y>1$ の場合。│  │(2) $0<y<1$ の場合。│
│対数関数の不等式を│  │対数関数の不等式を  │
│真数の不等式に直す│  │真数の不等式に直す  │
└──────────────────┘  └──────────────────┘
      ↘              ↙
┌─────────────────────────┐
│解答：(1) と (2) で得た範│
│囲の和集合の図示         │
└─────────────────────────┘
```

**[解答]** まず，$\sqrt{y}$ と $y$ は対数関数の底であるから，1 でない正数である。
$$\therefore\ y>0,\ y\neq 1 \quad\text{すなわち，}\ 0<y<1\ \text{または}\ y>1 \quad\cdots\cdots ②$$
また，$1-\dfrac{x}{2}$ は真数であるから正である。

第2節 問題の解答を文章で書き表そう

$$\therefore\ 1-\frac{x}{2}>0,\quad \text{すなわち}\quad x<2 \quad \cdots\cdots ③$$

① を底の変換公式を用い，共通の底を3として整理する。

$$\log_{\sqrt{y}}3=\frac{\log_3 3}{\log_3\sqrt{y}}=\frac{1}{\frac{1}{2}\log_3 y}=\frac{2}{\log_3 y}$$

$$\log_y 81=\frac{\log_3 81}{\log_3 y}=\frac{\log_3 3^4}{\log_3 y}=\frac{4}{\log_3 y}$$

$$\log_y\left(1-\frac{x}{2}\right)=\frac{\log_3\left(1-\frac{x}{2}\right)}{\log_3 y}$$

☞ 不等式①の項のなかに $\log_{\sqrt{y}}3$ および $\log_y 81$ があることから，底の変換公式の共通の底として3を選ぶのが便利である。

よって①は

$$2+\frac{2}{\log_3 y}<\frac{4}{\log_3 y}+2\frac{\log_3\left(1-\frac{x}{2}\right)}{\log_3 y}$$

$$\therefore\ 1<\frac{1}{\log_3 y}+\frac{\log_3\left(1-\frac{x}{2}\right)}{\log_3 y} \quad \cdots\cdots ④$$

ここで，$y>1$ の場合と $0<y<1$ の場合に分けて考える。

$y>1$ の場合。$\log_3 y>0$ であるから ④ は

$$\log_3 y<1+\log_3\left(1-\frac{x}{2}\right)=\log_3 3\left(1-\frac{x}{2}\right)$$

$$\therefore\ y<3\left(1-\frac{x}{2}\right) \quad \cdots\cdots ⑤$$

$0<y<1$ の場合。$\log_3 y<0$ であるから ④ は

$$\log_3 y>1+\log_3\left(1-\frac{x}{2}\right)=\log_3 3\left(1-\frac{x}{2}\right)$$

$$\therefore\ y>3\left(1-\frac{x}{2}\right) \quad \cdots\cdots ⑥$$

したがって，不等式①を満たす点の集合は

$$\begin{cases} x<2 \\ y>1 \text{ のとき，} y<3\left(1-\frac{x}{2}\right) \\ 0<y<1 \text{ のとき，} y>3\left(1-\frac{x}{2}\right) \end{cases}$$

（解答終り）

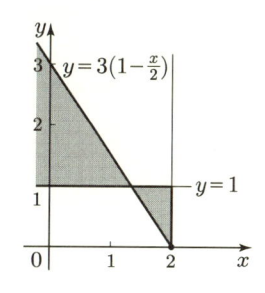

---

**設定条件を変更した問題**（例題4[2]と比べて不等号の向きが逆である）

不等式
$$1+\frac{1}{2}\log_{\sqrt{y}} 3 > \log_y \sqrt{3} + \log_y(\sqrt{3}-x) \quad \cdots\cdots ①'$$
の表す範囲を求めよ。

---

[解答] 対数の底の条件，および真数条件から
$$0<y<1 \text{ または } y>1, \quad \text{および} \quad x<\sqrt{3} \quad \cdots\cdots ②'$$

次に不等式 $①'$ を 10 を底とする不等式に変形する。左辺は
$$1+\frac{1}{2}\log_{\sqrt{y}} 3 = 1 + \frac{\log_{10} 3}{2\log_{10}\sqrt{y}} = 1 + \frac{\log_{10} 3}{\log_{10} y}$$

右辺は
$$\log_y \sqrt{3} + \log_y(\sqrt{3}-x) = \frac{\log_{10}\sqrt{3}}{\log_{10} y} + \frac{\log_{10}(\sqrt{3}-x)}{\log_{10} y}$$

したがって $①'$ は
$$1 + \frac{\log_{10} 3}{\log_{10} y} > \frac{\frac{1}{2}\log_{10} 3}{\log_{10} y} + \frac{\log_{10}(\sqrt{3}-x)}{\log_{10} y}$$

$$\therefore\ 1 > \frac{-\frac{1}{2}\log_{10} 3 + \log_{10}(\sqrt{3}-x)}{\log_{10} y} \quad \cdots\cdots ③'$$

ここで $y>1$ の場合と $0<y<1$ の場合に分ける。

$y>1$ の場合，$\log_{10} y > 0$ であるから $③'$ は

$\log_{10} y > -\frac{1}{2}\log_{10} 3 + \log_{10}(\sqrt{3}-x)$

$\quad = \log_{10}\frac{1}{\sqrt{3}} + \log_{10}(\sqrt{3}-x) = \log_{10}\frac{\sqrt{3}-x}{\sqrt{3}}, \quad \therefore\ y > \frac{\sqrt{3}-x}{\sqrt{3}} \quad \cdots\cdots ④'$

$0<y<1$ の場合，$\log_{10} y < 0$ であるから $③'$ は
$$\log_{10} y < -\frac{1}{2}\log_{10} 3 + \log_{10}(\sqrt{3}-x), \quad \therefore\ y < \frac{\sqrt{3}-x}{\sqrt{3}} \quad \cdots\cdots ⑤'$$

以上をまとめると，$①'$ を満たす範囲は
$$\begin{cases} x<\sqrt{3} \\ y>1 \text{ のとき} \quad y > \dfrac{\sqrt{3}-x}{\sqrt{3}} \\ 0<y<1 \text{ のとき} \quad y < \dfrac{\sqrt{3}-x}{\sqrt{3}} \end{cases}$$

（解答終り）

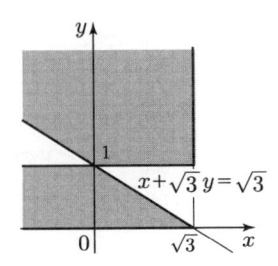

## 第2節 問題の解答を文章で書き表そう

---
**例題 5**（*2011* 数IIB 改）

［1］ $-\dfrac{\pi}{2} \leqq \theta \leqq 0$ のとき，関数
$$y = \cos 2\theta + \sqrt{3}\sin 2\theta - 2\sqrt{3}\cos\theta - 2\sin\theta \quad \cdots\cdots ①$$
の最小値を求めよう。

（1） $t = \sin\theta + \sqrt{3}\cos\theta \quad \cdots\cdots ②$

とおき，$y$ を $t$ の2次式として表せ。

（2） $-\dfrac{\pi}{2} \leqq \theta \leqq 0$ のとき，$t$ のとりうる値の範囲を求めよ。

（3） $y$ が最小値をとる $t$ の値，したがって $\theta$ の値，およびそのときの $y$ の最小値を求めよ。

---

この問題は，問題を解く鍵となる変換②が与えられているので感謝しよう。問(2)において，$\theta$ の動く範囲 $-\dfrac{\pi}{2} \leqq \theta \leqq 0$ は $t$ のどんな範囲に移るかを問うている。このとき三角関数の合成を用いる。このように，三角関数①の $-\dfrac{\pi}{2} \leqq \theta \leqq 0$ における最小値問題は，変換②により，2次関数の区間における最小値問題に帰着される。

［解答の流れ図］

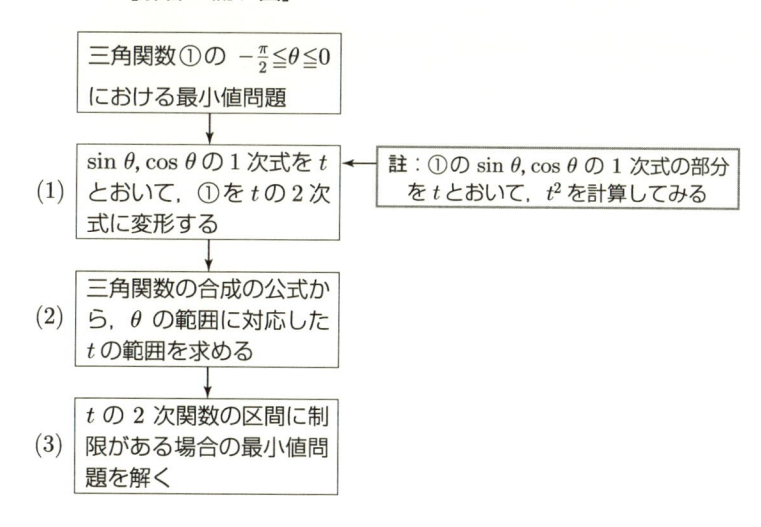

```
     三角関数①の -π/2≦θ≦0
     における最小値問題
            ↓
     sinθ, cosθ の1次式を t       註：①の sinθ, cosθ の1次式の部分
(1)  とおいて，①を t の2次       を t とおいて，t² を計算してみる
     式に変形する
            ↓
     三角関数の合成の公式か
(2)  ら，θ の範囲に対応した
     t の範囲を求める
            ↓
     t の2次関数の区間に制
(3)  限がある場合の最小値問
     題を解く
```

[解答]　（1）
$$t^2 = \sin^2\theta + 3\cos^2\theta + 2\sqrt{3}\sin\theta\cos\theta$$
$$= 1 - \cos^2\theta + 3\cos^2\theta + 2\sqrt{3}\sin\theta\cos\theta$$
$$= 2\cos^2\theta + 2\sqrt{3}\sin\theta\cos\theta + 1$$

一方，2倍角の公式を利用して
$$y = (\cos^2\theta - \sin^2\theta) + 2\sqrt{3}\sin\theta\cos\theta - 2\sqrt{3}\cos\theta - 2\sin\theta$$
$$= 2\cos^2\theta + 2\sqrt{3}\sin\theta\cos\theta - 2(\sin\theta + \sqrt{3}\cos\theta) - 1$$
$$= t^2 - 2t - 2 \qquad \cdots\cdots ③$$

（2）$t = \sin\theta + \sqrt{3}\cos\theta$ において三角関数の合成を行うと
$$t = \sqrt{1+3}(\sin\theta\cos\alpha + \cos\theta\sin\alpha)$$
$$\left(ただし \cos\alpha = \frac{1}{2},\ \sin\alpha = \frac{\sqrt{3}}{2},\ \therefore\ \alpha = \frac{\pi}{3}\right)$$
$$= 2\sin\left(\theta + \frac{\pi}{3}\right)$$

ここで $-\dfrac{\pi}{2} \leqq \theta \leqq 0$ のとき，$-\dfrac{\pi}{6} \leqq \theta + \dfrac{\pi}{3} \leqq \dfrac{\pi}{3}$，また $2\sin\left(-\dfrac{\pi}{6}\right) = -1$，$2\sin\dfrac{\pi}{3} = \sqrt{3}$．よって，$-\dfrac{\pi}{2} \leqq \theta \leqq 0$ のとき $t = 2\sin\left(\theta + \dfrac{\pi}{3}\right)$ のとりうる値の範囲は，$-1 \leqq t \leqq \sqrt{3}$

（3）$t$ の2次関数③の $-1 \leqq t \leqq \sqrt{3}$ における最小値は，③を平方完成して
$$y = t^2 - 2t - 2 = (t-1)^2 - 3$$
となるから，$t = 1$ で最小値 $-3$ をとる．よって，$t = 2\sin\left(\theta + \dfrac{\pi}{3}\right) = 1$ より
$$\sin\left(\theta + \frac{\pi}{3}\right) = \frac{1}{2} \qquad \left(-\frac{\pi}{2} \leqq \theta \leqq 0\right),$$
よって　　$\theta + \dfrac{\pi}{3} = \dfrac{\pi}{6}, \quad \therefore\ \theta = -\dfrac{\pi}{6}$

したがって $y$ は $t = 1$，すなわち $\theta = -\dfrac{\pi}{6}$ のとき最小値 $-3$ をとる．

（解答終り）

第 2 節　問題の解答を文章で書き表そう

---- 設定条件を変更した問題 ----

$0 \leq \theta \leq \dfrac{\pi}{2}$ の範囲で，次の関数の最大値とそのときの $\theta$ の値，および最小値とそのときの $\theta$ の値を求めよ．

$$y = \dfrac{\sqrt{3}}{2}\sin 2\theta + \dfrac{1}{2}\cos 2\theta + \sqrt{3}\sin\theta - \cos\theta \qquad \cdots\cdots ①'$$

一般に三角関数を含む関数が，適当な $t$ の関数に置き換えられるとは限らない．しかし置き換えが可能な場合には，$t$ の単純な多項式の最大値・最小値問題に帰着されるのでぜひ検討すべき解法である．特に三角関数 $\sin 2\theta$, $\cos 2\theta$, $\sin 3\theta$, $\cos 3\theta$ が対応して存在する場合には，式のなかの $\sin\theta$ と $\cos\theta$ の 1 次式の部分を $t$ とおいて変形を試みると好運に恵まれるかもしれない．

[解答]　まず $t = \dfrac{1}{2}(-\sqrt{3}\sin\theta + \cos\theta)$ とおいて，$\sin 2\theta$ と $\cos 2\theta$ の項を $t$ で表すことを考える．

$$\begin{aligned}
t^2 &= \dfrac{1}{4}(3\sin^2\theta + \cos^2\theta - 2\sqrt{3}\sin\theta\cos\theta) \\
&= \dfrac{1}{4}(3 - 2\cos^2\theta - 2\sqrt{3}\sin\theta\cos\theta) \\
&= \dfrac{1}{4}(2 - \cos 2\theta - \sqrt{3}\sin 2\theta) \\
&= \dfrac{1}{2} - \dfrac{1}{2}\left(\dfrac{1}{2}\cos 2\theta + \dfrac{\sqrt{3}}{2}\sin 2\theta\right)
\end{aligned}$$

よって　　　$\dfrac{1}{2}\cos 2\theta + \dfrac{\sqrt{3}}{2}\sin 2\theta = 1 - 2t^2$

したがって，　　　$y = -2t^2 - 2t + 1 \qquad \cdots\cdots ②$

次いで $0 \leq \theta \leq \dfrac{\pi}{2}$ のとき，$t$ のとりうる値の範囲を求める．$t = \dfrac{1}{2}(-\sqrt{3}\sin\theta + \cos\theta)$ を合成すると

$$t = \dfrac{1}{2}\sqrt{3+1}(\sin\theta\cos\alpha + \cos\theta\sin\alpha)$$

$$\left(\text{ただし，}\cos\alpha = -\dfrac{\sqrt{3}}{2},\ \sin\alpha = \dfrac{1}{2},\ \therefore\ \alpha = \dfrac{5}{6}\pi\right)$$

$$= \sin\left(\theta + \dfrac{5}{6}\pi\right)$$

ここで，$0 \leqq \theta \leqq \dfrac{\pi}{2}$ のとき，

$$\dfrac{5}{6}\pi \leqq \theta + \dfrac{5}{6}\pi \leqq \dfrac{\pi}{2} + \dfrac{5}{6}\pi = \dfrac{4}{3}\pi$$

また $\sin\left(\dfrac{5}{6}\pi\right) = \dfrac{1}{2}$, $\sin\left(\dfrac{4}{3}\pi\right) = -\dfrac{\sqrt{3}}{2}$. よって $t = \sin\left(\theta + \dfrac{5}{6}\pi\right)$ のとりうる値の範囲は

$$\dfrac{1}{2} \geqq t \geqq -\dfrac{\sqrt{3}}{2} \quad (右図)$$

そこで，$t$ の2次関数② の $-\dfrac{\sqrt{3}}{2} \leqq t \leqq \dfrac{1}{2}$ における最大値，最小値は，② を平方完成して

$$y = -2\left(t + \dfrac{1}{2}\right)^2 + \dfrac{3}{2}$$

よって，　最大値は $t = -\dfrac{1}{2}$ のとき $\dfrac{3}{2}$,　最小値は $t = \dfrac{1}{2}$ のとき $-\dfrac{1}{2}$

したがって，

$$\sin\left(\theta + \dfrac{5}{6}\pi\right) = -\dfrac{1}{2} \ \text{より} \ \theta + \dfrac{5}{6}\pi = \dfrac{7}{6}\pi, \quad \therefore \ \theta = \dfrac{\pi}{3}$$

$$\sin\left(\theta + \dfrac{5}{6}\pi\right) = \dfrac{1}{2} \ \text{より} \ \theta + \dfrac{5}{6}\pi = \dfrac{5}{6}\pi, \quad \therefore \ \theta = 0$$

以上をまとめて，

　　最大値は $t = -\dfrac{1}{2}$,　すなわち $\theta = \dfrac{\pi}{3}$ のとき $\dfrac{3}{2}$,

　　最小値は $t = \dfrac{1}{2}$,　すなわち $\theta = 0$ のとき $-\dfrac{1}{2}$　　　　（解答終り）

---

**例題 5（2011 数ⅡB 改）**

［２］ $x$ を自然数とする．条件

$$12(\log_2 \sqrt{x})^2 - 7\log_4 x - 10 > 0 \quad \cdots\cdots ①$$

$$x + \log_3 x < 14 \quad \cdots\cdots ②$$

を満たす $x$ を求めよう．

（１） $x$ を正の実数として，条件① を考える．$X = \log_2 x$ とおいて，$X$ の満たす条件を求めよ．そこで，条件① を満たす最小の自然数 $x$ を求めよ．

（２） 条件② について考える．② を満たす最大の自然数 $x$ を求めよ．そこで，① と ② を満たすすべての自然数を求めよ．

第2節　問題の解答を文章で書き表そう

不等式①と②に現れる対数関数の底は同じではない。底をそろえるには，対数の底の変換公式 $\log_b a = \dfrac{\log_c a}{\log_c b}$ を用いなければならない。このとき $c$ は，1 でない正数ならば任意でよいが本問の① では $c=2$ と選べばよい。

そこで $\log_2 x = X$ とおくと，① は $X$ の 2 次不等式となる。$x$ は自然数であるから $X = \log_2 x > 0$．これと $X$ の 2 次不等式の解から，不等式① の解が得られる。

次に，不等式② をじっと眺めて，② を満たす最大の自然数は 9 と 14 の間にあると気づく。この問題を解く鍵は，この 2 点である。

[解答]　（1）　対数の性質を用いて① を変形する。
$$\log_2 \sqrt{x} = \frac{1}{2}\log_2 x, \quad \log_4 x = \frac{\log_2 x}{\log_2 4} = \frac{1}{2}\log_2 x$$
より，① は
$$12\left(\frac{1}{2}\log_2 x\right)^2 - \frac{7}{2}\log_2 x - 10 = 3(\log_2 x)^2 - \frac{7}{2}\log_2 x - 10 > 0$$
$$\therefore\ 6(\log_2 x)^2 - 7\log_2 x - 20 > 0$$
ここで $\log_2 x = X$ とおけば $6X^2 - 7X - 20 > 0$ より $(3X+4)(2X-5) > 0$
$$\therefore\ X < -\frac{4}{3},\ X > \frac{5}{2}$$

$x$ を自然数とすると，$x \geq 1$ であるから $X = \log_2 x \geq 0$，よって $X > \dfrac{5}{2}$

$X = \log_2 x > \dfrac{5}{2}$，すなわち $x > 2^{\frac{5}{2}} = 4\sqrt{2} \fallingdotseq 5.64$．したがって① を満たす最小の自然数は 6 となる。$X = \log_2 x$ は $x$ が増加すると $X$ も増加するから，6 以上のすべての自然数は① を満たす。

（2）　② をみれば，$x=9$ のとき，$9 + \log_3 9 = 9 + 2 = 11$ で② を満たす。$x = 14$ では② を満たさない。$x \geq 1$ のとき $x = \log_3 x$ は単調に増加するから，② を満たす最大の自然数は 9 と 14 の間にあることがわかる。そこで，

$x=11$ のとき，$11 + \log_3 11 < 11 + \log_3 27 = 14$ となり② を満たす，

$x=12$ のとき，$12 + \log_3 12 > 12 + \log_3 9 = 14$ となり② を満たさない。

したがって，② を満たす最大の自然数は 11 である。よって，11 より小さいすべての自然数は② を満たす。

よって，① と② を満たすすべての自然数は $6, 7, 8, 9, 10, 11$ である。

（解答終り）

### ＋αの問題

次の不等式を満たすすべての自然数 $x$ を求めよ。

$$18(\log_3 \sqrt[3]{x})^2 - 9\log_9 x < \frac{35}{4} \quad \cdots\cdots ①'$$

$$x + \log_5 x > 25 \quad \cdots\cdots ②'$$

例題 5 [2] とまったく同じ考え方で解くことができる。不等号の向きと係数が異なっているだけである。① の共通の底を 3 とすればよい。

**[解答]** $\log_3 \sqrt[3]{x} = \frac{1}{3}\log_3 x$, $9\log_9 x = 9\frac{\log_3 x}{\log_3 9} = \frac{9}{2}\log_3 x$ より、①' は

$$18\left(\frac{1}{3}\log_3 x\right)^2 - \frac{9}{2}\log_3 x < \frac{35}{4}$$

よって

$$2(\log_3 x)^2 - \frac{9}{2}\log_3 x < \frac{35}{4}$$

両辺を 4 倍し、$\log_3 x = X$ とおく。ここで $x \geq 1$ であるから $X \geq 0$

$$8X^2 - 18X - 35 < 0, \quad \therefore \ 8X^2 - 18X - 35 = (2X-7)(4X+5) < 0$$

$$\therefore \ -\frac{5}{4} < X < \frac{7}{2}$$

$X \geq 0$ であるから、$0 \leq X < \frac{7}{2}$. ここで $X = \log_3 x < \frac{7}{2}$ から $x < 3^{\frac{7}{2}} = 3^3\sqrt{3} = 27\sqrt{3} \fallingdotseq 46.7$. $x$ は自然数であるから $1 \leq x \leq 46$

次に不等式 ②' を考える。$x \geq 1$ のとき $x + \log_5 x$ は単調に増加する。

$x = 24$ のとき　$24 + \log_5 24 > 24 + \log_5 5 = 25$

$x = 23$ のとき　$23 + \log_5 23 < 23 + \log_5 25 = 25$

よって、不等式 ②' を満たす最小の自然数は 24 であることがわかる。

以上のことから、不等式 ①' と ②' を満たすすべての自然数は、$24 \leq x \leq 46$ を満たす自然数で、$46 - 24 + 1 = 23$ 個ある。　　　　　　　（解答終り）

# 第3節　定義と定理・公式等のまとめ

**式と証明，複素数と方程式，図形と方程式，
三角関数，指数関数と対数関数**（数学II）

## [1] 式と証明

**（1）** 数学Iにおいて，多項式の加法，減法，乗法について学んだ。ここでは除法について述べる。多項式の割り算は整数の割り算と似た方法で行う。

　一般に，$A$ と $B$ が同じ1つの文字についての多項式で，$B \neq 0$ とする。$A$ と $B$ は降べきの順に整理され，$A$ の次数は $B$ の次数以上であるとする。このとき，次の等式を満たす多項式 $Q$ と $R$ が1通りに定まる。
$$A = BQ + R$$
ただし，$R$ は 0 か，$B$ より次数の低い多項式である。

　この等式において，$Q$ を，$A$ を $B$ で割ったときの**商**といい，$R$ を**余り**という。余りが 0 のとき $A$ は $B$ で**割り切れる**という。

　$P(x)$ を $x$ の多項式とし，$x$ の1次式 $x-a$ で割ったときの商を $Q(x)$，余りを $R$ とすると，$R$ は 0 次式であるから定数である。よって
$$P(x) = (x-a)Q(x) + R \quad (R \text{ は定数})$$
が成り立つ。この式で $x=a$ とおけば
$$P(a) = R$$
したがって，次の**剰余の定理**および**因数定理**が得られる。

- 多項式 $P(x)$ を1次式 $x-a$ で割ったときの余りは $P(a)$
- 1次式 $x-a$ が $P(x)$ の因数であるための必要十分条件は $P(a)=0$

**（2）　分数式とその計算**

　$A$ と $B$ は多項式で，$B$ は定数でないとする。このとき $\dfrac{A}{B}$ を**分数式**という。分母 $B$ と分子 $A$ が共通因子をもたない分数式を**既約分数式**という。分数式の加法，減法，乗法，除法は有理数の計算と同様に行うことができる：
$$\frac{A}{B} \pm \frac{D}{C} = \frac{AC \pm BD}{BC}, \quad \frac{A}{B} \times \frac{C}{D} = \frac{AC}{BD}, \quad \frac{A}{B} \div \frac{C}{D} = \frac{A}{B} \times \frac{D}{C} = \frac{AD}{BC}$$

**（3）　相加平均と相乗平均の大小**

　2つの数 $a, b$ について，$\dfrac{a+b}{2}$ を $a$ と $b$ の**相加平均**という。また，$a>0$，$b>0$ のとき，$\sqrt{ab}$ を**相乗平均**という。この2つの平均の間に次の不等式が成り立つ。

$a>0, b>0$ のとき
$$\frac{a+b}{2} \geqq \sqrt{ab}$$
ただし，等号が成り立つのは $a=b$ のときだけである。

## [2] 複素数と方程式
### (1) 複 素 数
2乗すると $-1$ になる新しい数を考え，これを $i$ で表し，**虚数単位**という。$i^2=-1$ とする。2つの実数 $a, b$ を用いて $a+bi$ と表される数を**複素数**という。複素数 $a+bi$ について，$a$ をその**実部**，$b$ を**虚部**という。

2つの複素数が等しい，あるいは複素数が0であることを次のように定義する。
$$a+bi=c+di \iff a=c \text{ かつ } b=d$$
$$a+bi=0 \iff a=0 \text{ かつ } b=0$$

**複素数の計算**：**複素数の四則演算**は次のようになる。

加法　$(a+bi)+(c+di)=(a+c)+(b+d)i$

減法　$(a+bi)-(c+di)=(a-c)+(b-d)i$

乗法　$(a+bi)(c+di)=ac-bd+(ad+bc)i$

除法　$\dfrac{c+di}{a+bi}=\dfrac{(c+di)(a-bi)}{(a+bi)(a-bi)}=\dfrac{ac+bd}{a^2+b^2}+\dfrac{ad-bc}{a^2+b^2}i$

複素数 $a+bi$ と $a-bi$ を互いに**共役な複素数**という。このとき，
$$(a+bi)(a-bi)=a^2+(-ab+ab)i+b^2=a^2+b^2$$

$\alpha, \beta$ を複素数とすると，$\alpha \cdot \beta=0$ ならば $\alpha=0$ または $\beta=0$ が成り立つ。また，$a>0$ のとき，

$\sqrt{-a}=\sqrt{a}\,i$，特に $\sqrt{-1}=i$

$-a$ の平方根は $\pm\sqrt{a}\,i$

### (2) 2次方程式の解と判別式
$a, b, c$ を実数とする2次方程式は，複素数の範囲で**常**に解をもち，次の公式が成り立つ。

2次方程式 $ax^2+bx+c=0$ $(a\neq 0)$ の解は
$$x=\frac{-b\pm\sqrt{b^2-4ac}}{2a}$$
で与えられる。解の種類は根号内の $b^2-4ac$ の符号によって，次のように判別される。$D=b^2-4ac$ を**判別式**という。

1. $D>0 \iff$ 異なる2つの**実数解**をもつ
2. $D=0 \iff$ 実数の**重解**をもつ
3. $D<0 \iff$ 異なる2つの**虚数解**をもつ

第3節　定義と定理・公式等のまとめ

2次方程式 $ax^2+bx+c=0$ の2つの解を $\alpha, \beta$ とすると，次の**解と係数の関係**が成り立つ．
$$\alpha+\beta=-\frac{b}{a}, \quad \alpha\beta=\frac{c}{a}$$

## [3] 図形と方程式
### (1) 点と直線

数直線上では，点Pに1つの定数 $a$ が対応している．このとき，$a$ を点Pの**座標**といい，座標が $a$ である点Pを $P(a)$ で表す．

数直線上の2点 $A(a), B(b)$ に対して，線分 AB を $m:n$ に内分する点を P，外分する点を Q とする（第3章 第2節 [4](3) と同様）．

$$\text{点 P の座標は } \frac{na+mb}{m+n}, \quad \text{点 Q の座標は } \frac{-na+mb}{m-n}$$

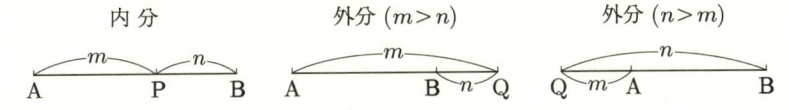

内分　　　　　　外分 $(m>n)$　　　　　外分 $(n>m)$

座標平面上の2点 $A(x_1, y_1), B(x_2, y_2)$ に対して，

**1.** 線分 AB を $m:n$ に**内分する点の座標**は
$$\left(\frac{nx_1+mx_2}{m+n}, \frac{ny_1+my_2}{m+n}\right)$$

特に，線分 AB の中点の座標は $\left(\dfrac{x_1+x_2}{2}, \dfrac{y_1+y_2}{2}\right)$

**2.** 線分 AB を $m:n$ に**外分する点の座標**は
$$\left(\frac{-nx_1+mx_2}{m-n}, \frac{-ny_1+my_2}{m-n}\right)$$

座標平面上において，$x, y$ の方程式を満たす点 $(x, y)$ の全体からできる図形を**方程式の表す図形**といい，その方程式を**図形の方程式**という．

$x, y$ の1次式の表す図形は直線であり，逆に，すべての直線は，次の形の1次方程式で表される．
$$ax+by+c=0 \quad (\text{ただし } a, b, c \text{ は定数で } a\neq 0 \text{ かまたは } b\neq 0)$$

2直線 $y=m_1x+n_1, \; y=m_2x+n_2$ について次が成り立つ．
$$\text{2直線が平行} \iff m_1=m_2$$
$$\text{2直線が垂直} \iff m_1m_2=-1$$

点 $P(x_1, y_1)$ と直線 $ax+by+c=0$ の距離 $d$ は次の式で与えられる．
$$d=\frac{|ax_1+by_1+c|}{\sqrt{a^2+b^2}}$$

### (2) 円

座標平面上において，点 $(a, b)$ を中心とし，半径 $r$ の円の方程式は
$$(x-a)^2+(y-b)^2=r^2$$

である。この円と直線の位置関係について，次のことがいえる。

1. 円の方程式と直線の方程式から，$y$ を消去して $x$ の2次方程式を導く。その判別式を $D$ とすると

   $D>0 \iff$ 異なる2点で交わる
   $D=0 \iff$ 接する
   $D<0 \iff$ 共有点をもたない

2. 半径 $r$ の円の中心と直線との距離を $d$ とすると

   $d<r \iff$ 異なる2点で交わる
   $d=r \iff$ 接する
   $d>r \iff$ 共有点をもたない

円 $x^2+y^2=r^2$ の上の点 $\mathrm{P}(x_1, y_1)$ におけるこの円の接線の方程式は
$$x_1x+y_1y=r^2$$
で与えられる。

2つの円
$$x^2+y^2+a_1x+b_1y+c_1=0,$$
$$x^2+y^2+a_2x+b_2y+c_2=0$$
の交点の座標は2つの円の方程式を連立させた連立方程式を解くことによって求められる。また $k$ を定数とするとき，方程式
$$k(x^2+y^2+a_1x+b_1y+c_1)+(x^2+y^2+a_2x+b_2y+c_2)=0$$
は2つの円
$$k(x^2+y^2+a_1x+b_1y+c_1)=0, \quad x^2+y^2+a_2x+b_2y+c_2=0$$
の2つの交点 A, B を通る図形(円または直線)を表す。

## (3) 軌跡と不等式の表す領域

与えられた条件を満たす点が動いてできる図形を，その条件を満たす点の**軌跡**という。座標を用いて軌跡を求める手順は次のようになる。

1. 求める軌跡上の任意の点の座標を $(x, y)$ などで表し，与えられた条件を座標間の関係式で表す。
2. 軌跡の方程式を導き，その方程式の表す図形を求める。
3. 求めた図形上の点が条件を満していることを確かめる。

座標平面上に曲線 $y=f(x)$ が与えられているとする。このとき次のことが成り立つ。

1. 不等式 $y>f(x)$ の表す領域は，曲線 $y=f(x)$ の上側の部分であり，
2. 不等式 $y<f(x)$ の表す領域は，曲線 $y=f(x)$ の下側の部分である。

また，不等式 $y \geqq f(x)$ の表す領域は，曲線 $y=f(x)$ およびその上側の部分であり，不等式 $y \leqq f(x)$ の表す領域は，曲線 $y=f(x)$ およびその下側の部分である。

円 $(x-a)^2+(y-b)^2=r^2$ を $C$ とする。

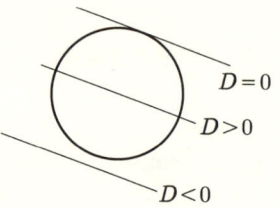

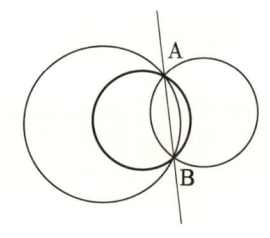

第3節　定義と定理・公式等のまとめ　　　　　　　　　　　　　　　　　195

1. 不等式 $(x-a)^2+(y-b)^2<r^2$ の表す領域は，$C$ の内部，
2. 不等式 $(x-a)^2+(y-b)^2>r^2$ の表す領域は，円 $C$ の外部である。

また，不等式 $(x-a)^2+(y-b)^2\leqq r^2$ の表す領域は，円 $C$ の周および内部であり，不等式 $(x-a)^2+(y-b)^2\geqq r^2$ の表す領域は，円 $C$ の周および外部である。

(4) 連立不等式によって与えられた領域 $D$ において，$x, y$ の1次式 $ax+by$ の最大値および最小値を求める問題を考える。$ax+by=k$ とおくと，これは直線を表している。したがって，問題は与えられた領域 $D$ と直線 $ax+by=k$ が共有点をもつような $k$ の値の最大値と最小値を求めればよい。

## [4] 三角関数(数学Ⅱ)
### (1) 一般角の三角関数

平面上で，点 O を中心として半直線 OP を回転させるとき，OP を**動径**といい，その最初の位置を示す半直線 OX を**始線**という。

動径の回転には2つの向きがあり，反時計回りを**正の向き**，時計回りを**負の向き**という。正の向きの回転角を**正の角**，負の向きの回転角を**負の角**という。

動径 OP の回転を考えるとき，始線 OX から 360°より大きい角や，負の角も考える必要がある。このように拡張した角を**一般角**という。一般に，動径 OP の表す角は，次のように表される。

$$\alpha+360°\times n \quad (0\leqq\alpha<360°, n は整数)$$

ここで角の大きさを表す度数法の代わりに**弧度法**を導入する。半径1の円において，弧の長さが1に対応する中心角を **1弧度**，または **1ラジアン**とし，角度の単位とする。

半円の弧の長さは $\pi$ であるから

$$180°=\pi ラジアン \quad (\pi=3.14159\cdots)$$

したがって，度数法とラジアンの換算は

$$1ラジアン=\frac{180°}{\pi}\fallingdotseq 57.3°$$

$$1°=\frac{\pi}{180} ラジアン$$

で与えられる。

| 度数法 | 0° | 30° | 45° | 60° | 90° | 120° | 135° | 150° | 180° | 210° | 240° | 270° | 300° | 330° | 360° |
|---|---|---|---|---|---|---|---|---|---|---|---|---|---|---|---|
| 弧度法 | 0 | $\frac{\pi}{6}$ | $\frac{\pi}{4}$ | $\frac{\pi}{3}$ | $\frac{\pi}{2}$ | $\frac{2}{3}\pi$ | $\frac{3}{4}\pi$ | $\frac{5}{6}\pi$ | $\pi$ | $\frac{7}{6}\pi$ | $\frac{4}{3}\pi$ | $\frac{3}{2}\pi$ | $\frac{5}{3}\pi$ | $\frac{11}{6}\pi$ | $2\pi$ |

弧度法を用いると，半径 $r$，中心角 $\theta$ (ラジアン)の**扇形の弧長** $l$ と**面積** $S$ は，次のようになる(次頁の図)。

$$l=r\theta, \quad S=\frac{1}{2}r^2\theta=\frac{1}{2}rl$$

一般角に対する三角関数を，三角比の場合と同様に次のように定義する。

原点を中心とする半径1の円を**単位円**という。角 $\theta$ の動径と単位円の交点を $P(x, y)$ とし

$$\sin \theta = y, \quad \cos \theta = x, \quad \tan \theta = \frac{y}{x}$$

と定め，これを一般角 $\theta$ の**正弦**，**余弦**，**正接**という。

なお，$\theta = \frac{\pi}{2} + n\pi$ （$n$ は整数）

に対しては $x = 0$ となるから，$\tan \theta$ の値は定義しない。

三角関数の定義から，三角比の場合と同様に，次のことが成り立つ。

1. 値の範囲 $-1 \leqq \sin \theta \leqq 1$, $-1 \leqq \cos \theta \leqq 1$, $\tan \theta$ は任意の実数
2. 相互関係 $\tan \theta = \dfrac{\sin \theta}{\cos \theta}$, $\sin^2 \theta + \cos^2 \theta = 1$,

    $1 + \tan^2 \theta = \dfrac{1}{\cos^2 \theta}$

三角関数について次の各公式が成り立つ。

1. $\theta + 2n\pi$ の三角関数

    $\sin(\theta + 2n\pi) = \sin \theta$
    $\cos(\theta + 2n\pi) = \cos \theta$
    $\tan(\theta + 2n\pi) = \tan \theta$

2. $-\theta$ の三角関数

    $\sin(-\theta) = -\sin \theta$
    $\cos(-\theta) = \cos \theta$
    $\tan(-\theta) = -\tan \theta$

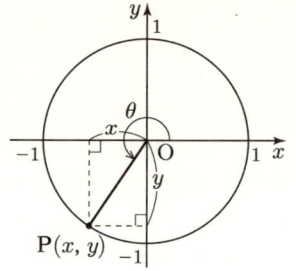

3. $\theta + \pi$ の三角関数

    $\sin(\theta + \pi) = -\sin \theta$
    $\cos(\theta + \pi) = -\cos \theta$
    $\tan(\theta + \pi) = \tan \theta$

4. $\theta + \dfrac{\pi}{2}$ の三角関数

    $\sin\left(\theta + \dfrac{\pi}{2}\right) = \cos \theta$
    $\cos\left(\theta + \dfrac{\pi}{2}\right) = -\sin \theta$
    $\tan\left(\theta + \dfrac{\pi}{2}\right) = -\dfrac{1}{\tan \theta}$

5. $\pi - \theta$ の三角関数

    $\sin(\pi - \theta) = \sin \theta$
    $\cos(\pi - \theta) = -\cos \theta$
    $\tan(\pi - \theta) = -\tan \theta$

6. $\theta - \dfrac{\pi}{2}$ の三角関数

    $\sin\left(\theta - \dfrac{\pi}{2}\right) = -\cos \theta$
    $\cos\left(\theta - \dfrac{\pi}{2}\right) = \sin \theta$
    $\tan\left(\theta - \dfrac{\pi}{2}\right) = -\dfrac{1}{\tan \theta}$

ここで，弧度法による主要角度に対する三角関数の値を書いておこう。

第3節 定義と定理・公式等のまとめ

| $\theta$ | 0 | $\frac{\pi}{6}$ | $\frac{\pi}{4}$ | $\frac{\pi}{3}$ | $\frac{\pi}{2}$ | $\frac{2}{3}\pi$ | $\frac{3}{4}\pi$ | $\frac{5}{6}\pi$ | $\pi$ | $\frac{7}{6}\pi$ | $\frac{4}{3}\pi$ | $\frac{3}{2}\pi$ | $\frac{5}{3}\pi$ | $\frac{11}{6}\pi$ | $2\pi$ |
|---|---|---|---|---|---|---|---|---|---|---|---|---|---|---|---|
| $\sin\theta$ | 0 | $\frac{1}{2}$ | $\frac{1}{\sqrt{2}}$ | $\frac{\sqrt{3}}{2}$ | 1 | $\frac{\sqrt{3}}{2}$ | $\frac{1}{\sqrt{2}}$ | $\frac{1}{2}$ | 0 | $-\frac{1}{2}$ | $-\frac{\sqrt{3}}{2}$ | $-1$ | $-\frac{\sqrt{3}}{2}$ | $-\frac{1}{2}$ | 0 |
| $\cos\theta$ | 1 | $\frac{\sqrt{3}}{2}$ | $\frac{1}{\sqrt{2}}$ | $\frac{1}{2}$ | 0 | $-\frac{1}{2}$ | $-\frac{1}{\sqrt{2}}$ | $-\frac{\sqrt{3}}{2}$ | $-1$ | $-\frac{\sqrt{3}}{2}$ | $-\frac{1}{2}$ | 0 | $\frac{1}{2}$ | $\frac{\sqrt{3}}{2}$ | 1 |
| $\tan\theta$ | 0 | $\frac{1}{\sqrt{3}}$ | 1 | $\sqrt{3}$ | / | $-\sqrt{3}$ | $-1$ | $-\frac{1}{\sqrt{3}}$ | 0 | $\frac{1}{\sqrt{3}}$ | $\sqrt{3}$ | / | $-\sqrt{3}$ | $-\frac{1}{\sqrt{3}}$ | 0 |

一般に，関数 $y=f(x)$ に対して
　　　常に $f(-x)=-f(x)$ が成り立つとき，$f(x)$ は**奇関数**
　　　常に $f(-x)=f(x)$ が成り立つとき，$f(x)$ は**偶関数**
という。奇関数のグラフは，**原点に関して対称**であり，偶関数のグラフは **$y$ 軸に対して対称**である。例えば $-\theta$ に関する三角関数の公式から $y=\sin x, y=\tan x$ は奇関数，$y=\cos x$ は偶関数である。

一般に関数 $f(x)$ において，0でない定数 $p$ があって，すべての $x$ に対して $f(x+p)=f(x)$ が成り立つとき，$f(x)$ は $p$ を周期とする**周期関数**であるという。このとき，$f(x)$ は $2p, 3p, \cdots, -p, -2p, \cdots$ も周期となる。そこで $f(x)$ の周期を正の最小のもの（**基本周期**ともいう）とする。例えば，三角関数の周期は次のとおりである。

　　　$y=\sin\theta, y=\cos\theta$ は周期 $2\pi$ の周期関数である，
　　　$y=\tan\theta$ は周期 $\pi$ の周期関数である。

また，$k$ が正の定数であるとき

　　　$y=\sin k\theta, y=\cos k\theta$ は周期 $\frac{2\pi}{k}$ の周期関数である，

　　　$y=\tan k\theta$ は周期 $\frac{\pi}{k}$ の周期関数である。

## （2） 加 法 定 理

三角関数に関する加法定理と，それから導かれる2倍角の公式，半角の公式，および三角関数の合成の公式は，三角関数を取り扱う多くの問題において基本的な役割をはたしている。加法定理は，2つの角の和または差の三角関数は，それぞれの三角関数で表すことができることを示している。

**加法定理**
$$\sin(\alpha+\beta)=\sin\alpha\cos\beta+\cos\alpha\sin\beta$$
$$\sin(\alpha-\beta)=\sin\alpha\cos\beta-\cos\alpha\sin\beta$$
$$\cos(\alpha+\beta)=\cos\alpha\cos\beta-\sin\alpha\sin\beta$$
$$\cos(\alpha-\beta)=\cos\alpha\cos\beta+\sin\alpha\sin\beta$$

$$\tan(\alpha+\beta)=\frac{\tan\alpha+\tan\beta}{1-\tan\alpha\tan\beta}$$

$$\tan(\alpha-\beta)=\frac{\tan\alpha-\tan\beta}{1+\tan\alpha\tan\beta}$$

**2倍角の公式**

$$\sin 2\alpha=2\sin\alpha\cos\alpha$$

$$\cos 2\alpha=\cos^2\alpha-\sin^2\alpha=1-2\sin^2\alpha=2\cos^2\alpha-1$$

$$\tan 2\alpha=\frac{2\tan\alpha}{1-\tan^2\alpha}$$

**半角の公式**

$$\sin^2\frac{\alpha}{2}=\frac{1-\cos\alpha}{2},\qquad \cos^2\frac{\alpha}{2}=\frac{1+\cos\alpha}{2},\qquad \tan^2\frac{\alpha}{2}=\frac{1-\cos\alpha}{1+\cos\alpha}$$

**三角関数の合成**

$$a\sin\theta+b\cos\theta=\sqrt{a^2+b^2}\sin(\theta+\alpha),$$

ただし $\sin\alpha=\dfrac{b}{\sqrt{a^2+b^2}}$, $\cos\alpha=\dfrac{a}{\sqrt{a^2+b^2}}$

**例** 加法定理の応用として，2直線のなす角の正接について考えよう。

2本の直線 $l_1: y=-x+3\sqrt{3}$, $l_2: y=8x-6\sqrt{3}$ が交点においてなす角を $\gamma$ $\left(0<\gamma<\dfrac{\pi}{2}\right)$ とするとき，$\tan\gamma$ を求める。

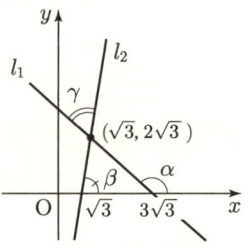

**[解]** 交点の座標は $(\sqrt{3}, 2\sqrt{3})$, $l_1$ と正の $x$ 軸となす角を $\alpha$, $l_2$ と正の軸のなす角を $\beta$ とすると，

$$\gamma=\alpha-\beta,\qquad \tan\alpha=-1,\quad \tan\beta=8$$

$$\therefore\ \tan(\alpha-\beta)=\frac{\tan\alpha-\tan\beta}{1+\tan\alpha\tan\beta}=\frac{-1-8}{1-8}=\frac{9}{7}$$

## ［5］ 指数関数と対数関数（数学II）

**（1）指数関数**

$a>0$, $r=\dfrac{m}{n}$ のとき， $\qquad a^r=a^{\frac{m}{n}}=\sqrt[n]{a^m}$

と定義する。また， $\qquad a^{-r}=\dfrac{1}{a^r}$

と定義することにより，任意の有理数 $r$ に対して $a$ の**累乗** $a^r$ を定義することができる。$r$ を累乗の**指数**という。

$a>0, b>0$ で $r, s$ が有理数であるとき，次の**指数法則**が成り立つ。

1. $a^r a^s=a^{r+s}$  $\qquad$ 2. $(a^r)^s=a^{rs}$  $\qquad$ 3. $(ab)^r=a^r b^r$

$\qquad\dfrac{a^r}{a^s}=a^{r-s}$ $\qquad\qquad\qquad\qquad\qquad \left(\dfrac{a}{b}\right)^r=\dfrac{a^r}{b^r}$

第3節　定義と定理・公式等のまとめ　　199

　指数が無理数のときも累乗の意味を定めることができて，上の指数法則は指数が任意の実数のときもそのまま成り立つ。そこで，$a>0, a\neq 1$ に対し，$x$ の関数 $y=a^x$ を考えることができる。関数 $y=a^x$ を，$a$ を底とする $x$ の**指数関数**という。
　指数関数 $y=a^x$ には，次の性質がある。
　**1**．定義域は実数全体 $(-\infty<x<\infty)$，値域は正の数全体 $(y>0)$ である。
　**2**．$a>1$ のとき，$x$ が増加すると $y$ の値も増加する。
$$p<q \iff a^p<a^q \quad (単調増加関数)$$
　　$0<a<1$ のとき，$x$ が増加すると $y$ の値は減少する。
$$p<q \iff a^p>a^q \quad (単調減少関数)$$
　指数関数 $y=a^x$ のグラフは，次の性質をもつ。
　**1**．点 $(0,1), (1,a)$ を通り，$a>1$ のとき右上がりの曲線で，$x$ が減少するとき，負の $x$ 軸に限りなく近づく。
　**2**．点 $(0,1), (1,a)$ を通り，$0<a<1$ のとき右下がりの曲線で，$x$ が増加するとき，正の $x$ 軸に限りなく近づく。
　このようにグラフが一定の直線に限りなく近づくとき，その直線をそのグラフの**漸近線**という。

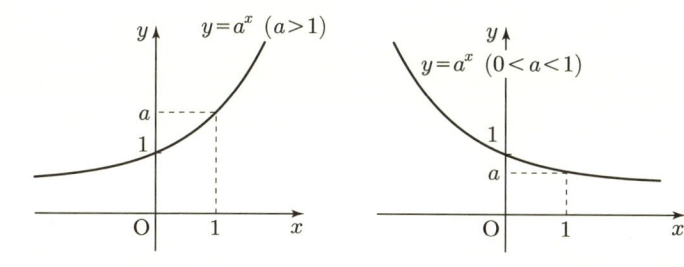

## （2） 対 数 関 数

　指数関数 $y=a^x$ のグラフから，任意の正の数 $M$ に対して $a^p=M$ を満たす $p$ がただ一つ定まる。この $p$ を，$a$ を底とする $M$ の**対数**といい，$\log_a M$ と表す。また $M$ を，この対数の**真数**という。
$$a^p=M \iff p=\log_a M$$
であるから，$a^1=a$ から $1=\log_a a$
　　　　　　$a^0=1$ から $0=\log_a 1$
　　　　　　$a^{-1}=\dfrac{1}{a}$ から $-1=\log_a \dfrac{1}{a}$

指数法則と対数の定義から，次の**対数の性質**が導かれる。
　$a>0, a\neq 1,\ M>0, N>0$ で，$k$ が実数のとき，
　**1**．$\log_a MN = \log_a M + \log_a N$
　**2**．$\log_a \dfrac{M}{N} = \log_a M - \log_a N$，　特に $\log_a \dfrac{1}{N} = -\log_a N$

3. $\log_a M^k = k \log_a M$, 　　　特に $\log_a \sqrt[n]{M} = \dfrac{1}{n} \log_a M$

**底の変換公式**

$a, b, c$ は正の数で $a \neq 1, b \neq 1, c \neq 1$ とする。

$$\log_a b = \frac{\log_c b}{\log_c a}, \quad 特に \log_a b = \frac{1}{\log_b a}$$

$a > 0, a \neq 1$ とするとき，関数 $y = \log_a x$ を，$a$ を底とする $x$ の**対数関数**という。一般に $y = \log_a x$ のグラフは，指数関数 $y = a^x$ と直線 $y = x$ に関して対称で，次のようになる。

$y = \log_a x$ は，点 $(1, 0), (a, 1)$ を通り，

　$a > 1$ のとき右上りで，$x$ が $0$ に近づくとき，負の $y$ 軸に限りなく近づく。

また，

　$0 < a < 1$ のとき右下がりで，$x$ が $0$ に近づくとき，正の $y$ 軸に限りなく近づく。

対数関数 $y = \log_a x$ はグラフからわかるように，次の性質がある。

1. 定義域は正数全体 $(x > 0)$，値域は実数全体 $(-\infty < y < \infty)$ で，
2. $a > 1$ のとき，$x$ が増加すると $y$ も増加する。

$$0 < p < q \iff \log_a p < \log_a q$$

　$0 < a < 1$ のとき，$x$ が増加すると $y$ は減少する。

$$0 < p < q \iff \log_a p > \log_a q$$

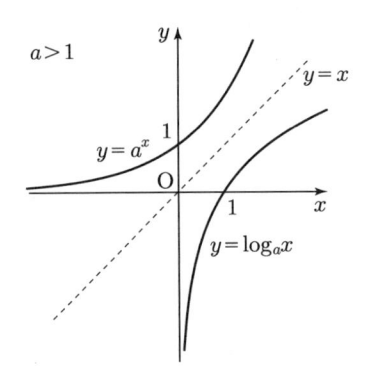

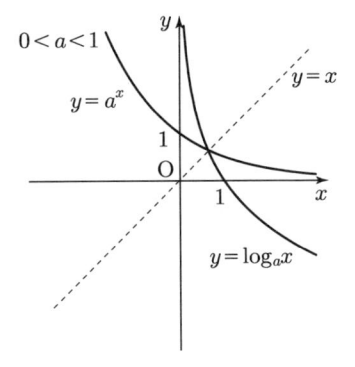

# 第4節　問題作りに挑戦しよう

「設定条件を変更した問題」の他，章の枠を超えた問題作りを考えよう。

第5章の学習項目は盛りだくさんである。センター試験では，主に三角関数に関する問題と指数関数・対数関数に関する問題が出題されている。

第5章の例題について考えてみよう。

例題2は，$\sin 4\theta = \cos \theta$ を満たす $\theta$ と $\sin \theta$ の値を求める問題で，$\cos \theta = \sin\left(\frac{\pi}{2} \pm \theta\right)$ を用いて $\theta = \frac{\pi}{6}$ および $\theta = \frac{\pi}{10}$ を得る。$\sin \frac{\pi}{10}$ を求めるには，方程式 $\sin 4\theta = \cos \theta$ に2倍角の公式を適用し，$\sin \theta$ の3次式を導き，多項式の因数定理を用いて解を求める。

例題2に付随する「$+\alpha$ の問題」：$\sin 3\theta = \cos 2\theta$ を満たす $\theta$ と $\sin \theta$ の値を求める問題も同様である。一般に，方程式を満たす $\theta$ と $\sin \theta$ の値を同時に求めることは，特別の場合を除いてできない。

例題5，およびそれに付随する「設定条件を変更した問題」では，$\sin \theta$，$\cos \theta$ を含む関数の最小値問題を，適当な変換により2次関数の最小値問題に変換することにより解いている。そこで次の問題は，第6章で学習する3次関数の増減表を利用して最大値・最小値問題を解く問題である。

---
**問題 1**

$0 \leqq \theta < \pi$ のとき，関数
$$A = (\sin 2\theta + 2)(\cos \theta - \sin \theta) + 1$$
が最大値および最小値をとる $\theta$ の値と，そのときの最大値および最小値を求めよ。

---

**ヒント**：まず，$t = \sin \theta - \cos \theta$ とおいて，関数 $A$ を $t$ の3次式 $A(t)$ に変換する。

$$t^2 = 1 - 2\sin \theta \cos \theta, \quad \therefore \ 2\sin \theta \cos \theta = 1 - t^2$$

ここで2倍角の公式 $\sin 2\theta = 2\sin \theta \cos \theta$ を用いて
$$A = (2\sin \theta \cos \theta + 2)(\cos \theta - \sin \theta) + 1$$
$$= (1 - t^2 + 2)(-t) + 1$$

$$= t^3 - 3t + 1 \qquad \therefore \quad A(t) = t^3 - 3t + 1$$

次に $t$ を合成してから，$t$ の動く範囲を求める．

$$t = \sqrt{2}\sin\left(\theta - \frac{\pi}{4}\right) \text{ より, } -\frac{\pi}{4} \leq \theta - \frac{\pi}{4} < \frac{3}{4}\pi$$

$0 \leq \theta < \pi$ であるとき，$-1 \leq t \leq \sqrt{2}$．ここで $A(t)$ の増減表を利用して，最大値および最小値をとる $t$ の値，したがって $\theta$ の値と，そのときの最大値および最小値を求める．

$A'(t) = 3t^2 - 3 = 3(t^2 - 1)$ であるから $A(t)$ の増減表およびグラフは次のとおりである．

| $t$ | $\cdots$ | $-1$ | $\cdots$ | $1$ | $\cdots$ | $\sqrt{2}$ |
|---|---|---|---|---|---|---|
| $A'(t)$ | $+$ | $0$ | $-$ | $0$ | $+$ | |
| $A(t)$ | ↗ | 極大 3 | ↘ | 極小 $-1$ | ↗ | $1-\sqrt{2}$ |

よって，$t = -1\ (\theta = 0)$ で最大値 3,

$$t = 1\ \left(\theta = \frac{\pi}{2}\right) \text{ で最小値 } -1$$

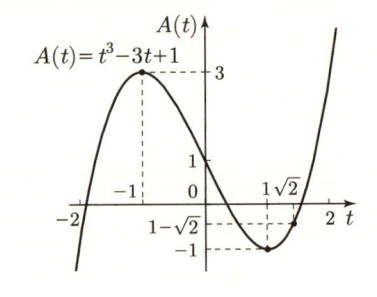

をとる．

　次に，指数関数・対数関数に関する問題では，教科書ではみかけない複雑な表現が現れることがある．例えば，例題 4 で用いられた，

$$\log_{\sqrt{y}} 3, \qquad \log_y\left(1 - \frac{x}{2}\right)$$

などである．取り扱いは一度経験すれば忘れることはないと思うので，解答をよく読んで記憶にとどめておいていただきたい．

　問題の内容は，対数関数を含む連立不等式を満たす自然数をすべて求める問題，相加平均≧相乗平均 の性質を利用して最小値を求める問題，$xy$ 平面上で不等式を満たす範囲を図示する問題など．もっとも注意しなければならないのは，対数関数 $y = \log_a x$ の底 $a$ が正数で，1 より大きい場合と 1 より小さい場合の区別，または場合分けである．真数 $x$ は正でなければならないことも要注意である．例題，およびそれらに付随した「設定条件を変更した問題」などにより理解を確実なものにしておきたい．また，例えば

$$0 < a < 1 \Longrightarrow \text{関数 } y = \log_a x \text{ は単調減少で}$$

$$0 < x < 1 \text{ であるための必要十分条件は } \log_a x > 0$$

第4節 問題作りに挑戦しよう

$\qquad\qquad\quad x=1$ であるための必要十分条件は $\log_a x = 0$
$\qquad\qquad\quad x>1$ であるための必要十分条件は $\log_a x < 0$
$a>1 \implies$ 関数 $y=\log_a x$ は単調増加で
$\qquad\qquad\quad 0<x<1$ であるための必要十分条件は $\log_a x < 0$
$\qquad\qquad\quad x=1$ であるための必要十分条件は $\log_a x = 0$
$\qquad\qquad\quad x>1$ であるための必要十分条件は $\log_a x > 0$

であることなども，グラフ $y=\log_a x$ の形を参考にして正確に理解しておこう。

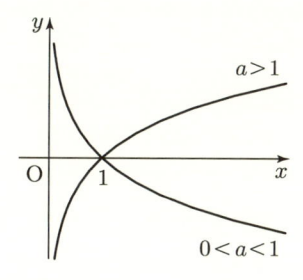

ここで，簡単な対数関数と2次不等式の問題を考えてみよう。

---
**問題 2**

次の不等式の解を求めよ。
$$\log_{\frac{1}{2}}(x^2-x-2) > -2$$

---

**ヒント**：真数条件から $x^2-x-2>0$, $\quad \therefore \quad x<-1, \ x>2$
次に，左辺の対数関数の底を 2 にすると，底の変換公式から
$$\frac{\log_2(x^2-x-2)}{\log_2 \frac{1}{2}} = -\log_2(x^2-x-2) > -2 \quad \left(\because \log_2 \frac{1}{2} = -1\right)$$
より
$$\log_2(x^2-x-2) < 2, \ \text{すなわち} \ x^2-x-2 < 4$$
よって $x^2-x-6<0$, $x^2-x-6=(x-3)(x+2)$ より $-2<x<3$
したがって，解は $\{x<-1, x>2\}$ と $\{-2<x<3\}$ の共通部分で，
$$-2<x<-1, \quad 2<x<3$$
を得る。

# 第6章　微分法と積分法

> 学習項目：微分係数と導関数，接線の方程式，関数の値の変化，
> 　　　　　極大・極小，不定積分，定積分，面積(数学II)
>
> 　第6章では，数学IIの3次関数の「微分法」と2次関数の「積分法」の分野を学習する．主に大学入試センター試験 数学II・数学 B の第2問を例題として取り上げる．

## 第1節　例題の解答と基礎的な考え方

　微分法では，3次以下の関数の微分係数，および導関数の計算と応用が主な学習項目である．曲線上の一点における微分係数は，その点における接線の傾きを表す．また，導関数の符号を調べることにより，もとの関数の増減，極大・極小(場合によっては最大・最小)などがわかる．特に3次関数の値の変化，および極大値や極小値(最大値や最小値)を求めるために増減表をつくって調べる問題は，適当な設定のもと毎年出題されている．
　積分法では，不定積分の計算から定積分，および曲線や直線で囲まれる図形の面積を計算することができる．センター試験では，計算はどの問題も分数や大きな数を含むことが多く，結構複雑な数値になるので，平素から順序よく注意深く，1回きりの計算で正解を得る習慣をつけることが必要である．なお，第3節「定義と定理・公式等のまとめ」に掲載した積分の $\frac{1}{6}$ 公式(または

$-\frac{1}{6}a$ 公式とよばれる）は記憶しておくと役に立つ。

---

**例題 1（2012 数ⅡB）**

座標平面上で曲線 $y=x^3$ を $C$ とし，放物線 $y=x^2+px+q$ を $D$ とする。

(1) 曲線 $C$ 上の点を $P(a, a^3)$ とする。放物線 $D$ は点 $P$ を通り，$D$ の $P$ における接線と，$C$ の $P$ における接線が一致するとする。このとき，$p$ と $q$ を $a$ を用いて表せ。

以下，$p, q$ はこの条件を満たすとする。

(2) 放物線 $D$ が $y$ 軸上の点 $Q(0, b)$ を通るとする。このとき，
  (i) $b$ を $a$ を用いて表す関数 $b=h(a)$ を求めよ。
  (ii) 与えられた $b$ に対して，$b=h(a)$ を満たす $a$ の値の個数が 3 となる $b$ の範囲を求めよ。

(3) 放物線 $D$ の頂点が $x$ 軸上にある $a$ の値は 2 つある。小さいほうを $a_1$，大きいほうを $a_2$ とし，$a=a_1$ のときの放物線を $D_1$，$a=a_2$ のときの放物線を $D_2$ とする。$D_1$ と $D_2$ と $x$ 軸で囲まれる図形の面積 $S$ を求めよ。

---

**［問題の意義と解答の要点］**

- 問題の意味を考えてみよう。曲線 $C : y=x^3$ と，パラメータ $p, q$ を含む放物線 $D : y=x^2+px+q$ は点 $(a, a^3)$ において接するとき，$p, q$ を $a$ の関数として表す①を得る。例えば $a=2$ とすると，①から $p=8, q=-12$ が得られ，したがって，$C$ は $(2, 8)$ において放物線 $y=x^2+8x-12$ と接する。

- 放物線 $D$ の切片 $b$ を与える。$b=q$ と①から，方程式 $b=-2a^3+a^2$ の解 $a_0$ が得られる。この $a_0$ に対して①を用いて $p_0$, $q_0$ を求めることができて，$C$ は放物線 $D_0 : y=x^2+p_0 x+q_0$ と $(a_0, a_0^3)$ において接する。そこで問題(2)は，$C$ と接する放物線が 3 つあるような $b$ の値の範囲を求めることである。このとき，3 次曲線 $y=-2x^3+x^2$ の増減表が重要な役割をはたすことになる。

- 問(3)では頂点が $x$ 軸にある放物線は 2 つあることがわかる。それを $D_1$, $D_2$ とする。$D_1$ と $D_2$, $x$ 軸で囲まれる図形の面積の計算である。

**[解答]** （1） $C$ 上の点 $P(a, a^3)$ における接線の方程式は，$y'=3x^2$ であるから
$$y=3a^2(x-a)+a^3=3a^2x-2a^3$$
また，点 $P$ における $D$ の接線の方程式は，$y'=2x+p$ であるから
$$y-a^3=(2a+p)(x-a), \quad \therefore \quad y=(2a+p)x+a^3-2a^2-pa$$
仮定：点 $P$ における $C$ と $D$ の接線が等しいことから
$$2a+p=3a^2, \quad a^3-2a^2-pa=-2a^3, \quad \therefore \quad p=3a^2-2a$$
また，点 $P(a, a^3)$ は $D$ 上の点であることから
$$a^3=a^2+pa+q, \quad \therefore \quad q=a^3-a^2-pa=a^3-a^2-(3a^2-2a)a=-2a^3+a^2$$
よって
$$\begin{cases} p=3a^2-2a \\ q=-2a^3+a^2 \end{cases} \quad \cdots\cdots ①$$

（2） $D$ の $y$ 軸上の値 $b$ は，$D$ の方程式で $x=0$ とおいて
$$b=q=-2a^3+a^2 \quad \cdots\cdots ②$$
与えられた $b$ に対して②を満たす $a$ の値の個数を調べるため，関数
$$f(x)=-2x^3+x^2$$
の増減を調べる。

$f'(x)=-6x^2+2x$ より $f'(x)=0$ の解は $x=0, \dfrac{1}{3}$

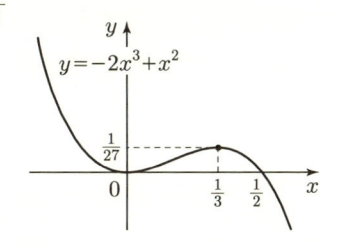

| $x$ | $\cdots$ | $0$ | $\cdots$ | $\dfrac{1}{3}$ | $\cdots$ |
|---|---|---|---|---|---|
| $f'(x)$ | $-$ | $0$ | $+$ | $0$ | $-$ |
| $f(x)$ | ↘ | 極小 $0$ | ↗ | 極大 $\dfrac{1}{27}$ | ↘ |

$y=-2x^3+x^2$ と $y=b$ のグラフの交点の数に着目して，$b=-2a^3+a^2$ を満たす $a$ の個数が 3 となる $b$ の範囲は $0<b<\dfrac{1}{27}$

（3） $D$ の方程式を平方完成すると
$$y=x^2+px+q=\left(x+\dfrac{p}{2}\right)^2+q-\dfrac{p^2}{4}$$
よって頂点の座標は $\left(-\dfrac{p}{2}, q-\dfrac{p^2}{4}\right)$，$y$ 座標を $a$ で表すと，①から
$$q-\dfrac{p^2}{4}=-2a^3+a^2-\dfrac{(3a^2-2a)^2}{4}=-\dfrac{9}{4}a^4+a^3$$
したがって，頂点が $x$ 軸上にある $a$ は
$$-\dfrac{9}{4}a^4+a^3=a^3\left(-\dfrac{9}{4}a+1\right)=0, \quad \text{よって } a=0, \dfrac{4}{9}, \quad \therefore \quad a_1=0, \; a_2=\dfrac{4}{9}$$

$D_1$ の方程式は ① において $a=0$ とおけば $p=q=0$, ∴ $y=x^2$

$D_2$ の方程式は ① において $a=\dfrac{4}{9}$ とおけば

$$p=3a^2-2a=-\dfrac{8}{27}=-\left(\dfrac{2}{3}\right)^3, \quad q=-2a^3+a^2=-2\left(\dfrac{4}{9}\right)^3+\left(\dfrac{4}{9}\right)^2=\dfrac{2^4}{3^6}$$

$$\therefore \quad y=x^2-\left(\dfrac{2}{3}\right)^3 x+\dfrac{2^4}{3^6}$$

ここで $D_1$ と $D_2$ の交点の $x$ 座標は $x=\dfrac{2^4}{3^6}\cdot\dfrac{3^3}{2^3}=\dfrac{2}{3^3}$, また, $D_2$ と $x$ 軸の交点の $x$ 座標は

$$x^2-\left(\dfrac{2}{3}\right)^3 x+\dfrac{2^4}{3^6}=0, \quad \therefore \quad \left(x-\dfrac{2^2}{3^3}\right)^2=0$$

より $x=\dfrac{2^2}{3^3}$. したがって, $D_1$ と $D_2$ と $x$ 軸で囲まれる図形の面積 $S$ は

$$S=\int_0^{\frac{2}{3^3}} x^2 \, dx + \int_{\frac{2}{3^3}}^{\frac{2^2}{3^3}} \left\{x^2-\left(\dfrac{2}{3}\right)^3 x+\dfrac{2^4}{3^6}\right\} dx$$

となる。

右図をみれば, $D_1$ と $D_2$ は同じ形で, かつ頂点が $x$ 軸上にあるので, 図形(アミ部分)は $x=\dfrac{2}{3^3}$ に関して線対称となり, よって上式右辺の第 1 項と第 2 項は等しい。したがって

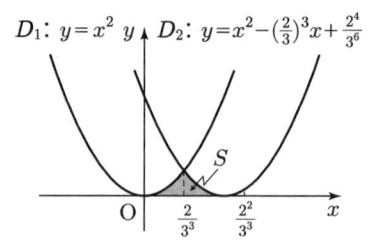

$$S=2\int_0^{\frac{2}{3^3}} x^2 \, dx = \dfrac{2}{3}\left(\dfrac{2}{3^3}\right)^3 = \dfrac{2}{3}\cdot\dfrac{2^3}{3^9}=\dfrac{2^4}{3^{10}} \qquad (\text{解答終り})$$

[別解] $D_1$ と $D_2$ と $x$ 軸で囲まれる図形の面積 $S$ は

$$S=\int_0^{\frac{2}{3^3}} x^2 \, dx + \int_{\frac{2}{3^3}}^{\frac{2^2}{3^3}} \left\{x^2-\left(\dfrac{2}{3}\right)^3 x+\dfrac{2^4}{3^6}\right\} dx$$

$$=\left[\dfrac{1}{3}x^3\right]_0^{\frac{2}{3^3}} + \left[\dfrac{1}{3}x^3-\left(\dfrac{2}{3}\right)^3\dfrac{1}{2}x^2+\dfrac{2^4}{3^6}x\right]_{\frac{2}{3^3}}^{\frac{2^2}{3^3}}$$

$$=\dfrac{1}{3}\left(\dfrac{2}{3^3}\right)^3+\dfrac{1}{3}\left(\dfrac{2^2}{3^3}\right)^3-\left(\dfrac{2}{3}\right)^3\dfrac{1}{2}\times\left(\dfrac{2^2}{3^3}\right)^2+\dfrac{2^4}{3^6}\times\dfrac{2^2}{3^3}$$

$$\qquad -\dfrac{1}{3}\left(\dfrac{2}{3^2}\right)^3+\left(\dfrac{2}{3}\right)^3\dfrac{1}{2}\times\dfrac{2^2}{3^6}-\dfrac{2^4}{3^6}\times\dfrac{2}{3^3}$$

$$=\dfrac{2^3}{3^{10}}+\dfrac{2^6}{3^{10}}-\dfrac{2^6}{3^9}+\dfrac{2^6}{3^9}-\dfrac{2^3}{3^{10}}+\dfrac{2^4}{3^9}-\dfrac{2^5}{3^9}$$

第1節　例題の解答と基礎的な考え方

$$= \frac{2^6}{3^{10}} + \frac{2^4}{3^9} - \frac{2^5}{3^9} = \frac{64+48-96}{3^{10}} = \frac{16}{3^{10}} = \frac{2^4}{3^{10}}$$

（解答終り）

── 設定条件を変更した問題 ──

座標平面上で曲線 $y=x^3-3x$ を $C$ とし，放物線 $y=3x^2+px+q$ を $D$ とする。曲線 $C$ 上の点を $P(a, a^3-3a)$ とする。$D$ は点 $P$ を通り，$D$ の $P$ における接線と，$C$ の $P$ における接線が一致するとする。このとき次の問いに答えよ。

（1）$p$ と $q$ を $a$ を用いて表せ。

（2）放物線 $D$ が原点を通るための $a$ の値は2つあり，それを $a_1, a_2$ $(a_1<a_2)$ とする。$a=a_1$ のときの放物線を $D_1$，$a=a_2$ のときの放物線を $D_2$ とする。$D_1$ と $D_2$ の方程式を求めよ。

（3）$D_1, D_2$ と $x$ 軸で囲まれた図形の面積 $S$ を求めよ。

[解答]（1）放物線 $D$ は点 $P$ を通るから

$$a^3-3a=3a^2+pa+q \quad \cdots\cdots ①$$

$D$ の点 $P$ における接線の方程式は，$y'=(3x^2+px+q)'=6x+p$ より，

$$y-(a^3-3a)=(6a+p)(x-a), \quad \therefore \quad y=(6a+p)x+a^3-6a^2-3a-pa$$

また，$C$ の点 $P$ における接線の方程式は $y'=(x^3-3x)'=3x^2-3$ より

$$y-(a^3-3a)=(3a^2-3)(x-a), \quad \therefore \quad y=(3a^2-3)x-2a^3$$

点 $P$ における $C$ と $D$ の接線は一致するから

$$6a+p=3a^2-3, \quad \text{よって} \quad p=3a^2-6a-3 \quad \cdots\cdots ②$$

① と ② から

$$q=a^3-3a-3a^2-pa=a^3-3a-3a^2-(3a^2-6a-3)a$$
$$=-2a^3+3a^2 \quad \cdots\cdots ③$$

（2）$D$ が原点を通るためには $q=0$ を満たせばよい。したがって，③ から

$$q=-2a^3+3a^2=a^2(-2a+3)=0, \quad \therefore \quad a=0, \frac{3}{2}$$

よって　　　　　　　　　　$a_1=0, \quad a_2=\frac{3}{2}$

$a$ が求まれば ② から $p$ が得られ，$q=0$ であるから放物線 $D$ の方程式が決定される。

$a=a_1=0$ のとき $p=-3$, 　よって $D_1: y=3x^2-3x$

$a=a_2=\frac{3}{2}$ のとき $p=-\frac{21}{4}$ 　よって $D_2: y=3x^2-\frac{21}{4}x$

（3） 2つの放物線 $D_1$ と $D_2$ の概要は右の図のとおりである。$D_1$ と $x$ 軸で囲まれる図形の面積を $S_1$，$D_2$ と $x$ 軸で囲まれる図形の面積を $S_2$ とすると，求める図形の面積 $S$ は $S=S_2-S_1$．

まず，
$$S_1=\left|\int_0^1 (3x^2-3x)\,dx\right|=\left|\left[x^3-\frac{3}{2}x^2\right]_0^1\right|=\frac{1}{2}$$

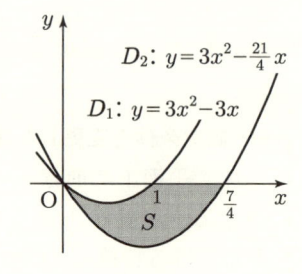

次に，
$$S_2=\left|\int_0^{\frac{7}{4}}\left(3x^2-\frac{21}{4}x\right)dx\right|=\left|\left[x^3-\frac{21}{8}x^2\right]_0^{\frac{7}{4}}\right|=\frac{1}{2}\left(\frac{7}{4}\right)^3$$

したがって
$$S=\frac{1}{2}\left(\frac{7}{4}\right)^3-\frac{1}{2}=\frac{1}{2}\left(\left(\frac{7}{4}\right)^3-1\right)=\frac{279}{128}$$

（解答終り）

---

**例題 2**（*2010* 数IIB 改）

$k$ を実数とし，座標平面上に点 $P(1, 0)$ をとる．曲線
$$y=-x^3+9x^2+kx \qquad \cdots\cdots ①$$
を $C$ とする．

（1） $C$ 上の点 $Q(t, -t^3+9t^2+kt)$ における $C$ の接線で，点 P を通るものは何本あるかを，$k$ の値によって場合を分けて答えよ．

（2） $k=0$ とする．曲線
$$y=-x^3+6x^2+7x$$
を $D$ とする．$-1\leqq x\leqq 2$ の範囲において，2曲線 $C$, $D$ および 2直線 $x=-1$, $x=2$ で囲まれる図形の面積 $S$ を求めよ．

---

**［問題の意義と解答の要点］**

● パラメータ $k$ を含む3次関数 ① $y=f(x)$ のグラフを $C$ とする．$C$ 上の点 $Q(t, f(t))$ における $C$ の接線が定点 $P(1, 0)$ を通るとき，$k$ と $t$ の関係式 $k=p(t)$ が導かれる．$p(t)$ は $t$ の3次式であるので，任意の $k_0$ に対し $k_0=p(t)$ を満たす $t$ は存在するから，その1つを $t_0$ とする．この $k_0$ と $t_0$ に対し，$C$ 上の点 $Q(t_0, f(t_0))$ における $C$ の接線は定点 $P(1, 0)$ を通る．

よって，各 $k$ に対し，｛$C$ 上の点 Q における接線で P を通るものの本数｝＝｛P から $C$ に引ける接線の本数｝は，方程式 $k=p(t)$ の実数解の個数に等しいことがわかる．方程式 $k=p(t)$ の実数解の個数は，関数 $y=p(x)$

第1節 例題の解答と基礎的な考え方　　　211

の増減表を利用することによって得られる。
● (2)の図形の面積の計算で注意すべきことは，例えば $y=f_1(x)$, $y=f_2(x)$, $x=a$, $x=b$ $(a<b)$ で囲まれ，
$$a\leqq x\leqq c \text{ で } f_1(x)\leqq f_2(x), \quad c\leqq x\leqq b \text{ で } f_1(x)\geqq f_2(x)$$
である場合には，積分区間を分割して次のように計算しなければならない。
$$面積 = \int_a^c \{f_2(x)-f_1(x)\}\,dx + \int_c^b \{f_1(x)-f_2(x)\}\,dx$$

[解答]（1） $C$ の点 Q における接線の傾きは $y'=-3x^2+18x+k$ より，接線の方程式は
$$y-(-t^3+9t^2+kt)=(-3t^2+18t+k)(x-t) \quad \cdots\cdots ②$$
これが P$(1,0)$ を通るから
$$t^3-9t^2-kt=(-3t^2+18t+k)(1-t)$$
$$=3t^3-18t^2-kt-3t^2+18t+k$$
$$\therefore \quad k=-2t^3+12t^2-18t \quad \cdots\cdots ③$$
右辺を $u=p(t)$ とおいて $p(t)$ の増減表をつくる。
$$u=p(t)=-2t^3+12t^2-18t$$
$$=-2t(t^2-6t+9)=-2t(t-3)^2$$
ここで
$$p'(t)=-6t^2+24t-18=-6(t-1)(t-3)=0 \quad \text{より} \quad t=1,3$$
よって， $p(1)=-2+12-18=-8, \quad p(3)=-54+108-54=0$
したがって $u=p(t)$ の増減表は

| $t$ | $\cdots$ | 1 | $\cdots$ | 3 | $\cdots$ |
|---|---|---|---|---|---|
| $p'(t)$ | $-$ | 0 | $+$ | 0 | $-$ |
| $p(t)$ | $\searrow$ | 極小 $-8$ | $\nearrow$ | 極大 $0$ | $\searrow$ |

よって，$u=p(t)$ は $t=1$ で極小値 $-8$，$t=3$ で極大値 $0$ をとる。したがって $u=p(t)$ のグラフは図に示したとおりである。

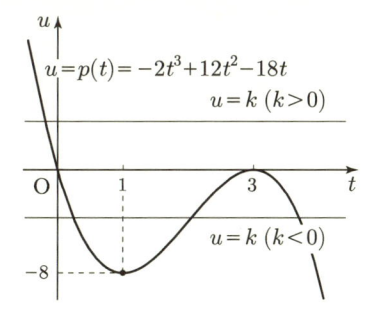

点 P を通る $C$ の接線の本数は，方程式 ③ の異なる実数解の個数に等しい。ところが ③ の実数解は，$u=p(t)$ のグラフと直線 $u=k$ の交点で表される。したがって，点 P を通る $C$ の接線の本数は，

$$k>0 \quad \text{のとき} \quad 1\text{本}$$
$$k=0 \quad \text{のとき} \quad 2\text{本}$$
$$-8<k<0 \quad \text{のとき} \quad 3\text{本}$$
$$k=-8 \quad \text{のとき} \quad 2\text{本}$$
$$k<-8 \quad \text{のとき} \quad 1\text{本}$$

となる。

(2) $k=0$ のとき，$C$ の方程式と $D$ の方程式は
$$C: y=-x^3+9x^2$$
$$D: y=-x^3+6x^2+7x$$

曲線 $C$ と $D$ の交点の $x$ 座標は，$C$ と $D$ の差の関数を
$$y=-x^3+9x^2-(-x^3+6x^2+7x)=3x^2-7x$$

とすると，$y=3x^2-7x=x(3x-7)=0$, $\quad \therefore \quad x=0, \dfrac{7}{3}$

また，$C$ と $D$ の上下関係は，差の関数 $y=3x^2-7x=x(3x-7)\geqq 0$, すなわち $x<0$, $x>\dfrac{7}{3}$ で $C$ が $D$ の上側，また，差の関数 $y=3x^2-7x=x(3x-7)\leqq 0$, すなわち $0\leqq x\leqq \dfrac{7}{3}$ で $D$ が $C$ の上側となる。したがって面積 $S$ は，

$$S=\int_{-1}^{0}\{(-x^3+9x^2)-(-x^3+6x^2+7x)\}\,dx$$
$$+\int_{0}^{2}\{(-x^3+6x^2+7x)-(-x^3+9x^2)\}\,dx$$
$$=\int_{-1}^{0}(3x^2-7x)\,dx+\int_{0}^{2}(-3x^2+7x)\,dx$$
$$=\left[x^3-\dfrac{7}{2}x^2\right]_{-1}^{0}+\left[-x^3+\dfrac{7}{2}x^2\right]_{0}^{2}$$
$$=-\left(-1-\dfrac{7}{2}\right)+(-8+14)=\dfrac{21}{2}$$

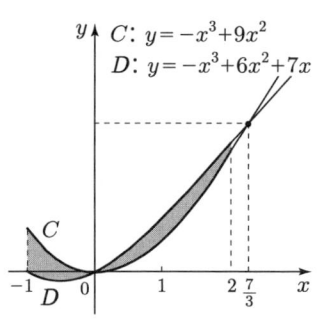

(解答終り)

---

**━━ +α の問題 ━━**

$k=0$ のとき，P$(1,0)$ を通る，曲線 $C$ の接線の方程式と接点の座標を求めよ。

[解答] 例題 2 の (1) から $k=0$ の場合，2 本の接線がある。③ で $k=0$ とおくと，
$$-2t^3+12t^2-18t=-2t(t^2-6t+9)=-2t(t-3)^2=0, \quad \therefore \quad t=0, 3$$

(i) $t=0$ の場合：接線の方程式は②で $k=t=0$ とおいて，$y=0$，接点 Q の座標は $(t, -t^3+9t^2+kt)$ において $k=t=0$ とおいて，$(0,0)$

(ii) $t=3$ の場合：接線の方程式は②で $k=0, t=3$ とおいて，$y=27(x-1)$，接点 Q の座標は $(t, -t^3+9t^2+kt)$ において $k=0, t=3$ とおいて，$(3, 54)$

**（解答終り）**

---

**設定条件を変更した問題**

$k$ を実数とし，座標平面上に点 $P(1, 0)$ をとる。曲線
$$y = x^3 - 6x^2 + kx \qquad \cdots\cdots ①$$
を $C$ とする。

（1） 点 P を通る曲線 $C$ の接線が 3 本引けるような，$k$ の値の範囲を求めよ。

（2） 2 つの曲線を
$$C : y = x^3 - 6x^2$$
$$D : y = x^3 - 9x^2 + 8x$$
とする。$-1 \leq x \leq 2$ の範囲で，曲線 $C$ と $D$，および直線 $x = -1$ と $x = 2$ で囲まれた図形の面積 $S$ を求めよ。

---

**[解答]** （1） $C$ 上の点 $Q(t, t^3 - 6t^2 + kt)$ における $C$ の接線は $y' = 3x^2 - 12x + k$ より
$$y - (t^3 - 6t^2 + kt) = (3t^2 - 12t + k)(x - t)$$
$$\therefore \ y = (3t^2 - 12t + k)x - 2t^3 + 6t^2 \qquad \cdots\cdots ②$$
この接線が点 $P(1, 0)$ を通るとすると
$$0 = (3t^2 - 12t + k) - 2t^3 + 6t^2$$
すなわち
$$k = p(t) = 2t^3 - 9t^2 + 12t \qquad \cdots\cdots ②$$

※ 逆にいま，ある $k_0$ に対し $k_0 = p(t_0)$ を満たす $t_0$ があったとすると，曲線 $C_0$：$y = x^3 - 6x^2 + k_0 x$ 上の点 $(t_0, t_0^3 - 6t_0^2 + k_0 t_0)$ における $C_0$ の接線：
$$y = (3t_0^2 - 12t_0 + k_0)x - 2t_0^3 + 6t_0^2$$
は点 $P(1, 0)$ を通ることがわかる。

そこで，$k = p(t)$ の解の個数を求めよう。$k = p(t)$ の解は，曲線 $u = p(t)$ と直線 $u = k$ の交点の $t$ 座標である。$u = p(t)$ の増減表をつくる。
$$p'(t) = 6t^2 - 18t + 12 = 6(t-1)(t-2) = 0, \qquad \therefore \ t = 1, 2$$

$p(1)=5, \quad p(2)=4$

よって，増減表および $y=p(t)$ のグラフは次のようになる。

| $t$ | $\cdots$ | 1 | $\cdots$ | 2 | $\cdots$ |
|---|---|---|---|---|---|
| $p'(t)$ | $+$ | 0 | $-$ | 0 | $+$ |
| $p(t)$ | ↗ | 極大 5 | ↘ | 極小 4 | ↗ |

以上のことから，$k=p(t)$ を満たす $t$ の個数は（グラフを参考にして）$4<k<5$ のとき 3 個となる。

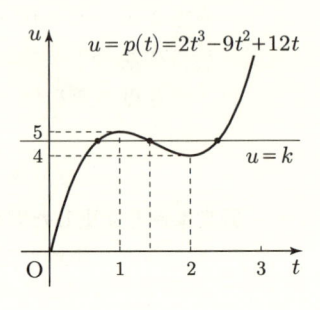

（2）曲線 $C$ と $D$，直線 $x=-1, x=2$ で囲まれる図形の面積を求める。曲線 $C$ と $D$ の交点の $x$ 座標は，差の関数を $y=(x^3-6x^2)-(x^3-9x^2+8x)$ とおくと，

$$y=3x^2-8x=x(3x-8)=0 \quad より \quad x=0, \frac{8}{3}$$

よって，

$-1 \leqq x \leqq 0$ では，$C$ が $D$ の上側にあり（差の関数 $y=3x^2-8x \geqq 0$）

$0 \leqq x \leqq 2$ では，$D$ が $C$ の上側にある（差の関数 $y=3x^2-8x \leqq 0$）

したがって，

$$S = \int_{-1}^{0} (3x^2-8x)\,dx + \int_{0}^{2} (8x-3x^2)\,dx$$
$$= \left[x^3-4x^2\right]_{-1}^{0} + \left[4x^2-x^3\right]_{0}^{2} = 5+8 = 13 \qquad \text{(解答終り)}$$

---

**例題 3**（*2007* 数ⅡB 改）

$a>0$ として，関数 $f(x)$ と $g(x)$ を

$$f(x)=x^3-x \qquad \cdots\cdots ①$$
$$g(x)=f(x-a)+2a \qquad \cdots\cdots ②$$

とする。

（1）$h(x)=g(x)-f(x)$ とおく。$h(x)=0$ が異なる 2 つの実数解をもつための $a$ の範囲を求めよ。また，そのとき $h(x)$ の最大値をとる $x$ の値と，その最大値を求めよ。このときの $h(x)$ の最大値を $a$ の関数と考え，$H(a)$ で表す。

（2）$H(a)$ の最大値と，その最大値をとる $a$ の値を求めよ。

（3） $a=\sqrt{3}$ とする。このとき，曲線 $y=f(x)$ と曲線 $y=g(x)$ の2つの交点 P, Q の座標を求めよ。ただし，P の $x$ 座標は Q の $x$ 座標より小とする。また，2つの曲線 $y=f(x), y=g(x)$ で囲まれる部分の面積 $S$ を求めよ。

（4） $a=\sqrt{3}$ とする。交点 P における曲線 $y=f(x)$ の接線と，曲線 $y=g(x)$ の接線がなす角を $\theta\left(0 \leq \theta<\dfrac{\pi}{2}\right)$ とするとき $\tan\theta$ を求めよ。

**［問題の意義と解答の要点］**

- $g(x)$ のグラフは，$f(x)$ のグラフを右に $a$ だけ，上に $2a$ だけ平行移動したものである。$g(x)$ を定義にしたがって展開し $h(x)=g(x)-f(x)$ を求めると，$h(x)$ は $x$ の2次式となる。この2次式について異なる2つの実解をもつための $a$ の値の範囲，および $h(x)$ の最大値問題は2次関数の基本的な問題である。

- $h(x)$ の最大値は $a$ の3次式となり，それを $H(a)$ で表す。$a>0$ における最大値は $H(a)$ の増減表を利用して求める。

- $a=\sqrt{3}$ のとき(1)から，曲線 $y=f(x)$ と $y=g(x)$ は2点で交わる。したがって，曲線 $y=f(x)$ と $y=g(x)$ で囲まれる部分の面積は計算できる。

  また，2本の直線のなす角を次のようにとる。一般に，交わる2直線 $l_1, l_2$ を

$$l_1: y=m_1 x+n_1, \quad \tan\alpha=m_1 \quad (0\leq\alpha<\pi)$$
$$l_2: y=m_2 x+n_2, \quad \tan\beta=m_2 \quad (0\leq\beta<\pi)$$

とする。ここで $\alpha, \beta$ は $l_1, l_2$ と $x$ 軸の正の向きとのなす角で，$l_1$ と $l_2$ のなす角 $\theta$ は鋭角 $\left(0<\theta<\dfrac{\pi}{2}\right)$ とすると

$$\tan\theta=|\tan(\beta-\alpha)|=\left|\dfrac{\tan\beta-\tan\alpha}{1+\tan\beta\tan\alpha}\right|=\left|\dfrac{m_2-m_1}{1+m_1 m_2}\right|$$

となる。ここで $\alpha, \beta$ は直線 $l_1, l_2$ と $x$ 軸の正の向きとのなす角である。また，$l_1$ と $l_2$ のなす角 $\theta$ は2つある交角のうち小さいほうの角である。なお，上の等式で正接の加法定理を用いた。

**［解答］** （1） $g(x)=f(x-a)+2a$
$\qquad\qquad =(x-a)^3-(x-a)+2a$
$\qquad\qquad =x^3-3ax^2+3a^2 x-a^3-x+a+2a$
$\qquad\qquad =x^3-3ax^2+(3a^2-1)x-a^3+3a$

よって
$$\begin{aligned}h(x)&=g(x)-f(x)\\&=x^3-3ax^2+(3a^2-1)x-a^3+3a-(x^3-x)\\&=-3ax^2+3a^2x-a^3+3a\\&=-a(3x^2-3ax+a^2-3)\quad\cdots\cdots ③\end{aligned}$$

$h(x)=0$ が異なる2つの実数解をもつためには，判別式 $D$ が正，すなわち
$$D=9a^2-12(a^2-3)=-3a^2+36>0,$$
すなわち
$$a^2-12=(a-2\sqrt{3})(a+2\sqrt{3})<0$$
よって $-2\sqrt{3}<a<2\sqrt{3}$，ここで $a>0$ であるから $0<a<2\sqrt{3}$
また，$h(x)$ の最大値は，$h(x)$ を平方完成して
$$\begin{aligned}h(x)&=-3a\left(x^2-ax+\frac{a^2-3}{3}\right)\\&=-3a\left\{\left(x-\frac{a}{2}\right)^2+\frac{a^2-3}{3}-\frac{a^2}{4}\right\}\\&=-3a\left\{\left(x-\frac{a}{2}\right)^2+\frac{a^2-12}{12}\right\}\end{aligned}$$

よって，$x=\dfrac{a}{2}$ のとき最大値 $H(a)$ は
$$H(a)=-3a\times\frac{a^2-12}{12}=-\frac{1}{4}(a^3-12a)$$
となる。

（2）$0<a<2\sqrt{3}$ のとき，$H(a)=-\dfrac{1}{4}(a^3-12a)$ の最大値を求める。

$H'(a)=-\dfrac{1}{4}(3a^2-12)$，$H'(a)=0$ より
$a=\pm 2$，ここで $a>0$ であるから $a=2$，
よって $H(a)$ の増減表は右のようになる。
したがって，$H(a)$ は $0<a<2\sqrt{3}$ の範囲で，$a=2$ において極大値＝最大値 4 をとる。

| $a$ | 0 | $\cdots$ | 2 | $\cdots$ | $2\sqrt{3}$ |
|---|---|---|---|---|---|
| $H'(a)$ | 3 | + | 0 | − | − |
| $H(a)$ | 0 | ↗ | 極大 4 | ↘ | 0 |

（3）$a=\sqrt{3}$ のとき，曲線 $y=f(x)$ と $y=g(x)$ の交点 P, Q を求める。③ より
$$\begin{aligned}g(x)-f(x)&=h(x)\\&=-\sqrt{3}(3x^2-3\sqrt{3}x)\\&=-3\sqrt{3}x(x-\sqrt{3})=0,\quad\therefore\ x=0,\sqrt{3}\end{aligned}$$
$f(0)=0$，$f(\sqrt{3})=3\sqrt{3}-\sqrt{3}=2\sqrt{3}$ より交点 P, Q の座標は
$$P(0, 0),\quad Q(\sqrt{3}, 2\sqrt{3})$$

また，$0 \leq x \leq \sqrt{3}$ において，$h(x)=3\sqrt{3}\,x(\sqrt{3}-x)>0$ であるから $g(x) \geq f(x)$. したがって

$$S=\int_0^{\sqrt{3}}\{g(x)-f(x)\}\,dx=3\sqrt{3}\int_0^{\sqrt{3}}(\sqrt{3}\,x-x^2)\,dx$$

$$=3\sqrt{3}\left[\frac{\sqrt{3}}{2}x^2-\frac{1}{3}x^3\right]_0^{\sqrt{3}}$$

$$=3\sqrt{3}\left(\frac{3\sqrt{3}}{2}-\sqrt{3}\right)=3\sqrt{3}\times\frac{\sqrt{3}}{2}=\frac{9}{2}$$

（4） 最後に，$a=\sqrt{3}$ とする．

$f(x)=x^3-x$,

$g(x)=f(x-\sqrt{3})+2\sqrt{3}=(x-\sqrt{3})^3-(x-\sqrt{3})+2\sqrt{3}$

$=x^3-3\sqrt{3}\,x^2+9x-3\sqrt{3}-x+\sqrt{3}+2\sqrt{3}$

$=x^3-3\sqrt{3}\,x^2+8x$

よって　　　$f'(x)=3x^2-1$,　　$g'(x)=3x^2-6\sqrt{3}\,x+8$

したがって　　　$f'(0)=-1$,　　$g'(0)=8$

交点 P$(0,0)$ における曲線 $y=f(x)$，および $y=g(x)$ の接線と $x$ 軸の正の向きとのなす角をそれぞれ $\alpha, \beta$ とすると，

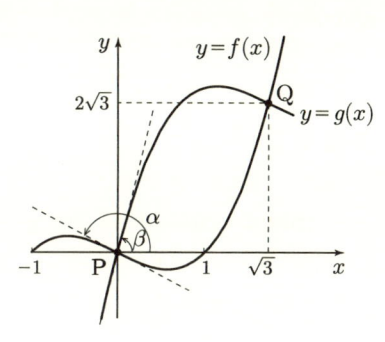

$\tan\alpha=-1$,　　$\therefore\ \alpha=\dfrac{3}{4}\pi$

$\tan\beta=8$,　　$\therefore\ \dfrac{\pi}{4}<\beta<\dfrac{\pi}{2}$

このとき $\dfrac{3}{4}\pi-\dfrac{\pi}{2}<\alpha-\beta<\dfrac{3}{4}\pi-\dfrac{\pi}{4}$ より

$\dfrac{\pi}{4}<\alpha-\beta<\dfrac{\pi}{2}$ であるから，$\theta=\alpha-\beta$ として

$\tan\theta=\tan(\alpha-\beta)=\dfrac{\tan\alpha-\tan\beta}{1+\tan\alpha\tan\beta}$

$=\dfrac{-1-8}{1-8}=\dfrac{9}{7}$

（解答終り）

## 第2節　問題の解答を文章で書き表そう

　第6章の第2節では，微分法と積分法の問題を取り扱う．問題に対して，論理的に正しく，わかりやすい解答を書くことを考える．そのために「解答の流れ図」を書くことを試みてほしい．微分法では，例えば，ある区間において最小値問題を解くには，その区間において関数の増減表をつくり，極小値があれば極小となる点と極小値を求める．その極小値より小さい値をとる点がなければ極小値が最小値となる．あるかどうかは，関数の区間の両端における値や，グラフを描くなどによりチェックする．

　また積分法では，2次関数の定積分と，その応用として2次関数のグラフや直線によって囲まれる図形の面積を計算することが多い．最近のセンター試験の計算問題はかなり複雑な数値になることがよくある．計算力を身につけるため，または検算を容易にできるようにするために定積分の計算は途中経過を省略することなくきちっとくわしく書いておいたほうがよい．

### 問題の部

――― 例題4（$2009$ 数IIB 改）―――

　放物線 $y=2x^2$ を $C$，点 $(-1,2)$ を A とする．点 $Q(u,v)$ に関して，点Aと対称な点を $P(x,y)$ とし，$Q$ が $C$ 上を動くとき点Pの軌跡を表す放物線を $D$ とする．このとき，次の問いに答えよ．

　（1）　2つの放物線 $C$ と $D$ の交点を R, S とする．ただし，$x$ 座標の小さいほうを R とする．点 R と S の座標，および R, S における放物線 $D$ の接線の方程式を求めよ．

　（2）　P を $D$ 上の点とし，R と S の間にあるとする．P の $x$ 座標を $a$ とする．P から $x$ 軸に引いた垂線と放物線 $C$ との交点を H とする．このとき，三角形 PHR の面積 $S(a)$ の最大値と，$S(a)$ が最大値をとる $a$ の値 $a_0$ を求めよ．

　（3）　$a=a_0$ のとき，直線 HR と $D$ の交点のうち R と異なる点を K と

第2節　問題の解答を文章で書き表そう

する．このとき，放物線 $D$，直線 PH，および直線 KH で囲まれる図形 PKH の面積を求めよ．

── ＋αの問題 ──

（1）　放物線 $C$ と $D$ で囲まれる図形の面積 $S_1$ を求めよ．

（2）　例題4の(3)において，放物線 $D$ と直線 HR，および直線 PH で囲まれる図形の面積 $S_2$ を求めよ．

── 例題 5（2008 数ⅡB 改）──

$a$ を正の実数とし，$x$ の 2 次関数 $f(x), g(x)$ を

$$f(x) = \frac{1}{8}x^2$$

$$g(x) = -x^2 + 3ax - 2a^2$$

とする．また，放物線 $y=f(x)$ および $y=g(x)$ をそれぞれ $C_1, C_2$ とする．

（1）　$C_1$ と $C_2$ の共有点 P の座標，および点 P における $C_1$ の接線を求めよ．

（2）　$0 \leq x \leq 2$ の範囲で，2 つの放物線 $C_1, C_2$ と 2 直線 $x=0, x=2$ で囲まれる図形を R とする．R のなかで $y \geq 0$ を満たすすべての部分の面積 $S(a)$ を求めよ．また，$a>0$ であるとき，$S(a)$ が最小となる $a$ の値と，そのときの最小値を求めよ．

── 設定条件を変更した問題 ──

$a$ と $c$ は実数とし，$x$ の 2 次関数 $f(x), g(x)$ を

$$f(x) = cx^2$$

$$g(x) = -x^2 + 4ax - 3a^2$$

とする．また，放物線 $y=f(x)$ および $y=g(x)$ をそれぞれ $C_1, C_2$ とする．

（1）　$C_1$ と $C_2$ は共有点 P で接するとき，$c$ の値，および接点 P における $C_1$ と $C_2$ の共通の接線の方程式を $a$ を用いて表せ．

（2）　$c$ は(1)で求めた値とし，$a>0$ とする．$0 \leq x \leq 2$ の範囲で，2 つの放物線 $C_1, C_2$ と 2 直線 $x=0, x=2$ で囲まれる図形を R とする．R のなかで，$y \geq 0$ を満たす部分の面積 $S(a)$ を求めよ．また，$a>0$ の範囲で $S(a)$ の最小値と，そのときの $a$ の値を求めよ．

## 解答の部

---
**例題 4**（*2009* 数ⅡB 改）

放物線 $y=2x^2$ を $C$，点 $(1,-2)$ を A とする．点 $Q(u,v)$ に関して，点 A と対称な点を $P(x,y)$ とし，Q が $C$ 上を動くとき点 P の軌跡を表す放物線を $D$ とする．このとき次の問いに答えよ．

（1） 2つの放物線 $C$ と $D$ の交点を R, S とする．ただし，$x$ 座標の小さいほうを R とする．点 R と S の座標，および R, S における放物線 $D$ の接線の方程式を求めよ．

（2） P を $D$ 上の点とし，R と S の間にあるとする．P の $x$ 座標を $a$ とする．P から $x$ 軸に引いた垂線と放物線 $C$ との交点を H とする．このとき，三角形 PHR の面積 $S(a)$ の最大値と，$S(a)$ が最大値をとる $a$ の値 $a_0$ を求めよ．

（3） $a=a_0$ のとき，直線 HR と $D$ の交点のうち R と異なる点を K とする．このとき，放物線 $D$，直線 PH および直線 KH で囲まれる図形 PKH の面積を求めよ．

---

点 $Q(u,v)$ に関して，点 $A(1,-2)$ と点 $P(x,y)$ が対称であるとは，Q は A と P の中点である，すなわち $u=\dfrac{1+x}{2}, v=\dfrac{-2+y}{2}$ の関係があることを意味している．この $u, v$ が $v=2u^2$ を満たしていることから $D$ の方程式が得られる．

(2) の三角形 PHR の面積 $S$ は，点 P の $x$ 座標を $a$ とすると，3点 P, R, H の座標が定まり，$a$ の3次式 $S=S(a)$ として表される．$S(a)$ の増減表をつくることにより，最大値および最大値をとる $a$ の値 $a_0$ が得られる．

(3) では，放物線 $D$，直線 PH および直線 KH の囲む図形の面積を求める問題である．(2) から $a=a_0$ が得られているから，点 H の座標，および直線 RH の方程式が定まり，次いで K の $x$ 座標が定まる，という筋道で図形 PKH の面積を積分で求める準備ができることになる．

第2節　問題の解答を文章で書き表そう

**[解答の流れ図]**

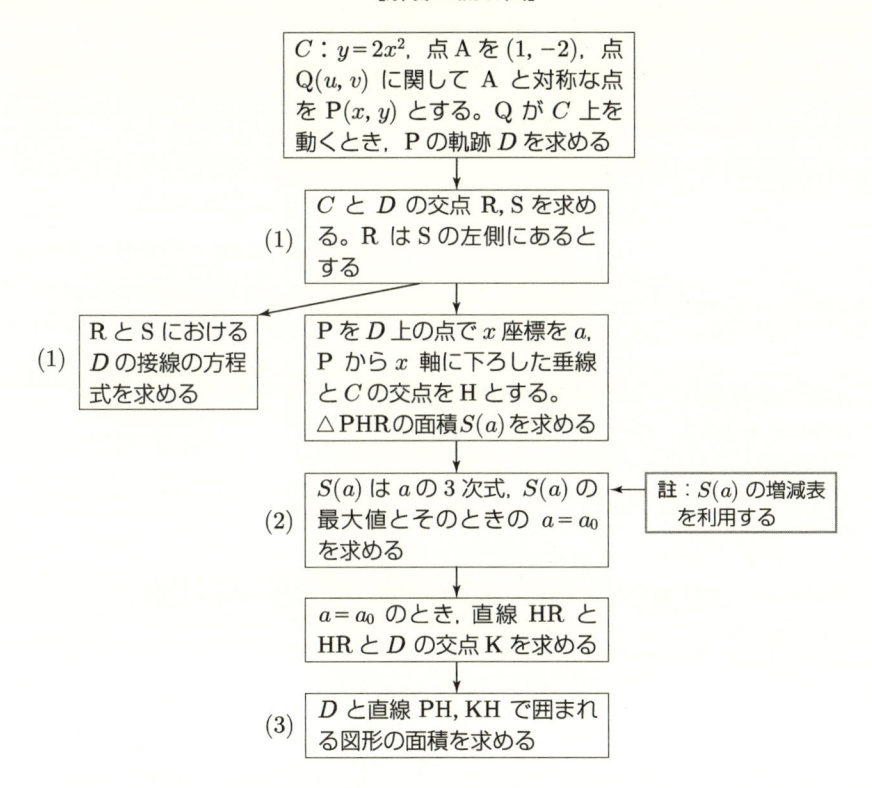

$C: y=2x^2$, 点 A を $(1, -2)$, 点 $Q(u, v)$ に関して A と対称な点を $P(x, y)$ とする。Q が $C$ 上を動くとき，P の軌跡 $D$ を求める

(1) $C$ と $D$ の交点 R, S を求める。R は S の左側にあるとする

(1) R と S における $D$ の接線の方程式を求める

P を $D$ 上の点で $x$ 座標を $a$, P から $x$ 軸に下ろした垂線と $C$ の交点を H とする。△PHR の面積 $S(a)$ を求める

(2) $S(a)$ は $a$ の3次式，$S(a)$ の最大値とそのときの $a=a_0$ を求める

註：$S(a)$ の増減表を利用する

$a=a_0$ のとき，直線 HR と HR と $D$ の交点 K を求める

(3) $D$ と直線 PH, KH で囲まれる図形の面積を求める

**解答**　(1)　点 $Q(u, v)$ は点 $A(1, -2)$ と $P(x, y)$ の中点であるから
$$u = \frac{x+1}{2}, \quad v = \frac{y-2}{2}$$
ここで Q は $C$ 上を動くから，$v = 2u^2$ を満たす。よって $D$ の方程式は
$$\frac{y-2}{2} = 2\left(\frac{x+1}{2}\right)^2, \quad \text{すなわち} \quad y = x^2 + 2x + 3 = (x+1)^2 + 2$$
したがって，$C$ と $D$ の方程式は
$$C: y = 2x^2 \quad \cdots\cdots ①$$
$$D: y = x^2 + 2x + 3 \quad \cdots\cdots ②$$

☞ 図を描く場合には，$C$ と $D$ の交点 R, S を求める。R と S の間では $D$ が $C$ の上側にある，$D$ は $x$ 軸と交わらないことなどを注意しよう。

$C$ と $D$ の交点の $x$ 座標は
$$2x^2 = x^2 + 2x + 3 \quad \text{より} \quad x^2 - 2x - 3 = (x-3)(x+1) = 0, \quad \therefore \ x = 3, -1$$
よって R, S の座標は $R(-1, 2), S(3, 18)$ となる。

次に R, S における $D$ の接線の方程式は，$y'=(x^2+2x+3)'=2x+2$ より，
R における $D$ の接線は，$y'(-1)=0$ であるから $y-2=0$，∴ $y=2$
S における $D$ の接線は，$y'(3)=8$ であるから $y-18=8(x-3)$，∴ $y=8x-6$

（2） $D$ 上の点 P の $x$ 座標を $a$ とする。P は R と S の間にあるから，$-1<a<3$．P, H, R の座標は
$$P(a, a^2+2a+3), \quad H(a, 2a^2), \quad R(-1, 2) \quad \cdots\cdots ③$$
よって $PH=a^2+2a+3-2a^2=-a^2+2a+3$，R と直線 $x=a$ との距離は $a+1$，
したがって，△PHR の面積 $S(a)$ は，
$$S(a)=\frac{1}{2}(-a^2+2a+3)(a+1)=\frac{1}{2}(-a^3+a^2+5a+3)$$

そこで問題は，$-1<a<3$ の範囲で $S(a)$ の最大値を求めることである。$S(a)$ の増減表をつくる。
$$S'(a)=\frac{1}{2}(-3a^2+2a+5)=-\frac{1}{2}(3a-5)(a+1)=0 \text{ より} \quad a=-1, \frac{5}{3}$$
また，
$$S(-1)=0, \quad S\left(\frac{5}{3}\right)=\frac{1}{2}\left(-\frac{125}{27}+\frac{25}{9}+\frac{25}{3}+3\right)=\frac{128}{27}$$
であるから，増減表は次のようになる。

| $a$ | $\cdots$ | $-1$ | $\cdots$ | $\frac{5}{3}$ | $\cdots$ |
|---|---|---|---|---|---|
| $S'(a)$ | $-$ | $0$ | $+$ | $0$ | $-$ |
| $S(a)$ | ↘ | 極小 $0$ | ↗ | 極大 $\frac{128}{27}$ | ↘ |

上の増減表から $S(a)$ は $a=\frac{5}{3}$ で極大値 $\frac{128}{27}$ をとり，$-1<a<3$ の範囲においては最大値 $\frac{128}{27}$ をとる。ゆえに $a_0=\frac{5}{3}$

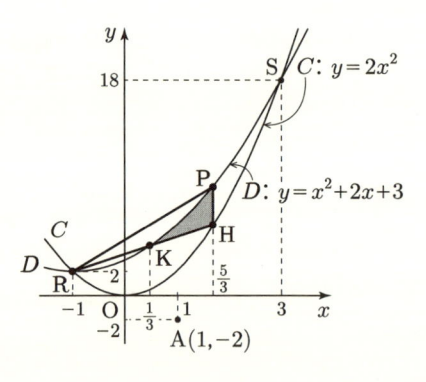

（3） $a=\frac{5}{3}$ とする。直線 HR の方程式は，③ から
$$y-2=\frac{2(a^2-1)}{a+1}(x+1)$$
$$=2(a-1)(x+1)=2(a-1)x+2a-2,$$
∴ $y=2(a-1)x+2a$

第2節　問題の解答を文章で書き表そう　　　　　　　　　　　　　　223

$a=\dfrac{5}{3}$ を代入して　　　　　　$y=\dfrac{4}{3}x+\dfrac{10}{3}$　　　　　　　　……④

直線 HR と $D$ の交点のうち R と異なるもの K は，②と④から

$$x^2+2x+3=\dfrac{4}{3}x+\dfrac{10}{3}\text{ より, }3x^2+2x-1=0,$$

$$\therefore (3x-1)(x+1)=0, \text{ よって, } x=-1, \dfrac{1}{3}$$

$x\neq -1$ であるから $x=\dfrac{1}{3}$，よって K の座標は $\left(\dfrac{1}{3}, \dfrac{34}{9}\right)$

$\dfrac{1}{3}\leqq x\leqq \dfrac{5}{3}$ の範囲で，放物線 $D$，直線 KH と直線 PH で囲まれる図形 PKH の面積は，

> ☞計算は正確にするため，また検算を容易にするため途中計算をなるべく省略しないように書こう。

$$\int_{\frac{1}{3}}^{\frac{5}{3}}\left\{(x^2+2x+3)-\left(\dfrac{4}{3}x+\dfrac{10}{3}\right)\right\}dx$$

$$=\int_{\frac{1}{3}}^{\frac{5}{3}}\left(x^2+\dfrac{2}{3}x-\dfrac{1}{3}\right)dx=\dfrac{1}{3}\int_{\frac{1}{3}}^{\frac{5}{3}}(3x^2+2x-1)dx$$

$$=\dfrac{1}{3}\left[x^3+x^2-x\right]_{\frac{1}{3}}^{\frac{5}{3}}=\dfrac{1}{3}\left\{\left(\dfrac{125}{27}+\dfrac{25}{9}-\dfrac{5}{3}\right)-\left(\dfrac{1}{27}+\dfrac{1}{9}-\dfrac{1}{3}\right)\right\}$$

$$=\dfrac{1}{3}\left\{\dfrac{155}{27}-\left(-\dfrac{5}{27}\right)\right\}=\dfrac{160}{81}$$

（解答終り）

---

**＋α の問題**

（1）　放物線 $C$ と $D$ で囲まれる図形の面積 $S_1$ を求めよ。

（2）　例題4の(3)において，放物線 $D$ と直線 HR，および直線 PH で囲まれる図形の面積 $S_2$ を求めよ。

---

[解答]（1）　放物線 $C: y=2x^2$，
　　　　　　放物線 $D: y=x^2+2x+3$

であり，$C$ と $D$ の交点は R$(-1,2)$, S$(3,18)$．
ここで $-1\leqq x\leqq 3$ において　$x^2+2x+3\geqq 2x^2$．
よって面積 $S_1$ は

$$S_1=\int_{-1}^{3}\{(x^2+2x+3)-2x^2\}dx$$

$$=\int_{-1}^{3}(-x^2+2x+3)dx$$

$$=\left[-\dfrac{1}{3}x^3+x^2+3x\right]_{-1}^{3}$$

> ☞積分の $\dfrac{1}{6}$ 公式の利用
> 
> $S_1=\int_{-1}^{3}(-x^2+2x+3)dx$
> 
> $=-\int_{-1}^{3}(x-3)(x+1)dx$
> 
> $=-\left(-\dfrac{1}{6}\right)\{3-(-1)\}^3$
> 
> $=\dfrac{4^3}{6}=\dfrac{32}{3}$

$$= (-9+9+9) - \left(\frac{1}{3}+1-3\right) = \frac{32}{3}$$

（2） 直線 HR の方程式は，④から $y = \frac{4}{3}x + \frac{10}{3}$. よって，

$$S_2 = \int_{-1}^{\frac{5}{3}} \left| (x^2+2x+3) - \left(\frac{4}{3}x+\frac{10}{3}\right) \right| dx$$

☞ 2つの曲線で囲まれる部分の面積は，絶対値記号をもつ関数の積分で表される。この場合，積分は，積分区間を分割しなければならない。

$$= \int_{-1}^{\frac{5}{3}} \left| x^2 + \frac{2}{3}x - \frac{1}{3} \right| dx$$

$$= \frac{1}{3} \int_{-1}^{\frac{5}{3}} |3x^2+2x-1| \, dx = \frac{1}{3} \int_{-1}^{\frac{5}{3}} |(3x-1)(x+1)| \, dx$$

ここで

$-1 \leq x \leq \frac{1}{3}$ では，$(3x-1)(x+1) \leq 0$ （直線 HR が $D$ の上側にある）

$\frac{1}{3} \leq x \leq \frac{5}{3}$ では，$(3x-1)(x+1) \geq 0$ （$D$ が直線 HR の上側にある）

よって，

$$S_2 = -\frac{1}{3} \int_{-1}^{\frac{1}{3}} (3x-1)(x+1) \, dx + \frac{1}{3} \int_{\frac{1}{3}}^{\frac{5}{3}} (3x-1)(x+1) \, dx$$

第2項は例題4の(3)で求めたものと同じであるから $\frac{160}{81}$ に等しい。第1項は積分の $\frac{1}{6}$ 公式を適用すると

$$-\frac{1}{3} \int_{-1}^{\frac{1}{3}} (3x-1)(x+1) \, dx = -\int_{-1}^{\frac{1}{3}} \left(x-\frac{1}{3}\right)(x+1) \, dx = \frac{1}{6} \left(\frac{1}{3}-(-1)\right)^3$$

$$= \frac{1}{6} \left(\frac{4}{3}\right)^3 = \frac{32}{81}$$

したがって

$$S_2 = \frac{32}{81} + \frac{160}{81} = \frac{192}{81} = \frac{64}{27}$$

（解答終り）

---

**例題 5**（*2008* 数IIB 改）

$a$ を正の実数とし，$x$ の2次関数 $f(x), g(x)$ を

$$f(x) = \frac{1}{8}x^2$$

$$g(x) = -x^2 + 3ax - 2a^2$$

とする。また，放物線 $y = f(x)$ および $y = g(x)$ をそれぞれ $C_1, C_2$ とする。

（1） $C_1$ と $C_2$ の共有点 P の座標，および点 P における $C_1$ の接線を求

第2節 問題の解答を文章で書き表そう

めよ.
　(2) $0 \leqq x \leqq 2$ の範囲で, 2つの放物線 $C_1, C_2$ と2直線 $x=0, x=2$ で囲まれる図形を R とする. R のなかで $y \geqq 0$ を満たすすべての部分の面積 $S(a)$ を求めよ. また, $a>0$ であるとき, $S(a)$ が最小となる $a$ の値と, そのときの最小値を求めよ.

　この問題では, 2次関数 $g(x)$ のほうに正のパラメータ $a$ が導入されている. 2つの2次関数の表すグラフ $C_1, C_2$ は, その交点で接するように設定されている.
　$C_1$ と $C_2$, $x=0$ と $x=2$ で囲まれる部分のなかで $y \geqq 0$ を満たすすべての部分の面積 $S(a)$ は $C_2$ と直線 $x=2$ の位置関係により, 3つの場合に分けて計算しなければならない. このことを, $C_1, C_2, x=2$ のグラフを見てじっくり考えよう.

[解答の流れ図]

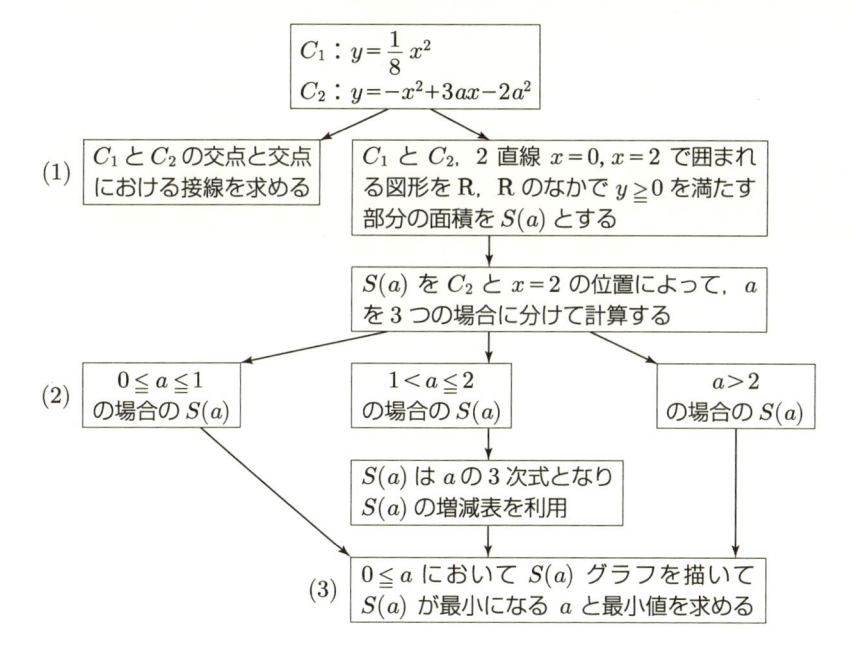

$C_1 : y = \dfrac{1}{8} x^2$
$C_2 : y = -x^2 + 3ax - 2a^2$

(1) $C_1$ と $C_2$ の交点と交点における接線を求める

　　$C_1$ と $C_2$, 2直線 $x=0, x=2$ で囲まれる図形を R, R のなかで $y \geqq 0$ を満たす部分の面積を $S(a)$ とする

　　$S(a)$ を $C_2$ と $x=2$ の位置によって, $a$ を3つの場合に分けて計算する

(2) $0 \leqq a \leqq 1$ の場合の $S(a)$ ／ $1 < a \leqq 2$ の場合の $S(a)$ ／ $a > 2$ の場合の $S(a)$

　　$S(a)$ は $a$ の3次式となり $S(a)$ の増減表を利用

(3) $0 \leqq a$ において $S(a)$ グラフを描いて $S(a)$ が最小になる $a$ と最小値を求める

$a>0$ の範囲で，$0<a\leq 1, 1<a\leq 2, a>2$ の 3 つの区間で $S(a)$ を計算し，そのなかで最小値を求めることになる。$S(a)$ は $a>0$ の範囲で連続な（グラフがつながっている）曲線になり，$1<a\leq 2$ の範囲で $a$ の 3 次関数となるので増減表が利用でき，極小値を求めることができる。それが $a>0$ における最小値となることがわかる。これがこの問題を解く筋道であり，問題を解く鍵は，$a$ を 3 つの区間に分けて $S(a)$ を計算することである。

**[解答]**（1） $C_1$ と $C_2$ の共有点 P の $x$ 座標は
$$\frac{1}{8}x^2=-x^2+3ax-2a^2 \quad \text{より} \quad \frac{9}{8}x^2-3ax+2a^2=0$$
したがって
$$9x^2-24ax+16a^2=(3x-4a)^2=0, \quad \therefore\ x=\frac{4}{3}a$$
このとき $y=\frac{1}{8}\left(\frac{4}{3}a\right)^2=\frac{2}{9}a^2$，よって P の座標は $\left(\frac{4}{3}a,\ \frac{2}{9}a^2\right)$

P における $C_1$ の接線の方程式は，$y'=\frac{1}{4}x$ より
$$y-\frac{2}{9}a^2=\frac{1}{4}\cdot\frac{4}{3}a\left(x-\frac{4}{3}a\right),\quad \therefore\ y=\frac{a}{3}x-\frac{4}{9}a^2+\frac{2}{9}a^2=\frac{1}{3}ax-\frac{2}{9}a^2$$

（2） $C_1$ と $x$ 軸 $x=0$，および直線 $x=2$ で囲まれた図形の面積を $S_1$ とすると，
$$S_1=\int_0^2 \frac{1}{8}x^2\,dx=\frac{1}{8}\left[\frac{1}{3}x^3\right]_0^2=\frac{1}{24}\times 8=\frac{1}{3}$$
次に，$C_2$ と $x$ 軸で囲まれた図形の面積を $S_2$ とする。$C_2$ と $x$ 軸との交点は，
$$-x^2+3ax-2a^2=-(x-2a)(x-a)=0 \quad \text{より} \quad x=a, 2a$$
$$\therefore\ S_2=\int_a^{2a}(-x^2+3ax-2a^2)\,dx$$
$$=-\int_a^{2a}(x-a)(x-2a)\,dx$$
$$=\frac{1}{6}(2a-a)^3=\frac{1}{6}a^3$$

ここで積分の $\frac{1}{6}$ 公式を用いた。

$C_1$ と $C_2$ は点 P で接している。$S(a)$ は $C_2$ の位置によって，すなわち $a$ の値によって次の 3 つの場合に分かれる（図参照）。

第2節 問題の解答を文章で書き表そう

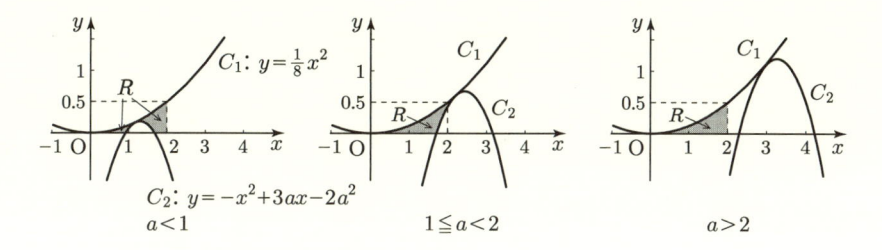

$C_1: y = \frac{1}{8}x^2$ ／ $C_2: y = -x^2 + 3ax - 2a^2$

$a < 1$ ／ $1 \leq a < 2$ ／ $a > 2$

(i) $0 < a \leq 1$ の場合。$S(a) = S_1 - S_2 = \frac{1}{3} - \frac{1}{6}a^3$

(ii) $1 < a \leq 2$ の場合。

$$S(a) = S_1 - \int_a^2 (-x^2 + 3ax - 2a^2)\,dx$$

$$= \frac{1}{3} + \left[\frac{1}{3}x^3 - \frac{3}{2}ax^2 + 2a^2 x\right]_a^2$$

$$= \left(\frac{1}{3} + \frac{8}{3} - 6a + 4a^2\right) - \left(\frac{1}{3}a^3 - \frac{3}{2}a^3 + 2a^3\right)$$

$$= -\frac{5}{6}a^3 + 4a^2 - 6a + 3$$

(iii) $a > 2$ の場合。$S(a) = S_1 = \frac{1}{3}$

$S(a)$ の最小値を求めるため，$1 < a \leq 2$ において $S(a)$ の増減表をつくる。

$$S'(a) = -\frac{5}{2}a^2 + 8a - 6$$

$$= -\frac{1}{2}(5a^2 - 16a + 12)$$

$$= -\frac{1}{2}(5a - 6)(a - 2)$$

| $a$ | 0 | $\cdots$ | 1 | $\cdots$ | $\frac{6}{5}$ | $\cdots$ | 2 | $\cdots$ |
|---|---|---|---|---|---|---|---|---|
| $S'(a)$ | | | | $-$ | 0 | $+$ | 0 | |
| $S(a)$ | $\frac{1}{3}$ | ↘ | $\frac{1}{6}$ | ↘ | 極小 $\frac{3}{25}$ | ↗ | $\frac{1}{3}$ | → |

よって，$S'(a) = 0$ のとき $a = \frac{6}{5}, 2$．ここで

$$S\left(\frac{6}{5}\right) = -\frac{5}{6}\left(\frac{6}{5}\right)^3 + 4\left(\frac{6}{5}\right)^2 - 6\left(\frac{6}{5}\right) + 3$$

$$= \frac{-36 + 144 - 180 + 75}{25} = \frac{3}{25}$$

$$S(2) = -\frac{5}{6} \times 8 + 16 - 12 + 3 = \frac{1}{3}$$

ゆえに，$S(a)$ の増減表とグラフは右図のようになる。

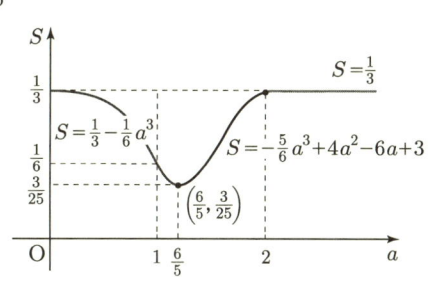

したがって $S(a)$ は $a>0$ の範囲で，

$0<a\leqq 1$ で減少，$a=1$ で $S(1)=\dfrac{1}{6}$

$1<a\leqq 2$ では，$a=\dfrac{6}{5}$ で極小値 $S\left(\dfrac{6}{5}\right)=\dfrac{3}{25}$，$a=2$ で $S(2)=\dfrac{1}{3}$

$2<a$　で　$S(a)=\dfrac{1}{3}$

となる．結論として $S(a)$ は $a=\dfrac{6}{5}$ で最小値 $\dfrac{3}{25}$ をとる．　　　　　　**(解答終り)**

---

> **設定条件を変更した問題**
>
> $a$ と $c$ は実数とし，$x$ の 2 次関数 $f(x), g(x)$ を
> $$f(x)=cx^2$$
> $$g(x)=-x^2+4ax-3a^2$$
> とする．また，放物線 $y=f(x)$ および $y=g(x)$ をそれぞれ $C_1, C_2$ とする．
>
> （1）$C_1$ と $C_2$ は共有点 P で接するとき，$c$ の値，および接点 P における $C_1$ と $C_2$ の共通の接線の方程式を $a$ を用いて表せ．
>
> （2）$c$ は(1)で求めた値とし，$a>0$ とする．$0\leqq x\leqq 2$ の範囲で，2つの放物線 $C_1, C_2$ と 2 直線 $x=0, x=2$ で囲まれる図形を R とする．R のなかで，$y\geqq 0$ を満たす部分の面積 $S(a)$ を求めよ．また，$a>0$ の範囲で $S(a)$ の最小値と，そのときの $a$ の値を求めよ．

**[解答]**（1）$C_1$ と $C_2$ が共有点において接していることから，方程式
$$cx^2=-x^2+4ax-3a^2, \quad \therefore (c+1)x^2-4ax+3a^2=0$$
は重解をもつ．したがって，判別式を $D$ とすると，

$$\dfrac{D}{4}=(-2a)^2-(c+1)\cdot 3a^2=0,$$

すなわち，

$$a^2\{4-3(c+1)\}=a^2(1-3c)=0,$$

ここで $a>0$ より $c=\dfrac{1}{3}$．以後 $c=\dfrac{1}{3}$ とする．

☞ 2次方程式 $ax^2+2b'x+c=0$ においては，判別式 $D$ の代わりに $\dfrac{D}{4}=b'^2-ac$ を用いて解の種類を判別できる．

接点 P の座標は
$$\left(\dfrac{1}{3}+1\right)x^2-4ax+3a^2=\dfrac{1}{3}(4x^2-12ax+9a^2)=\dfrac{1}{3}(2x-3a)^2=0$$
$$\therefore x=\dfrac{3}{2}a, \quad \text{このとき} \quad y=\dfrac{1}{3}\left(\dfrac{3}{2}a\right)^2=\dfrac{3}{4}a^2$$

よって，$P\left(\dfrac{3}{2}a, \dfrac{3}{4}a^2\right)$．$P$ における接線の方程式は $C_1$ と $C_2$ の共通接線である．

$C_1$ の $P$ における接線は，$f'(x)=\dfrac{2}{3}x$ より，$P$ を通り，傾き $\dfrac{2}{3}\left(\dfrac{3}{2}a\right)=a$ の直線として，

$$y-\dfrac{3}{4}a^2=\dfrac{2}{3}\left(\dfrac{3}{2}a\right)\left(x-\dfrac{3}{2}a\right), \quad \therefore\ y=ax-\dfrac{3}{4}a^2$$

(2) $C_1$ と $x$ 軸 $x=0$，および直線 $x=2$ で囲まれた図形の面積 $S_1$ は，

$$S_1=\int_0^2 \dfrac{1}{3}x^2\,dx=\dfrac{1}{9}\Big[x^3\Big]_0^2=\dfrac{8}{9}$$

$C_2$ と $x$ 軸で囲まれた図形の面積 $S_2$ を求める．$C_2$ と $x$ 軸の交点の $x$ 座標は

$$-x^2+4ax-3a^2=-(x-3a)(x-a)=0\ \text{より}\ x=a, 3a$$

$$\therefore\ S_2=\int_a^{3a}(-x^2+4ax-3a^2)\,dx=-\int_a^{3a}(x-3a)(x-a)\,dx$$

$$=\dfrac{1}{6}(3a-a)^3=\dfrac{4}{3}a^3 \quad \left(\text{積分の }\dfrac{1}{6}\text{ 公式を適用}\right)$$

$S(a)$ を計算する．$C_2$ と直線 $x=2$ との位置関係により，$a$ の範囲を 3 つに分ける．

(i) $0<a\leqq\dfrac{2}{3}$ ($3a\leqq2$) のとき，

$$S(a)=S_1-S_2=\dfrac{8}{9}-\dfrac{4}{3}a^3, \quad S\left(\dfrac{2}{3}\right)=\dfrac{40}{81}$$

(ii) $\dfrac{2}{3}<a\leqq2$ ($a\leqq2<3a$) のとき，

$$S(a)=S_1-\int_a^2(-x^2+4ax-3a^2)\,dx$$

$$=\dfrac{8}{9}-\left[-\dfrac{1}{3}x^3+2ax^2-3a^2x\right]_a^2$$

$$=\dfrac{8}{9}-\left(-\dfrac{8}{3}+8a-6a^2+\dfrac{4}{3}a^3\right)$$

$$=-\dfrac{4}{3}a^3+6a^2-8a+\dfrac{32}{9}$$

(iii) $a>2$ のとき，$S(a)=\dfrac{8}{9}$

$\dfrac{2}{3}<a\leqq2$ の範囲で $S(a)=-\dfrac{4}{3}a^3+6a^2-8a+\dfrac{32}{9}$ の増減表をつくる．

$$S'(a)=-4a^2+12a-8=-4(a-1)(a-2),$$
$$S'(a)=0\ \text{として}\ a=1, 2$$

ここで $S(1)=\frac{2}{9}$, $S(2)=\frac{8}{9}$. よって増減表は以下のようになる。

| $a$ | $\frac{2}{3}$ | $\cdots$ | 1 | $\cdots$ | 2 | $\cdots$ |
|---|---|---|---|---|---|---|
| $S'(a)$ | $-$ | $-$ | 0 | $+$ | 0 | |
| $S(a)$ | $\frac{40}{81}$ | $\searrow$ | 極小 $\frac{2}{9}$ | $\nearrow$ | $\frac{8}{9}$ | $\rightarrow$ |

増減表および $a>0$ における $S(a)$ のグラフから, $S(a)$ は $0<a<\frac{2}{3}$ で減少, $\frac{2}{3}\leqq a<2$ では $a=1$ で極小, $a>2$ では $\frac{8}{9}$ となり, 結論として $a>0$ の範囲で, $S(a)$ は $a=1$ で最小値 $\frac{2}{9}$ をとることがわかる。

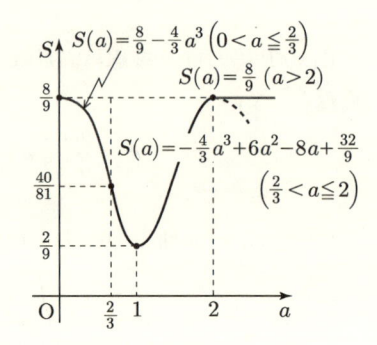

（解答終り）

# 第3節 定義と定理・公式等のまとめ

**微分法と積分法**(数学Ⅱ)
**［1］ 微分係数と導関数**
**(1) 微分係数**

関数 $f(x)$ において，$x$ が $a$ から $b$ まで変化するとき，$y$ の変化量 $f(b)-f(a)$ の $b-a$ に対する割合

$$\frac{f(b)-f(a)}{b-a}$$

を，$x$ が $a$ から $b$ まで変化するときの関数 $f(x)$ の**平均変化率**という。

関数 $f(x)$ の平均変化率において，$a$ を定め，$b$ を $a$ に限りなく近づけるとき，平均変化率が一定の値 $\alpha$ に限りなく近づく場合，この値 $\alpha$ を，関数 $f(x)$ の $x=a$ における**微分係数**といい $f'(a)$ で表す。すなわち，

$$f'(a)=\lim_{b\to a}\frac{f(b)-f(a)}{b-a}, \quad \text{または} \quad f'(a)=\lim_{h\to 0}\frac{f(a+h)-f(a)}{h}$$

曲線 $y=f(x)$ 上の点 $\mathrm{A}(a, f(a))$ における曲線の接線の傾きは，関数 $f(x)$ の $x=a$ における微分係数 $f'(a)$ で表される。

**(2) 導関数**

一般に，関数 $f(x)$ において，各 $x$ に対して微分係数 $f'(x)$ を対応させると1つの新しい関数が得られる。この新しい関数を，もとの関数 $f(x)$ の**導関数**といい，記号 $f'(x)$ で表す。

関数 $f(x)$ の**導関数** $f'(x)$ は，次の式で与えられる。

$$f'(x)=\lim_{h\to 0}\frac{f(x+h)-f(x)}{h}$$

関数 $f(x)$ から導関数 $f'(x)$ を求めることを，$f(x)$ を**微分する**という。導関数を表す記号として，$f'(x)$ のほかに $y'$, $\dfrac{dy}{dx}$, $\dfrac{df(x)}{dx}$ などが用いられる。

$y=x^n$ と定数関数 $y=c$ の導関数は

$$(x^n)'=nx^{n-1} \quad (n=1,2,3), \quad (c)'=0$$

また，導関数の性質として次の性質が成り立つ($k$ は定数)。

1. $y=kf(x)$  ならば  $y'=kf'(x)$
2. $y=f(x)+g(x)$  ならば  $y'=f'(x)+g'(x)$

このように，関数 $x^n$ と定数関数の導関数の公式と，導関数の性質から $x$ の多項式で表される関数の導関数を求めることができる。

変数が $x, y$ 以外の文字で表されている場合でも，導関数については，これまでと同様に取り扱う。例えば，$t=f(s), v=g(u)$ などの場合にも，導関数を $f'(s), g'(u)$ などと表す。

## [ 2 ] 導関数の応用
### ( 1 ) 接線の方程式
関数 $y=f(x)$ の $x=a$ における微分係数 $f'(a)$ は，曲線 $y=f(x)$ の点 $A(a, f(a))$ における曲線 $y=f(x)$ の接線の傾きを表している。よって，曲線 $y=f(x)$ 上の点 $A(a, f(a))$ における**接線の方程式**は
$$y-f(a)=f'(a)(x-a)$$
となる。

### ( 2 ) 関数の増減
一般に，関数 $y=f(x)$ の増減について，次のことがいえる。
- ある区間で常に $f'(x)>0$ ならば，
  グラフの接線は右上がりであるから，$f(x)$ はその区間で**単調に増加**する。
- ある区間で常に $f'(x)<0$ ならば
  グラフの接線は右下がりであるから，$f(x)$ はその区間で**単調に減少**する。
- ある区間で常に $f'(x)=0$ ならば
  グラフの接線は常に $x$ 軸に平行であり，$f(x)$ はその区間で**定数**である。

一般に，関数 $y=f(x)$ に対して，その導関数 $y'$ を計算し，$y'=0$ となる $x$ を求め，$y'$ の符号の変化を調べ $y$ の増減を表にまとめる。このような表を**増減表**という。

### ( 3 ) 関数の極大，極小
1. $f'(x)$ の符号が $x=a$ の前後で正から負に変わる場合，$f(x)$ は $x=a$ を境目にして増加から減少にうつり，$x=a$ を含む小さい区間で $x \neq a$ ならば $f(x)<f(a)$ が成り立つ。このとき $f(x)$ は $x=a$ で**極大**になるといい，$f(a)$ を**極大値**という。
2. $f'(x)$ の符号が $x=a$ の前後で負から正に変わる場合，$f(x)$ は $x=a$ を境目にして減少から増加にうつり，$x=a$ を含む小さい区間で $x \neq a$ ならば $f(x)>f(a)$ が成り立つ。このとき $f(x)$ は $x=a$ で**極小**になるといい，$f(a)$ を**極小値**という。
3. 極大値と極小値をあわせて**極値**という。関数が $x=a$ で極値をとれば，$f'(a)=0$ を満たす。しかし，$f'(a)=0$ であっても $f(a)$ は $x=a$ で極値をとるとは限らない。

### ( 4 ) 最大値・最小値
一般に，区間 $a \leq x \leq b$ で定義された関数の極大値，極小値が必ずしも最大値，最小値ではない。最大値，最小値は，この区間での関数の極値と区間の両端での関数の値を比べて求めることができる。

第3節 定義と定理・公式等のまとめ

## [3] 積分法
### (1) 不定積分
関数 $f(x)$ に対して，微分すると $f(x)$ になる関数，すなわち
$$F'(x)=f(x)$$
を満たす関数 $F(x)$ を，$f(x)$ の**不定積分**または**原始関数**という。$f(x)$ の一つの不定積分を $F(x)$ とすると，$f(x)$ の他の任意の不定積分は次の形に表される。
$$F(x)+C \quad (\text{ただし } C \text{ は定数})$$
$f(x)$ の不定積分を，記号 $\int f(x)\,dx$ で表す。$C$ を**積分定数**という。

$n=0, 1, 2$ のとき
$$\int x^n\,dx = \frac{x^{n+1}}{n+1}+C \quad (C \text{ は積分定数})$$

**不定積分の性質**

1. $\int kf(x)\,dx = k\int f(x)\,dx \quad$ ($k$ は定数)
2. $\int \{f(x)\pm g(x)\}\,dx = \int f(x)\,dx \pm \int g(x)\,dx \quad$ (複号同順)

### (2) 定積分
一般に，関数 $f(x)$ の一つの不定積分を $F(x)$ とするとき，2つの実数 $a, b$ に対して，$F(b)-F(a)$ を，$f(x)$ の $a$ から $b$ までの**定積分**といい，記号
$$\int_a^b f(x)\,dx$$
で表す。また $F(b)-F(a)$ を，記号
$$\Big[F(x)\Big]_a^b$$
と表す。

定積分について次の公式が成り立つ

(1) $\displaystyle\int_a^b kf(x)\,dx = k\int_a^b f(x)\,dx$

(2) $\displaystyle\int_a^b \{f(x)+g(x)\}\,dx = \int_a^b f(x)\,dx + \int_a^b g(x)\,dx$

(3) $\displaystyle\int_a^a f(x)\,dx = 0$

(4) $\displaystyle\int_a^b f(x)\,dx = -\int_b^a f(x)\,dx$

(5) $\displaystyle\int_a^b f(x)\,dx = \int_a^c f(x)\,dx + \int_c^b f(x)\,dx$

(6) $\displaystyle\frac{d}{dx}\int_a^x f(t)\,dt = f(x) \quad$ (ただし $a$ は定数)

## （3） 曲線と面積

曲線や直線で囲まれる図形の面積は定積分で得られる。

**面積の公式**

1. 区間 $a \leqq x \leqq b$ で常に $f(x) \geqq 0$ とする。曲線 $y=f(x)$ と $x$ 軸，および2直線 $x=a, x=b$ で囲まれる図形の面積 $S$ は，
$$S = \int_a^b f(x)\, dx$$

2. 区間 $a \leqq x \leqq b$ で常に $f(x) \geqq g(x)$ とする。2つの曲線 $y=f(x), y=g(x)$ および2直線 $x=a, x=b$ で囲まれる図形の面積 $S$ は
$$S = \int_a^b \{f(x) - g(x)\}\, dx$$

3. $f(x) = a(x-\alpha)(x-\beta)$ $(\alpha < \beta)$ と書けるとき
$$\begin{aligned}
\int_\alpha^\beta f(x)\,dx &= a\int_\alpha^\beta (x-\alpha)(x-\beta)\,dx \\
&= a\int_\alpha^\beta \{x^2 - (\alpha+\beta)x + \alpha\beta\}\,dx \\
&= a\left[\frac{1}{3}x^3 - \frac{1}{2}(\alpha+\beta)x^2 + \alpha\beta x\right]_\alpha^\beta \\
&= a\left\{\frac{1}{3}(\beta^3-\alpha^3) - \frac{1}{2}(\alpha+\beta)(\beta^2-\alpha^2) + \alpha\beta(\beta-\alpha)\right\} \\
&= a(\beta-\alpha)\left\{\frac{1}{3}(\alpha^2+\alpha\beta+\beta^2) - \frac{1}{2}(\alpha+\beta)(\alpha+\beta) + \alpha\beta\right\} \\
&= \frac{1}{6}a(\beta-\alpha)\{2\alpha^2 + 2\alpha\beta + 2\beta^2 - 3(\alpha^2+2\alpha\beta+\beta^2) + 6\alpha\beta\} \\
&= \frac{1}{6}a(\beta-\alpha)(-\alpha^2 - \beta^2 + 2\alpha\beta) \\
&= -\frac{1}{6}a(\beta-\alpha)^3
\end{aligned}$$

となる。これは**積分の $\frac{1}{6}$ 公式**$\left(\text{または} -\frac{1}{6}a \text{ 公式}\right)$ とよばれ，しばしば利用される。

# 第4節　問題作りに挑戦しよう

「+αの問題」「設定条件を変更した問題」の他に，章の枠を越えた問題を作る。

第6章では，微分法および積分法に関する問題を取り扱っている。

微分法では，
（1）　接線の方程式を求めること，
（2）　3次関数の増減表を活用して極大値・極小値(最大値・最小値)を求める問題。

積分法では，
（3）　2次関数の不定積分，定積分，および積分の応用として曲線や直線で囲まれる図形の面積の計算

が主な問題である。

センター試験では，パラメータを含み，面積の計算と3次関数の増減表を利用する複合的な問題が取り扱われ，パラメータの導入の仕方にはいろいろと工夫が凝らされている。パラメータの導入や3次関数の導き方に焦点をあて，第6章の例題や練習問題などを分析してみよう。

**例題3**　正のパラメータ $a$ を含む2次関数 $h(x)$ を
$$h(x) = -3ax^2 + 3a^2x - a^3 + 3a$$
とする。方程式 $h(x)=0$ が異なる2つの実数解をもつ $a$ の区間 $0<a<2\sqrt{3}$ における $y=h(x)$ の頂点の $y$ 座標 $H(a) = -\dfrac{a^3}{4} + 3a$ の最大値を求める問題。

**例題4**　2つの放物線を $C: y=2x^2$，$D: y=x^2+2x+3$ とする。$C$ と $D$ の交点は
$$R(-1, 2), \quad S(3, 18)$$
となる。$D$ 上の点Pは R と S の間にあり，点 P の $x$ 座標をパラメータ $a$ として導入する。$P(a, a^2+2a+3)$ から $x$ 軸に引いた垂線と $C$ との交点は $H(a, 2a^2)$ となる。このとき △PHR の面積 $S(a)$ は
$$S(a) = -a^3 + a^2 + 5a + 3 \quad (-1 < a < 3)$$

となる．そこで $S(a)$ の最大値を求めることが問題．

**例題 5** 正のパラメータ $a$ を含む 2 つの放物線

$$C_1: y = \frac{1}{8}x^2, \quad C_2: y = -x^2 + 3ax - 2a^2$$

と 2 つの直線 $x=0, x=2$ で囲まれる図形を R とし，R のなかで $y \geqq 0$ を満たすすべての部分の面積 $S$ を $a$ の関数 $S(a)$ として求める．この $S(a)$ の最小値を求める問題．

　この場合，解答で説明されているように，$a>0$ で 3 つの区間に場合分けをして $S$ を計算しなければならない．1 つの区間で $S(a)$ は $a$ の 3 次式になっており，ここで増減表の方法を適用できることになる．
また，例題 5，およびそれに付随する「設定条件を変更した問題」は，微分と積分を学習するうえで基本的な事柄をいくつも含んでいるので，じっくりと取り組もう．

（1）　$C_1$ と $C_2$ とは接しており，接点における接線は共通接線であること，

（2）　$S(a)$ の計算では，$C_2$ と $x$ 軸との 2 つの交点の $x$ 座標と $x=2$ の位置関係により，場合分けをして積分しなければならないこと，

（3）　$S(a)$ のグラフは $a>0$ でつながっていること，

（4）　$S(a)$ の極小値が最小値であること，

などを確かめること，など．

　第 1 節の例題 2 では，点 P から曲線 $C$ に引くことができる接線の本数に応じてパラメータ $k$ を区間に分割できる．

**例題 2** 定点を $P(1,0)$ とする．パラメータ $k$ を含む 3 次関数を

$$C: y = -x^3 + 9x^2 + kx$$

とする．点 P からグラフ $C$ に引くことができる接線の本数は，3 次方程式

$$k = -2t^3 + 12t^2 - 18t$$

の異なる実数解の個数に等しいことがわかる．右辺 $p(t)$ の増減表から，方程式 $k = p(t)$ の実数解の個数が $k$ の値に応じて求めることができる．

この問題はよくある問題で，「設定条件を変更した問題」を作るためには，

（1）　パラメータ $k$ は曲線 $C$ の方程式の $x$ の係数であり，

（2）　定点 P は $C$ 上にないこと，

（3）　3 次式 $p(t)$ は 2 つの極値をもつことが望ましい，

第4節　問題作りに挑戦しよう

といえる。

比較的簡単に問題を作ることができるので試みてみよう。手順の概略を述べる。

曲線 $C$ の方程式をパラメータ $a, b$ を含む3次式
$$C: y = ax^3 + bx^2 + kx$$
とする。$C$ 上の点 $Q(t, at^3 + bt^2 + kt)$ における接線の方程式は
$$y - (at^3 + bt^2 + kt) = (3at^2 + 2bt + k)(x - t)$$
この接線が定点 $P(1, 0)$ を通るとすると、$k$ と $t$ の関係式が得られる。
$$k = p(t) = 2at^3 + (b-3)t^2 - 2bt$$
ここで、パラメータ $a, b$ を上記の3つの条件を満たすように選ぶ。例題2においては $a=-1, b=9$、また「設定条件を変更した問題」では $a=1, b=-6$ としている。

ここで第2章の2次関数と本章の3次関数の最大値・最小値問題とを含んだ複合問題を考えよう。

---
**問題 1**

$0 \leq a \leq 2$ とする。$x$ の2次関数 $f(x)$ を
$$f(x) = -2(x-a)^2 + g(a), \quad g(a) = a^3 - 3a^2 + 2a$$
とする。

（1）$-1 \leq x \leq 1$ における $f(x)$ の最大値 $M(a)$、および最小値 $m(a)$ を求めよ。

（2）$0 \leq a \leq 2$ のとき、$M(a)$ が最大値をとる $a$ の値と最大値、およびそのときの $m(a)$ を求めよ。

---

**ヒント**：2次関数 $f(x)$ は平方完成の形をしているから、$-1 \leq x \leq 1$ における $f(x)$ の最大値 $M(a)$、および最小値 $m(a)$ は次のように得られる。

（1）　$0 \leq a \leq 1$ のとき
$$M(a) = g(a) = a^3 - 3a^2 + 2a$$
$$m(a) = f(-1) = a^3 - 5a^2 - 2a - 2$$
　　　$1 < a \leq 2$ のとき
$$M(a) = f(1) = a^3 - 5a^2 + 6a - 2$$
$$m(a) = f(-1) = a^3 - 5a^2 - 2a - 2$$

（2） $0 \leq a \leq 1$ のとき， $M(a) = g(a) = a^3 - 3a^2 + 2a$

$1 < a \leq 2$ のとき， $M(a) = f(1) = a^3 - 5a^2 + 6a - 2$

$M(a)$ の増減表，および $0 \leq a \leq 2$ におけるグラフは次のようになる。

$0 \leq a \leq 1$ のとき，$M'(a) = 3a^2 - 6a + 2 = 0$, $\therefore a = \dfrac{3 \pm \sqrt{3}}{3}$

$1 < a \leq 2$ のとき，$M'(a) = 3a^2 - 10a + 6 = 0$, $\therefore a = \dfrac{5 \pm \sqrt{7}}{3}$

$0 < \dfrac{3-\sqrt{3}}{3} < 1$, $1 < \dfrac{3+\sqrt{3}}{3} < 2$, $0 < \dfrac{5-\sqrt{7}}{3} < 1$, $2 < \dfrac{5+\sqrt{7}}{3} < 3$ に注意して，増減表およびグラフを描く。

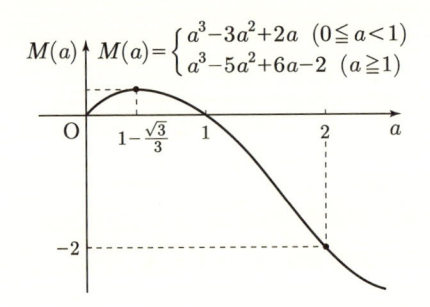

| $a$ | 0 | $\cdots$ | $1 - \dfrac{\sqrt{3}}{3}$ | $\cdots$ | 1 | $\cdots$ | 2 |
|---|---|---|---|---|---|---|---|
| $M'(a)$ | | + | 0 | − | | − | |
| $M(a)$ | 0 | ↗ | 極大 $\dfrac{2\sqrt{3}}{9}$ | ↘ | 0 | ↘ | −2 |

$M(a)$, $M(a) = \begin{cases} a^3 - 3a^2 + 2a & (0 \leq a < 1) \\ a^3 - 5a^2 + 6a - 2 & (a \geq 1) \end{cases}$

以上を参考にすると，$M(a)$ は $a = 1 - \dfrac{\sqrt{3}}{3}$ のとき最大値 $\dfrac{2\sqrt{3}}{9}$ をとる。またこのとき，$f(x)$ は最小値

$$m(a) = m\left(1 - \dfrac{\sqrt{3}}{3}\right) = \dfrac{-78 + 26\sqrt{3}}{9}$$

をとる。

# 第7章 数　　列

> **学習項目**：等差数列，等比数列，数列の和，階差数列，いろいろな数列，
> 漸化式，部分分数分解（数学B）
>
> 　第7章では，数学Bから「数列」について学習する。例題としては，
> 大学入試センター試験 数学II・数学Bの第3問を取り上げる。

## 第1節　例題の解答と基礎的な考え方

　第1節の主な目的は，問題とその解法をじっくり読んで，すっきりわかることである。すっきりわからないときは繰り返し読んでみよう。
　数列の基本的な問題は，
　（1）　等差数列の初項と公差から一般項と数列の和を求めること，
　（2）　等比数列の初項と公比から一般項と数列の和を求めること，
　（3）　階差数列や漸化式からもとの数列の一般項を導くこと
などである。いろいろな数列のなかで，一般項が分数式で与えられる数列の和を求めるとき，分数式の部分分数分解を用いるという手法がしばしば用いられる。
　等比数列 $\{a_n\}$ に対して，和 $\sum_{k=1}^{n} k a_k$ を求める問題がしばしば出題されている。計算には，和の記号 $\sum$ を含む式の変形が利用される。慣れないと計算ミ

スを犯しやすいので十分注意すること。また，$\sum_{k=1}^{n}k$, $\sum_{k=1}^{n}k^2$, $\sum_{k=1}^{n}k^3$, $\sum_{k=1}^{n}r^k$ などの公式は正確に記憶しておくことが望ましい。

センター試験の数列の問題では，数列の導入部分にいろいろと工夫が凝らされている。一般に数列の問題を見たとき，問題の意味が把握できなかったり，どうしたらよいかがわからないときは，数列の最初の数項を書き出してみると先がみえてくることがある。

---

**── 例題 1（2012 数ⅡB）──**

$\{a_n\}$ を $a_2=-\dfrac{7}{3}$, $a_5=-\dfrac{25}{3}$ である等差数列とし，自然数 $n$ に対し $S_n=\sum_{k=1}^{n}a_k$ とおく。

（1） 初項 $a_1$, 公差 $d$, および $S_n$ を求めよ。

（2） 数列 $\{b_n\}$ は
$$\sum_{k=1}^{n}b_k=\frac{4}{3}b_n+S_n \qquad (n=1,2,3,\cdots) \qquad \cdots\cdots ①$$
を満たすとする。このとき数列 $\{b_n\}$ の一般項を次の手順で求める。

(i) ① から $b_1$ を求めよ。

(ii) $\sum_{k=1}^{n+1}b_k=\sum_{k=1}^{n}b_k+b_{n+1}$ と ① から，数列 $\{b_n\}$ は次の形の漸化式をもつ。
$$b_{n+1}=pb_n+qn+r \qquad (n=1,2,3,\cdots) \qquad \cdots\cdots ②$$
このとき定数 $p, q, r$ を求めよ。

(iii) ② を変形して，次の関係式を満たす定数 $s$ と $t$ を求めよ。
$$b_{n+1}+s(n+1)+t=p(b_n+sn+t) \qquad (n=1,2,3,\cdots) \qquad \cdots\cdots ③$$

(iv) 数列 $\{b_n\}$ の一般項 $b_n$ を求めよ。

---

**［問題の意義と解答の要点］**

- $\{a_n\}$ は等差数列で，$a_2$ と $a_5$ が与えられれば，公差 $d$ と初項 $a_1$ に関する連立方程式を解くことにより一般項 $a_n$ と和 $S_n=\sum_{k=1}^{n}a_k$ が得られる。この $S_n$ を用いて数列 $\{b_n\}$ が ① によって定義されている。問題は，数列 $\{b_n\}$ の一般項を求めることである。

第1節　例題の解答と基礎的な考え方

- 教科書によれば，数列 $\{b_n\}$ が漸化式 $b_{n+1}=pb_n+r$ $(p\neq 1)$ を満たす場合には，$c=pc+r$ を満たす $c$ をとり，辺々引き算をすると $b_{n+1}-c=p(b_n-c)$ となり，数列 $\{b_n-c\}$ は公比 $p$ の等比数列となる。このことから $\{b_n-c\}$ および $\{b_n\}$ が得られる。
- 本題では，$\{b_n\}$ の定義 ① から漸化式がより一般な形の ② 式
$$b_{n+1}=pb_n+qn+r \quad (n=1,2,3,\cdots,\ p,q,r\text{ は定数で }p\neq 1)$$
となる場合の $b_n$ の求め方である。この場合，$c_n=b_n+sn+t$ とおいて，漸化式から $c_{n+1}=pc_n$ を満たすように $s$ と $t$ を定めればよい。$s=\dfrac{q}{p-1}$，$t=\dfrac{r+s}{p-1}$ ととる。

[解答]（1）数列 $\{a_n\}$ の一般項を $a_n=a_1+(n-1)d$ とする。$a_2=-\dfrac{7}{3}$，$a_5=-\dfrac{25}{3}$ から
$$-\frac{7}{3}=a_1+d,\qquad -\frac{25}{3}=a_1+4d$$
この連立方程式を解いて，$\quad d=-2,\quad a_1=-\dfrac{1}{3}$

ゆえに，$\qquad a_n=-\dfrac{1}{3}-2(n-1)=\dfrac{5}{3}-2n$

よって，$\qquad S_n=\sum_{k=1}^{n}a_k=\sum_{k=1}^{n}\left(\dfrac{5}{3}-2k\right)=\dfrac{5}{3}n-2\times\dfrac{n(n+1)}{2}$
$$=-n^2+\dfrac{2}{3}n$$

（2）$\displaystyle\sum_{k=1}^{n}b_k=\dfrac{4}{3}b_n+S_n=\dfrac{4}{3}b_n-n^2+\dfrac{2}{3}n$

(i) ① より $b_1=\dfrac{4}{3}b_1-1+\dfrac{2}{3}$，よって $-\dfrac{1}{3}b_1=-\dfrac{1}{3}$，ゆえに $b_1=1$

(ii) $b_{n+1}=\displaystyle\sum_{k=1}^{n+1}b_k-\sum_{k=1}^{n}b_k$

$\qquad =\dfrac{4}{3}b_{n+1}+S_{n+1}-\dfrac{4}{3}b_n-S_n$

$\qquad =\dfrac{4}{3}b_{n+1}-(n+1)^2+\dfrac{2}{3}(n+1)-\dfrac{4}{3}b_n+n^2-\dfrac{2}{3}n$

ゆえに，$\qquad -\dfrac{1}{3}b_{n+1}=-\dfrac{4}{3}b_n-2n-\dfrac{1}{3}$

したがって，$\qquad b_{n+1}=4b_n+6n+1 \qquad (n=1,2,3,\cdots) \qquad\cdots\cdots$②

よって，$p=4, q=6, r=1$ となる。

(iii) $\{b_n\}$ の漸化式 ② を
$$b_{n+1}+s(n+1)+t=4(b_n+sn+t) \quad (n=1, 2, 3, \cdots) \quad \cdots\cdots ③$$
と変形する。上式を書き直すと，
$$b_{n+1}=4b_n+(4s-s)n+4t-s-t=4b_n+3sn+3t-s \quad (n=1, 2, 3, \cdots)$$
これが ② と一致するためには
$$3s=6, \quad 3t-s=1, \quad \therefore \ s=2, \ t=1$$

(iv) $c_n=b_n+2n+1$ とおくと ③ から
$$b_{n+1}+2(n+1)+1=4(b_n+2n+1)$$
$$\therefore \ c_{n+1}=4c_n \quad (n=1, 2, 3, \cdots), \quad \text{ここで } c_1=b_1+2+1=4$$
したがって $\{c_n\}$ は初項 4，公比 4 の等比数列となる。よって，$c_n=4^n$
$$\therefore \ b_n=4^n-2n-1 \quad (n=1, 2, 3, \cdots) \quad \text{（解答終り）}$$

---

**── 設定条件を変更した問題 ──**

数列 $\{b_n\}$ は
$$\sum_{k=1}^{n} b_k = \frac{3}{4}b_n - \frac{1}{2}n^2 + \frac{1}{4}n + 1 \quad (n=1, 2, 3, \cdots) \quad \cdots\cdots ①$$
を満たすとする。このとき $\{b_n\}$ の一般項 $b_n$ を求めよ。

---

[解答] ① において $n=1$ のとき，$b_1=3$ である。なお，$n=2, 3$ とすると，$b_2=-14, b_3=33$ が得られて，漸化式 ① により新たな数列 $\{b_n\}$ が定義されることがわかる。

① から
$$\sum_{k=1}^{n+1} b_k = \frac{3}{4}b_{n+1} - \frac{1}{2}(n+1)^2 + \frac{1}{4}(n+1) + 1$$

一方，① から
$$\sum_{k=1}^{n+1} b_k = b_{n+1} + \sum_{k=1}^{n} b_k = b_{n+1} + \frac{3}{4}b_n - \frac{1}{2}n^2 + \frac{1}{4}n + 1$$

であるから，
$$\frac{3}{4}b_{n+1} - \frac{1}{2}(n+1)^2 + \frac{1}{4}(n+1) + 1 = b_{n+1} + \frac{3}{4}b_n - \frac{1}{2}n^2 + \frac{1}{4}n + 1$$

よって，
$$\frac{1}{4}b_{n+1} = -\frac{3}{4}b_n - \frac{1}{2}(2n+1) + \frac{1}{4}$$
$$\therefore \ b_{n+1} = -3b_n - 4n - 1 \quad (n=1, 2, 3, \cdots) \quad \cdots\cdots ②$$

第1節　例題の解答と基礎的な考え方

次に，②を変形して次の関係式が成り立つように実数 $s$ と $t$ を定めよう。
$$b_{n+1}+s(n+1)+t=-3(b_n+sn+t)$$
すなわち
$$b_{n+1}=-3b_n-4sn-4t-s$$
この式と②を比較すると
$$-4s=-4, \quad 4t+s=1 \quad \therefore \ s=1, t=0$$
$$\therefore \ b_{n+1}+(n+1)=-3(b_n+n)$$
そこで $c_n=b_n+n$ とおくと $c_1=b_1+1=4$，かつ
$$c_{n+1}=-3c_n \quad (n=1,2,3,\cdots)$$
よって，$\{c_n\}$ は初項 4，公比 $-3$ の等比数列である。$\therefore \ c_n=4(-3)^{n-1}$
$$\therefore \ b_n=c_n-n=4(-3)^{n-1}-n \quad (n=1,2,3,\cdots)$$
なお，上式から，$b_1=3, b_2=-14, b_3=33$ となり，①から求めた $n=1,2,3$ のときの当初の値と一致することが確かめられる。　　　　　　　　　　（解答終り）

---

**例題 2**（*2010* 数 IIB 改）

自然数の列 $1, 2, 3, \cdots$ を次のように群に分ける。
$$\underbrace{1,}_{\text{第1群}} \ \underbrace{2, 3, 4, 5,}_{\text{第2群}} \ \underbrace{6, 7, 8, 9, 10, 11, 12,}_{\text{第3群}} \ \cdots$$
ここで，一般に第 $n$ 群は $3n-2$ 個の項からなるものとする。第 $n$ 群の最後の項を $a_n$ で表す。

（1）$a_1=1, \ a_2=5, \ a_3=12, \ a_4$ を求めよ。
$a_n-a_{n-1} \ (n=2,3,4,\cdots)$，および $a_n$ を求めよ。
また，600 は第何群の，小さいほうから何番目の項か。

（2）$n=1,2,3,\cdots$ に対し，第 $n+1$ 群の小さいほうから $2n$ 番目の項を $b_n$ で表すとき，$b_n$ および $\sum_{k=1}^{n}\dfrac{1}{b_k}$ を求めよ。

---

[問題の意義と解答の要点]
- 数列 $\{a_n\}, \{b_n\}$ の定義を読んで，最初は何が何だかさっぱりわからない状態から，$a_4$ を計算してみて何か思いあたるのではないだろうか。このような場合，数列の成り立ちや，構造を考えることが大切である。
$$a_1=1, \ a_n=a_{n-1}+3n-2 \ (n=2,3,4,\cdots), \quad b_n=a_n+2n \ (n\geq 1)$$
であることを思いつくことが問題を解く鍵である。

- 階差数列から $\{a_n\}$ の一般項を求める方法，および $\sum_{k=1}^{n} \frac{1}{k(k+1)}$ の計算は，教科書，または本章の第3節「定義と定理・公式等のまとめ」において確認しておくこと。

[解答] （1） 第4群は $3 \times 4 - 2 = 10$ 個の項があるので
$$a_4 = a_3 + 10 = 12 + 10 = 22$$

また，$a_n$ の定義から $a_n = a_{n-1} + 3n - 2$, $\therefore a_n - a_{n-1} = 3n - 2$

ここで
$$\begin{aligned}
a_n - a_{n-1} &= 3n - 2 \\
a_{n-1} - a_{n-2} &= 3(n-1) - 2 \\
&\cdots \\
+) \quad a_2 - a_1 &= 3 \cdot 2 - 2 \\
\hline
a_n - a_1 &= 3 \sum_{k=2}^{n} k - 2(n-1)
\end{aligned}$$

$$\therefore a_n = a_1 + 3\left(\sum_{k=1}^{n} k - 1\right) - 2(n-1)$$
$$= 1 + 3\left(\frac{n(n+1)}{2} - 1\right) - 2(n-1) = \frac{3}{2}n^2 - \frac{1}{2}n \quad (n \geq 2)$$

$n = 1$ のとき，上式の右辺は $\frac{3}{2} - \frac{1}{2} = 1 = a_1$ となる。よって，すべての $n$ に対して
$$a_n = \frac{3}{2}n^2 - \frac{1}{2}n$$

次に，$600 > \frac{3}{2}n^2 - \frac{1}{2}n$, $n^2$ の増大の速さが一番大きいことに着目して両辺 $\times \frac{2}{3}$ を計算し，すなわち，$400 > n^2 - \frac{n}{3}$ を満たす最大の自然数 $n$ を探せばよい。$n$ は，$n^2 - \frac{n}{3} = n^2\left(1 - \frac{1}{3n}\right) \fallingdotseq n^2$, $\therefore n \fallingdotseq \sqrt{400} = 20$ より，$n = 20$ の場合を調べる。

$n = 20$ のとき　$a_n = 600 - 10 = 590$,
$n = 21$ のとき　$a_n = 651$

したがって，$n = 20$. $600 - 590 = 10$ より，600は21群の小さいほうから10番目の項となる。

（2） 第 $n+1$ 群の小さいほうから $2n$ 番目の項が $b_n$ であるから
$$b_n = a_n + 2n = \frac{3}{2}n^2 - \frac{1}{2}n + 2n = \frac{3}{2}(n^2 + n), \quad \therefore b_n = \frac{3}{2}n(n+1)$$

また，
$$\frac{1}{b_n} = \frac{2}{3} \frac{1}{n(n+1)} = \frac{2}{3}\left(\frac{1}{n} - \frac{1}{n+1}\right)$$

したがって

$$\sum_{k=1}^{n} \frac{1}{b_k} = \frac{2}{3} \sum_{k=1}^{n} \left( \frac{1}{k} - \frac{1}{k+1} \right)$$

$$= \frac{2}{3} \left\{ \left(1 - \frac{1}{2}\right) + \left(\frac{1}{2} - \frac{1}{3}\right) + \cdots + \left(\frac{1}{n} - \frac{1}{n+1}\right) \right\}$$

$$= \frac{2}{3} \left(1 - \frac{1}{n+1}\right) = \frac{2n}{3(n+1)}$$

（解答終り）

例題2はわかってみれば意外とやさしい問題である。そこで設定条件を変えて考え方の筋道を確認しておこう。

──  設定条件を変更した問題  ──

自然数の列 $1, 2, 3, \cdots$ を次のように群に分ける。

$$\underbrace{1,}_{\text{第1群}} \underbrace{2, 3, 4, 5, 6,}_{\text{第2群}} \underbrace{7, 8, 9, 10, 11, 12, 13, 14, 15,}_{\text{第3群}} \cdots$$

ここで，一般に第 $n$ 群は $4n-3$ 個の項からなるものとする。第 $n$ 群の最後の項を $a_n$ で表す。また，第 $n+1$ 群の小さいほうから $3n$ 番目の項を $b_n$ で表す。

このとき，次の問いに答えよ。

（1）　一般項 $a_n$ を求めよ。

（2）　700 は第何群の小さいほうから何番目の項か。

（3）　一般項 $b_n$，および $\sum_{k=1}^{n} b_k$，$\sum_{k=1}^{n} \frac{1}{b_k}$ を求めよ。

[解答]　（1）　$a_1 = 1$ である。

$$a_n = a_{n-1} + (4n-3)$$
$$= a_{n-2} + (4(n-1)-3) + (4n-3) = \cdots$$
$$= a_1 + (4 \cdot 2 - 3) + \cdots + (4(n-1)-3) + (4n-3)$$
$$= \sum_{k=2}^{n} (4k-3) + a_1 = \sum_{k=2}^{n} (4k-3) + 1 = \sum_{k=1}^{n} (4k-3)$$
$$= 4 \sum_{k=1}^{n} k - 3n$$
$$= 4 \cdot \frac{n(n+1)}{2} - 3n = 2n^2 - n$$

$n=1$ のとき $2n^2-n=2-1=1=a_1$. よってすべての $n$ に対して
$$a_n=2n^2-n=n(2n-1) \quad \cdots\cdots ①$$

**[別解]** 簡単に $a_n$ は第 $n$ 群までのすべての項数の和に等しいと考えれば
$$a_n=\sum_{k=1}^{n}(4k-3)=2n^2-n$$
としてもよい。

(2) $a_n=2n^2-n<700$ を満たす最大の自然数 $n$ を探す。そこで，2次方程式 $2x^2-x-700=0$ の解を計算すると，$x>0$ を考慮して，
$$x=\frac{1+\sqrt{1+5600}}{4}=\frac{1}{4}+\sqrt{\frac{5601}{16}}\fallingdotseq 18.7$$
ここで
$$a_{18}=18(2\times 18-1)=18\times 35=630, \quad a_{19}=19(2\times 19-1)=19\times 37=703$$
したがって，$2n^2-n<700$ を満たす最大の $n$ は 18 であることがわかった。

よって，700 は第 19 群の小さいほうから $700-630=70$ 番目の項となる。

(3) まず，
$$b_n=a_n+3n=2n^2-n+3n=2(n^2+n)=2n(n+1) \quad \cdots\cdots ②$$
$$\therefore \sum_{k=1}^{n}b_k=\sum_{k=1}^{n}2(k^2+k)=2\left(\sum_{k=1}^{n}k^2+\sum_{k=1}^{n}k\right)$$
$$=2\left\{\frac{n(n+1)(2n+1)}{6}+\frac{n(n+1)}{2}\right\}$$
$$=\frac{1}{3}n(n+1)(2n+1+3)=\frac{2}{3}n(n+1)(n+2)$$

次に ② から，
$$\frac{1}{b_n}=\frac{1}{2n(n+1)}=\frac{1}{2}\left(\frac{1}{n}-\frac{1}{n+1}\right)$$
$$\therefore \sum_{k=1}^{n}\frac{1}{b_k}=\frac{1}{2}\sum_{k=1}^{n}\left(\frac{1}{k}-\frac{1}{k+1}\right)$$
$$=\frac{1}{2}\left(1-\frac{1}{n+1}\right)=\frac{n}{2(n+1)}$$

(解答終り)

## 第2節　問題の解答を文章で書き表そう

　解答の流れ図には，問題の設定条件から結論を得るまでの考え方の筋道を表現する必要がある。この作業により，個々の計算の目的や問題と解の全体像を把握することができる。

　一般に，数列の計算は複雑で間違いやすい。特に和の記号 $\Sigma$（シグマ）を含む計算では，最初の項と最後の項を確かめないと，重複して足したり，足し忘れたりと間違いの原因となることがあるので要注意である。

### 問題の部

---
**例題 3（2009 数ⅡB 改）**

　$\{a_n\}$ を初項が 1 で公比が $\dfrac{1}{3}$ の等比数列とする。数列 $a_n$ の偶数番目の項を取り出して，数列 $\{b_n\}$ を $b_n = a_{2n}$ $(n=1, 2, 3, \cdots)$ で定める。$T_n = \sum_{k=1}^{n} b_k$ とおく。

　（1）　$T_n$，および積 $b_1 \cdot b_2 \cdots\cdots b_n$ を求めよ。

　（2）　次に数列 $\{c_n\}$ を $c_n = 2nb_n$ $(n=1, 2, 3, \cdots)$ で定め，$U_n = \sum_{k=1}^{n} c_k$ とおく。

　　(i)　$9c_{n+1} - c_n = 2b_n$ を示せ。

　　(ii)　$U_n$ を求めよ。

---

**設定条件を変更した問題**

　数列 $\{b_n\}$ を初項 $\dfrac{1}{4}$，公比 $\dfrac{1}{8}$ の等比数列とする。$T_n = \sum_{k=1}^{n} b_k$ とおく。次に，数列 $\{c_n\}$ を $c_n = 3nb_n$ $(n=1, 2, 3, \cdots)$ と定めるとき，$U_n = \sum_{k=1}^{n} c_k$ を求めよ。

---

---- **例題 4**（2008 数ⅡB 改）----

数列 $\{a_n\}$ は初項 7, 公差が $-4$ の等差数列とする. 初項から第 $n$ 項までの和を $S_n$ とおく.

（1） 数列 $\{b_n\}$ は第 $n$ 項が
$$b_n = pn^2 + qn + r \qquad \cdots\cdots\text{①}$$
という 2 次式で表され
$$b_{n+1} - 2b_n = S_n \qquad (n=1, 2, 3, \cdots) \qquad \cdots\cdots\text{②}$$
を満たすとする. このとき, $p, q, r$ と $b_1$ を求めよ.

（2） 数列 $\{c_n\}$ は次の条件によって定まる数列とする.
$$c_1 = 1,$$
$$c_{n+1} - 2c_n = S_n \qquad (n=1, 2, 3, \cdots) \qquad \cdots\cdots\text{③}$$
ここで, $d_n = c_n - b_n$ とおく. このとき数列 $\{d_n\}$ の一般項, および $\{c_n\}$ の一般項と $\sum_{k=1}^{n} c_k$ を求めよ.

---- **設定条件を変更した問題** ----

$n$ を自然数として, 数列 $\{x_n\}$ は次の漸化式で与えられているとする.
$$x_1 = 1$$
$$x_{n+1} - 4x_n = -3n^2 + 23n \qquad \cdots\cdots\text{①}$$
この数列の一般項を得るために, 数列 $\{z_n\}$ を導入する.

（1） 数列 $\{z_n\}$ は第 $n$ 項が $n$ の 2 次式 $z_n = pn^2 + qn + r \ (p \neq 0)$ で表され, かつ漸化式
$$z_{n+1} - 4z_n = -3n^2 + 23n \qquad (n=1, 2, 3, \cdots)$$
を満たすとする. このとき, $p, q, r$, および $z_n$ を求めよ.

（2） $z_n$ を利用して数列 $\{x_n\}$ の一般項 $x_n$, および $X_n = \sum_{k=1}^{n} x_k$ を求めよ.

## 第2節　問題の解答を文章で書き表そう

---
**例題 5**（*2011* 数ⅡB 改）

数直線上で点 P に実数 $a$ が対応しているとき，$a$ を点 P の座標といい，座標が $a$ である点を $P(a)$ で表す。

数直線上に点 $P_1=P(1), P_2=P(2)$ をとる。線分 $P_1P_2$ を $3:1$ に内分する点を $P_3$ とする。一般に，自然数 $n$ に対して，線分 $P_nP_{n+1}$ を $3:1$ に内分する点を $P_{n+2}$ とする。点 $P_n$ の座標を $x_n$ とする。$x_1=1, x_2=2$ とする。

（1）　数列 $\{x_n\}$ の階差数列 $\{y_n\}$：$y_n=x_{n+1}-x_n$ の一般項を求めよ。

（2）　数列 $\{x_n\}$ の一般項を求めよ。

（3）　自然数 $n$ に対して，$S_n=\sum_{k=1}^{n}k|y_k|$ を求めよ。

---

**設定条件を変更した問題**

$n$ を自然数として，数列 $\{x_n\}$ $(n=1,2,3,\cdots)$ は次のように与えられるとする。

　　$\{x_n : x_n$ は数直線上の点列 $P_n$ の座標で，$x_1=1, x_2=2$，かつ
　　　　$P_{n+2}$ は線分 $P_nP_{n+1}$ を $5:2$ に内分する$\}$

この数列について次の問いに答えよ。

（1）　数列 $\{x_n\}$ と，その階差数列 $\{y_n\}$：$y_n=x_{n+1}-x_n$ の一般項を求めよ。

（2）　自然数 $n$ に対して，$S_n=\sum_{k=1}^{n}\dfrac{k}{|y_k|}$ を求めよ。

## 解答の部

---
**例題 3**（*2009* 数ⅡB 改）

$\{a_n\}$ を初項が 1 で公比が $\frac{1}{3}$ の等比数列とする。数列 $a_n$ の偶数番目の項を取り出して，数列 $\{b_n\}$ を $b_n = a_{2n}$ $(n=1, 2, 3, \cdots)$ で定める。$T_n = \sum_{k=1}^{n} b_k$ とおく。

（1） $T_n$，および積 $b_1 \cdot b_2 \cdots \cdot b_n$ を求めよ。

（2） 次に数列 $\{c_n\}$ を $c_n = 2nb_n$ $(n=1, 2, 3, \cdots)$ で定め，$U_n = \sum_{k=1}^{n} c_k$ とおく。

　(i) $9c_{n+1} - c_n = 2b_n$ を示せ。

　(ii) $U_n$ を求めよ。

---

等比数列に関する問題である。初項 $a$，公比 $r$ の等比数列の一般項 $a_n$ は，$a_n = ar^{n-1}$。第 $n$ 項までの和は

$$\sum_{k=1}^{n} a_k = a(1 + r + \cdots + r^{n-1}) = a\frac{1-r^n}{1-r}$$

である。このように，等比数列の第 $n$ 項までの和と積は簡単に得られる。

さて，本問では $a_n = \left(\frac{1}{3}\right)^{n-1}$ で，$b_n = a_{2n} = \left(\frac{1}{3}\right)^{2n-1}$ で定義する。したがって，$b_1 = a_2 = \frac{1}{3}$，公比は $\frac{1}{9}$ の等比数列で，一般項は

$$b_n = \frac{1}{3}\left(\frac{1}{9}\right)^{n-1} = \frac{1}{3}\left(\frac{1}{3}\right)^{2n-2} = \left(\frac{1}{3}\right)^{2n-1}$$

の場合に該当する。

本問の主題は(2)である。すなわち，次の問題を考える。「公比 $r$ の等比数列 $\{b_n\}$ に対し，$c_n = pnb_n$ のとき $\sum_{k=1}^{n} c_k$ を求めよ（$p$ は定数）」の形式をもっている。本問では $r = \frac{1}{9}$，$p = 2$，$b_n = \left(\frac{1}{3}\right)^{2n-1}$ である。$U_n = \sum_{k=1}^{n} c_k$ を求めるために，$\{c_n\}$ の漸化式を導き，和をとる。このとき

$$\sum_{k=1}^{n} c_{k+1} = \sum_{k=1}^{n} c_k - c_1 + c_{n+1}$$

第2節　問題の解答を文章で書き表そう

となることに注意すればよい。$U_n - rU_n$ を変形して $U_n$ を求めることと同じことである。

[解答の流れ図]

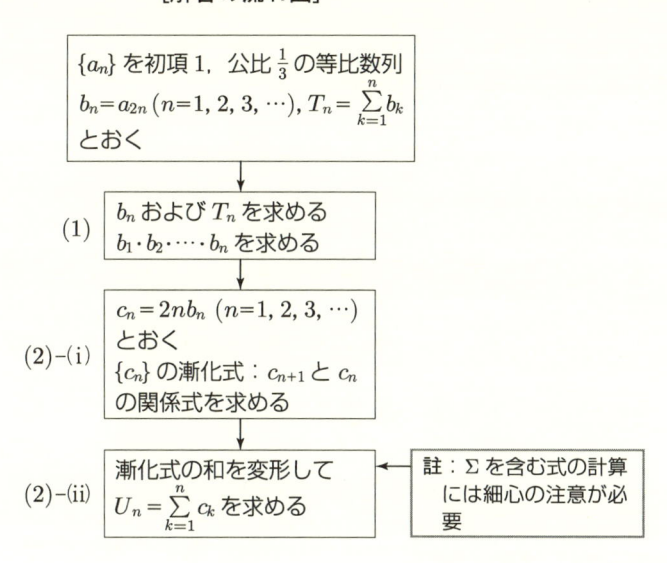

```
┌─────────────────────────────────────┐
│ $\{a_n\}$ を初項 1，公比 $\frac{1}{3}$ の等比数列   │
│ $b_n = a_{2n}$ $(n=1, 2, 3, \cdots)$, $T_n = \sum_{k=1}^{n} b_k$ │
│ とおく                                │
└─────────────────────────────────────┘
              ↓
(1)  ┌─────────────────────────┐
     │ $b_n$ および $T_n$ を求める      │
     │ $b_1 \cdot b_2 \cdots \cdot b_n$ を求める │
     └─────────────────────────┘
              ↓
(2)-(i) ┌──────────────────────────┐
        │ $c_n = 2n b_n$ $(n=1, 2, 3, \cdots)$ │
        │ とおく                      │
        │ $\{c_n\}$ の漸化式：$c_{n+1}$ と $c_n$ │
        │ の関係式を求める             │
        └──────────────────────────┘
              ↓
(2)-(ii) ┌──────────────────────┐  ┌─────────────────────┐
         │ 漸化式の和を変形して    │←│ 註：Σを含む式の計算  │
         │ $U_n = \sum_{k=1}^{n} c_k$ を求める │  │ には細心の注意が必要 │
         └──────────────────────┘  └─────────────────────┘
```

[解答]　(1) 題意より $b_n = \left(\frac{1}{3}\right)^{n-1}$，

$$b_n = a_{2n} = \frac{1}{3}\left(\frac{1}{9}\right)^{n-1}$$

したがって，

$$T_n = \sum_{k=1}^{n} \frac{1}{3}\left(\frac{1}{9}\right)^{k-1}$$

$$= \frac{1}{3}\left(1 + \frac{1}{9} + \cdots + \frac{1}{9^{n-1}}\right)$$

$$= \frac{1}{3} \cdot \frac{1 - \frac{1}{9^n}}{1 - \frac{1}{9}} = \frac{3}{8}\left(1 - \frac{1}{9^n}\right) \qquad \cdots\cdots ①$$

☞
$$a\{1 + r + r^2 + \cdots + r^{n-1}\} = a\frac{1 - r^n}{1 - r}$$
上式の左辺と右辺の $r$ の指数が異なることに注意。

また，

$$b_1 \cdot b_2 \cdots \cdot b_n = \frac{1}{3} \cdot \frac{1}{3} \cdot \frac{1}{9} \cdots \cdot \frac{1}{3} \cdot \frac{1}{9^{n-1}}$$

$$= \left(\frac{1}{3}\right)^n \left(\frac{1}{9}\right)^{0+1+2+\cdots+(n-1)}$$

$$= \left(\frac{1}{3}\right)^n \left(\frac{1}{9}\right)^{\frac{n(n-1)}{2}} = \left(\frac{1}{3}\right)^n \left(\frac{1}{3}\right)^{n(n-1)} = \left(\frac{1}{3}\right)^{n^2}$$

(2) (i) $c_{n+1}=2(n+1)b_{n+1}=2(n+1)\dfrac{1}{9}b_n$

$\qquad\qquad =\dfrac{1}{9}(2nb_n)+\dfrac{2}{9}b_n$

よって $c_{n+1}=\dfrac{1}{9}c_n+\dfrac{2}{9}b_n$, ∴ $9c_{n+1}-c_n=2b_n$ は示された。

(ii) (i)より, $9c_{n+1}-c_n=2b_n$ を辺々加えると,

$$\sum_{k=1}^{n}(9c_{k+1}-c_k)=2\sum_{k=1}^{n}b_k$$

左辺を変形する。

$$\sum_{k=1}^{n}9c_{k+1}-\sum_{k=1}^{n}c_k=9\sum_{k=1}^{n}c_{k+1}-\sum_{k=1}^{n}c_k$$

$$=9\left(\sum_{k=1}^{n}c_k-c_1+c_{n+1}\right)-\sum_{k=1}^{n}c_k$$

$$=8\sum_{k=1}^{n}c_k-9c_1+9c_{n+1}$$

よって $\qquad 8\sum_{k=1}^{n}c_k=2\sum_{k=1}^{n}b_k+9c_1-9c_{n+1}$

∴ $8U_n=2T_n+9c_1-9c_{n+1}$, よって $U_n=\dfrac{1}{4}T_n-\dfrac{9}{8}c_{n+1}+\dfrac{9}{8}c_1$

① と, $c_{n+1}=2(n+1)b_{n+1}=2(n+1)\dfrac{1}{3}\cdot\dfrac{1}{9^n}$, $c_1=2b_1=\dfrac{2}{3}$ から

$$U_n=\dfrac{1}{4}\cdot\dfrac{3}{8}\left(1-\dfrac{1}{9^n}\right)-\dfrac{9}{8}\cdot 2(n+1)\dfrac{1}{3}\cdot\dfrac{1}{9^n}+\dfrac{9}{8}\cdot\dfrac{2}{3}$$

$U_n$ をまとめるには, 定数項($n$ に無関係の項)と $\dfrac{1}{9^n}$ の係数に分ける。定数項は

$$\dfrac{1}{4}\times\dfrac{3}{8}+\dfrac{9}{8}\times\dfrac{2}{3}=\dfrac{3}{32}+\dfrac{24}{32}=\dfrac{27}{32},$$

$\dfrac{1}{9^n}$ の係数は

$$-\dfrac{1}{4}\times\dfrac{3}{8}-\dfrac{9}{8}\times 2(n+1)\times\dfrac{1}{3}=-\left(\dfrac{3}{4}n+\dfrac{27}{32}\right)=-\dfrac{24n+27}{32}$$

したがって, $\qquad U_n=\dfrac{27}{32}-\dfrac{24n+27}{32}\cdot\dfrac{1}{9^n}$ ……②

(解答終り)

第2節　問題の解答を文章で書き表そう

---**設定条件を変更した問題**---

数列 $\{b_n\}$ を初項 $\dfrac{1}{4}$，公比 $\dfrac{1}{8}$ の等比数列とする。$T_n=\sum\limits_{k=1}^{n}b_k$ とおく。次に，数列 $\{c_n\}$ を $c_n=3nb_n$ $(n=1,2,3,\cdots)$ と定めるとき，$U_n=\sum\limits_{k=1}^{n}c_k$ を求めよ。

---

[解答]　$b_n=\dfrac{1}{4}\cdot\left(\dfrac{1}{8}\right)^{n-1}$，$T_n=\dfrac{1}{4}\left(1+\dfrac{1}{8}+\cdots+\dfrac{1}{8^{n-1}}\right)=\dfrac{1}{4}\cdot\dfrac{1-\left(\dfrac{1}{8}\right)^n}{1-\dfrac{1}{8}}=\dfrac{2}{7}\left(1-\dfrac{1}{8^n}\right)$

　　　　　　　　　　　　　　　　　　　　　　　　　　　　　　　　　　　　……①

また，$c_1=\dfrac{3}{4}$．ここで

$$c_{n+1}=3(n+1)b_{n+1}=3(n+1)\dfrac{1}{8}b_n=3n\left(\dfrac{1}{8}b_n\right)+\dfrac{3}{8}b_n$$

$$=\dfrac{1}{8}c_n+\dfrac{3}{8}b_n,\quad \therefore\ 8c_{n+1}-c_n=3b_n$$

上式を辺々加えると　　　$\sum\limits_{k=1}^{n}(8c_{k+1}-c_k)=3\sum\limits_{k=1}^{n}b_k$　　　……②

ここで　　　$\sum\limits_{k=1}^{n}c_{k+1}=c_2+c_3+\cdots+c_n+c_{n+1}=\sum\limits_{k=1}^{n}c_k-c_1+c_{n+1}$

を用いて②を変形すると

$$8\left(\sum\limits_{k=1}^{n}c_k-c_1+c_{n+1}\right)-\sum\limits_{k=1}^{n}c_k=3\sum\limits_{k=1}^{n}b_k$$

よって　　　　　　　　$7\sum\limits_{k=1}^{n}c_k=3\sum\limits_{k=1}^{n}b_k+8c_1-8c_{n+1}$

$\therefore\ 7U_n=3T_n+8c_1-8c_{n+1}$，よって　$U_n=\dfrac{3}{7}T_n+\dfrac{8}{7}c_1-\dfrac{8}{7}c_{n+1}$

ここで①と，$c_1=\dfrac{3}{4}$，$c_{n+1}=3(n+1)b_{n+1}=3(n+1)\dfrac{1}{4}\cdot\dfrac{1}{8^n}$ を用いて，

$$U_n=\dfrac{3}{7}\cdot\dfrac{2}{7}\left(1-\dfrac{1}{8^n}\right)+\dfrac{8}{7}\cdot\dfrac{3}{4}-\dfrac{8}{7}\cdot\dfrac{3}{4}(n+1)\dfrac{1}{8^n}$$

$$=\dfrac{48}{49}-\left(\dfrac{6}{7}n+\dfrac{48}{49}\right)\dfrac{1}{8^n}\qquad\qquad ……③$$

（解答終り）[†]

---

[†]　この問題の計算はきわめて間違いやすい。検算のひとつとして $U_1$ を導いた公式が正しいかどうかを調べてみよう。（→次頁へ続く）

---- 例題4（2008 数ⅡB 改）----

数列 $\{a_n\}$ は初項7，公差が $-4$ の等差数列とする．初項から第 $n$ 項までの和を $S_n$ とおく．

（1） 数列 $\{b_n\}$ は第 $n$ 項が
$$b_n = pn^2 + qn + r \qquad \cdots\cdots ①$$
という2次式で表され
$$b_{n+1} - 2b_n = S_n \qquad (n=1, 2, 3, \cdots) \qquad \cdots\cdots ②$$
を満たすとする．このとき，$p, q, r$，および $b_n$ を求めよ．

（2） 数列 $\{c_n\}$ は次の条件によって定まる数列とする．
$$c_1 = 1$$
$$c_{n+1} - 2c_n = S_n \qquad (n=1, 2, 3, \cdots) \qquad \cdots\cdots ③$$
ここで，$d_n = c_n - b_n$ とおく．このとき数列 $\{d_n\}$ の一般項，および $\{c_n\}$ の一般項と $\sum_{k=1}^{n} c_k$ を求めよ．

---

まず，初項と公差が与えられた数列 $\{a_n\}$ と，初項から第 $n$ 項までの和 $S_n$ は得られているとしよう．このとき数列 $\{b_n\}$ の第 $n$ 項が $n$ の2次式であり，かつ漸化式 ② を満たすという条件で $b_n$ が定まることを(1)で示す．

次に(2)では，数列 $\{c_n\}$ の $c_n$ は $n$ の2次式とは仮定しないで，初項 $c_1=1$ と漸化式 ③ を仮定すると，③ から
$$c_1 = 1, \quad c_2 = 2c_1 + S_1, \quad c_3 = 2_2 + S_2, \quad \cdots$$
となり，数列 $\{c_n\}$ は逐次決定されていくことがわかる．では，数列 $\{c_n\}$ の一般項 $c_n$，および，初項から第 $n$ 項までの和は，$n$ の式としてどのように表されるかを問(2)で求めることになる．

---

（→前頁より） 例題3では，定義から $U_1 = c_1 = 2b_1 = \dfrac{2}{3}$，一方，得られた結果 ② から $U_1$ を計算すると，
$$U_1 = \frac{27}{32} - \frac{24+27}{32} \cdot \frac{1}{9} = \frac{27}{32} - \frac{51}{32 \times 9} = \frac{27}{32} - \frac{17}{32 \times 3} = \frac{81-17}{96} = \frac{64}{96} = \frac{2}{3}$$
となり，確かに正しい．

また，設定条件を変えた問題においても $U_1 = 3b_1 = \dfrac{3}{4}$，一方，得られた結果 ③ において $n=1$ とおくと，$U_1 = \dfrac{48}{49} - \left(\dfrac{6}{7} + \dfrac{48}{49}\right)\dfrac{1}{8} = \dfrac{3}{4}$ を得る．

以上のような検算も解答に書いておくのもよいことである．

第2節 問題の解答を文章で書き表そう

**[解答の流れ図]**

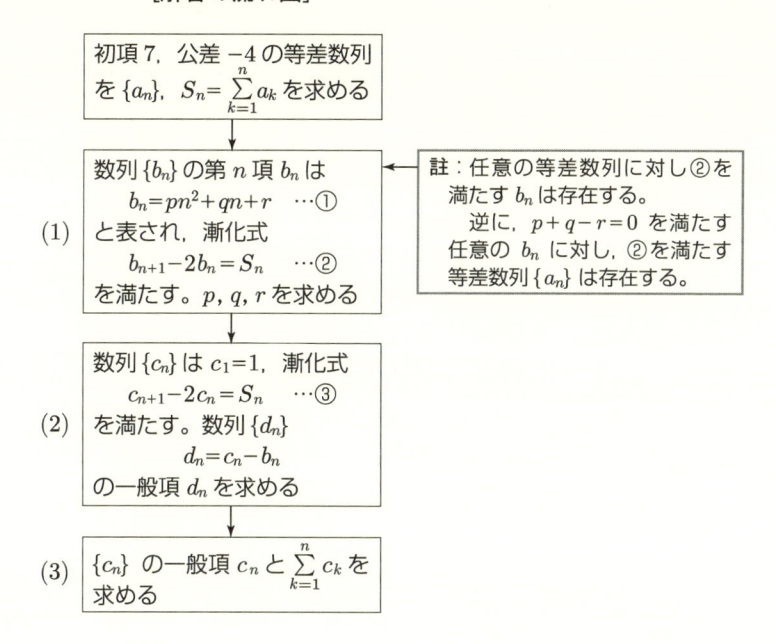

初項 7, 公差 $-4$ の等差数列を $\{a_n\}$, $S_n = \sum_{k=1}^{n} a_k$ を求める

(1) 数列 $\{b_n\}$ の第 $n$ 項 $b_n$ は
$$b_n = pn^2 + qn + r \quad \cdots ①$$
と表され, 漸化式
$$b_{n+1} - 2b_n = S_n \quad \cdots ②$$
を満たす。$p, q, r$ を求める

註：任意の等差数列に対し②を満たす $b_n$ は存在する。
逆に, $p+q-r=0$ を満たす任意の $b_n$ に対し, ②を満たす等差数列 $\{a_n\}$ は存在する。

(2) 数列 $\{c_n\}$ は $c_1=1$, 漸化式
$$c_{n+1} - 2c_n = S_n \quad \cdots ③$$
を満たす。数列 $\{d_n\}$
$$d_n = c_n - b_n$$
の一般項 $d_n$ を求める

(3) $\{c_n\}$ の一般項 $c_n$ と $\sum_{k=1}^{n} c_k$ を求める

[解答] まず $a_n = 7 + (-4)(n-1) = -4n + 11 \quad (n=1, 2, 3, \cdots)$

$$\therefore S_n = \sum_{k=1}^{n}(-4n+11) = -4\frac{n(n+1)}{2} + 11n = -2n^2 + 9n \quad \cdots\cdots ④$$

(1) $b_{n+1} = p(n+1)^2 + q(n+1) + r = pn^2 + (2p+q)n + p+q+r$
$b_n = pn^2 + qn + r$
$\therefore b_{n+1} - 2b_n = pn^2 + (2p+q)n + p+q+r - 2pn^2 - 2qn - 2r$
$= -pn^2 + (2p-q)n + p+q-r$

これが $S_n$ に等しいから, ④から
$$-pn^2 + (2p-q)n + p+q-r = -2n^2 + 9n \quad (n=1, 2, 3, \cdots)$$
この等式はすべての自然数 $n$ について恒等的に成り立つから, よって, $p=2$, $2p-q=9$, $p+q-r=0$

$\therefore p=2, \ q=-5, \ r=-3$

すなわち $b_n = 2n^2 - 5n - 3$, 特に $b_1 = -6$

☞ 数列 $\{b_n\}$ が②のような漸化式を満たすとき数列 $\{b_n\}$ の一般項 $b_n$ が求められた。

(2) 次に数列 $\{c_n\}$ を初項 1, 漸化式③を満たす数列とする。
$d_n = c_n - b_n$ とおくと

$$d_{n+1} = c_{n+1} - b_{n+1} = S_n + 2c_n - (S_n + 2b_n) = 2(c_n - b_n) = 2d_n$$

より

$$d_{n+1} - 2d_n = 0, \quad d_1 = c_1 - b_1 = 1 - (-6) = 7$$

よって，数列 $\{d_n\}$ は初項 7，公比 2 の等比数列である．したがって

$$d_n = 7 \cdot 2^{n-1} \quad (n = 1, 2, 3, \cdots)$$

$$\therefore \quad c_n = b_n + 7 \cdot 2^{n-1} = 7 \cdot 2^{n-1} + 2n^2 - 5n - 3 \quad \cdots\cdots ⑤$$

したがって

☞ 漸化式③と $c_1 = 1$ を満たす $\{c_n\}$ を求めるため $\{b_n\}$, $\{d_n\}$ を導入したことに留意しよう．

$$\sum_{k=1}^{n} c_k = \sum_{k=1}^{n} (7 \cdot 2^{k-1} + 2k^2 - 5k - 3)$$

$$= 7 \sum_{k=1}^{n} 2^{k-1} + 2 \sum_{k=1}^{n} k^2 - 5 \sum_{k=1}^{n} k - 3n$$

$$= 7 \cdot \frac{2^n - 1}{2 - 1} + 2 \cdot \frac{n(n+1)(2n+1)}{6} - 5 \cdot \frac{n(n+1)}{2} - 3n$$

$$= 7(2^n - 1) + \frac{1}{3}(2n^3 + 3n^2 + n) - \frac{5n(n+1)}{2} - 3n$$

$$= 7 \cdot 2^n + \frac{2}{3}n^3 - \frac{3}{2}n^2 - \frac{31}{6}n - 7 \quad \cdots\cdots ⑥$$

(解答終り)†

※ ひとつの検算として，この公式から $c_1$ を計算してみると

$$c_1 = 7 \cdot 2 + \frac{2}{3} - \frac{3}{2} - \frac{31}{6} - 7 = 14 - \frac{78}{6} = 1$$

となる．

---

**設定条件を変更した問題**

$n$ を自然数として，数列 $\{x_n\}$ は次の漸化式で与えられているとする．

$$x_1 = 1$$

$$\underline{x_{n+1} - 4x_n = -3n^2 + 23n} \quad (n = 1, 2, 3, \cdots) \quad \cdots\cdots ①$$

この数列の一般項 $x_n$ を得るために，数列 $\{z_n\}$ を導入する．

(1) 数列 $\{z_n\}$ は第 $n$ 項が $n$ の 2 次式 $z_n = pn^2 + qn + r \; (p \neq 0)$ で表され，かつ漸化式

$$\underline{z_{n+1} - 4z_n = -3n^2 + 23n} \quad (n = 1, 2, 3, \cdots)$$

を満たすとする．このとき，$p, q, r$, および $z_n$ を求めよ．

---

† 得られた結果⑤が正しいことを証明するには，
 (i) ⑥が③を満たすことを確かめる，かまたは
 (ii) ⑥を導く各段階の論理と計算が正しいことを確認する，ことになる．

第2節 問題の解答を文章で書き表そう   257

> （2） $z_n$ を利用して数列 $\{x_n\}$ の一般項 $x_n$，および $X_n=\sum_{k=1}^{n}x_k$ を求めよ。

例題5と同じ考え方で解けばよい。本問でも $x_1=1$ としたが，じつは $x_1$ としては任意の実数でよいことがわかる。

[解答] （1） $z_n=pn^2+qn+r$，かつ $z_{n+1}-4z_n=-3n^2+23n$ $(n=1, 2, 3, \cdots)$ が成り立つから
$$z_{n+1}-4z_n=p(n+1)^2+q(n+1)+r-4(pn^2+qn+r)$$
$$=-3pn^2+(2p-3q)n+p+q-3r$$
$$=-3n^2+23n$$
この等式はすべての自然数 $n$ について成り立つから，係数を比較して，
$$-3p=-3, \quad 2p-3q=23, \quad p+q-3r=0$$
この $p, q, r$ に関する連立方程式を解いて
$$p=1, \quad q=-7, \quad r=-2, \quad \therefore z_n=n^2-7n-2, \text{ 特に } z_1=-8$$

（2） $\{z_n\}$ と $\{x_n\}$ の漸化式は一致しているから
$$z_{n+1}-4z_n=x_{n+1}-4x_n, \quad \therefore x_{n+1}-z_{n+1}=4(x_n-z_n) \quad (n=1, 2, 3, \cdots)$$
ここで $w_n=x_n-z_n$ とおく。$w_1=x_1-z_1=1-(-8)=9$，よって $w_{n+1}=4w_n$。したがって数列 $\{w_n\}$ は，初項9，公比4の等比数列となる。
$$\therefore w_n=9\cdot 4^{n-1} \quad (n=1, 2, 3, \cdots)$$
よって
$$x_n-z_n=9\cdot 4^{n-1}$$
$$\therefore x_n=9\cdot 4^{n-1}+z_n=9\cdot 4^{n-1}+n^2-7n-2 \quad \text{（一般項は得られた。）}$$
また，
$$X_n=\sum_{k=1}^{n}x_k=\sum_{k=1}^{n}(9\cdot 4^{k-1}+k^2-7k-2)$$
$$=9\cdot\frac{4^n-1}{4-1}+\frac{n(n+1)(2n+1)}{6}-7\cdot\frac{n(n+1)}{2}-2n$$
$$=3(4^n-1)+\frac{n}{6}(2n^2+3n+1-21n-21-12)$$
$$=3\cdot 4^n+\frac{1}{3}n^3-3n^2-\frac{16}{3}n-3 \quad \textbf{（解答終り）}^\dagger$$

---
† 「設定条件を変更した問題」で，$x_1=1$ の代わりに $x_1=a$，かつ漸化式①を満たす $x_n$ を求めてみよう。問(2)の解答のなかで，$w_n=x_n-z_n$ とおくと，$w_1=a+8$，$w_{n+1}=4w_n$。よって $\{w_n\}$ は初項 $a+8$，公比4の等比数列である。
$$\therefore w_n=(a+8)4^{n-1} \quad \therefore x_n=(a+8)4^{n-1}+z_n=(a+8)4^{n-1}+n^2-7n-2$$
となる。

## 例題 5（2011 数IIB 改）

数直線上で点 P に実数 $a$ が対応しているとき，$a$ を点 P の座標といい，座標が $a$ である点を P($a$) で表す。

数直線上に点 $P_1=P(1), P_2=P(2)$ をとる。線分 $P_1P_2$ を $3:1$ に内分する点を $P_3$ とする。一般に，自然数 $n$ に対して，線分 $P_nP_{n+1}$ を $3:1$ に内分する点を $P_{n+2}$ とする。点 $P_n$ の座標を $x_n$ とする。$x_1=1, x_2=2$ とする。

（1） 数列 $\{x_n\}$ の階差数列 $\{y_n\}$：$y_n=x_{n+1}-x_n$ の一般項を求めよ。

（2） 数列 $\{x_n\}$ の一般項を求めよ。

（3） 自然数 $n$ に対して，$S_n=\sum_{k=1}^{n} k|y_k|$ を求めよ。

[解答の流れ図]

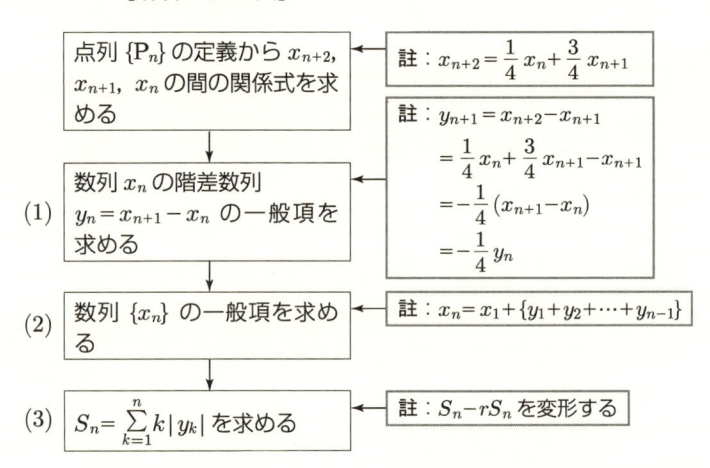

(1) 点列 $\{P_n\}$ の定義から $x_{n+2}$, $x_{n+1}$, $x_n$ の間の関係式を求める
　註：$x_{n+2}=\dfrac{1}{4}x_n+\dfrac{3}{4}x_{n+1}$

数列 $x_n$ の階差数列 $y_n=x_{n+1}-x_n$ の一般項を求める
　註：$y_{n+1}=x_{n+2}-x_{n+1}$
　$=\dfrac{1}{4}x_n+\dfrac{3}{4}x_{n+1}-x_{n+1}$
　$=-\dfrac{1}{4}(x_{n+1}-x_n)$
　$=-\dfrac{1}{4}y_n$

(2) 数列 $\{x_n\}$ の一般項を求める
　註：$x_n=x_1+\{y_1+y_2+\cdots+y_{n-1}\}$

(3) $S_n=\sum_{k=1}^{n} k|y_k|$ を求める
　註：$S_n-rS_n$ を変形する

**[解答]**（1）$\{P_n\}$ の定義から，$\{x_n\}$ は次の漸化式を満たす[†]。

☞ $x_{n+1}=\dfrac{3}{4}x_{n-1}+\dfrac{1}{4}x_n$ と間違わないように注意。

$$x_{n+1}=x_{n-1}+\frac{3}{4}(x_n-x_{n-1})=\frac{1}{4}x_{n-1}+\frac{3}{4}x_n$$

$$\therefore \ y_n=x_{n+1}-x_n=\frac{1}{4}x_{n-1}+\frac{3}{4}x_n-x_n=-\frac{1}{4}(x_n-x_{n-1})=-\frac{1}{4}y_{n-1}$$

また，
$$y_1=x_2-x_1=2-1=1$$

---

[†] 内分点の値は，内分点の定義にしたがった計算法と，教科書の公式にしたがった計算法を書いた。公式を正確に記憶しておれば，公式を用いてもよい。

第2節　問題の解答を文章で書き表そう

よって $\{y_n\}$ は，初項 $1$，公比 $-\dfrac{1}{4}$ の等比数列となる。

$$\therefore \quad y_n = \left(-\dfrac{1}{4}\right)^{n-1} y_1 = \left(-\dfrac{1}{4}\right)^{n-1} \quad (n \geqq 2), \qquad y_1 = 1$$

これは $n=1$ でも成立するので $y_n = \left(-\dfrac{1}{4}\right)^{n-1}$ $(n \geqq 1)$

(2)　$x_n = x_1 + \displaystyle\sum_{k=1}^{n-1} y_k$

$$= 1 + \sum_{k=1}^{n-1} \left(-\dfrac{1}{4}\right)^{k-1} = 1 + \dfrac{1 - \left(-\dfrac{1}{4}\right)^{n-1}}{1 - \left(-\dfrac{1}{4}\right)}$$

$$= 1 + \dfrac{4}{5}\left\{1 - \left(-\dfrac{1}{4}\right)^{n-1}\right\} = \dfrac{9}{5} - \dfrac{4}{5}\left(-\dfrac{1}{4}\right)^{n-1} \quad (n \geqq 2 \text{ のとき}),$$

$n=1$ のとき　$\dfrac{9}{5} - \dfrac{4}{5}\left(-\dfrac{1}{4}\right)^{1-1} = \dfrac{9}{5} - \dfrac{4}{5} = 1$

$$\therefore \text{ すべての } n \text{ で } x_n = \dfrac{9}{5} - \dfrac{4}{5}\left(-\dfrac{1}{4}\right)^{n-1}$$

(3)　$S_n = \displaystyle\sum_{k=1}^{n} k\,|y_k| = \sum_{k=1}^{n} k r^{k-1} \quad \left(r = \left|-\dfrac{1}{4}\right| = \dfrac{1}{4}\right)$

$$= \sum_{k=1}^{n}(k-1)r^{k-1} + \sum_{k=1}^{n} r^{k-1}$$

$$= r + 2r^2 + \cdots + (n-1)r^{n-1} + \sum_{k=1}^{n} r^{k-1}$$

$$rS_n = \sum_{k=1}^{n} k r^k = r + 2r^2 + \cdots + n r^n$$

$$\therefore \quad S_n - rS_n = \sum_{k=1}^{n} r^{k-1} - n r^n = \dfrac{1-r^n}{1-r} - n r^n$$

したがって，

$$S_n = \dfrac{1}{1-r}\left\{\dfrac{1-r^n}{1-r} - n r^n\right\} \quad \left(r = \dfrac{1}{4}\right)$$

$$= \dfrac{4}{3}\left\{\dfrac{4}{3}\left(1 - \left(\dfrac{1}{4}\right)^n\right) - n\left(\dfrac{1}{4}\right)^n\right\}$$

$$= \dfrac{16}{9}\left\{1 - \left(\dfrac{1}{4}\right)^n\right\} - \dfrac{4}{3} n\left(\dfrac{1}{4}\right)^n$$

$$= \dfrac{16}{9} - \left\{\dfrac{16}{9} + \dfrac{4}{3}n\right\}\left(\dfrac{1}{4}\right)^n$$

（解答終り）

---
**設定条件を変更した問題**

$n$ を自然数として，数列 $\{x_n\}$ $(n=1,2,3,\cdots)$ は次のように与えられるとする．

$\{x_n : x_n$ は数直線上の点列 $\mathrm{P}_n$ の座標で，$x_1=1$，$x_2=2$，かつ $\mathrm{P}_{n+2}$ は線分 $\mathrm{P}_n\mathrm{P}_{n+1}$ を $5:2$ に内分する$\}$

この数列について次の問いに答えよ．

(1) 数列 $\{x_n\}$ と，その階差数列 $\{y_n\}$：$y_n = x_{n+1} - x_n$ の一般項を求めよ．

(2) 自然数 $n$ に対して，$S_n = \sum_{k=1}^{n} \dfrac{k}{|y_k|}$ を求めよ．

---

解答は例題とまったく同じ方法で解けばよい．$\mathrm{P}_{n+2}$ は $\mathrm{P}_n\mathrm{P}_{n+1}$ を $3:1$ の代わりに，$5:2$ に内分する点であること，および $\sum_{k=1}^{n} k|y_k|$ の代わりに $\sum_{k=1}^{n} \dfrac{k}{|y_k|}$ を求める問題となっている．

**[解答]** (1) $\mathrm{P}_{n+2}$ の座標 $x_{n+2}$ は線分 $\mathrm{P}_n\mathrm{P}_{n+1}$ を $5:2$ に内分するから

$$x_{n+2} = \frac{2x_n + 5x_{n+1}}{5+2} = \frac{2}{7}x_n + \frac{5}{7}x_{n+1}$$

よって，階差数列 $y_n = x_{n+1} - x_n$ は

$$\begin{aligned} y_{n+1} &= x_{n+2} - x_{n+1} \\ &= \frac{2}{7}x_n + \frac{5}{7}x_{n+1} - x_{n+1} \\ &= -\frac{2}{7}(x_{n+1} - x_n) = -\frac{2}{7}y_n \end{aligned}$$

したがって $\{y_n\}$ は公比 $-\dfrac{2}{7}$ の等比数列で，初項 $y_1 = x_2 - x_1 = 1$

$$\therefore \quad y_{n+1} = -\frac{2}{7}y_n = \cdots = \left(-\frac{2}{7}\right)^n y_1 = \left(-\frac{2}{7}\right)^n$$

よって

$$y_n = \left(-\frac{2}{7}\right)^{n-1} \quad (n \geq 2 \text{ のとき}), \quad y_1 = 1$$

$$\therefore \quad y_n = \left(-\frac{2}{7}\right)^{n-1} \quad (n \geq 1)$$

階差数列 $\{y_n\}$ が求められたので，$\{x_n\}$ の一般項は

第2節　問題の解答を文章で書き表そう　　　　　　　　　　　　　　　　261

$$x_n = x_1 + y_1 + \cdots + y_{n-1}$$
$$= 1 + \sum_{k=1}^{n-1} \left(-\frac{2}{7}\right)^{k-1}$$
$$= 1 + \frac{1-\left(-\frac{2}{7}\right)^{n-1}}{1-\left(-\frac{2}{7}\right)} = 1 + \frac{7}{9}\left\{1-\left(-\frac{2}{7}\right)^{n-1}\right\}$$
$$= \frac{16}{9} - \frac{7}{9}\left(-\frac{2}{7}\right)^{n-1} \quad (n \geq 2)$$

$n=1$ のとき $\frac{16}{9} - \frac{7}{9} = 1 = x_1$ より，すべての $n$ について $x_n = \frac{16}{9} - \frac{7}{9}\left(-\frac{2}{7}\right)^{n-1}$

（2）　$S_1$ は定義より $S_1 = \frac{1}{|y_1|} = \frac{1}{1} = 1$

$$S_n = \sum_{k=1}^{n} \frac{k}{|y_k|} = \sum_{k=1}^{n} k\left(\frac{7}{2}\right)^{k-1} = 1 + 2\left(\frac{7}{2}\right) + 3\left(\frac{7}{2}\right)^2 + \cdots + n\left(\frac{7}{2}\right)^{n-1}$$

$$\frac{7}{2} S_n = \sum_{k=1}^{n} k\left(\frac{7}{2}\right)^k = \frac{7}{2} + 2\left(\frac{7}{2}\right)^2 + 3\left(\frac{7}{2}\right)^3 + \cdots + (n-1)\left(\frac{7}{2}\right)^{n-1} + n\left(\frac{7}{2}\right)^n$$

$$\therefore S_n - \frac{7}{2} S_n = 1 + \frac{7}{2} + \cdots + \left(\frac{7}{2}\right)^{n-1} - n\left(\frac{7}{2}\right)^n$$
$$= \frac{1-\left(\frac{7}{2}\right)^n}{1-\frac{7}{2}} - n\left(\frac{7}{2}\right)^n = -\frac{2}{5}\left\{1-\left(\frac{7}{2}\right)^n\right\} - n\left(\frac{7}{2}\right)^n$$

$$\therefore S_n = \frac{4}{25}\left\{1-\left(\frac{7}{2}\right)^n\right\} + \frac{2}{5} n\left(\frac{7}{2}\right)^n$$

$n=1$ の場合，$S_1 = \frac{4}{25}\left(1-\frac{7}{2}\right) + \frac{2}{5} \cdot \frac{7}{2} = -\frac{2}{5} + \frac{7}{5} = 1$ となり定義から得られる $S_1$ の値と一致しているので，すべての $n$ について $S_n$ の式は成立する。

**(解答終り)**[†]

---

[†] 例題5および「設定条件を変更した問題」において，数列 $\{x_n\}$ の漸化式は，数直線上の2点 $P_n(x_n)$ と $P_{n+1}(x_{n+1})$ をある比 $r:s$ に内分する点 $P_{n+2}(x_{n+2})$ として定義されている。内分点の定義を正確に覚えていないと，苦労した計算もすべて水の泡に帰してしまうので教科書などで確認しておこう。

# 第3節　定義と定理・公式等のまとめ

## 数　列（数学 B）

### ［1］ 数列とその和

**（1）　数　列**

数列は一般的に
$$a_1, a_2, a_3, \cdots, a_n, \cdots$$
と表す。あるいは簡単に $\{a_n\}$ と表すこともある。数列の第 $n$ 番目の項 $a_n$ を**第 $n$ 項**という。$a_n$ が $n$ の式で表されるとき，これを**一般項**という。一般項が与えられれば，$n=1, 2, 3, \cdots$ を代入することにより数列の各項を求めることができる。第1項を**初項**という。

**（2）　等差数列とその和**

一般に数列 $\{a_n\}$ において，各項に一定の数 $d$ を加えると次の項が得られるとき，この数列を**等差数列**といい，$d$ を**公差**という。このとき，すべての自然数 $n$ について
$$a_{n+1}=a_n+d$$
初項 $a$，公差 $d$ の等差数列 $\{a_n\}$ に対して次が成り立つ。

1. 一般項は，$a_n=a+(n-1)d$
2. 初項から第 $n$ 項までの和 $S_n$ は
$$\begin{aligned}S_n&=a+(a+d)+(a+2d)+\cdots+\{a+(n-1)d\}\\&=na+d(1+2+3+\cdots+(n-1))\\&=na+\frac{(n-1)n}{2}d\end{aligned}$$

**（3）　等比数列とその和**

一般に数列 $\{a_n\}$ において，各項に一定の数 $r$ をかけると次の項が得られるとき，この数列を**等比数列**といい，$r$ を**公比**という。このとき，すべての $n$ について
$$a_{n+1}=a_n r$$
初項 $a$，公比 $r$ の等比数列 $\{a_n\}$ に対して次が成り立つ。

1. 一般項は，$a_n=ar^{n-1}$
2. 初項から第 $n$ 項までの和 $S_n$ は
$$\begin{aligned}S_n&=a+ar+ar^2+\cdots+ar^{n-1}\\&=a(1+r+r^2+\cdots+r^{n-1})\end{aligned}$$

第3節　定義と定理・公式等のまとめ

$$= \begin{cases} \dfrac{a(1-r^n)}{1-r} = \dfrac{a(r^n-1)}{r-1} & (r \neq 1) \\ na & (r=1) \end{cases}$$

ここで和の記号 $\sum$ （シグマと読む）を導入しよう。

$$a_1 + a_2 + \cdots + a_n = \sum_{k=1}^{n} a_k$$

$$a + (a+d) + \cdots + (a+(n-1)d) = \sum_{k=1}^{n} \{a+(k-1)d\}$$

$$a + ar + \cdots + ar^{n-1} = \sum_{k=1}^{n} ar^{k-1}$$

などと書く。$\sum$ について次の等式が成り立つ。

1. $\displaystyle\sum_{k=1}^{n}(a_k+b_k) = \sum_{k=1}^{n}a_k + \sum_{k=1}^{n}b_k$

2. $\displaystyle\sum_{k=1}^{n}pa_k = p\sum_{k=1}^{n}a_k$ 　（$p$ は $k$ に無関係な定数）

いくつかの，自然数に関する数列の和の公式をあげておこう。

1. $\displaystyle\sum_{k=1}^{n}c = nc$. 特に，$\displaystyle\sum_{k=1}^{n}1 = n$ 　（$c$ は定数）

2. $\displaystyle\sum_{k=1}^{n}k = \frac{1}{2}n(n+1)$

3. $\displaystyle\sum_{k=1}^{n}k^2 = \frac{1}{6}n(n+1)(2n+1)$

4. $\displaystyle\sum_{k=1}^{n}k^3 = \left\{\frac{1}{2}n(n+1)\right\}^2$

5. $\displaystyle\sum_{k=1}^{n}r^{k-1} = \frac{1-r^n}{1-r}$ 　$(r \neq 1)$


**（4） いろいろな数列の和**

特別の手法を用いることにより，数列の和が求められる例を二三あげよう。$a_k$ を数列の一般項とする。

**例1.**　$a_k = \dfrac{1}{k(k+2)} = \dfrac{1}{2}\left(\dfrac{1}{k} - \dfrac{1}{k+2}\right)$ （この変形を分数式の**部分分数への分解**という）

$$\sum_{k=1}^{n}a_k = \frac{1}{1\cdot 3} + \frac{1}{2\cdot 4} + \frac{1}{3\cdot 5} + \frac{1}{4\cdot 6} + \cdots + \frac{1}{(2n-1)(2n+1)}$$

$$= \frac{1}{1\cdot 3} + \frac{1}{3\cdot 5} + \cdots + \frac{1}{(2n-1)(2n+1)} + \frac{1}{2\cdot 4} + \frac{1}{4\cdot 6} + \cdots + \frac{1}{(2n-2)2n}$$

$$= \frac{1}{2}\left\{\left(1 - \frac{1}{3}\right) + \left(\frac{1}{3} - \frac{1}{5}\right) + \cdots + \left(\frac{1}{2n-1} - \frac{1}{2n+1}\right)\right.$$

$$+\left(\frac{1}{2}-\frac{1}{4}\right)+\left(\frac{1}{4}-\frac{1}{6}\right)+\cdots+\left(\frac{1}{2n-2}-\frac{1}{2n}\right)\Big\}$$
$$=\frac{1}{2}\Big\{1+\frac{1}{2}-\left(\frac{1}{2n}+\frac{1}{2n+1}\right)\Big\}=\frac{6n^2-n-1}{4n(2n+1)}$$

**例2.** $S_n=1+3x+5x^2+7x^3+\cdots+(2n-1)x^{n-1}$ $(x \neq 1)$

等比数列 $1, x, x^2, \cdots, x^{n-1}$

等差数列 $1, 3, 5, \cdots, 2n-1$

$$xS_n=x+3x^2+5x^3+7x^4+\cdots+(2n-3)x^{n-1}+(2n-1)x^n$$

$\therefore (1-x)S_n=1+2x+2x^2+\cdots+2x^{n-1}-(2n-1)x^n$

$$=2(1+x+x^2+\cdots+x^{n-1})-1-(2n-1)x^n$$

$$=2\frac{1-x^n}{1-x}-1-(2n-1)x^n$$

$$=\frac{1+x-(2n+1)x^n+(2n-1)x^{n+1}}{1-x}$$

$\therefore S_n=\dfrac{1+x-(2n+1)x^n+(2n-1)x^{n+1}}{(1-x)^2}$

**例3.** $(\sqrt{k+2}-\sqrt{k})(\sqrt{k+2}+\sqrt{k})=2$, $a_n=\dfrac{1}{\sqrt{k+2}+\sqrt{k}}=\dfrac{1}{2}(\sqrt{k+2}-\sqrt{k})$ とすると,

$$\sum_{k=1}^{n}\frac{1}{\sqrt{k+2}+\sqrt{k}}=\sum_{k=1}^{n}\frac{1}{2}(\sqrt{k+2}-\sqrt{k})$$

$$=\frac{1}{2}\{(\sqrt{3}-\sqrt{1})+(\sqrt{4}-\sqrt{2})+(\sqrt{5}-\sqrt{3})+(\sqrt{6}-\sqrt{4})+\cdots$$

$$+(\sqrt{n+1}-\sqrt{n-1})+(\sqrt{n+2}-\sqrt{n})\}$$

$$=\frac{1}{2}\{(\sqrt{n+2}+\sqrt{n+1})-(\sqrt{2}+1)\}$$

## (5) 階差数列

数列 $\{a_n\}$ に対し $b_n=a_{n+1}-a_n$ $(n=1, 2, \cdots)$ を項とする数列 $\{b_n\}$ を, 数列 $\{a_n\}$ の**階差数列**という。階差数列を利用して, もとの数列の一般項を求めることを考える。

数列 $\{a_n\}$ と, その階差数列 $\{b_n\}$ の関係は次の式で与えられる。

$$a_n=a_1+b_1+b_2+\cdots+b_{n-1}$$
$$=a_1+\sum_{k=1}^{n-1}b_k \quad (n \geq 2)$$

一般に, 数列 $\{a_n\}$ において, その前の項から次の項をただ一通りに定める規則を示す等式を**漸化式**という。

# 第4節　問題作りに挑戦しよう

探究的学習"問題を作って解く"により，創造力が培われる。

数列 $\{a_n\}$ $(n=1,2,3\cdots)$ には，もっとも基本的な等差数列，等比数列のほか，階差数列，漸化式，その他さまざまな方法で定義されるものがある。問題は主に，

（1）一般項 $a_n$ を求めること，

（2）第 $n$ 項までの和 $S_n$ を求めること

である。2つの例として，例題2，例題5をあげて問題を分析してみよう。

**例題2**　$n=1,2,\cdots$ とする。自然数を1から順に並べ，第 $n$ 群を $3n-2$ 項からなる自然数の集合とし，小さい数から順に第1群＝$\{1\}$，第2群＝$\{2,3,4,5\}$，第3群＝$\{6,7,8,9,10,11,12\}$，$\cdots$ とする。第 $n$ 群の最後の自然数を $a_n$ とする。

（1）$\{a_n\}$ の階差数列 $a_n-a_{n-1}=3n-2$ は初項4，公差3の等差数列になる。このことから一般項 $a_n$ を求めよ。

（2）$b_n=a_n+2n$ とするとき，$\sum_{k=1}^{n}\dfrac{1}{b_k}$ を求めよ。

問題文から，$a_n=a_{n-1}+3n-2$ を導くことは意外と難しいのではないだろうか。数列 $\{a_n\}$ の初めの数項を計算したり，問題文を何回か読めばわかってくると思う。階差数列は等差数列であるから，一般項 $a_n$ の計算ができる。また $b_n=a_n+2n$ であるから，$\sum_{k=1}^{n}\dfrac{1}{b_k}$ の計算も分数式の部分分数への分解を利用して容易にできる。

自然数のグループ分けで第 $n$ 群の項数を $3n-2$ としたが，この項数に格別の意味があるわけでない。この問題の「設定条件を変更した問題」では，第 $n$ 群の項数を $4n-3$，$b_n=a_n+3n$ としている。第 $n$ 群の項数や $b_n$ をいろいろと与えて問題を作ることができる。

**例題5**　$n=1,2,\cdots$ とする。数直線上の座標が $x_n$ である点を $\mathrm{P}_n$ で表す。$x_1=1$，$x_2=2$ とし，線分 $\mathrm{P}_n\mathrm{P}_{n+1}$ を $3:1$ に内分する点を $\mathrm{P}_{n+2}$ とする。このとき，

(1) 階差数列：$y_n = x_{n+1} - x_n$ は等比数列であることを示せ。また，$x_n$ の一般項を求めよ。

(2) $S_n = \sum_{k=1}^{n} k|y_k|$ を求めよ。

この問題の導入部分の数列 $\{x_n\}$ の定義は技巧的でなく自然である。線分 $P_nP_{n+1}$ を $3:1$ に内分する点を $P_{n+2}$ とすることから，$x_{n+2}, x_{n+1}, x_n$ の間の関係式が得られ，それから $y_n = x_{n+1} - x_n$ は等比数列であることがわかり，以後の計算が支障なく実行できる。なお，線分 $P_nP_{n+1}$ の内分比が $3:1$ であることは，問題が解けるための本質的な条件でない。例えば，内分比が $r:s$ ならば

$$x_{n+2} = \frac{s}{r+s} x_n + \frac{r}{r+s} x_{n+1},$$

$$x_{n+2} - x_{n+1} = \frac{r}{r+s} x_{n+1} + \frac{s}{r+s} x_n - x_{n+1}$$

$$= -\frac{s}{r+s}(x_{n+1} - x_n)$$

となるから，階差数列はやはり等比数列になる。

例題2および例題5では，問題の導入部分，すなわち，$\{a_n\}$ および $\{x_n\}$ の定義に工夫がなされており，それぞれ階差数列または漸化式が得られるように設定されている。ここで，例題5の上記のコメントを用い，次の簡単な逆問題を考えよう。

---

**問題 1**

線分 $P_nP_{n+1}$ の内分比が $r:s$ である点 $P_{n+2}$ の座標を $x_{n+2}$ とする。ただし $x_1 = 1, x_2 = 2$ とする。$P_n$ の座標のつくる数列を $\{x_n\}$ とする。この数列の第 $n$ 項 $x_n$ が

$$x_n = \frac{12}{7} - \frac{5}{7}\left(-\frac{2}{5}\right)^{n-1} \qquad (n \geq 1)$$

であるとき，内分比 $r:s$ を求めよ。またこのとき，$\sum_{k=1}^{n} x_k$ を求めよ。

---

**ヒント**：数列 $\{x_n\}$ の定義から，階差数列 $y_n = x_{n+1} - x_n$ は初項 1，公比 $-h = -\dfrac{s}{r+s}$ の等比数列であるから

第4節 問題作りに挑戦しよう

$$y_n = (-h)^{n-1},$$
$$\therefore\ x_n = x_1 + \sum_{k=1}^{n-1} y_k = \frac{2+h}{1+h} - \frac{(-h)^{n-1}}{1+h}$$

したがって,
$$\frac{2+h}{1+h} = \frac{12}{7}, \quad \frac{1}{h+1} = \frac{5}{7}, \quad \therefore\ h = \frac{2}{5}$$
$$\therefore\ r : s = 3 : 2$$

また,
$$\sum_{k=1}^{n} x_h = \frac{12}{7} n - \left(\frac{5}{7}\right)^2 \left\{ 1 - \left(-\frac{2}{5}\right)^n \right\}$$

次に,等差数列,等比数列,階差数列,および漸化式などの基礎的な言葉を含む問題を考えてみよう。

---

**問題 2**

(1) 数列 $\{a_n\}$ ($n=1, 2, 3, \cdots$) は次の条件を満たすとする。
  $a_1 = 1$,$\{a_n\}$ の階差数列 $\{b_n\}$ は初項 3,公差 4 の等差数列
 このとき,$S_n = \sum_{k=1}^{n} a_k$ を求めよ。

(2) 数列 $\{c_n\}$ ($n=1, 2, 3, \cdots$) は次の条件を満たすとする。
  $c_1 = 1$,$\{c_n\}$ の階差数列 $\{d_n\}$ は初項 3,および
  漸化式 $d_{n+1} = 4d_n - 3$ ($n \geq 1$) を満たす。
 このとき,$T_n = \sum_{k=1}^{n} c_k$ を求めよ。

---

**ヒント**:(1) 仮定から,$b_k = 3 + 4(k-1) = 4k - 1$
$$a_n = a_1 + \sum_{k=1}^{n-1} (4k-1) = 2n^2 - 3n + 2$$
$$\therefore\ S_n = \sum_{k=1}^{n} (2k^2 - 3k + 2) = \frac{n}{6}(4n^2 - 3n + 5)$$

(2) まず $d_n$ を求め,ついで $c_n$,それから $T_n$ を計算する。
 漸化式および仮定 $d_1 = 3$ から
$$d_{n+1} - 1 = 4(d_n - 1), \quad d_1 - 1 = 3 - 1 = 2,$$
したがって,数列 $\{d_n - 1\}$ は初項 2,公比 4 の等比数列である。よって,
$$d_n - 1 = 2 \cdot 4^{n-1} \quad \therefore\ d_n = 2 \cdot 4^{n-1} + 1$$

仮定から，

$$c_n = c_1 + \sum_{k=1}^{n-1} d_k = 1 + \sum_{k=1}^{n-1} \{2 \cdot 4^{k-1} + 1\}$$

$$= n + \frac{2}{3}(4^{n-1} - 1)$$

$$\therefore \quad T_n = \sum_{k=1}^{n} c_k = \sum_{k=1}^{n} \left\{ k + \frac{2}{3}(4^{k-1} - 1) \right\}$$

$$= \frac{n(n+1)}{2} - \frac{2}{3}n + \frac{2}{9}(4^n - 1)$$

$$= \frac{n(3n-1)}{6} + \frac{2}{9}(4^n - 1)$$

# 第8章　平面上および空間のベクトル

> **学習項目**：平面上および空間のベクトル，ベクトルの演算とその図示，ベクトルの分解，線分の内分点と外分点，座標空間における成分表示，ベクトルの内積と大きさ，垂直条件(数学B)。
>
> 第8章では，数学Bから主に「空間のベクトル」について学習する。例題として大学入試センター試験 数学Ⅱ・数学Bの第4問を取り上げる。

## 第1節　例題の解答と基礎的な考え方

　第1節の主な目的は，問題とその解法をじっくり考え，すっきりわかることである。すっきりわからないときは，繰り返し，繰り返し読んでみよう。

　空間図形の問題を解くためには，まず問題の主旨がわかるような図を描くことが大切であるが，慣れないとこれが結構難しい。空間図形としては四面体と平行六面体が典型的な場合であり，そのほか平面図形や四角錐なども出題されている。

　線分や点(座標原点と点とを結ぶベクトルのこと)のベクトル表示，線分の内分点・外分点のベクトル表示，ベクトルの演算ではベクトルの向きなどに十分注意することが大切である。また，内積やベクトルの大きさ，垂直条件などの具体的な計算においては，座標平面，または座標空間におけるベクトルの成分

表示を利用する場合もあるので，成分によるベクトルの演算にも慣れておく必要がある．

ここで，いくつかの定理や性質のなかで，ベクトルの分解の性質に注目しておきたい．例えば，例題 2 では点から平面までの距離を求め，また，例題 5 では直線と平面の交点を求めるときに応用されている．

本章でしばしば用いられるベクトルの分解の性質とは，「一直線上にない 3 点 A, B, C の定める平面を $\alpha$ とする．このとき，$\alpha$ 上にある任意の点 P に対しベクトル $\overrightarrow{CP}$ は実数 $s$ と $t$ が存在して，$\overrightarrow{CP} = s\overrightarrow{CA} + t\overrightarrow{CB}$ の形にただ一通りに表すことができる」というもので，空間図形の問題を解くうえで大変役に立つ性質である．

---

**例題 1**（2012 数 IIB）

空間に異なる 4 点 O, A, B, C を $\overrightarrow{OA} \perp \overrightarrow{OB}$，$\overrightarrow{OB} \perp \overrightarrow{OC}$，$\overrightarrow{OC} \perp \overrightarrow{OA}$ となるようにとり，$\overrightarrow{OA} = \vec{a}$，$\overrightarrow{OB} = \vec{b}$，$\overrightarrow{OC} = \vec{c}$ とおく．さらに，3 点 D, E, F を，$\overrightarrow{OD} = \vec{a} + \vec{b}$，$\overrightarrow{OE} = \vec{b} + \vec{c}$，$\overrightarrow{OF} = \vec{a} + \vec{c}$ となるようにとり，線分 BD の中点を L，線分 CE の中点を M とし，線分 AD を 3:1 に内分する点を N とする．

(1) $\overrightarrow{OM}$，$\overrightarrow{ON}$ を $\vec{a}, \vec{b}, \vec{c}$ を用いて表せ．

(2) 2 直線 FL と MN が交わることを次の手順で示そう．

　(i) $0 < s < 1$ とし，線分 FL を $s : 1-s$ に内分する点を P とする．$\overrightarrow{OP}$ を $s$ と $\vec{a}, \vec{b}, \vec{c}$ を用いて表せ．また，$0 < r < 1$ とし，線分 MN を $r : 1-r$ に内分する点を Q とする．$\overrightarrow{OQ}$ を $r$ と $\vec{a}, \vec{b}, \vec{c}$ を用いて表せ．

　(ii) $\overrightarrow{OP} = \overrightarrow{OQ}$ を満たす $r$ と $s$ を求めよ．

(3) 直線 FL, MN の交点を G とする．$\overrightarrow{OG}, \overrightarrow{GF}, \overrightarrow{GM}$ を $\vec{a}, \vec{b}, \vec{c}$ を用いて表せ．

(4) $|\vec{a}| = \sqrt{5}$，$|\vec{b}| = 4$，$|\vec{c}| = \sqrt{3}$ とする．

　(i) $|\overrightarrow{GF}|$，および $|\overrightarrow{GM}|$ を求めよ．

　(ii) OC 上に点 H をとり，実数 $t$ を用いて $\overrightarrow{OH} = t\vec{c}$ と表す．このとき内積 $\overrightarrow{GF} \cdot \overrightarrow{GH}$，および $\overrightarrow{GM} \cdot \overrightarrow{GH}$ を $t$ を用いて表せ．

　(iii) $\angle FGH = \angle MGH$ であるとき $t$ の値を求めよ．

第1節　例題の解答と基礎的な考え方　　　　　　　　　　　　　　　　271

[問題の意義と解答の要点]

- 空間のベクトルの問題は難しいと多くの人が思っている。しかし，ベクトルの演算に慣れてくれば意外とやさしい。まず，問題にしたがって次々と現れる点をわかりやすい図に表してみることが大切である。

- 空間の4点 O, A, B, C に対して，O を原点とする A, B, C の位置ベクトルを $\vec{a}, \vec{b}, \vec{c}$ とする。和を用いて D, E, F を定義する。ついで点 L, M, N および線分 FL 上の点 P，線分 MN 上の点 Q の位置ベクトルを，線分の内分点の位置ベクトルの計算公式を用いて $\vec{a}, \vec{b}, \vec{c}$ で表すことができる。このことから，本問の主題である線分 FL と MN が交わることの証明，および交点を求めることである。

- 問(4)の目的は，OC 上に点 M を適当にとれば ∠FGH＝∠MGH が成り立つことを示すことである。ベクトルの大きさ，内積の計算を正確に行うことが求められる。

[解答]　(1)　$\overrightarrow{OM} = \overrightarrow{OC} + \dfrac{1}{2}\overrightarrow{CE} = \overrightarrow{OC} + \dfrac{1}{2}(\overrightarrow{OE} - \overrightarrow{OC})$

$= \vec{c} + \dfrac{1}{2}(\vec{b} + \vec{c} - \vec{c}) = \dfrac{1}{2}\vec{b} + \vec{c}$

$\left(\text{または}\quad \overrightarrow{OM} = \dfrac{1}{2}(\overrightarrow{OC} + \overrightarrow{OE}) = \dfrac{1}{2}\vec{b} + \vec{c}\right)$

$\overrightarrow{ON} = \overrightarrow{OA} + \dfrac{3}{4}\overrightarrow{AD} = \overrightarrow{OA} + \dfrac{3}{4}(\overrightarrow{OD} - \overrightarrow{OA})$

$= \vec{a} + \dfrac{3}{4}(\vec{a} + \vec{b} - \vec{a}) = \vec{a} + \dfrac{3}{4}\vec{b}$

$\left(\text{または}\quad \overrightarrow{ON} = \dfrac{1}{4}\overrightarrow{OA} + \dfrac{3}{4}\overrightarrow{OD} = \vec{a} + \dfrac{3}{4}\vec{b}\right)$

(2)　(i)　FL 上の点 P に対し，$\overrightarrow{OP}$ を $\vec{a}, \vec{b}, \vec{c}, s$ を用いて表そう。

$\overrightarrow{OF} = \vec{a} + \vec{c}$,

$\overrightarrow{OL} = \dfrac{1}{2}(\overrightarrow{OB} + \overrightarrow{OD}) = \dfrac{1}{2}(\vec{b} + \vec{a} + \vec{b}) = \dfrac{1}{2}\vec{a} + \vec{b}$

P は FL を $s : 1-s$ に内分する点であるから

$\overrightarrow{OP} = (1-s)\overrightarrow{OF} + s\overrightarrow{OL} = (1-s)(\vec{a} + \vec{c}) + s\left(\dfrac{1}{2}\vec{a} + \vec{b}\right)$

$= \left(1 - \dfrac{1}{2}s\right)\vec{a} + s\vec{b} + (1-s)\vec{c}$　　　……①

次に，MN 上の点 Q に対し，$\overrightarrow{OQ}$ を $\vec{a}, \vec{b}, \vec{c}, r$ を用いて表そう．問(1)より
$$\overrightarrow{OM} = \frac{1}{2}\vec{b} + \vec{c}, \quad \overrightarrow{ON} = \vec{a} + \frac{3}{4}\vec{b}$$

Q は MN を $r : 1-r$ に内分する点であるから
$$\overrightarrow{OQ} = (1-r)\overrightarrow{OM} + r\overrightarrow{ON}$$
$$= (1-r)\left(\frac{1}{2}\vec{b} + \vec{c}\right) + r\left(\vec{a} + \frac{3}{4}\vec{b}\right)$$
$$= r\vec{a} + \left(\frac{1}{4}r + \frac{1}{2}\right)\vec{b} + (-r+1)\vec{c} \quad \cdots\cdots ②$$

(ii) $\overrightarrow{OP} = \overrightarrow{OQ}$ とおいて，$\vec{a}, \vec{b}, \vec{c}$ の係数を比較すると
$$1 - \frac{1}{2}s = r, \quad s = \frac{1}{4}r + \frac{1}{2}, \quad 1-s = 1-r$$

第 1 式と第 2 式の連立方程式を解いて $s = r = \frac{2}{3}$ を得る．これは，第 3 式も満たす．したがって，$\overrightarrow{OP} = \overrightarrow{OQ}$ を満たす点は，2 直線 FL と MN の交わる点である．

(3) $\overrightarrow{OG}$ は $\overrightarrow{OP}$ の式において $s = \frac{2}{3}$ とおいて（または $\overrightarrow{OQ}$ の式に $r = \frac{2}{3}$ とおいてもよい）
$$\therefore \overrightarrow{OG} = \frac{1}{3}(2\vec{a} + 2\vec{b} + \vec{c})$$

また
$$\overrightarrow{GF} = \overrightarrow{OF} - \overrightarrow{OG} = \vec{a} + \vec{c} - \frac{1}{3}(2\vec{a} + 2\vec{b} + \vec{c})$$
$$= \frac{1}{3}(\vec{a} - 2\vec{b} + 2\vec{c}) \quad \cdots\cdots ③$$
$$\overrightarrow{GM} = \overrightarrow{OM} - \overrightarrow{OG} = \frac{1}{2}\vec{b} + \vec{c} - \frac{1}{3}(2\vec{a} + 2\vec{b} + \vec{c})$$
$$= -\frac{2}{3}\vec{a} - \frac{1}{6}\vec{b} + \frac{2}{3}\vec{c} \quad \cdots\cdots ④$$

(4) $|\vec{a}| = \sqrt{5}, |\vec{b}| = 4, |\vec{c}| = \sqrt{3}$，および仮定から $\vec{a} \cdot \vec{b} = \vec{b} \cdot \vec{c} = \vec{c} \cdot \vec{a} = 0$ である．

(i) ③ から $|\overrightarrow{GF}|^2 = \left|\frac{1}{3}(\vec{a} - 2\vec{b} + 2\vec{c})\right|^2$
$$= \frac{1}{9}(|\vec{a}|^2 + 4|\vec{b}|^2 + 4|\vec{c}|^2 - 4\vec{a} \cdot \vec{b} + 4\vec{a} \cdot \vec{c} - 8\vec{b} \cdot \vec{c})$$
$$= \frac{1}{9}(5 + 64 + 12 - 0 + 0 - 0) = \frac{81}{9} = 9$$
$$\therefore |GF| = 3$$

第1節 例題の解答と基礎的な考え方

また ④ から $|\overrightarrow{\mathrm{GM}}|^2 = \left|-\dfrac{2}{3}\vec{a}-\dfrac{1}{6}\vec{b}+\dfrac{2}{3}\vec{c}\right|^2$

$= \dfrac{4}{9}|\vec{a}|^2 + \dfrac{1}{36}|\vec{b}|^2 + \dfrac{4}{9}|\vec{c}|^2 + \dfrac{4}{18}\vec{a}\cdot\vec{b} - \dfrac{8}{9}\vec{a}\cdot\vec{c} - \dfrac{4}{18}\vec{b}\cdot\vec{c}$

$= \dfrac{20}{9} + \dfrac{16}{36} + \dfrac{12}{9} + 0 + 0 + 0 = \dfrac{36}{9} = 4$

$\therefore\ |\overrightarrow{\mathrm{GM}}| = 2$

(ii) ③,④ および

$$\overrightarrow{\mathrm{GH}} = \overrightarrow{\mathrm{OH}} - \overrightarrow{\mathrm{OG}} = t\vec{c} - \dfrac{1}{3}(2\vec{a}+2\vec{b}+\vec{c}) \quad \cdots\cdots ⑤$$

から,

$\overrightarrow{\mathrm{GF}}\cdot\overrightarrow{\mathrm{GH}} = \dfrac{1}{3}(\vec{a}-2\vec{b}+2\vec{c})\cdot\left(t\vec{c}-\dfrac{1}{3}(2\vec{a}+2\vec{b}+\vec{c})\right)$

$= \dfrac{1}{3}t(\vec{a}-2\vec{b}+2\vec{c})\cdot\vec{c} - \dfrac{1}{9}(\vec{a}-2\vec{b}+2\vec{c})\cdot(2\vec{a}+2\vec{b}+\vec{c})$

$= \dfrac{2}{3}t|\vec{c}|^2 - \dfrac{1}{9}(2|\vec{a}|^2 - 4|\vec{b}|^2 + 2|\vec{c}|^2)$

$= 2t - \dfrac{1}{9}(10 - 64 + 6)$

$= 2t + \dfrac{48}{9} = 2t + \dfrac{16}{3} \quad \cdots\cdots ⑥$

また,

$\overrightarrow{\mathrm{GM}}\cdot\overrightarrow{\mathrm{GH}} = \dfrac{1}{6}(-4\vec{a}-\vec{b}+4\vec{c})\left(t\vec{c}-\dfrac{1}{3}(2\vec{a}+2\vec{b}+\vec{c})\right)$

$= \dfrac{1}{6}t(-4\vec{a}-\vec{b}+4\vec{c})\cdot\vec{c} - \dfrac{1}{18}(-4\vec{a}-\vec{b}+4\vec{c})\cdot(2\vec{a}+2\vec{b}+\vec{c})$

$= \dfrac{4}{6}t|\vec{c}|^2 - \dfrac{1}{18}(-8|\vec{a}|^2 - 2|\vec{b}|^2 + 4|\vec{c}|^2)$

$= 2t - \dfrac{1}{18}(-40 - 32 + 12)$

$= 2t - \dfrac{10}{3} \quad \cdots\cdots ⑦$

(iii) $\angle\mathrm{FGH} = \angle\mathrm{MGH}$ とする。$|\overrightarrow{\mathrm{GF}}|=3$, $|\overrightarrow{\mathrm{GM}}|=2$ であるから

$\overrightarrow{\mathrm{GF}}\cdot\overrightarrow{\mathrm{GH}} = |\overrightarrow{\mathrm{GF}}||\overrightarrow{\mathrm{GH}}|\cos\angle\mathrm{FGH}$

$= \dfrac{3}{2}|\overrightarrow{\mathrm{GM}}||\overrightarrow{\mathrm{GH}}|\cos\angle\mathrm{MGH}$

$= \dfrac{3}{2}\overrightarrow{\mathrm{GM}}\cdot\overrightarrow{\mathrm{GH}}$

ここで⑥と⑦を用いると

$$2t+\frac{16}{3}=\frac{3}{2}\left(2t+\frac{10}{3}\right), \quad \therefore\ 2t+\frac{16}{3}=3t+5$$

ゆえに
$$t=\frac{1}{3}$$
（解答終り）

---

**＋αの問題**

（1） N′ を AD の中点とする。このとき，2 直線 FL, MN′ は交わるかどうかを調べよ。

（2） OC 上の点 H は OC を 1：2 に内分する点とする。このとき，$\cos\angle\mathrm{FGH}$，および $\cos\angle\mathrm{MGH}$ を求めよ。

（3） △DEF の面積 $S$ を求めよ。

---

[解答]　（1）　$\overrightarrow{\mathrm{ON'}}=\overrightarrow{\mathrm{OA}}+\dfrac{1}{2}\overrightarrow{\mathrm{AD}}=\vec{a}+\dfrac{1}{2}\vec{b}, \quad \overrightarrow{\mathrm{OM}}=\vec{c}+\dfrac{1}{2}\vec{b}$

よって MN′ を $r:1-r$ に内分する点を Q とすると

$$\overrightarrow{\mathrm{OQ}}=(1-r)\overrightarrow{\mathrm{OM}}+r\overrightarrow{\mathrm{ON'}}=(1-r)\left(\frac{1}{2}\vec{b}+\vec{c}\right)+r\left(\vec{a}+\frac{1}{2}\vec{b}\right)$$

$$=r\vec{a}+\frac{1}{2}\vec{b}+(1-r)\vec{c}$$

一方，直線 FL を $s:1-s$ に内分する点 P は例題 1 の①と同じであるから

$$\overrightarrow{\mathrm{OP}}=\left(1-\frac{1}{2}s\right)\vec{a}+s\vec{b}+(1-s)\vec{c}$$

ここで $\overrightarrow{\mathrm{OP}}=\overrightarrow{\mathrm{OQ}}$ とおき $\vec{a}, \vec{b}, \vec{c}$ の係数を比較すると，次の 3 式を得る。

$$r=\left(1-\frac{1}{2}s\right), \quad s=\frac{1}{2}, \quad 1-r=1-s$$

第 1 式と第 2 式から $r=\dfrac{3}{4}, s=\dfrac{1}{2}$ を得るが，第 3 式を満たすことはできない。したがって，MN′ 上の点と FL 上の点が一致することはない。すなわち MN′ と FL は交わることはない。

（2）　点 H の仮定から，$\overrightarrow{\mathrm{OH}}=\dfrac{1}{3}\vec{c}$．$\cos\angle\mathrm{FGH}$ および $\cos\angle\mathrm{MGH}$ を次の内積の公式を用いて計算する。

$$\overrightarrow{\mathrm{GF}}\cdot\overrightarrow{\mathrm{GH}}=|\overrightarrow{\mathrm{GF}}||\overrightarrow{\mathrm{GH}}|\cos\angle\mathrm{FGH}$$

$$\overrightarrow{\mathrm{GM}}\cdot\overrightarrow{\mathrm{GH}}=|\overrightarrow{\mathrm{GM}}||\overrightarrow{\mathrm{GH}}|\cos\angle\mathrm{MGH}$$

ここで例題 1 の解答のなかから関連する式を利用する。

⑥ で $t=\frac{1}{3}$ とおくと $\overrightarrow{GF}\cdot\overrightarrow{GH}=2t+\frac{16}{3}=\frac{18}{3}=6$

⑦ で $t=\frac{1}{3}$ とおくと $\overrightarrow{GM}\cdot\overrightarrow{GH}=2t+\frac{10}{3}=\frac{12}{3}=4$

⑤ で $t=\frac{1}{3}$ とおくと $\overrightarrow{GH}=-\frac{2}{3}\vec{a}-\frac{2}{3}\vec{b}$

よって $|\overrightarrow{GH}|^2=\frac{4}{9}\times|\vec{a}|^2+\frac{4}{9}|\vec{b}|^2=\frac{4}{9}\times 5+\frac{4}{9}\times 16=\frac{84}{9}$

ゆえに $|\overrightarrow{GH}|=\frac{2\sqrt{21}}{3}$

③ から $|\overrightarrow{GF}|=3$,④ から $|\overrightarrow{GM}|=2$ であるから,

$$\cos\angle FGH=\frac{\overrightarrow{GF}\cdot\overrightarrow{GH}}{|\overrightarrow{GF}||\overrightarrow{GH}|}=\frac{6}{3\times\frac{2}{3}\sqrt{21}}=\frac{3}{\sqrt{21}}=\frac{\sqrt{21}}{7}$$

$$\cos\angle MGH=\frac{\overrightarrow{GM}\cdot\overrightarrow{GH}}{|\overrightarrow{GM}||\overrightarrow{GH}|}=\frac{4}{2\times\frac{2}{3}\sqrt{21}}=\frac{3}{\sqrt{21}}=\frac{\sqrt{21}}{7}$$

したがって $\cos\angle MGH=\cos\angle FGH$

$0<\angle MGH<\pi$,$0<\angle FGH<\pi$ で考えて,$\angle MGH=\angle FGH$

(3) まず,$\triangle DEF\equiv\triangle ACB$ となることを注意しておく。三角形の面積公式から

$$S=\frac{1}{2}|\overrightarrow{EF}||\overrightarrow{ED}|\sin\angle DEF$$

$$=\frac{1}{2}|\overrightarrow{EF}||\overrightarrow{ED}|\sqrt{1-(\cos\angle DEF)^2}$$

内積の公式から

$$S=\frac{1}{2}|\overrightarrow{EF}||\overrightarrow{ED}|\sqrt{1-\left(\frac{\overrightarrow{EF}\cdot\overrightarrow{ED}}{|\overrightarrow{EF}||\overrightarrow{ED}|}\right)^2}$$

$$=\frac{1}{2}\sqrt{|\overrightarrow{EF}|^2|\overrightarrow{ED}|^2-(\overrightarrow{EF}\cdot\overrightarrow{ED})^2}$$ (ベクトルによる三角形の面積公式)

ここで $\overrightarrow{EF}$ と $\overrightarrow{ED}$ を $\vec{a},\vec{b},\vec{c}$ を用いて表すと

$$\overrightarrow{EF}=\overrightarrow{OF}-\overrightarrow{OE}=(\vec{a}+\vec{c})-(\vec{c}+\vec{b})=\vec{a}-\vec{b}=\overrightarrow{BA}$$

$$\overrightarrow{ED}=\overrightarrow{OD}-\overrightarrow{OE}=(\vec{a}+\vec{b})-(\vec{c}+\vec{b})=\vec{a}-\vec{c}=\overrightarrow{CA}$$

仮定から $|\vec{a}|^2=5$,$|\vec{b}|^2=16$,$|\vec{c}|^2=3$,$\vec{a}\cdot\vec{b}=\vec{b}\cdot\vec{c}=\vec{c}\cdot\vec{a}=0$ であるから

$|\overrightarrow{EF}|^2=|\vec{a}|^2+|\vec{b}|^2=21$,$|\overrightarrow{ED}|^2=|\vec{a}|^2+|\vec{c}|^2=8$,$\overrightarrow{EF}\cdot\overrightarrow{ED}=|\vec{a}|^2=5$

よって $S=\frac{1}{2}\sqrt{168-25}=\frac{1}{2}\sqrt{143}$

(解答終り)

── 例題 2（2010 数ⅡB 改）─────────────

2つずつ平行な3組の平面で囲まれた立体を平行六面体という。辺の長さが1の平行六面体 ABCD-EFGH があり $\angle EAB = \angle DAB = \frac{\pi}{2}$, $\angle EAD = \frac{\pi}{3}$ とする。

$$\overrightarrow{AB} = \vec{p}, \quad \overrightarrow{AD} = \vec{q}, \quad \overrightarrow{AE} = \vec{r}$$

とおく。$0 < a < 1$, $0 < b < 1$ とする。

辺 AB を $a : 1-a$ の比に内分する点を X, 辺 BF を $b : 1-b$ の比に内分する点を Y とする。

点 X を通り直線 AH に平行な直線と, 辺 GH との交点を Z とする。△XYZ を含む平面を $\alpha$ とする。

(1) 内積 $\vec{p} \cdot \vec{q}$, $\vec{p} \cdot \vec{r}$, $\vec{q} \cdot \vec{r}$ を求めよ。

次に，ベクトル $\overrightarrow{XY}$, $\overrightarrow{XZ}$ および $\overrightarrow{EC}$ を，$a, b, \vec{p}, \vec{q}$ を用いて表せ。また，内積 $\overrightarrow{EC} \cdot \overrightarrow{XZ}$ を求めよ。

(2) (i) 直線 EC と平面 $\alpha$ は垂直に交わるとし，交点を K とする。EC は $\alpha$ 上の任意の直線と直角に交わる。EC⊥XY から $a$ と $b$ の関係式を求めよ。

以下では，$b = \frac{1}{2}$ とする。このとき $a$ の値を求めよ。

(ii) K は EC 上の点であるから，ある実数 $c$ を用いて $\overrightarrow{EK} = c \overrightarrow{EC}$ と表される。したがって

$$\overrightarrow{AK} = \overrightarrow{AE} + \overrightarrow{EK} = \overrightarrow{AE} + c \overrightarrow{EC}$$

一方，K は平面 $\alpha$ 上の点であるから，$\overrightarrow{XK}$ はある実数 $s$ と $t$ を用いて，$\overrightarrow{XK} = s \overrightarrow{XY} + t \overrightarrow{XZ}$ と表される(ベクトルの分解の性質)。

したがって

$$\overrightarrow{AK} = \overrightarrow{AX} + \overrightarrow{XK} = \overrightarrow{AX} + s \overrightarrow{XY} + t \overrightarrow{XZ}$$

よって， $\overrightarrow{AE} + c \overrightarrow{EC} = \overrightarrow{AX} + s \overrightarrow{XY} + t \overrightarrow{XZ}$ ……①

両辺をベクトル $\vec{p}, \vec{q}, \vec{r}$ を用いて表すことにより，$c, s, t$ を求めよ。

(iii) $|\overrightarrow{EK}|$ を求めよ。

第1節 例題の解答と基礎的な考え方　　　　　277

**[問題の意義と解答の要点]**

● 本問では，一辺の長さが1の平行六面体，ABCD-EFGH(図参照)を考える。$\vec{AB}=\vec{p}$, $\vec{AD}=\vec{q}$, $\vec{AE}=\vec{r}$ とおく。AB を $a:1-a$ に内分する点を X，BF を $b:1-b$ に内分する点を Y，そして $\vec{XZ}=\vec{AH}$ を満たすように Z をとる。

そこで問題は，3点 X, Y, Z が定める平面 $\alpha$ をベクトル $\vec{EC}$ が垂直に交わるように X と Y を定める，すなわち $a$ と $b$ を定めること，および $\alpha$ と $\vec{EC}$ の交点を K として，$|\vec{EK}|$ を求めることである。

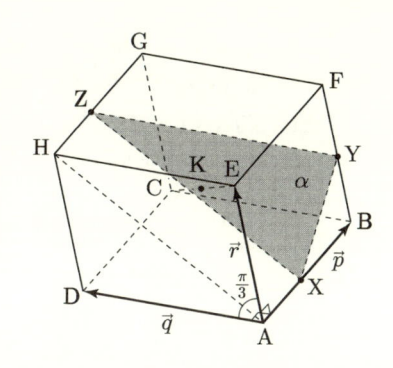

● そのためには，$\vec{XY}$, $\vec{XZ}$, $\vec{EC}$ を $\vec{p}, \vec{q}, \vec{r}, a, b$ で表すことができるかどうかが問われている。また交点 K を求めるには，ベクトルの分解の性質を用いる。

● このベクトルの分解の性質は，直線と平面の交点を求める問題や点と平面の距離を求める場合にも役に立つ。解答を読み，解答の筋道を理解するとともに，「+$\alpha$ の問題」や「設定条件を変更した問題」を解くことにより，利用方法を確実なものにしよう。

**[解答]** （1）ベクトル $\vec{p}$ と $\vec{q}$ は直交しているから $\vec{p}\cdot\vec{q}=0$, 同様に $\vec{p}$ と $\vec{r}$ も直交しているから $\vec{p}\cdot\vec{r}=0$. $\angle\mathrm{EAD}=\dfrac{\pi}{3}$, $|\vec{q}|=|\vec{r}|=1$ より

$$\vec{q}\cdot\vec{r}=|\vec{q}||\vec{r}|\cos\angle\mathrm{EAD}$$
$$=1\times1\times\cos\dfrac{\pi}{3}=\dfrac{1}{2}$$

ここで $\vec{XB}=(1-a)\vec{AB}=(1-a)\vec{p}$, $\vec{BY}=b\vec{r}$ であるから

$$\vec{XY}=\vec{XB}+\vec{BY}=(1-a)\vec{p}+b\vec{r}$$
$$\vec{XZ}=\vec{AH}=\vec{q}+\vec{r} \quad (\because \vec{XZ}/\!/\vec{AH}, \vec{XA}/\!/\vec{ZH})$$

また，
$$\vec{EC}=\vec{AC}-\vec{AE}=\vec{p}+\vec{q}-\vec{r}$$

よって
$$\vec{EC}\cdot\vec{XZ}=(\vec{p}+\vec{q}-\vec{r})\cdot(\vec{q}+\vec{r})$$
$$=\vec{p}\cdot\vec{q}+\vec{p}\cdot\vec{r}+\vec{q}\cdot\vec{q}+\vec{q}\cdot\vec{r}-\vec{r}\cdot\vec{q}-\vec{r}\cdot\vec{r}$$
$$=0+0+1+\dfrac{1}{2}-\dfrac{1}{2}-1=0$$

(2) (i) $\overrightarrow{EC}$ は平面 $\alpha$ に直交しているから，$\alpha$ 上の任意の直線と直交する．よって，$\overrightarrow{EC}\cdot\overrightarrow{XY}=0$, $\overrightarrow{EC}=\vec{b}+\vec{q}-\vec{r}$, $\overrightarrow{XY}=(1-a)\vec{p}+b\vec{r}$ であるから

$\therefore \overrightarrow{EC}\cdot\overrightarrow{XY}=(\vec{p}+\vec{q}-\vec{r})\cdot((1-a)\vec{p}+b\vec{r})$
$\qquad =(1-a)\vec{p}\cdot\vec{p}+b\vec{p}\cdot\vec{r}+(1-a)\vec{q}\cdot\vec{p}+b\vec{q}\cdot\vec{r}-(1-a)\vec{r}\cdot\vec{p}-b\vec{r}\cdot\vec{r}$
$\qquad =(1-a)+\dfrac{1}{2}b-b=1-a-\dfrac{1}{2}b=0$
$\qquad\qquad\qquad \therefore 2a+b=2$

ここで，$b=\dfrac{1}{2}$ とすると $a=\dfrac{3}{4}$

(ii) 問題の誘導にしたがい，① は
$$\overrightarrow{AE}+c\overrightarrow{EC}=\overrightarrow{AX}+\overrightarrow{XK}=\overrightarrow{AX}+s\overrightarrow{XY}+t\overrightarrow{XZ}$$
第1項と第3項を $\vec{p}, \vec{q}, \vec{r}, c, s, t$ で表すと
$$\vec{r}+c(\vec{p}+\vec{q}-\vec{r})=a\vec{p}+s((1-a)\vec{p}+b\vec{r})+t(\vec{q}+\vec{r})$$
整理して
$$c\vec{p}+c\vec{q}+(1-c)\vec{r}=\{a+s(1-a)\}\vec{p}+t\vec{q}+(bs+t)\vec{r}$$
両辺の $\vec{p}, \vec{q}, \vec{r}$ の係数は，それぞれ等しいとおいて
$$c=a+s(1-a), \quad c=t, \quad 1-c=bs+t$$
ここで $a=\dfrac{3}{4}, b=\dfrac{1}{2}$ とおけば
$$c=\dfrac{1}{4}s+\dfrac{3}{4}, \quad c=t, \quad 1-c=\dfrac{1}{2}s+t$$
この連立方程式を解くと $s=-\dfrac{1}{2}, \ t=c=\dfrac{5}{8}$

このように $c, s, t$ が確定したことで，直線と平面 $\alpha$ が交わることが示された．

(iii) $|\overrightarrow{EK}|$ を求めよう．
$$\overrightarrow{EK}=c\overrightarrow{EC}=\dfrac{5}{8}\overrightarrow{EC}, \quad よって \quad |\overrightarrow{EK}|=\dfrac{5}{8}|\overrightarrow{EC}|$$
ここで，$|\overrightarrow{EC}|^2=|\vec{p}+\vec{q}-\vec{r}|^2=|\vec{p}|^2+|\vec{q}|^2+|\vec{r}|^2+2\vec{p}\cdot\vec{q}-2\vec{p}\cdot\vec{r}-2\vec{q}\cdot\vec{r}$
$\qquad\qquad\qquad =1+1+1+0-0-2\cdot\dfrac{1}{2}=2$

ゆえに $|\overrightarrow{EC}|^2=2$, すなわち $|\overrightarrow{EC}|=\sqrt{2}$. したがって，
$$|\overrightarrow{EK}|=\dfrac{5}{8}\sqrt{2} \qquad\qquad\qquad \cdots\cdots ②$$

$\overrightarrow{EK}$ は四面体に E-XYZ の底面と △XYZ に対する高さとみなすことができる．

(解答終り)

第1節 例題の解答と基礎的な考え方　　279

―― +α の問題 ――

四面体 E-XYZ の体積を求めよ。

**[解答]** 四面体 E-XYZ の体積 $=\dfrac{1}{3}|\overrightarrow{EK}|\times\{\triangle XYZ \text{ の面積}\}$ であるから，$\triangle XYZ$ の面積を求めればよい。$\triangle XYZ$ の面積を $S$ とすると

$$S=\dfrac{1}{2}|\overrightarrow{XY}||\overrightarrow{XZ}|\sin\angle YXZ$$

まず $\sin\angle YXZ$ を求めるために，内積の定義から

$$\overrightarrow{XY}\cdot\overrightarrow{XZ}=|\overrightarrow{XY}||\overrightarrow{XZ}|\cos\angle YXZ,\ ただし\ 0<\angle YXZ<\pi$$

よって $\cos\angle YXZ=\dfrac{\overrightarrow{XY}\cdot\overrightarrow{XZ}}{|\overrightarrow{XY}||\overrightarrow{XZ}|}$，$\therefore\ \sin\angle YXZ=\sqrt{1-\left(\dfrac{\overrightarrow{XY}\cdot\overrightarrow{XZ}}{|\overrightarrow{XY}||\overrightarrow{XZ}|}\right)^2}$

したがって，

$$S=\dfrac{1}{2}|\overrightarrow{XY}||\overrightarrow{XZ}|\sqrt{1-\left(\dfrac{\overrightarrow{XY}\cdot\overrightarrow{XZ}}{|\overrightarrow{XY}||\overrightarrow{XZ}|}\right)^2}$$

$$=\dfrac{1}{2}\sqrt{|\overrightarrow{XY}|^2|\overrightarrow{XZ}|^2-(\overrightarrow{XY}\cdot\overrightarrow{XZ})^2}\ ^\dagger$$

(1) の結果と $a=\dfrac{3}{4},\ b=\dfrac{1}{2}$ から

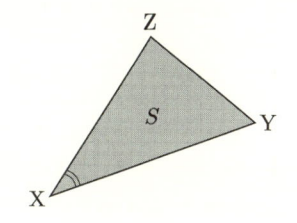

$$\overrightarrow{XY}=\dfrac{1}{4}\vec{p}+\dfrac{1}{2}\vec{r},\quad \overrightarrow{XZ}=\vec{q}+\vec{r}$$

三角形の面積公式を適用するため，$|\overrightarrow{XY}|^2,|\overrightarrow{XZ}|^2$，および $\overrightarrow{XY}\cdot\overrightarrow{XZ}$ を求めよう。

まず，　$|\overrightarrow{XY}|^2=\left|\dfrac{1}{4}\vec{p}+\dfrac{1}{2}\vec{r}\right|^2$

$$=\dfrac{1}{16}|\vec{p}|^2+\dfrac{1}{4}|\vec{r}|^2+\dfrac{1}{4}\vec{p}\cdot\vec{r}=\dfrac{1}{16}+\dfrac{1}{4}+0=\dfrac{5}{16}$$

次いで，　$|\overrightarrow{XZ}|^2=|\vec{q}+\vec{r}|^2=|\vec{q}|^2+|\vec{r}|^2+2\vec{q}\cdot\vec{r}=1+1+2\cdot\dfrac{1}{2}=3$

そして，　$\overrightarrow{XY}\cdot\overrightarrow{XZ}=\left(\dfrac{1}{4}\vec{p}+\dfrac{1}{2}\vec{r}\right)\cdot(\vec{q}+\vec{r})$

$$=\dfrac{1}{4}\vec{p}\cdot\vec{q}+\dfrac{1}{4}\vec{p}\cdot\vec{r}+\dfrac{1}{2}\vec{r}\cdot\vec{q}+\dfrac{1}{2}|\vec{r}|^2$$

$$=0+0+\dfrac{1}{2}\cdot\dfrac{1}{2}+\dfrac{1}{2}=\dfrac{3}{4}$$

したがって，

---

† これは空間における三角形の面積公式である。

$$S = \frac{1}{2}\sqrt{|\overrightarrow{XY}|^2|\overrightarrow{XZ}|^2 - (\overrightarrow{XY} \cdot \overrightarrow{XZ})^2}$$

$$= \frac{1}{2}\sqrt{\frac{5}{16} \cdot 3 - \left(\frac{3}{4}\right)^2} = \frac{1}{2}\sqrt{\frac{15-9}{16}} = \frac{\sqrt{6}}{8} \quad \cdots\cdots ③$$

したがって，四面体 E-XYZ の体積は ②, ③ から

$$\frac{1}{3}|\overrightarrow{EK}| \cdot \{\triangle XYZ \text{ の面積}\} = \frac{1}{3} \frac{5\sqrt{2}}{8} \frac{\sqrt{6}}{8} = \frac{5\sqrt{3}}{96} \quad \text{(解答終り)}$$

※ ここで用いた △XYZ の面積を求める公式は，余弦定理や正弦・余弦の関係式をいっさい考えず，ベクトルの大きさと内積だけの機械的操作で求められるというベクトル演算の便利さを表すものである。

―― 設定条件を変更した問題 ――

平行六面体 ABCD-EFGH があり，辺 AB=1, AD=$\frac{4}{3}$, AE=1, $\angle$EAB=$\angle$DAB=$\frac{\pi}{2}$, $\cos\angle$EAD=$\frac{1}{3}$ とする。
$\overrightarrow{AB}=\vec{p}$, $\overrightarrow{AD}=\vec{q}$, $\overrightarrow{AE}=\vec{r}$ とおく。$a, b, c$ を実数とし $0<a<1$ とする。辺 AB を $a:(1-a)$ の比に内分する点を X, 辺 BF，またはその延長上の点 Y は $\overrightarrow{AY}=(1-b)\overrightarrow{AB}+b\overrightarrow{AF}$ と表せるものとし，辺 EH，またはその延長上の点 Z は $\overrightarrow{AZ}=(1-c)\overrightarrow{AE}+c\overrightarrow{AH}$ と表せるものとする。

△XYZ を含む平面を $\alpha$ とする。

(1) 内積 $\vec{p}\cdot\vec{q}$, $\vec{p}\cdot\vec{r}$, $\vec{q}\cdot\vec{r}$ を求めよ。

(2) (i) EC と平面 $\alpha$ が垂直に交わるとき，$a, b, c$ の満たす式を求めよ。

(ii) $a=\frac{5}{9}$ のとき，$b$ と $c$ を求めよ。

(iii) $\alpha$ と EC の交点を K とするとき，$|\overrightarrow{EK}|$ を求めよ。

この問題の主題は，
(1) 内積の計算，
(2) 直線と平面が直交するための条件を求める，
(3) 1つの頂点から平面への距離の計算，

の3つである。

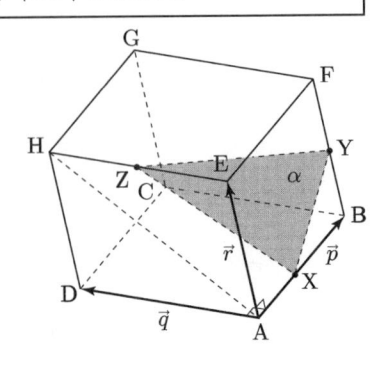

第1節　例題の解答と基礎的な考え方　　　　　　　　　　　　　　　　　281

**[解答]**　（1）内積の計算は，この問題では定義にしたがって計算する。

$$\vec{p}\cdot\vec{q}=|\overrightarrow{AB}||\overrightarrow{AD}|\cos\angle DAB=1\cdot\frac{4}{3}\cdot\cos\frac{\pi}{2}=0$$

$$\vec{p}\cdot\vec{r}=|\overrightarrow{AB}||\overrightarrow{AE}|\cos\angle EAB=1\cdot1\cdot\cos\frac{\pi}{2}=0$$

$$\vec{q}\cdot\vec{r}=|\overrightarrow{AD}||\overrightarrow{AE}|\cos\angle EAD=\frac{4}{3}\cdot1\cdot\frac{1}{3}=\frac{4}{9}$$

（2）（i）$\overrightarrow{EC}\perp\alpha$ であるための必要十分条件は，$\overrightarrow{EC}\cdot\overrightarrow{XY}=0$ かつ $\overrightarrow{EC}\cdot\overrightarrow{XZ}=0$ となることである。そこで，$\overrightarrow{EC}, \overrightarrow{XY}, \overrightarrow{XZ}$ を $\vec{p}, \vec{q}, \vec{r}, a, b, c$ を用いて表す。

$\overrightarrow{EC}$：$\overrightarrow{AE}+\overrightarrow{EC}=\overrightarrow{AC}$,　　∴ $\overrightarrow{EC}=\overrightarrow{AC}-\overrightarrow{AE}=\vec{p}+\vec{q}-\vec{r}$

$\overrightarrow{XY}$：$\overrightarrow{AX}+\overrightarrow{XY}=\overrightarrow{AY}$,　　∴ $\overrightarrow{XY}=\overrightarrow{AY}-\overrightarrow{AX}=(1-b)\overrightarrow{AB}+b\overrightarrow{AF}-\overrightarrow{AX}$

$$=(1-b)\vec{p}+b(\vec{p}+\vec{r})-a\vec{p}$$

$$=(1-a)\vec{p}+b\vec{r}$$

$\overrightarrow{XZ}$：$\overrightarrow{AZ}=(1-c)\overrightarrow{AE}+c\overrightarrow{AH}=(1-c)\vec{r}+c(\vec{q}+\vec{r})=\vec{r}+c\vec{q}$

$\overrightarrow{AX}+\overrightarrow{XZ}=\overrightarrow{AZ}$,　　∴ $\overrightarrow{XZ}=\overrightarrow{AZ}-\overrightarrow{AX}=\vec{r}+c\vec{q}-a\vec{p}$

そこで，まず $\overrightarrow{EC}\cdot\overrightarrow{XY}=0$ より，(1)の結果と $|\vec{p}|=1, |\vec{q}|=\frac{4}{3}, |\vec{r}|=1$ を用いて，

$$(\vec{p}+\vec{q}-\vec{r})\cdot((1-a)\vec{p}+b\vec{r})=(1-a)+b(\vec{q}-\vec{r})\cdot\vec{r}$$

$$=(1-a)+\frac{4}{9}b-b=(1-a)-\frac{5}{9}b=0 \quad \cdots\cdots ①$$

次に $\overrightarrow{EC}\cdot\overrightarrow{XZ}=0$ より

$$(\vec{p}+\vec{q}-\vec{r})\cdot(-a\vec{p}+c\vec{q}+\vec{r})=-a+\left(\frac{4}{3}\right)^2c+\frac{4}{9}-\frac{4}{9}c-1$$

$$=-a+\frac{4}{3}c-\frac{5}{9}=0 \quad \cdots\cdots ②$$

（ii）$a=\frac{5}{9}$ とすると①，②から $b=\frac{4}{5}, c=\frac{5}{6}$　　　　　$\cdots\cdots ③$

（iii）点 K を $\overrightarrow{EC}$ と $\alpha$ の交点とする。したがって，K は $\overrightarrow{EC}$ 上の点であるから適当な実数 $k$ が存在して

$$\overrightarrow{EK}=k\overrightarrow{EC},\quad ∴\ \overrightarrow{AK}=\overrightarrow{AE}+\overrightarrow{EK}=\overrightarrow{AE}+k\overrightarrow{EC}$$

また，K は平面 $\alpha$ 上の点であるので，適当な実数 $s, t$ が存在して

$$\overrightarrow{AK}=\overrightarrow{AX}+s\overrightarrow{XY}+t\overrightarrow{XZ}$$

$$∴\ \overrightarrow{AK}=\overrightarrow{AE}+k\overrightarrow{EC}=\overrightarrow{AX}+s\overrightarrow{XY}+t\overrightarrow{XZ}$$

ここで，$\overrightarrow{AE}$, $\overrightarrow{EC}$, $\overrightarrow{AX}$, $\overrightarrow{XY}$, $\overrightarrow{XZ}$ を $\vec{p}, \vec{q}, \vec{r}, a, b, c$ で表すと，
$$\vec{r}+k(\vec{p}+\vec{q}-\vec{r})=a\vec{p}+s((1-a)\vec{p}+b\vec{r})+t(-a\vec{p}+c\vec{q}+\vec{r})$$
両辺を $\vec{p}, \vec{q}, \vec{r}$ でまとめると
$$k\vec{p}+k\vec{q}+(1-k)\vec{r}=(a+s-as-at)\vec{p}+ct\vec{q}+(bs+t)\vec{r}$$
両辺の $\vec{p}, \vec{q}, \vec{r}$ の係数を比較して
$$k=a+s-as-at, \quad k=ct, \quad 1-k=bs+t$$
ここで，③から $a=\dfrac{5}{9}, b=\dfrac{4}{5}, c=\dfrac{5}{6}$ を代入すると，
$$k=\dfrac{5}{9}+\dfrac{4}{9}s-\dfrac{5}{9}t, \quad k=\dfrac{5}{6}t, \quad 1-k=\dfrac{4}{5}s+t$$
この $k, s, t$ に関する連立方程式を解いて
$$k=\dfrac{5}{13}, \quad s=\dfrac{5}{26}, \quad t=\dfrac{6}{13}$$
を得る。したがって，EC と平面との交点 K が求められた。よって，
$$|\overrightarrow{EK}|=\dfrac{5}{13}|\overrightarrow{EC}|=\dfrac{5}{13}\sqrt{(\vec{p}+\vec{q}-\vec{r})\cdot(\vec{p}+\vec{q}-\vec{r})}$$
$$=\dfrac{5}{13}\sqrt{|\vec{p}|^2+|\vec{q}|^2+|\vec{r}|^2-2\vec{q}\cdot\vec{r}} \quad \left(|\vec{p}|=|\vec{r}|=1, \ |\vec{q}|=\dfrac{4}{3} \text{ より}\right)$$
$$=\dfrac{5}{13}\sqrt{1+\left(\dfrac{4}{3}\right)^2+1-2\cdot\dfrac{4}{9}}$$
$$=\dfrac{5}{13}\sqrt{\dfrac{26}{9}}=\dfrac{5\sqrt{26}}{39}$$
（解答終り）

※ **ベクトルの大きさについて** 　内積の性質：$\vec{p}\cdot\vec{p}=|\vec{p}|^2$ を利用して，例題2の $|\overrightarrow{EK}|$ の計算方法を一般化しておく。ベクトル $\vec{p}, \vec{q}, \vec{r}$ に関して $|\vec{p}|, |\vec{q}|, |\vec{r}|$ および内積 $\vec{p}\cdot\vec{q}, \vec{q}\cdot\vec{r}, \vec{r}\cdot\vec{p}$ がわかっているとき，一般に $\vec{w}=\alpha\vec{p}+\beta\vec{q}+\gamma\vec{r}$（$\alpha, \beta, \gamma$ は実数）の大きさは
$$|\vec{w}|=\sqrt{\vec{w}\cdot\vec{w}}$$
$$=\sqrt{\alpha^2|\vec{p}|^2+\beta^2|\vec{q}|^2+\gamma^2|\vec{r}|^2+2\alpha\beta\vec{p}\cdot\vec{q}+2\beta\gamma\vec{q}\cdot\vec{r}+2\gamma\alpha\vec{p}\cdot\vec{r}}$$
によって計算される。上記の $|\overrightarrow{EK}|$ の計算では $\vec{p}\cdot\vec{q}=\vec{p}\cdot\vec{r}=0$ を満たすから簡単な式になっている。

# 第2節　問題の解答を文章で書き表そう────

　第8章の問題では，ベクトル表示，ベクトルの内積，大きさの計算，ベクトルの分解の性質などを用いることにより点と平面の距離，立体の体積を求めることなどが主な問題であり，一般に計算量が多くのその目的を見失うことがある。

　そこで，解答を書く前に「解答の流れ図」を書いてみよう。このことにより，問題の全体像と個々の計算の関係を理解することができ，さらに解答を順序よく筋道にそったわかりやすい表現をすることができる。

　例題3およびその「+αの問題」では，Oを原点とする座標空間において，5つの点 A, B, C, D, E の座標が与えられている。四角形 BCDE をひし形とする四角錐 A-BCDE に関する問題である。△ABC をひし形 BCDE 上に平行移動したものを，△$A_1B_1C_1$ とする。このとき問題は，△$A_1B_1C_1$ のなかの，ある図形の面積とベクトルの大きさを求めることである。

　この問題ではすべてのベクトルは成分表示で与えられているので，内積，ベクトルの大きさ，三角形の面積なども成分表示をもとに計算することになる。

　例題4は，四面体 O-ABC において △OAB の面積と，四面体 C-OAB の体積を求める問題である。点 P を辺 AB 上に適当にとると CP が C から △OAB への垂線になっていることを利用する。

　例題5では，四角錐 O-ABCD が与えられ，1つの頂点 A と2辺 OB, OD 上の2点 M, L とで定められる平面 $\alpha$ と線分 OC との交点 N を求めること，ベクトル ON の長さ，および AM と MN が直交するための条件を求める問題で，このときベクトルの分解の性質を利用する。

## 問題の部

---- 例題 3（*2009* 数ⅡB 改）----

O を原点とする座標空間における 5 点を $A(0,0,1), B(1,0,0), C(0,2,0), D(-1,0,0), E(0,-2,0)$ とする。ひし形 BCDE を底面とする四角錐 A-BCDE と平面 ABC に平行な平面との共通部分について考える。

（1）内積 $\overrightarrow{BC} \cdot \overrightarrow{BA}$，および $\triangle ABC$ の面積 $S$ を求めよ。

（2）$0<a<1$ とし，点 $B_1$ を線分 BE を $a:1-a$ に内分する点とする。また，点 $A_1$ を
$$\overrightarrow{OA_1} = \overrightarrow{OA} + \overrightarrow{BB_1}$$
で定める。このとき，線分 $A_1B_1$ と AE は交わることを証明せよ。また，この交点を $E_1$ とすると，$E_1$ は AE を $a:1-a$ に内分することを示せ。

（3）点 $C_1$ を $\overrightarrow{OC_1} = \overrightarrow{OC} + \overrightarrow{BB_1}$ で定めると，線分 $A_1C_1$ は AD と交わり，その交点を $D_1$ とすると，$D_1$ は AD を $a:(1-a)$ に内分することを証明せよ。

（4）四角形 $B_1C_1D_1E_1$ の面積，および $|\overrightarrow{B_1D_1}|$ を $a$ の式で表せ。

---- 例題 4（*2008* 数ⅡB 改）----

四面体 O-ABC において，$OA=OB=BC=\sqrt{2}$，$OC=CA=AB=\sqrt{3}$ とする。

$\vec{a}=\overrightarrow{OA}$，$\vec{b}=\overrightarrow{OB}$，$\vec{c}=\overrightarrow{OC}$ とおく。

（1）$|\vec{a}-\vec{b}|$，$\vec{a}\cdot\vec{b}$，$\vec{b}\cdot\vec{c}$，$\vec{c}\cdot\vec{a}$ を求めよ。

（2）直線 AB を $1:r$ に内分する点を P とし，$\overrightarrow{CP}\cdot\vec{a}=0$ を満たすとする。このとき，$r$ の値を求めよ。

（3）$r$ を(2)で求めた値とする。このとき，$\overrightarrow{CP}\cdot\vec{b}$ および $|\overrightarrow{CP}|$ を求めよ。

（4）$\triangle OAB$ の面積，および四面体 C-OAB の体積を求めよ。

## 第2節 問題の解答を文章で書き表そう

**例題 5**（*2011* 数IIB 改）

　四角錐 O-ABCD において，△OBC と △OAD は合同で，OB=1，BC=2，OC=$\sqrt{3}$ であり，底面の四角形 ABCD は長方形である．AB=$2r$ とおき，$\overrightarrow{OA}=\vec{a}$，$\overrightarrow{OB}=\vec{b}$，$\overrightarrow{OC}=\vec{c}$ とおく．OD を 1:2 に内分する点を L とする．

（1）$\overrightarrow{OD}$，$\overrightarrow{AL}$ を $\vec{a}, \vec{b}, \vec{c}$ を用いて表せ．

（2）辺 OB の中点を M，3 点 A, L, M の定める平面を $\alpha$ とし，平面 $\alpha$ と辺 OC との交点を N とする．点 N は平面 $\alpha$ 上にあることから，$\overrightarrow{AN}$ は実数 $s, t$ を用いて $\overrightarrow{AN}=s\overrightarrow{AL}+t\overrightarrow{AM}$ と表される．このとき，$\overrightarrow{ON}$ を $s, t, \vec{a}, \vec{b}, \vec{c}$ を用いて表せ．

　一方，$\overrightarrow{ON}$ は $\overrightarrow{OC}$ 上にあることを用いて $|\overrightarrow{ON}|$ を求めよ．

（3）内積 $\vec{a}\cdot\vec{b}$，$\vec{b}\cdot\vec{c}$，$\vec{c}\cdot\vec{a}$ を求めよ．また，直線 AM と直線 MN が垂直になるとき $r$ を求めよ．

---

**設定条件を変更した問題**

　四角錐 O-ABCD において，OA=1，BC=2，底面の四角形は長方形で AB=$2r$ とする．また，OA⊥AB，OA⊥AD とする．

　$\vec{a}=\overrightarrow{OA}$，$\vec{b}=\overrightarrow{OB}$，$\vec{c}=\overrightarrow{OC}$ とする．このとき，次の問いに答えよ．

（1）次の内積の値を求めよ．

　　　(i) $\vec{a}\cdot\vec{b}$　　(ii) $\vec{b}\cdot\vec{c}$　　(iii) $\vec{c}\cdot\vec{a}$

（2）線分 OD を 2:3 に内分する点を L，線分 OC の中点を M とし，点 A, L, M の定める平面を $\alpha$ とする．$\alpha$ と辺 OB，またはその延長と交わる点を N とする．このとき $\overrightarrow{ON}$ を求めよ．

（3）AM⊥MN となるときの AB の長さを求めよ．

## 解 答 の 部

---
**例題 3**（*2009* 数ⅡB 改）

O を原点とする座標空間における 5 点を $A(0,0,1), B(1,0,0), C(0,2,0), D(-1,0,0), E(0,-2,0)$ とする。ひし形 BCDE を底面とする四角錐 A-BCDE と，平面 ABC に平行な平面との共通部分について考える。

（1）内積 $\overrightarrow{BC}\cdot\overrightarrow{BA}$，および $\triangle ABC$ の面積 $S$ を求めよ。

（2）$0<a<1$ とし，点 $B_1$ を線分 BE を $a:1-a$ に内分する点とする。また，点 $A_1$ を
$$\overrightarrow{OA_1}=\overrightarrow{OA}+\overrightarrow{BB_1}$$
で定める。このとき，線分 $A_1B_1$ と AE は交わることを証明せよ。また，この交点を $E_1$ とすると，$E_1$ は AE を $a:1-a$ に内分すること（$AE_1:E_1E=1:1-a$）を示せ。

（3）点 $C_1$ を $\overrightarrow{OC_1}=\overrightarrow{OC}+\overrightarrow{BB_1}$ で定めると，線分 $A_1C_1$ は AD と交わり，その交点を $D_1$ とすると，$D_1$ は AD を $a:(1-a)$ に内分すること（$AD_1:D_1D=a:1-a$）を証明せよ。

（4）四角形 $B_1C_1D_1E_1$ の面積，および $|\overrightarrow{B_1D_1}|$ を $a$ の式で表せ

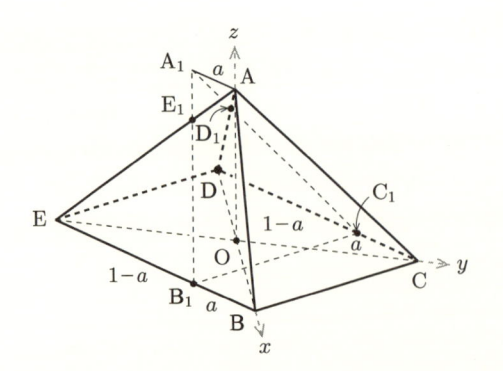

---

☞ 解答を進めていくうちに図を変更することがよくある。わかりやすい図を描くように努めよう。

O を原点とする座標空間において，5 点 A, B, C, D, E の座標が与えられている。これは，ひし形 BCDE を底面とする四角錐 A-BCDE となっている。このとき，$B_1, A_1, C_1$ を次のようにとる。

第2節　問題の解答を文章で書き表そう

$B_1$ は BE を $a:1-a$ $(0<a<1)$ に内分する点,

$A_1$ は $\overrightarrow{OA_1}=\overrightarrow{OA}+\overrightarrow{BB_1}$, ∴ $\overrightarrow{AA_1}=\overrightarrow{BB_1}$, よって四角形 $AA_1B_1B$ は平行四辺形,

$C_1$ は $\overrightarrow{OC_1}=\overrightarrow{OC}+\overrightarrow{BB_1}$, ∴ $\overrightarrow{CC_1}=\overrightarrow{BB_1}$, よって四角形 $CC_1B_1B$ は平行四辺形,

となる。このとき $\triangle A_1B_1C_1$ は $\triangle ABC$ と合同である。そこで問題は,

　　$A_1B_1$ と AE は交わることの証明と, その交点を $E_1$ とするときの比

　　　$A_1E_1 : E_1B_1$,

および

　　$A_1C_1$ と AD は交わることの証明と, その交点を $D_1$ とするときの比

　　　$A_1D_1 : D_1C_1$

を求めること, 四角形 $B_1C_1D_1E_1$ の面積, 対角線の長さ $|\overrightarrow{B_1D_1}|$ を求めることである。空間の2直線が交わることを証明するには, 2直線が同一平面上にあり, かつ平行でないことを示すことである。

[解答の流れ図]

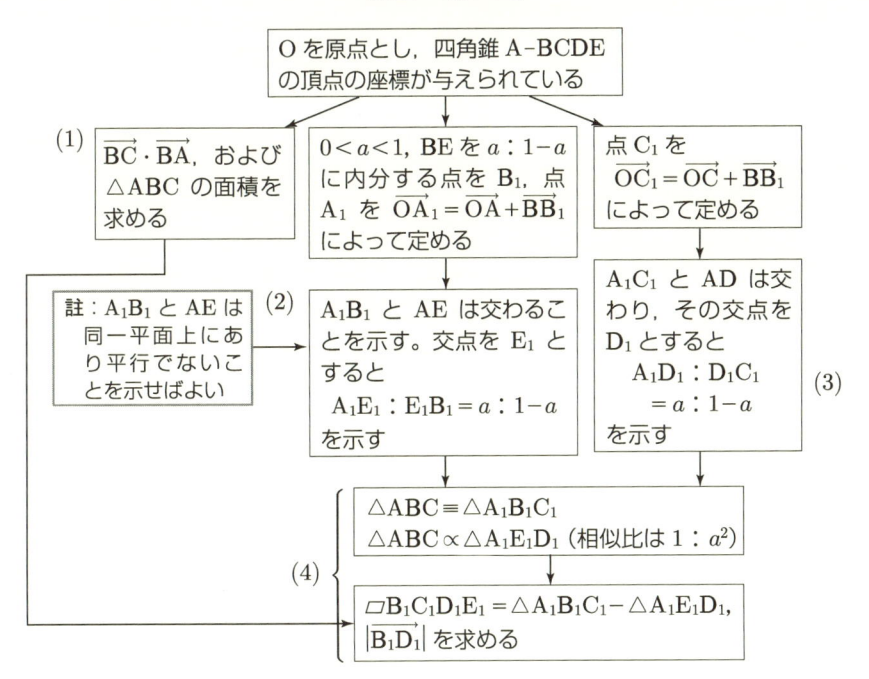

```
                ┌─────────────────────────┐
                │ O を原点とし, 四角錐 A-BCDE │
                │ の頂点の座標が与えられている │
                └─────────────────────────┘
                            │
    ┌───────────┬───────────┴───────────┬───────────┐
(1) │ $\overrightarrow{BC}\cdot\overrightarrow{BA}$, および │ $0<a<1$, BE を $a:1-a$ │ 点 $C_1$ を │
    │ $\triangle ABC$ の面積を │ に内分する点を $B_1$, 点 │ $\overrightarrow{OC_1}=\overrightarrow{OC}+\overrightarrow{BB_1}$ │
    │ 求める │ $A_1$ を $\overrightarrow{OA_1}=\overrightarrow{OA}+\overrightarrow{BB_1}$ │ によって定める │
    │ │ によって定める │ │
    └───────────┘           │                       │
                            │                       ▼
    ┌───────────┐     (2)   ▼                ┌───────────┐
    │ 註: $A_1B_1$ と AE は │ $A_1B_1$ と AE は交わるこ │ $A_1C_1$ と AD は交 │
    │ 同一平面上にあ │──▶│ とを示す。交点を $E_1$ と │ わり, その交点を │
    │ り平行でないこ │   │ すると │ $D_1$ とすると │
    │ とを示せばよい │   │ $A_1E_1:E_1B_1=a:1-a$ │ $A_1D_1:D_1C_1$ │
    │            │   │ を示す │ $=a:1-a$ │ (3)
    │            │   │      │ を示す │
    └───────────┘   └───────────┘ └───────────┘
            │                 │                 │
            │           ┌─────┴─────────────────┘
            │     (4) ┤ $\triangle ABC \equiv \triangle A_1B_1C_1$
            │         │ $\triangle ABC \propto \triangle A_1E_1D_1$ (相似比は $1:a^2$)
            │         │         │
            │         │         ▼
            └────────▶│ $\square B_1C_1D_1E_1 = \triangle A_1B_1C_1 - \triangle A_1E_1D_1$,
                      │ $|\overrightarrow{B_1D_1}|$ を求める
```

[解答] （1） $\vec{BC}=(0,2,0)-(1,0,0)=(-1,2,0)$,

$$\therefore |\vec{BC}|=\sqrt{(-1)^2+2^2}=\sqrt{5}$$

$\vec{BA}=(0,0,1)-(1,0,0)=(-1,0,1)$, $\therefore |\vec{BA}|=\sqrt{(-1)^2+1^2}=\sqrt{2}$

$$\therefore \vec{BC}\cdot\vec{BA}=(-1)\times(-1)+2\times 0+0\times 1=1$$

$\triangle ABC$ の面積 $=\dfrac{1}{2}|\vec{BA}||\vec{BC}|\sin\angle ABC$

ここで，$\sin\angle ABC$ を求めるために，内積の定義から

$$\vec{BC}\cdot\vec{BA}=|\vec{BC}||\vec{BA}|\cos\angle ABC$$

よって，$1=\sqrt{5}\times\sqrt{2}\cos\angle ABC$,

$$\therefore \cos\angle ABC=\dfrac{1}{\sqrt{10}}$$

> ☞ $\triangle ABC$ の面積 $S$ はベクトル演算を用いた面積公式から
> $$S=\dfrac{1}{2}\sqrt{|\vec{BC}|^2|\vec{BA}|^2-(\vec{BC}\cdot\vec{BA})^2}$$
> $$=\dfrac{1}{2}\sqrt{5\times 2-1^2}=\dfrac{3}{2}$$

$$\therefore \sin\angle ABC=\sqrt{1-\left(\dfrac{1}{\sqrt{10}}\right)^2}=\dfrac{3}{\sqrt{10}}$$

したがって，$\triangle ABC$ の面積 $S$ は $S=\dfrac{1}{2}\times\sqrt{2}\times\sqrt{5}\dfrac{3}{\sqrt{10}}=\dfrac{3}{2}$ ……①

（2） まず，3点 A, B, E の定める平面を $\alpha$ とすると，AE は $\alpha$ 上にある。また，$BB_1=AA_1$ であるから，$B_1A_1$ も $\alpha$ 上にある。$A_1B_1$ と AB は平行，一方，AE と AB は平行でない。よって，$A_1B_1$ と AE はともに平面 $\alpha$ 上にあるが平行でない。したがって，$A_1B_1$ と AE は交わる。この交点を $E_1$ とする。

$A_1A$ と $EB_1$ は平行であるので，$\triangle E_1EB_1$ と $\triangle E_1AA_1$ は相似となり，相似比は，$AA_1:EB_1=a:1-a$. よって

$$AE_1:E_1E=A_1E_1:E_1B_1=a:1-a \quad\cdots\cdots②$$

（3） (2)と同様に考える。$\vec{AA_1}=\vec{CC_1}(=\vec{BB_1})$ であるから，3点 A, C, D が定める平面を $\beta$ とすると，AD および $A_1C_1$ は $\beta$ 上にある。AD と AC は平行ではなく，$\vec{A_1C_1}=\vec{AC}$ であるから，AD と $A_1C_1$ は平面 $\beta$ 上で交わる。この交点を $D_1$ とすると，$AA_1$ と $DC_1$ は平行であるから，$\triangle D_1C_1D$ と $\triangle D_1A_1A$ は相似となる。

相似比は $AA_1:DC_1=a:1-a$

したがって， $AD_1:D_1D=A_1D_1:D_1C_1=a:1-a$ ……③

（4） まず，四角形 $AA_1B_1B$ は平行四辺形であるから $AB=A_1B_1$, 同様に $BC=B_1C_1$, $CA=C_1A_1$. よって $\triangle ABC\equiv\triangle A_1B_1C_1$（合同）。

$\triangle A_1B_1C_1$ において，②, ③ から

第2節 問題の解答を文章で書き表そう

$$A_1E_1 : E_1B_1 = A_1D_1 : D_1C_1 = a : 1-a$$

よって，$E_1D_1 \parallel B_1C_1$，かつ $\triangle A_1B_1C_1 \backsim \triangle A_1E_1D_1$（相似）であるから

$$A_1B_1 : A_1E_1 = 1 : a$$

ゆえに　　$\triangle A_1B_1C_1 : \triangle A_1E_1D_1 = 1 : a^2$

①から，$\triangle A_1B_1C_1$ の面積 $= \triangle ABC$ の面積 $= \dfrac{3}{2}$

☞ 一般に相似な三角形の辺の相似比が $a : b$ ならば面積の比は $a^2 : b^2$ となる。

$$\therefore \quad \triangle A_1E_1D_1 \text{ の面積} = \dfrac{3}{2}a^2$$

したがって，四角形 $B_1C_1D_1E_1$ の面積は

$$\triangle A_1B_1C_1 - \triangle A_1E_1D_1 = \dfrac{3}{2}(1-a^2)$$

最後に $|\overrightarrow{B_1D_1}|$ を求めよう。

$$\overrightarrow{B_1D_1} = \overrightarrow{B_1E_1} + \overrightarrow{E_1D_1} = (1-a)\overrightarrow{B_1A_1} + a\overrightarrow{B_1C_1}$$
$$= (1-a)\overrightarrow{BA} + a\overrightarrow{BC}$$

よって $|\overrightarrow{B_1D_1}|^2 = |(1-a)\overrightarrow{BA} + a\overrightarrow{BC}|^2$
$$= ((1-a)\overrightarrow{BA} + a\overrightarrow{BC}) \cdot ((1-a)\overrightarrow{BA} + a\overrightarrow{BC})$$
$$= (1-a)^2|\overrightarrow{BA}|^2 + a^2|\overrightarrow{BC}|^2 + 2(1-a)a\overrightarrow{BA}\cdot\overrightarrow{BC}$$

(1)から $|\overrightarrow{BA}|^2 = 2$，$|\overrightarrow{BC}|^2 = 5$，$\overrightarrow{BA}\cdot\overrightarrow{BC} = 1$，よって

$$|\overrightarrow{B_1D_1}|^2 = 2(1-a)^2 + 5a^2 + 2(1-a)a = 5a^2 - 2a + 2$$
$$\therefore \quad |\overrightarrow{B_1D_1}| = \sqrt{5a^2 - 2a + 2}$$

**（解答終り）**†

---

**── 例題 4（2008 数ⅡB 改）──**

四面体 O-ABC において，$OA = OB = BC = \sqrt{2}$，$OC = CA = AB = \sqrt{3}$ とする。

$\vec{a} = \overrightarrow{OA}$，$\vec{b} = \overrightarrow{OB}$，$\vec{c} = \overrightarrow{OC}$ とおく。

（1）$|\vec{a} - \vec{b}|$，$\vec{a} \cdot \vec{b}$，$\vec{b} \cdot \vec{c}$，$\vec{c} \cdot \vec{a}$ を求めよ。

（2）直線 AB を $1 : r$ に内分する点を P とし，$\overrightarrow{CP} \cdot \vec{a} = 0$ を満たすとする。このとき，$r$ の値を求めよ。

（3）$r$ を(2)で求めた値とする。このとき，$\overrightarrow{CP} \cdot \vec{b}$ および $|\overrightarrow{CP}|$ を求めよ。

---

† 本題ではOを原点とし，5点A, B, C, D, Eの座標が与えられ，4点B, C, D, Eは同じ平面上のひし形であり，四角錐 A-BCDE に関する問題である。問題に現れるすべての点やベクトルは成分表示をすることができる。したがって，ベクトルの大きさ，2つのベクトルの内積などは成分表示をもとに計算することになる。計算では途中の論理の経過や式の変形を省略せずに詳しく書こう。

(4) △OABの面積，および四面体 C-OAB の体積を求めよ。

　四面体 O-ABC において，6辺の長さが与えられているとする。この問題の主な目的は，四面体 O-ABC の体積を求めることである。体積を求める筋道はいくつもあるが，この問題では，C を頂点とし底面を △OAB とみなして体積を求める方法を示唆している。(2)と(3)において，P を適当にとれば CP は △OAB を含む平面に垂直であることが示される。このことがわかれば，$|\overrightarrow{CP}|$ は四面体 C-OAB の高さであることがわかり，四面体の体積は △OAB の面積を求めれば得られる。

[解答] （1） $|\vec{a}-\vec{b}|=|\overrightarrow{OA}-\overrightarrow{OB}|$
$=|\overrightarrow{BA}|=\sqrt{3}$

次に，
$|\vec{a}-\vec{b}|^2=(\vec{a}-\vec{b})\cdot(\vec{a}-\vec{b})$
$=|\vec{a}|^2+|\vec{b}|^2-2\vec{a}\cdot\vec{b}$

よって $3=2+2-2\vec{a}\cdot\vec{b}$, $\therefore \vec{a}\cdot\vec{b}=\vec{b}\cdot\vec{a}=\dfrac{1}{2}$

$|\vec{b}-\vec{c}|=|\overrightarrow{OB}-\overrightarrow{OC}|=|\overrightarrow{CB}|=\sqrt{2}$

また，$|\vec{b}-\vec{c}|^2=(\vec{b}-\vec{c})\cdot(\vec{b}-\vec{c})$
$=|\vec{b}|^2+|\vec{c}|^2-2\vec{b}\cdot\vec{c}$,

よって $2=2+3-2\vec{b}\cdot\vec{c}$, $\therefore \vec{b}\cdot\vec{c}=\vec{c}\cdot\vec{b}=\dfrac{3}{2}$

$|\vec{c}-\vec{a}|=|\overrightarrow{OC}-\overrightarrow{OA}|=|\overrightarrow{AC}|=\sqrt{3}$

また，$|\vec{c}-\vec{a}|^2=(\vec{c}-\vec{a})\cdot(\vec{c}-\vec{a})$
$=|\vec{c}|^2-|\vec{a}|^2-2\vec{c}\cdot\vec{a}$,

よって $3=3+2-2\vec{c}\cdot\vec{a}$, $\therefore \vec{c}\cdot\vec{a}=\vec{a}\cdot\vec{c}=1$

☞ 2つのベクトル $\vec{a}, \vec{b}$ に対して，内積を求める次の公式を思い出そう。
$|\vec{a}-\vec{b}|^2=(\vec{a}-\vec{b})\cdot(\vec{a}-\vec{b})$
$=|\vec{a}|^2+|\vec{b}|^2-2\vec{a}\cdot\vec{b}$

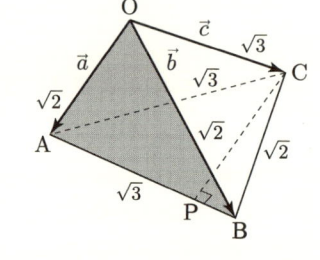

（2） AP:PB=1:$r$, よって $\overrightarrow{AP}=\dfrac{1}{1+r}\overrightarrow{AB}$, $\overrightarrow{PB}=\dfrac{r}{1+r}\overrightarrow{AB}$

$\therefore \overrightarrow{CP}=\overrightarrow{CA}+\overrightarrow{AP}=\vec{a}-\vec{c}+\dfrac{1}{1+r}(\vec{b}-\vec{a})$

$=\dfrac{r}{1+r}\vec{a}+\dfrac{1}{1+r}\vec{b}-\vec{c}$ ……①

$\overrightarrow{CP}\cdot\vec{a}=0$ と(1)から

☞ $\overrightarrow{OP}=\dfrac{r\vec{a}+\vec{b}}{1+r}$
$=\overrightarrow{OC}+\overrightarrow{CP}$
$\therefore \overrightarrow{CP}=\dfrac{r\vec{a}+\vec{b}}{1+r}-\vec{c}$

第2節　問題の解答を文章で書き表そう

$$\left(\frac{r}{1+r}\vec{a}+\frac{1}{1+r}\vec{b}-\vec{c}\right)\cdot\vec{a}=0$$

よって
$$\frac{r}{1+r}\vec{a}\cdot\vec{a}+\frac{1}{1+r}\vec{b}\cdot\vec{a}-\vec{c}\cdot\vec{a}=0$$

$|\vec{a}|^2=2$, $\vec{b}\cdot\vec{a}=\frac{1}{2}$, $\vec{c}\cdot\vec{a}=1$ を代入すると

$$\frac{2r}{1+r}+\frac{1}{2}\frac{1}{1+r}-1=0,$$

すなわち　$\dfrac{2r+\frac{1}{2}-(1+r)}{1+r}=\dfrac{r-\frac{1}{2}}{1+r}=0$　より　$r=\dfrac{1}{2}$

（3）①において $r=\dfrac{1}{2}$ とおけば $\overrightarrow{CP}=\dfrac{1}{3}\vec{a}+\dfrac{2}{3}\vec{b}-\vec{c}$

したがって $\overrightarrow{CP}\cdot\vec{b}=\left(\dfrac{1}{3}\vec{a}+\dfrac{2}{3}\vec{b}-\vec{c}\right)\cdot\vec{b}=\dfrac{1}{3}\vec{a}\cdot\vec{b}+\dfrac{2}{3}|\vec{b}|^2-\vec{c}\cdot\vec{b}$

$$=\frac{1}{3}\times\frac{1}{2}+\frac{2}{3}\times 2-\frac{3}{2}=0$$

よって，$\overrightarrow{CP}$ は $\overrightarrow{CP}\cdot\vec{a}=\overrightarrow{CP}\cdot\vec{b}=0$ を満たす。すなわち，$\overrightarrow{CP}$ は $\vec{a}, \vec{b}$ を含む平面，すなわち $\triangle OAB$ を含む平面と垂直に交わる。

次に $|\overrightarrow{CP}|$ を求める。

$$|\overrightarrow{CP}|^2=\left|\frac{1}{3}\vec{a}+\frac{2}{3}\vec{b}-\vec{c}\right|^2=\left(\frac{1}{3}\vec{a}+\frac{2}{3}\vec{b}-\vec{c}\right)\cdot\left(\frac{1}{3}\vec{a}+\frac{2}{3}\vec{b}-\vec{c}\right)$$

$$=\frac{1}{9}|\vec{a}|^2+\frac{4}{9}|\vec{b}|^2+|\vec{c}|^2+2\times\frac{1}{3}\times\frac{2}{3}\vec{a}\cdot\vec{b}-2\times\frac{2}{3}\vec{b}\cdot\vec{c}-\frac{2}{3}\vec{c}\cdot\vec{a}$$

$$=\frac{2}{9}+\frac{8}{9}+3+\frac{4}{9}\times\frac{1}{2}-\frac{4}{3}\times\frac{3}{2}-\frac{2}{3}=\frac{5}{3}$$

よって
$$|\overrightarrow{CP}|=\sqrt{\frac{5}{3}}=\frac{\sqrt{15}}{3}$$

（4）四面体 C-OAB の体積は $\dfrac{1}{3}|\overrightarrow{CP}|\times\{\triangle OAB \text{ の面積}\}$ である。$\triangle OAB$ は底辺 $AB=\sqrt{3}$，斜辺 $OA=OB=\sqrt{2}$ の二等辺三角形であり，その高さは

$$\sqrt{(\sqrt{2})^2-\left(\frac{\sqrt{3}}{2}\right)^2}=\frac{\sqrt{5}}{2}$$

となり，面積は

$$\frac{\sqrt{3}}{2}\times\frac{\sqrt{5}}{2}=\frac{\sqrt{15}}{4}$$

よって，四面体 C-OAB の体積は

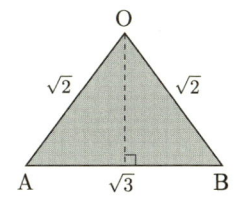

$$\frac{1}{3} \times \frac{\sqrt{15}}{3} \times \frac{\sqrt{15}}{4} = \frac{15}{36} = \frac{5}{12}$$

（解答終り）

---

**例題 5**（2011 数ⅡB 改）

四角錐 O-ABCD において，$\triangle$OBC と $\triangle$OAD は合同で，OB=1，BC=2，OC=$\sqrt{3}$ であり，底面の四角形 ABCD は長方形である。AB=$2r$ とおき，$\overrightarrow{OA}=\vec{a}$，$\overrightarrow{OB}=\vec{b}$，$\overrightarrow{OC}=\vec{c}$ とおく。OD を $1:2$ に内分する点を L とする。

（1） $\overrightarrow{OD}$，$\overrightarrow{AL}$ を $\vec{a}, \vec{b}, \vec{c}$ を用いて表せ。

（2） 辺 OB の中点を M，3 点 A, L, M の定める平面を $\alpha$ とし，平面 $\alpha$ と辺 OC との交点を N とする。点 N は平面 $\alpha$ 上にあることから，$\overrightarrow{AN}$ は実数 $s, t$ を用いて $\overrightarrow{AN} = s\overrightarrow{AL} + t\overrightarrow{AM}$ と表される。このとき，$\overrightarrow{ON}$ を $s, t, \vec{a}, \vec{b}, \vec{c}$ を用いて表せ。

一方，$\overrightarrow{ON}$ は $\overrightarrow{OC}$ 上にもあることを用いて $|\overrightarrow{ON}|$ を求めよ。

（3） 内積 $\vec{a} \cdot \vec{b}, \vec{b} \cdot \vec{c}, \vec{c} \cdot \vec{a}$ を求めよ。また，直線 AM と直線 MN が垂直になるとき $r$ を求めよ。

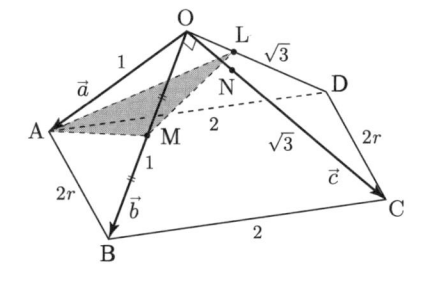

---

問題文にそって図を描こう。四角錐 O-ABCD において $\overrightarrow{OA}=\vec{a}$，$\overrightarrow{OB}=\vec{b}$，$\overrightarrow{OC}=\vec{c}$ とすると，四角錐の任意の 2 つの頂点を結ぶベクトルは，$\vec{a}$，$\vec{b}$，$\vec{c}$ で表すことができる。また，OD を $1:2$ に内分する点 L，OB を $1:1$ に内分する点 M は，線分を $m:n$ に内分する点の位置ベクトルの表現法から，これらも $\vec{a}, \vec{b}, \vec{c}$ で表すことができる。

そこで本問のひとつの鍵は，点 N の位置ベクトルを求めることである。点 N は 3 点 A, L, M の定める平面を $\alpha$ としたとき，$\alpha$ と OC の交点である。点 N は直線 OC 上の点であると同時に，平面 $\alpha$ 上の点であることに着目し，いわゆるベクトルの分解の性質を用いて，N の位置ベクトル $\overrightarrow{ON}$ を求めることができる。

二つ目の鍵は内積の計算である。直線 MN と直線 AM が垂直になること，すなわち $\overrightarrow{AM} \cdot \overrightarrow{MN} = 0$ となるように $r$ を求めることである。

第2節 問題の解答を文章で書き表そう　　　　　　　　　　　　　　　　293

ここで2つのベクトル $\vec{a}, \vec{b}$ の内積の求め方をまとめておこう。

1. $\vec{a} \cdot \vec{b} = |\vec{a}||\vec{b}|\cos\theta$ （$\theta$ は $\vec{a}, \vec{b}$ のなす角）

2. $|\vec{a}-\vec{b}|^2, |\vec{a}|, |\vec{b}|$ がわかっている場合は，
$$|\vec{a}-\vec{b}|^2 = (\vec{a}-\vec{b}) \cdot (\vec{a}-\vec{b}) = |\vec{a}|^2 + |\vec{b}|^2 - 2\vec{a}\cdot\vec{b}$$ より
$$\vec{a}\cdot\vec{b} = \frac{1}{2}\{|\vec{a}|^2 + |\vec{b}|^2 - |\vec{a}-\vec{b}|^2\}$$

3. 座標空間において $\vec{a}=(a_1, a_2, a_3), \vec{b}=(b_1, b_2, b_3)$ と表されるときは，
$$\vec{a}\cdot\vec{b} = a_1b_1 + a_2b_2 + a_3b_3$$

[解答の流れ図]

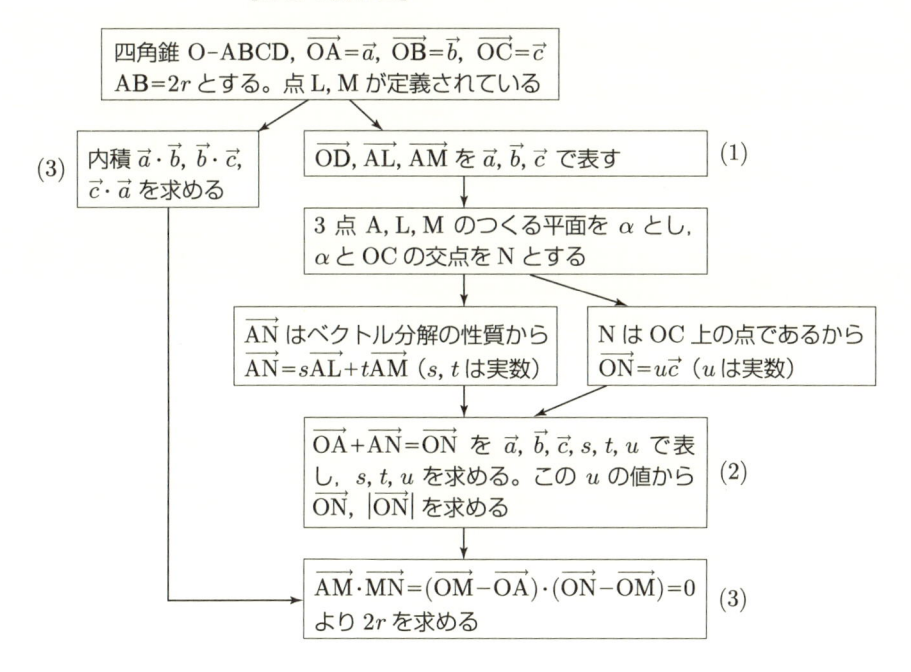

```
         ┌─────────────────────────────────────┐
         │ 四角錐 O-ABCD, OA=a, OB=b, OC=c      │
         │ AB=2r とする。点 L, M が定義されている │
         └─────────────────────────────────────┘
              │                    │
     ┌────────┴───────┐   ┌────────┴────────────┐
 (3) │ 内積 a·b, b·c,  │   │ OD, AL, AM を      │ (1)
     │ c·a を求める    │   │ a, b, c で表す      │
     └────────────────┘   └─────────────────────┘
                                   │
                         ┌─────────┴──────────────┐
                         │ 3点 A, L, M のつくる平面を α とし，│
                         │ α と OC の交点を N とする │
                         └─────────┬──────────────┘
                          │                    │
              ┌───────────┴──────┐   ┌─────────┴──────────┐
              │ AN はベクトル分解の性質から │   │ N は OC 上の点であるから │
              │ AN=sAL+tAM (s, t は実数) │   │ ON=uc (u は実数)    │
              └───────────┬──────┘   └─────────┬──────────┘
                          │                    │
                    ┌─────┴────────────────────┴──────┐
                    │ OA+AN=ON を a, b, c, s, t, u で表 │
                    │ し，s, t, u を求める。この u の値から │(2)
                    │ ON, |ON| を求める                │
                    └─────────────┬────────────────────┘
                                  │
                    ┌─────────────┴────────────────────┐
                    │ AM·MN=(OM-OA)·(ON-OM)=0        │ (3)
                    │ より 2r を求める                  │
                    └──────────────────────────────────┘
```

[解答] (1) 図を参考にしよう。四角形 ABCD は長方形であるから $\overrightarrow{AD} = \overrightarrow{BC} = \vec{c} - \vec{b}$, したがって，
$$\overrightarrow{OD} = \overrightarrow{OA} + \overrightarrow{AD} = \vec{a} + \vec{c} - \vec{b} = \vec{a} - \vec{b} + \vec{c}$$

次に，$\overrightarrow{OL} = \frac{1}{3}\overrightarrow{OD} = \frac{1}{3}(\vec{a} - \vec{b} + \vec{c})$, $\overrightarrow{OA} + \overrightarrow{AL} = \overrightarrow{OL}$ より，
$$\overrightarrow{AL} = \overrightarrow{OL} - \overrightarrow{OA} = \frac{1}{3}(\vec{a}-\vec{b}+\vec{c}) - \vec{a} = -\frac{2}{3}\vec{a} - \frac{1}{3}\vec{b} + \frac{1}{3}\vec{c} \quad \cdots\cdots ①$$

(2) まず，$\overrightarrow{AM}$ を求めよう。
$$\overrightarrow{OA} + \overrightarrow{AM} = \overrightarrow{OM}$$
したがって，$\quad \overrightarrow{AM} = \overrightarrow{OM} - \overrightarrow{OA} = \frac{1}{2}\vec{b} - \vec{a} \quad \cdots\cdots ②$

そこで $\overrightarrow{AN}$ はベクトルの分解の性質から実数 $s, t$ を用いて，$\overrightarrow{AN} = s\overrightarrow{AL} + t\overrightarrow{AM}$ と表される。$\overrightarrow{AL}$ と $\overrightarrow{AM}$ には①，②を代入して，

☞ 点 N が平面 $\alpha$ の上の点であるとして，ベクトル $\overrightarrow{ON}$ を $\vec{a}, \vec{b}, \vec{c}$ で表したもの。

$$\therefore \overrightarrow{ON} = \overrightarrow{OA} + \overrightarrow{AN} = \overrightarrow{OA} + s\overrightarrow{AL} + t\overrightarrow{AM}$$
$$= \vec{a} + s\left(-\frac{2}{3}\vec{a} - \frac{1}{3}\vec{b} + \frac{1}{3}\vec{c}\right) + t\left(\frac{1}{2}\vec{b} - \vec{a}\right)$$
$$= \left(1 - \frac{2}{3}s - t\right)\vec{a} + \left(-\frac{1}{3}s + \frac{1}{2}t\right)\vec{b} + \frac{1}{3}s\vec{c}$$

N はまた OC 上の点であるから，実数 $u$ を用いて $\overrightarrow{ON} = u\vec{c}$ と書ける。ここで $\overrightarrow{ON}$ の2つの表現が等しいとおくと，

☞ 一方，点 N が $\overrightarrow{OC}$ 上の点であるとして，ベクトル $\overrightarrow{ON}$ を $\vec{c}$ で表したもの。

$$\left(1 - \frac{2}{3}s - t\right)\vec{a} + \left(-\frac{1}{3}s + \frac{1}{2}t\right)\vec{b} + \frac{1}{3}s\vec{c} = u\vec{c}$$

よって，$\vec{a}, \vec{b}, \vec{c}$ の係数を比較して，

$$1 - \frac{2}{3}s - t = 0, \quad -\frac{1}{3}s + \frac{1}{2}t = 0, \quad \frac{1}{3}s = u$$

この連立方程式を解くと

$$s = \frac{3}{4}, \quad t = \frac{1}{2}, \quad u = \frac{1}{4}, \quad \therefore \overrightarrow{ON} = \frac{1}{4}\vec{c} \quad \cdots\cdots ③$$

よって $\qquad |\overrightarrow{ON}| = \frac{1}{4}|\vec{c}| = \frac{\sqrt{3}}{4}$

(3) 内積の計算

☞ 四角錐に与えられた条件から，内積 $\vec{a} \cdot \vec{b}, \vec{b} \cdot \vec{c}, \vec{c} \cdot \vec{a}$ が計算できることに注意。

$\vec{a} \cdot \vec{b}$：$\quad AB = 2r, \quad \overrightarrow{AB} = \vec{b} - \vec{a}, \quad |\vec{a}| = |\vec{b}| = 1$
$\qquad \therefore |\vec{b} - \vec{a}|^2 = |\vec{b}|^2 + |\vec{a}|^2 - 2\vec{a} \cdot \vec{b}$

よって $\qquad (2r)^2 = 1 + 1 - 2\vec{a} \cdot \vec{b}, \quad \therefore \vec{a} \cdot \vec{b} = 1 - 2r^2 \quad \cdots\cdots ④$

$\vec{b} \cdot \vec{c}$：$\quad \triangle OBC$ は $OB^2 + OC^2 = BC^2$ より $\angle BOC = 90°$ の直角三角形である。
$\qquad \therefore \vec{b} \cdot \vec{c} = 0 \quad \cdots\cdots ⑤$

$\vec{c} \cdot \vec{a}$：$\quad \triangle ABC$ は $\angle ABC = 90°$ の直角三角形であるから
$\qquad AC^2 = AB^2 + BC^2 = 4r^2 + 4,$
$\qquad \therefore |\overrightarrow{AC}|^2 = |\vec{c} - \vec{a}|^2 = |\vec{c}|^2 + |\vec{a}|^2 - 2\vec{c} \cdot \vec{a}$

よって，$\qquad 4r^2 + 4 = 3 + 1 - 2\vec{c} \cdot \vec{a}, \quad \therefore \vec{c} \cdot \vec{a} = -2r^2 \quad \cdots\cdots ⑥$

## 第2節 問題の解答を文章で書き表そう

最後に，$\overrightarrow{AM} \cdot \overrightarrow{MN}$ を計算しよう．

$$\overrightarrow{AM} = \frac{1}{2}\vec{b} - \vec{a}, \quad \overrightarrow{MN} = \overrightarrow{ON} - \overrightarrow{OM} = \frac{1}{4}\vec{c} - \frac{1}{2}\vec{b}$$

したがって，$\overrightarrow{AM} \cdot \overrightarrow{MN} = \left(\frac{1}{2}\vec{b} - \vec{a}\right) \cdot \left(\frac{1}{4}\vec{c} - \frac{1}{2}\vec{b}\right)$

$$= \frac{1}{8}\vec{b} \cdot \vec{c} - \frac{1}{4}\vec{b} \cdot \vec{b} - \frac{1}{4}\vec{a} \cdot \vec{c} + \frac{1}{2}\vec{a} \cdot \vec{b}$$

④，⑤，⑥ から $\overrightarrow{AM} \cdot \overrightarrow{MN} = -\frac{1}{4} - \frac{1}{4}(-2r^2) + \frac{1}{2}(1 - 2r^2) = \frac{1}{4} - \frac{1}{2}r^2$

AM と MN が垂直となるためには，$\overrightarrow{AM} \cdot \overrightarrow{MN} = 0$．ゆえに，$\frac{1}{4} - \frac{1}{2}r^2 = 0$，すなわち $r = \frac{1}{\sqrt{2}} = \frac{\sqrt{2}}{2}$．このとき $AB = 2r = \sqrt{2}$ となる． （解答終り）

例題5と同じように，内積の計算，および3点が定める平面と直線の交点をベクトルの分解の性質を適用して求める問題をあげる．

---

**― 設定条件を変更した問題 ―**

四角錐 O-ABCD において，OA＝1，BC＝2，底面の四角形は長方形で AB＝2r とする．また，OA⊥AB，OA⊥AD とする．
$\vec{a} = \overrightarrow{OA}$，$\vec{b} = \overrightarrow{OB}$，$\vec{c} = \overrightarrow{OC}$ とする．このとき，次の問いに答えよ．

（1） 次の内積の値を求めよ．

　　(i) $\vec{a} \cdot \vec{b}$　　(ii) $\vec{b} \cdot \vec{c}$　　(iii) $\vec{c} \cdot \vec{a}$

（2） 線分 OD を 2：3 に内分する点を L，線分 OC の中点を M とし，点 A，L，M の定める平面を α とする．α と辺 OB，またはその延長と交わる点を N とする．このとき $\overrightarrow{ON}$ を求めよ．

（3） AM⊥MN となるときの AB の長さを求めよ．

---

**[解答]** （1） 内積を計算するまえに，ベクトル $\vec{b}$ と $\vec{c}$ の長さを求めておこう．△OAB と △OAC は直角三角形であるから

$OB^2 = OA^2 + AB^2$，∴ $|\vec{b}|^2 = 1 + 4r^2$，
∴ $|\vec{b}| = \sqrt{1 + 4r^2}$

$OC^2 = OA^2 + AC^2 = OA^2 + AB^2 + BC^2$，
∴ $|\vec{c}| = \sqrt{1 + 4r^2 + 4} = \sqrt{5 + 4r^2}$

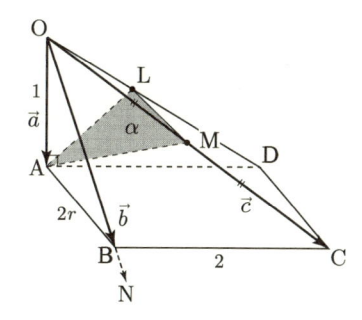

(i) $|\vec{b}-\vec{a}|^2=|\overrightarrow{AB}|^2=4r^2$
また, $|\vec{b}-\vec{a}|^2=(\vec{b}-\vec{a})\cdot(\vec{b}-\vec{a})$
$\qquad\qquad\quad=|\vec{b}|^2+|\vec{a}|^2-2\vec{a}\cdot\vec{b}$
よって $\vec{a}\cdot\vec{b}=\dfrac{1}{2}\{|\vec{a}|^2+|\vec{b}|^2-|\vec{b}-\vec{a}|^2\}$
$\qquad\qquad=\dfrac{1}{2}\{1+1+4r^2-4r^2\}=1$ ……①

> ☞ 別解 △OAB で $\overrightarrow{OA}\cdot\overrightarrow{AB}=0$ より
> $\quad\vec{a}\cdot(\vec{b}-\vec{a})=0,$
> 一方,
> $\quad\vec{a}\cdot(\vec{b}-\vec{a})=\vec{a}\cdot\vec{b}-|\vec{a}|^2$
> $\qquad\qquad\quad=\vec{a}\cdot\vec{b}-1=0$
> $\therefore\ \vec{a}\cdot\vec{b}=1$

(ii) $|\vec{c}-\vec{b}|^2=|\overrightarrow{BC}|^2=4$
また, $|\vec{c}-\vec{b}|^2=|\vec{c}|^2+|\vec{b}|^2-2\vec{c}\cdot\vec{b}=4$
よって $\vec{c}\cdot\vec{b}=\dfrac{1}{2}\{|\vec{c}|^2+|\vec{b}|^2-|\vec{c}-\vec{b}|^2\}$
$\qquad\qquad=\dfrac{1}{2}\{(5+4r^2)+(1+4r^2)-4\}=4r^2+1$ ……②

> ☞ 別解 △OBC で
> $\quad\vec{b}\cdot(\vec{b}-\vec{c})=0$
> $\therefore\ \vec{b}\cdot\vec{c}=|\vec{b}|^2=4r^2+1$

(iii) $|\vec{c}-\vec{a}|^2=|\overrightarrow{AC}|^2=4r^2+4,$
また, $|\vec{c}-\vec{a}|^2=|\vec{c}|^2+|\vec{a}|^2-2\vec{c}\cdot\vec{a}=4r^2+4$
よって $\vec{c}\cdot\vec{a}=\dfrac{1}{2}\{|\vec{c}|^2+|\vec{a}|^2-(4r^2+4)\}$
$\qquad\qquad=\dfrac{1}{2}\{5+4r^2+1-(4r^2+4)\}=1$ ……③

> ☞ 別解 △OAC で
> $\quad\vec{a}\cdot(\vec{c}-\vec{a})=\vec{a}\cdot\vec{c}-|\vec{a}|^2=0$
> $\therefore\ \vec{a}\cdot\vec{c}=|\vec{a}|^2=1$

(2) $\overrightarrow{AL},\overrightarrow{AM}$ を $\vec{a},\vec{b},\vec{c}$ で表すことを考えよう。まず, $\overrightarrow{AL}=\overrightarrow{AO}+\overrightarrow{OL}$.
点 L は OD を $2:3$ に内分する点であるから

$$\overrightarrow{OL}=\dfrac{2}{5}\overrightarrow{OD}.\ \ ここで \overrightarrow{OD}=\overrightarrow{OA}+\overrightarrow{AD}=\overrightarrow{OA}+\overrightarrow{BC}=\vec{a}+\vec{c}-\vec{b}$$

よって $\qquad\qquad\overrightarrow{OL}=\dfrac{2}{5}(\vec{a}-\vec{b}+\vec{c})$

したがって $\overrightarrow{AL}=\overrightarrow{AO}+\overrightarrow{OL}=-\vec{a}+\dfrac{2}{5}(\vec{a}-\vec{b}+\vec{c})$

$\qquad\qquad\qquad=-\dfrac{3}{5}\vec{a}-\dfrac{2}{5}\vec{b}+\dfrac{2}{5}\vec{c}$ ……④

次に $\overrightarrow{AM}$ を求める。点 M は OC の中点であるから

$$\overrightarrow{OM}=\dfrac{1}{2}\overrightarrow{OC}=\dfrac{1}{2}\vec{c}$$

よって $\qquad\overrightarrow{AM}=\overrightarrow{AO}+\overrightarrow{OM}=-\vec{a}+\dfrac{1}{2}\vec{c}$ ……⑤

点 N は $\overrightarrow{AL}$ と $\overrightarrow{AM}$ が定める平面上の点であるから, ベクトルの分解の性質

第2節　問題の解答を文章で書き表そう

を適用して，実数 $s, t$ を用い $\overrightarrow{AN} = s\overrightarrow{AL} + t\overrightarrow{AM}$ と表される。④と⑤から
$$\overrightarrow{ON} = \overrightarrow{OA} + \overrightarrow{AN}$$
$$= \vec{a} + s\left(-\frac{3}{5}\vec{a} - \frac{2}{5}\vec{b} + \frac{2}{5}\vec{c}\right) + t\left(-\vec{a} + \frac{1}{2}\vec{c}\right)$$
$$= \left(1 - \frac{3}{5}s - t\right)\vec{a} + \left(-\frac{2}{5}s\right)\vec{b} + \left(\frac{2}{5}s + \frac{1}{2}t\right)\vec{c}$$

一方，点 N は OB，またはその延長上の点であるから，実数 $u$ を用いて，
$$\overrightarrow{ON} = u\vec{b}$$
と表される。両方の $\overrightarrow{ON}$ は等しいから，$\vec{a}, \vec{b}, \vec{c}$ の係数を比較して，
$$1 - \frac{3}{5}s - t = 0, \quad -\frac{2}{5}s = u, \quad \frac{2}{5}s + \frac{1}{2}t = 0$$
この連立方程式を解いて
$$s = -5, \quad t = 4, \quad u = 2, \quad \text{したがって，} \overrightarrow{ON} = 2\vec{b} \quad \cdots\cdots ⑥$$

（3）⑤から　　　　　　　$\overrightarrow{AM} = -\vec{a} + \frac{1}{2}\vec{c}$,

また⑥から　　　　　　　$\overrightarrow{MN} = \overrightarrow{ON} - \overrightarrow{OM} = 2\vec{b} - \frac{1}{2}\vec{c}$

したがって
$$\overrightarrow{AM} \cdot \overrightarrow{MN} = \left(-\vec{a} + \frac{1}{2}\vec{c}\right) \cdot \left(2\vec{b} - \frac{1}{2}\vec{c}\right)$$
$$= -2\vec{a} \cdot \vec{b} + \vec{c} \cdot \vec{b} + \frac{1}{2}\vec{a} \cdot \vec{c} - \frac{1}{4}\vec{c} \cdot \vec{c}$$

ここで(1)の結果を代入すると，
$$\overrightarrow{AM} \cdot \overrightarrow{MN} = -2 + (4r^2 + 1) + \frac{1}{2} - \frac{1}{4}(5 + 4r^2) = 3r^2 - \frac{7}{4}$$

AM⊥MN より $\overrightarrow{AM} \cdot \overrightarrow{MN} = 0$

$$\therefore \ 3r^2 - \frac{7}{4} = 0, \quad \therefore \ r = \sqrt{\frac{7}{12}} = \frac{\sqrt{21}}{6} \quad \text{よって AB} = 2r = \frac{\sqrt{21}}{3}$$

（解答終り）

# 第3節　定義と定理・公式等のまとめ

**平面上および空間のベクトル**(数学B)
**[1]　平面上のベクトルとその演算**
**(1)　ベクトル**

　**有向線分** AB とは，点 A と点 B の位置，向き，および線分 AB の長さを指定された線分のことで，点 A を**始点**，点 B を**終点**といい，この向きを $\overrightarrow{AB}$ のように矢印で表す。

　有向線分は位置と向きおよび大きさで定まるが，この位置にかかわらず，**向きと大きさだけで定まる量**を**ベクトル**という。

　向きと大きさの**等しい**有向線分は，すべて同一のベクトルとみなされる。1 つのベクトルを有向線分で表すとき，その始点はどの点をとってもよい。

　有向線分 AB で表されるベクトルを $\overrightarrow{AB}$ と書き表す。また，ベクトルは 1 つの文字と矢印を用いて $\vec{a}, \vec{b}$ などのようにも書く。

　ベクトル $\overrightarrow{AB}, \vec{a}$ の大きさを，それぞれ $|\overrightarrow{AB}|, |\vec{a}|$ と書く。$|\overrightarrow{AB}|$ は線分 AB の長さである。特に，大きさが 1 のベクトルを**単位ベクトル**という。

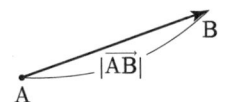

**(2)　ベクトルの演算**(和，差，定数倍)

　2 つのベクトル $\vec{a}, \vec{b}$ に対して，任意の点を O とし，$\vec{a}=\overrightarrow{OA}, \vec{b}=\overrightarrow{AC}$ とするとき(右図)，
  1. $\overrightarrow{OC}=\vec{a}+\vec{b}$
  によって，**和** $\vec{a}+\vec{b}$ を定義する。
  2. ベクトル $\vec{a}$ と大きさが等しく，向きが逆であるベクトルを $-\vec{a}$ で表し，これを $\vec{a}$ の**逆ベクトル**という。図では $\overrightarrow{AC}=\vec{b}, \overrightarrow{AC'}=-\vec{b}$
  3. $\overrightarrow{OC'}=\overrightarrow{OA}+\overrightarrow{AC'}=\vec{a}+(-\vec{b})=\vec{a}-\vec{b}$
  によって**差** $\vec{a}-\vec{b}$ を定義する。

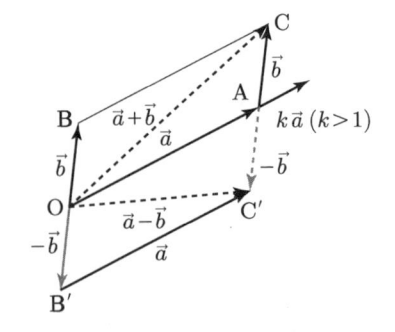

　定義から，$\vec{a}+\vec{b}$ は OA と AC または OB を隣り合う 2 辺とする平行四辺形の対角線 $\overrightarrow{OC}$ に等しい。また，$\vec{a}-\vec{b}$ は OA と AC′ または OB′ を隣り合う 2 辺とする平行四辺形の対角線 $\overrightarrow{OC'}$ に等しい。

　有向線分の始点と終点が等しいとき，**零ベクトル**といい $\vec{0}$ で表す。

第3節　定義と定理・公式等のまとめ　　　　　　　　　　　　　　　　299

　ベクトル $\vec{a}$ と実数 $k$ に対して，$\vec{a}$ の $k$ 倍 $k\vec{a}$ を，$k>0$ ならば向きは $\vec{a}$ と同じで大きさを $k$ 倍したベクトルとし，また，$k<0$ のときは向きは $\vec{a}$ と反対で大きさが $|k|$ 倍したベクトルと定義する。
　以上の定義から次の法則が成り立つ。
　　**1. 交換法則**　　$\vec{a}+\vec{b}=\vec{b}+\vec{a}$
　　**2. 結合法則**　　$(\vec{a}+\vec{b})+\vec{c}=\vec{a}+(\vec{b}+\vec{c})$
　　3. 　$\vec{a}+(-\vec{a})=\vec{0}$,　　$\vec{a}+\vec{0}=\vec{a}$
　　4. 　$k$ と $l$ を実数とするとき
　　　　　　　$k(l\vec{a})=(kl)\vec{a}$,　　$(k+l)\vec{a}=k\vec{a}+l\vec{a}$,　　$k(\vec{a}+\vec{b})=k\vec{a}+k\vec{b}$

　$\vec{0}$ でない2つのベクトル $\vec{a},\vec{b}$ が向きが同じであるかまたは反対であるとき，$\vec{a}$ と $\vec{b}$ は**平行**であるという。このとき次の定理が成り立つ。
　　$\vec{a}\neq\vec{0}$,　$\vec{b}\neq\vec{0}$ のとき
　　　　　　　$\vec{a} \parallel \vec{b} \iff \vec{b}=k\vec{a}$ となる実数 $k$ がある
　2つのベクトル $\vec{a},\vec{b}$ は $\vec{0}$ でなく，また平行でないとする。このとき，任意のベクトル $\vec{p}$ は，次の形にただ一通りに表すことができる。この性質を**ベクトルの分解の性質**とよぶことにする。
　　　　　　　$\vec{p}=s\vec{a}+t\vec{b}$　　　（ただし $s$ と $t$ は実数）


**（3）　ベクトルの成分**

　座標平面上の原点を O とし，$x$ 軸上に点 $E(1,0)$，$y$ 軸上に点 $F(0,1)$ をとり，$\vec{e_1}=\overrightarrow{OE}$, $\vec{e_2}=\overrightarrow{OF}$ とする。$\vec{e_1}, \vec{e_2}$ を座標軸に関する**基本ベクトル**という。任意のベクトル $\vec{a}=\overrightarrow{OA}$ は，実数 $a_1, a_2$ を用いて
　　$\vec{a}=a_1\vec{e_1}+a_2\vec{e_2}$　　（ベクトルの基本ベクトル表示）
の形にただ一通りに表すことができる。この実数 $a_1, a_2$ を**ベクトル $\vec{a}$ の成分**といい，$a_1$ を $x$ 成分，$a_2$ を $y$ 成分という。ベクトルは成分を用いて次のように書き表す。
　　　　　　　$\vec{a}=(a_1, a_2)$　　　（**ベクトルの成分表示**）
特に，$\vec{e_1}=(1,0)$, $\vec{e_2}=(0,1)$
　ベクトルの成分表示を用いると，ベクトルの大きさや演算は次のようになる。引算の成分表示とベクトルの向きには注意が必要である。
$\vec{a}=\overrightarrow{OA}=(a_1, a_2)$,　$\vec{b}=\overrightarrow{OB}=(b_1, b_2)$ とする。
　　1. 　$|\vec{a}|=|\overrightarrow{OA}|=\sqrt{a_1^2+a_2^2}$
　　2. 　$\vec{a}+\vec{b}=(a_1, a_2)+(b_1, b_2)=(a_1+b_1, a_2+b_2)$
　　3. 　$\vec{a}-\vec{b}=\overrightarrow{OA}-\overrightarrow{OB}=\overrightarrow{BA}=(a_1-b_1, a_2-b_2)$
　　4. 　$\vec{b}-\vec{a}=\overrightarrow{OB}-\overrightarrow{OA}=\overrightarrow{AB}=(b_1-a_1, b_2-a_2)$

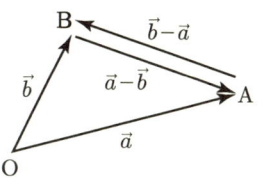

$$|\vec{a}-\vec{b}|=|\vec{b}-\vec{a}|=\sqrt{(a_1-b_1)^2+(a_2-b_2)^2}$$

5. $k\vec{a}=k(a_1, a_2)=(ka_1, ka_2)$ （$k$ は実数）

### (4) 内積

$\vec{0}$ でない 2 つのベクトル $\vec{a}$ と $\vec{b}$ に対し，$\overrightarrow{OA}=\vec{a}$, $\overrightarrow{OB}=\vec{b}$ となる点 A, B をとる．このとき，半直線 OA と OB のなす角 $\theta$ のうち $0\leq\theta\leq 180°$ を満たすものをベクトル $\vec{a}, \vec{b}$ の**なす角**という．このとき，$|\vec{a}||\vec{b}|\cos\theta$ をベクトル $\vec{a}$ と $\vec{b}$ の**内積**といい，$\vec{a}\cdot\vec{b}$ で表す．

$$\vec{a}\cdot\vec{b}=|\vec{a}||\vec{b}|\cos\theta \quad (\text{ただし } 0\leq\theta\leq 180°)$$

$\vec{a}=\vec{0}$ または $\vec{b}=\vec{0}$ のときは $\vec{a}\cdot\vec{b}=0$ とする．

**内積の成分による表示** △OAB に余弦定理を適用すると，
$$AB^2=OA^2+OB^2-2\,OA\times OB\times\cos\angle AOB$$
より
$$(a_1-b_1)^2+(a_2-b_2)^2=(a_1{}^2+a_2{}^2)+(b_1{}^2+b_2{}^2)-2\vec{a}\cdot\vec{b}$$
$$\therefore\ -2(a_1b_1+a_2b_2)=-2\vec{a}\cdot\vec{b} \quad \therefore\ \vec{a}\cdot\vec{b}=a_1b_1+a_2b_2$$

したがって，内積について次のことが成り立つ．

$\vec{a}=(a_1, a_2)$, $\vec{b}=(b_1, b_2)$ とする．

1. $\vec{a}\cdot\vec{b}=a_1b_1+a_2b_2$
2. $\vec{a}\neq\vec{0}, \vec{b}\neq\vec{0}$ のとき，$\vec{a}$ と $\vec{b}$ のなす角を $\theta$ とすると
$$\cos\theta=\frac{\vec{a}\cdot\vec{b}}{|\vec{a}||\vec{b}|}=\frac{a_1b_1+a_2b_2}{\sqrt{a_1{}^2+a_2{}^2}\sqrt{b_1{}^2+b_2{}^2}}$$
3. $\vec{a}\neq\vec{0}, \vec{b}\neq\vec{0}$ のとき
$$\vec{a}\perp\vec{b} \iff \vec{a}\cdot\vec{b}=0 \iff a_1b_1+a_2b_2=0$$
4. $\vec{a}\cdot\vec{a}=a_1{}^2+a_2{}^2=|\vec{a}|^2$, $|\vec{a}|=\sqrt{\vec{a}\cdot\vec{a}}$

ベクトルの内積について，次の法則が成り立つ．

1. $\vec{a}\cdot\vec{b}=\vec{b}\cdot\vec{a}$
2. $(\vec{a}+\vec{b})\cdot\vec{c}=\vec{a}\cdot\vec{c}+\vec{b}\cdot\vec{c}$, $\vec{a}\cdot(\vec{b}+\vec{c})=\vec{a}\cdot\vec{b}+\vec{a}\cdot\vec{c}$
3. $(k\vec{a})\cdot\vec{b}=\vec{a}\cdot(k\vec{b})=k\vec{a}\cdot\vec{b}$ （ただし $k$ は実数）

## [2] ベクトルと平面図形

### (1) 位置ベクトル

平面上で 1 点 O を固定し，任意の点 P の位置はベクトル $\vec{p}=\overrightarrow{OP}$ によって定められる．このとき，ベクトル $\vec{p}$ を点 O に関する点 P の**位置ベクトル**という．また，ベクトル $\vec{p}$ に対して $\overrightarrow{OP}=\vec{p}$ となる点 P を $P(\vec{p})$ と書く．

2 点 $A(\vec{a})$ と $B(\vec{b})$ に対し，ベクトル $\overrightarrow{AB}$ は $\vec{b}-\vec{a}$ で与えられる．線分 AB を $m:n$ に**内分する**点 P の位置ベクトルは，図を参考にして

第3節　定義と定理・公式等のまとめ

$$\vec{p} = \overrightarrow{OP} = \overrightarrow{OA} + \frac{m}{m+n}\overrightarrow{AB}$$

$$= \vec{a} + \frac{m}{m+n}(\vec{b} - \vec{a}) = \frac{n\vec{a} + m\vec{b}}{m+n}$$

また，線分 AB を $m:n$ に**外分する点 Q** の位置ベクトル $\vec{q}$ は

$$\vec{q} = \overrightarrow{OQ} = \overrightarrow{OA} + \frac{m}{m-n}\overrightarrow{AB}$$

$$= \vec{a} + \frac{m}{m-n}(\vec{b} - \vec{a}) = \frac{-n\vec{a} + m\vec{b}}{m-n}$$

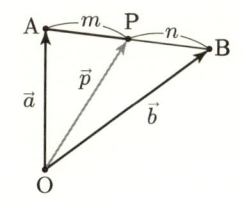

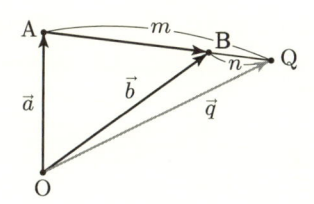

### （2）ベクトル方程式

**直線のベクトル方程式**

1. 点 $A(\vec{a})$ を通り，$\vec{0}$ でないベクトル $\vec{d}$ に平行な直線を $g$ とし，$g$ 上の任意の点 P の位置ベクトルを $\vec{p}$ とすると次の式が成り立つ．

$$\vec{p} = \vec{a} + \vec{d}t$$

　この式を**直線 $g$ のベクトル方程式**といい，$t$ を**媒介変数**という．また，$\vec{d}$ を直線 $g$ の**方向ベクトル**という．

　ベクトル方程式を成分を用いて表そう．定点 A の座標を $(x_1, y_1)$，$g$ 上の点 P の座標を $(x, y)$ とし，$\vec{d} = (l, m)$ とすると，直線 $g$ のベクトル方程式は

$$(x, y) = (x_1, y_1) = t(l, m), \quad \text{すなわち} \quad \begin{cases} x = x_1 + lt \\ y = y_1 + mt \end{cases}$$

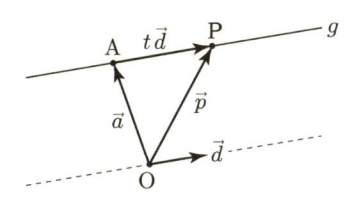

2. 異なる 2 点 $A(\vec{a}), B(\vec{b})$ を通る直線のベクトル方程式は

$$\vec{p} = \vec{a} + t(\vec{b} - \vec{a}) = (1-t)\vec{a} + t\vec{b}$$

3. 定点 $A(\vec{a})$ を通り，$\vec{0}$ でないベクトル $\vec{n} = (a, b)$ に垂直な直線を $g$ とする．$g$ 上の点を $P(\vec{p})$ とすると，$g$ のベクトル方程式は次のようになる．

$$\overrightarrow{AP} \perp \vec{n}, \quad \text{または} \quad (\vec{p} - \vec{a}) \cdot \vec{n} = 0$$

Aの座標，または $\vec{a}=(x_1, y_1)$, $\vec{p}=(x, y)$ とする。直線 $g$ を成分で表すと
$$(x-x_1, y-y_1)\cdot(a, b)=0$$
となる。すなわち
$$a(x-x_1)+b(y-y_1)=0, \quad \text{または,} \quad ax+by=c \quad (c=ax_1+by_1)$$

**円のベクトル方程式**を求めよう。平面上で，定点 $C(\vec{c})$ を中心とする半径 $r$ の円をKとする。$P(\vec{p})$ が円K上にあることと $|\overrightarrow{CP}|=r$ が成り立つことは同値であるから，円Kのベクトル方程式は
$$|\vec{p}-\vec{c}|=r$$
ベクトルを成分で表して，$\vec{p}=(x, y)$, $\vec{c}=(a, b)$ とすると，Kの成分表示は
$$(x-a)^2+(y-b)^2=r^2$$

## [3] 空間のベクトル

### (1) 空間の直線と平面の位置関係

**1.** 異なる2直線 $l$ と $m$ の位置関係には，次の3つの場合がある。
  (i) 平行である
  (ii) 1点で交わる
  (iii) ねじれの位置にある

(ii)の $l$ と $m$ が1点で交わる場合は $l$ と $m$ のなす角が定義できる。(iii)のねじれの位置にある場合の $l$ と $m$ のなす角を次のように定義する。任意の1点Oをとり，$l$ と $m$ を平行移動しOを通る直線 $l'$ と $m'$ を引く。$l$ と $m$ のなす角を，Oにおいて $l'$ と $m'$ のなす角と定義する。この角はOのとり方によらない。

**2.** 直線 $l$ と平面 $\alpha$ の位置関係には，次の3つの場合がある。
  (i) 平行である
  (ii) 1点で交わる
  (iii) $l$ は $\alpha$ 上にある

直線 $h$ が，平面 $\alpha$ 上のすべての直線に垂直であるとき，$h$ は $\alpha$ に垂直である，または $\alpha$ に**直交**するといい，$h \perp \alpha$ と書く。また，このとき $h$ は $\alpha$ の**垂線**という。次が成り立つ。

直線 $h$ が平面 $\alpha$ 上の交わる2直線 $l$ と $m$ に垂直ならば，直線 $h$ は平面 $\alpha$ に垂直である。

### (2) 空間の座標

図のように，定点Oを共通の原点とし，2つずつが直交する数直線 $xx'$, $yy'$, $zz'$ をとり，それぞれ **$x$軸**，**$y$軸**，**$z$軸**といい，これらをまとめて**座標軸**という。

空間の点Pに対して3つの実数の組 $(a, b, c)$ が定まる。この $(a, b, c)$ を点Pの**座標**といい，$a, b, c$ をそれぞれ **$x$座標**，**$y$座標**，**$z$座標**という。このように座標の定

第3節　定義と定理・公式等のまとめ　　　　　　　　　　　　　303

められた空間を**座標空間**とよび，Oを座標空間の**原点**という（右図）。

**2点** $A(x_1, y_1, z_1), B(x_2, y_2, z_2)$ **間の距離は**
$$AB = \sqrt{(x_2-x_1)^2+(y_2-y_1)^2+(z_2-z_1)^2}$$
で与えられる。特に，原点Oと点Aの距離は
$$OA = \sqrt{x_1^2+y_1^2+z_1^2}$$

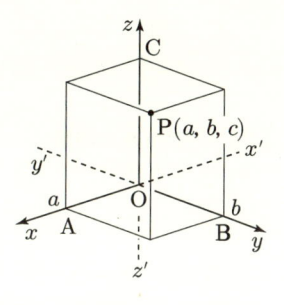

**(3) 空間のベクトル**

空間においても平面上の場合と同様に，ベクトルを考えることができる。空間のベクトルは，空間内の有向線分で，その位置には無関係で，**向きと大きさだけ**で決定されるもので，有向線分ABで表されるベクトルを $\overrightarrow{AB}$ と書く。

2つのベクトル $\vec{a}, \vec{b}$ が**等しい**のは，これらが**向きと大きさが同じ**場合をいう。空間のベクトルの和，差，定数倍や単位ベクトル，逆ベクトル，零ベクトルなどは平面上のベクトルとまったく同様に定義され，また，ベクトルの性質や法則も平面上のベクトルとまったく同様に成り立つ。

空間のベクトルについても，次の**ベクトルの分解の性質**が成り立つ。4点O, A, B, Cは同じ平面上にないとし，$\overrightarrow{OA} = \vec{a}, \overrightarrow{OB} = \vec{b}, \overrightarrow{OC} = \vec{c}$ とする。このとき，任意のベクトル $\vec{p}$ は，次の形にただ一通りに表すことができる。
$$\vec{p} = s\vec{a} + t\vec{b} + u\vec{c} \quad (ただし s, t, u は実数)$$
平面の場合と同様に，この性質を**ベクトルの分解の性質**とよぶことにしよう。

**(4) ベクトルの成分**

座標空間の原点をOとして，3つの点 $E(1,0,0), F(0,1,0), G(0,0,1)$ をとり $\vec{e_1} = \overrightarrow{OE}, \vec{e_2} = \overrightarrow{OF}, \vec{e_3} = \overrightarrow{OG}$ とする。$\vec{e_1}, \vec{e_2}, \vec{e_3}$ を座標軸に対する**基本ベクトル**という。任意のベクトル $\vec{a}$ に対して $\vec{a} = \overrightarrow{OA}$ となる点Aの座標を $(a_1, a_2, a_3)$ とすると，$\vec{a}$ は次の形に1通りに表される。
$$\vec{a} = a_1\vec{e_1} + a_2\vec{e_2} + a_3\vec{e_3} \quad (\vec{a} の基本ベクトル表示)$$

3つの実数の組 $a_1, a_2, a_3$ を**ベクトル $\vec{a}$ の成分**といい，$a_1$ を **$x$ 成分**，$a_2$ を **$y$ 成分**，$a_3$ を **$z$ 成分**という。ベクトル $\vec{a}$ は成分を用いて次のようにも書き表す。
$$\vec{a} = (a_1, a_2, a_3) \quad (\vec{a} の成分表示)$$

ベクトル $\vec{a}$ の成分表示は，原点Oに対し $\vec{a} = \overrightarrow{OA}$ となる点Aの座標に一致する。平面の場合と同様に，次の成分によるベクトルの演算が成り立つ。$\vec{a} = \overrightarrow{OA} = (a_1, a_2, a_3), \vec{b} = \overrightarrow{OB} = (b_1, b_2, b_3)$ に対し

1. $\vec{a} + \vec{b} = (a_1, a_2, a_3) + (b_1, b_2, b_3) = (a_1+b_1, a_2+b_2, a_3+b_3)$
2. $k\vec{a} = k(a_1, a_2, a_3) = (ka_1, ka_2, ka_3) \quad (ただし k は実数)$
3. $\vec{a} - \vec{b} = (a_1, a_2, a_3) - (b_1, b_2, b_3) = (a_1-b_1, a_2-b_2, a_3-b_3) = \overrightarrow{BA}$

4. $\overrightarrow{AB} = (b_1 - a_1, b_2 - a_2, b_3 - a_3)$
$|\overrightarrow{AB}| = \sqrt{(b_1 - a_1)^2 + (b_2 - a_2)^2 + (b_3 - a_3)^2}$

**（5） ベクトルの内積**

$\vec{0}$ でない2つのベクトル $\vec{a}$ と $\vec{b}$ のなす角 $\theta$ に対し，$\vec{a}$ と $\vec{b}$ の**内積**を，平面の場合と同様に

$$\vec{a} \cdot \vec{b} = |\vec{a}||\vec{b}|\cos\theta \quad (0 \leq \theta \leq 180°)$$

と定義する。$\vec{a} = \vec{0}$ または $\vec{b} = \vec{0}$ のときは $\vec{a} \cdot \vec{b} = 0$ とする。

内積について次のことが成り立つ。$\vec{a} = (a_1, a_2, a_3)$, $\vec{b} = (b_1, b_2, b_3)$ とする。

1. $\vec{a} \cdot \vec{b} = a_1 b_1 + a_2 b_2 + a_3 b_3$
2. $\vec{a} \neq \vec{0}$, $\vec{b} \neq \vec{0}$ のとき，$\vec{a}$ と $\vec{b}$ のなす角を $\theta$ とすると

$$\cos\theta = \frac{\vec{a} \cdot \vec{b}}{|\vec{a}||\vec{b}|}$$
$$= \frac{a_1 b_1 + a_2 b_2 + a_3 b_3}{\sqrt{a_1^2 + a_2^2 + a_3^2}\sqrt{b_1^2 + b_2^2 + b_3^2}}$$

3. $\vec{a} \perp \vec{b} \iff \vec{a} \cdot \vec{b} = 0 \iff a_1 b_1 + a_2 b_2 + a_3 b_3 = 0$
4. $\vec{a} \cdot \vec{a} = a_1^2 + a_2^2 + a_3^2 = |\vec{a}|^2$

ベクトルの内積について，平面上のベクトルと同様に次の性質が成り立つ。

1. $\vec{a} \cdot \vec{b} = \vec{b} \cdot \vec{a}$, $\quad \vec{a} \cdot \vec{a} = |\vec{a}|^2$, $|\vec{a}| = \sqrt{\vec{a} \cdot \vec{a}}$
2. $(\vec{a} + \vec{b}) \cdot \vec{c} = \vec{a} \cdot \vec{c} + \vec{b} \cdot \vec{c}$, $\quad \vec{a} \cdot (\vec{b} + \vec{c}) = \vec{a} \cdot \vec{b} + \vec{a} \cdot \vec{c}$
3. $k(\vec{a} \cdot \vec{b}) = \vec{a} \cdot (k\vec{b}) = k(\vec{a} \cdot \vec{b})$ （ただし $k$ は実数）

**（6） 位置ベクトル**

空間において1点 O（座標空間の原点でなくてもよい）を固定すると，任意の点 P の位置は，ベクトル $\overrightarrow{OP}$ によって定められる。このベクトルを点 O に関する**点 P の位置ベクトル**という。また，位置ベクトルが $\vec{p}$ である点 P を P($\vec{p}$) で表す。空間の場合でも，平面の場合と同様に次が成り立つ。

1. 2点 A($\vec{a}$), B($\vec{b}$) に対して $\overrightarrow{AB} = \vec{b} - \vec{a}$
2. 2点 A($\vec{a}$), B($\vec{b}$) を結ぶ線分 AB を $m:n$ に内分する点 P, 外分する点 Q の位置ベクトルをそれぞれ $\vec{p}, \vec{q}$ とすると

$$\vec{p} = \frac{n\vec{a} + m\vec{b}}{m + n}, \qquad \vec{q} = \frac{-n\vec{a} + m\vec{b}}{m - n}$$

3. 3点 A($\vec{a}$), B($\vec{b}$), C($\vec{c}$) を頂点とする $\triangle ABC$ の重心 G の位置ベクトル $\vec{g}$ は

$$\vec{g} = \frac{\vec{a} + \vec{b} + \vec{c}}{3}$$

## 第3節　定義と定理・公式等のまとめ

### (7) ベクトルの応用

1. 3点 A, B, C が一直線上にある $\iff \overrightarrow{AC} = k\overrightarrow{AB}$ となる実数 $k$ がある。

2. 一直線上にない3点 A, B, C の定める平面を $\alpha$ とする。このとき，点 P が $\alpha$ 上にある $\iff \overrightarrow{CP} = s\overrightarrow{CA} + t\overrightarrow{CB}$ となる実数 $s, t$ がある。

### (8) 座標空間における図形

1. 座標空間において，2点 $A(x_1, y_1, z_1)$, $B(x_2, y_2, z_2)$ を結ぶ線分 AB を $m:n$ に**内分**する点を P, **外分**する点を Q とすると，P, Q の座標空間の原点 O に関する位置ベクトルは(6)項で述べたように

$$\vec{p} = \frac{n\vec{a} + m\vec{b}}{m+n}, \quad \vec{q} = \frac{-n\vec{a} + m\vec{b}}{m-n}$$

で与えられる。これを成分で表せば，P, Q の座標が得られる。

$$\left( \frac{nx_1 + my_1}{m+n}, \frac{nx_2 + my_2}{m+n}, \frac{nx_3 + my_3}{m+n} \right),$$

$$\left( \frac{-nx_1 + my_1}{m-n}, \frac{-nx_2 + my_2}{m-n}, \frac{-nx_3 + my_3}{m-n} \right)$$

2. 中心が $C(a, b, c)$，半径 $r$ の球面上の点 $P(x, y, z)$ の方程式は

$$(x-a)^2 + (y-b)^2 + (z-c)^2 = r^2$$

なお，球面のベクトル方程式は $\vec{p} = \overrightarrow{OP}, \vec{c} = \overrightarrow{OC}$ とすると次のように表される。

$$|\vec{p} - \vec{c}| = r$$

3. 平面上，または空間における**三角形の面積公式**。
△ABC の面積を $S$ とする。

(i) $AB = BA = |\overrightarrow{AB}| = |\overrightarrow{BA}|$ と書く。BC, AC も同様とする。このとき，

$$S = \frac{1}{2} AB \cdot AC \sin \angle A$$

$$= \frac{1}{2} BA \cdot BC \sin \angle B$$

$$= \frac{1}{2} CB \cdot CA \sin \angle C$$

(ii) $S = \frac{1}{2} \sqrt{|\overrightarrow{AB}|^2 |\overrightarrow{AC}|^2 - (\overrightarrow{AB} \cdot \overrightarrow{AC})^2}$

$$= \frac{1}{2} \sqrt{|\overrightarrow{BA}|^2 |\overrightarrow{BC}|^2 - (\overrightarrow{BA} \cdot \overrightarrow{BC})^2}$$

$$= \frac{1}{2} \sqrt{|\overrightarrow{CB}|^2 |\overrightarrow{CA}|^2 - (\overrightarrow{CB} \cdot \overrightarrow{CA})^2}$$

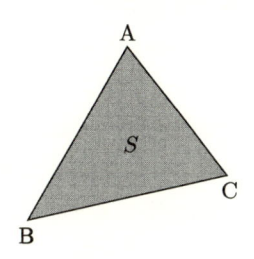

## 第4節　問題作りに挑戦しよう

探究的学習"問題を作って解く"により創造力が培われる。

第8章では，数学Bから平面上および空間のベクトルに関する問題を取り上げる。ベクトルに関する重要項目は

(1) ベクトルと位置ベクトル
(2) 座標空間におけるベクトルの成分表示
(3) ベクトルの演算：和，差，実数倍
(4) ベクトルの内積と大きさ
(5) 線分の内分点と外分点の位置ベクトル
(6) 2つのベクトルの平行と垂直条件
(7) ベクトルの分解の性質

などである。

問題のなかで取り扱われる図形としては，四面体，四角錐，および平行六面体が大部分である。

特に注目したいのは，直線と平面の交点，点と直線，または点と平面の距離などが，ベクトルの分解の性質とベクトルの長さの公式を利用することによって巧みに得られることである。例として，第8章の例題2とそれらの「設定条件を変更した問題」，例題5などがある。

四面体，四角錐，および平行六面体は問題作りの宝庫である。1つの頂点と辺上の2点を指定して三角形 $\alpha$ をつくり，$\alpha$ を含む平面と他の辺との交点を求めること，$\alpha$ と他の頂点との距離を求めること，$\alpha$ と他の頂点とで囲まれる立体の体積を求めること，などなど。

ここでは，例題1を取り上げ，下図において直線 FL と MN が交わるための条件について考える。

---
**問題1**

空間に異なる4点 O, A, B, C をとり，$\overrightarrow{OA} = \vec{a}$，$\overrightarrow{OB} = \vec{b}$，$\overrightarrow{OC} = \vec{c}$ とおく。さらに3点 D, E, F を，$\overrightarrow{OD} = \vec{a} + \vec{b}$，$\overrightarrow{OE} = \vec{b} + \vec{c}$，$\overrightarrow{OF} = \vec{c} + \vec{a}$ となるようにとり，線分 $\overline{BD}$ の中点を L，線分 $\overline{CE}$ の中点を M とし，線分 AD

第4節 問題作りに挑戦しよう

を $\lambda : 1-\lambda$ $(0 \leq \lambda \leq 1)$ に内分する点を N とする。このとき次を証明せよ。
「直線 FL と MN が交わる必要十分条件は，$\lambda = \dfrac{3}{4}$ となること，すなわち点 N は線分 AD を $3:1$ に内分する点となることである」

例題1および「$+\alpha$ の問題」から，$\lambda = \dfrac{3}{4}$ のとき，すなわち N が AD を $3:1$ に内分するときは FL と MN は交わり，$\lambda = \dfrac{1}{2}$ のとき，すなわち N が AD の中点のとき FL と MN は交わらない。上の結果から，MN と FL が交わるのは $\lambda = \dfrac{3}{4}$ のときだけであることがわかる。

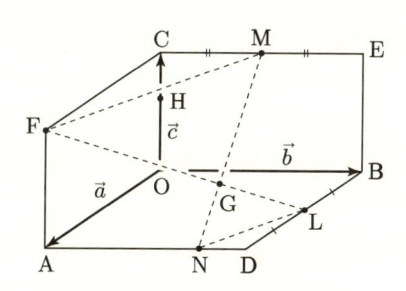

[解答] 図を参考にして考えよう。FL と MN が交わるための必要十分条件は，4点 F, L, M, N が同一平面上にあることである。FM は CF と CE で定まる平面 $\pi_1$ 上にあり，また NL は OA と OB で定まる平面 $\pi_2$ 上にある。$\pi_1$ と $\pi_2$ は平行であるから，FM と NL はねじれの位置にあるか，または平行である。

したがって，4点 F, L, M, N が同一平面上にあるためには $\overrightarrow{\mathrm{FM}}$ と $\overrightarrow{\mathrm{NL}}$ は平行となること，すなわち，ある実数 $u$ があって $\overrightarrow{\mathrm{NL}} = u \overrightarrow{\mathrm{FM}}$ となることが必要十分条件である。

$$\overrightarrow{\mathrm{OM}} = \dfrac{1}{2}(\overrightarrow{\mathrm{OC}} + \overrightarrow{\mathrm{OE}}) = \dfrac{1}{2}(\vec{c} + \vec{c} + \vec{b}) = \dfrac{1}{2}\vec{b} + \vec{c}, \quad \overrightarrow{\mathrm{OF}} = \vec{a} + \vec{c}$$

$$\therefore \quad \overrightarrow{\mathrm{FM}} = \overrightarrow{\mathrm{OM}} - \overrightarrow{\mathrm{OF}} = -\vec{a} + \dfrac{1}{2}\vec{b}$$

また，
$$\overrightarrow{\mathrm{OL}} = \dfrac{1}{2}(\overrightarrow{\mathrm{OB}} + \overrightarrow{\mathrm{OD}}) = \dfrac{1}{2}(\vec{b} + \vec{a} + \vec{b}) = \dfrac{1}{2}\vec{a} + \vec{b}$$

$$\overrightarrow{\mathrm{ON}} = (1-\lambda)\overrightarrow{\mathrm{OA}} + \lambda \overrightarrow{\mathrm{OD}}$$
$$= (1-\lambda)\vec{a} + \lambda(\vec{a} + \vec{b}) = \vec{a} + \lambda \vec{b}$$

$$\therefore \quad \overrightarrow{\mathrm{NL}} = \overrightarrow{\mathrm{OL}} - \overrightarrow{\mathrm{ON}} = -\dfrac{1}{2}\vec{a} + (1-\lambda)\vec{b}$$

したがって，$\lambda = \dfrac{3}{4}$ のときに限り $\overrightarrow{\mathrm{NL}} = \dfrac{1}{2}\overrightarrow{\mathrm{FM}}$ が成り立ち，FL と MN は交わることがわかる。FL と MN の交点を G とすると $\triangle \mathrm{FGM} \varpropto \triangle \mathrm{LGN}$，FM：

NL＝2：1であるから

$$FG:GL=MG:GN=2:1, \quad \therefore \overrightarrow{FG}=\frac{2}{3}\overrightarrow{FL},\ \overrightarrow{MG}=\frac{2}{3}\overrightarrow{MN}$$

**（解答終り）**

　最後に，第8章の総合問題としてふさわしい正四面体に関する問題2を作ってみた。ここでは，正四面体 O-ABC の頂点から△DEF を含む平面を $\alpha$ としたとき，O から平面 $\alpha$ への距離 $|\overrightarrow{ON}|$ を求めるために，ベクトルの分解の性質を用いることを想定している。

---

**問題 2**

　一辺の長さ1の正四面体を O-ABC とする。辺 OA の中点を D，辺 AB を 2：1 に内分する点を E とする。また，$s$ を $0<s<1$ を満たす実数とし，OC を $s:1-s$ に内分する点を F とする。

　$\overrightarrow{OA}=\vec{a},\ \overrightarrow{OB}=\vec{b},\ \overrightarrow{OC}=\vec{c}$ とおく。このとき，次の問いに答えよ。

（1）$\overrightarrow{DE}\cdot\overrightarrow{DF}=0$ となる $s$ を求めよ。

以下の問いでは，$s$ をこの値とする。

（2）△DEF の面積を求めよ。

（3）△DEF を含む平面を $\alpha$ とする。点 O から $\alpha$ に下ろした垂線の足を N とする。このとき，$|\overrightarrow{ON}|$ を求めよ。

---

（1）2つのベクトルの直交条件，
（2）2つのベクトルではさまれた三角形の面積，
（3）一点から，2つのベクトルで定義される平面への距離の求め方，

については，第8章を学習された読者はよく似た問題を学習してきたので，容易に解答を得るための筋道をたてることができると思う。

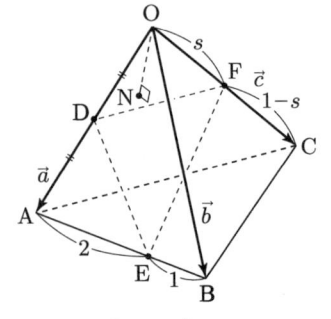

　計算が少々複雑であるので手間取るかもしれないが，計算力を高めるための手頃な演習問題となることを願っている。

第4節 問題作りに挑戦しよう 309

**ヒント**：(1) ベクトル $\overrightarrow{DE}$ と $\overrightarrow{DF}$ を $\vec{a}, \vec{b}, \vec{c}, s$ を用いて表そう。

$$\overrightarrow{DE} = \overrightarrow{DA} + \overrightarrow{AE} = \overrightarrow{DA} + \frac{2}{3}\overrightarrow{AB}$$

$$= \frac{1}{2}\vec{a} + \frac{2}{3}(\vec{b} - \vec{a}) = -\frac{1}{6}\vec{a} + \frac{2}{3}\vec{b}$$

$$\overrightarrow{DF} = \overrightarrow{OF} - \overrightarrow{OD} = s\vec{c} - \frac{1}{2}\vec{a}$$

よって、 $\overrightarrow{DE} \cdot \overrightarrow{DF} = \left(-\frac{1}{6}\vec{a} + \frac{2}{3}\vec{b}\right) \cdot \left(s\vec{c} - \frac{1}{2}\vec{a}\right)$

$$= -\frac{1}{6}s\vec{a} \cdot \vec{c} + \frac{1}{12}\vec{a} \cdot \vec{a} + \frac{2}{3}s\vec{b} \cdot \vec{c} - \frac{1}{3}\vec{b} \cdot \vec{a}$$

ここで O-ABC は一辺の長さが 1 の正四面体であるから

$$|\vec{a}| = |\vec{b}| = |\vec{c}| = 1, \quad \vec{a} \cdot \vec{b} = |\vec{a}||\vec{b}|\cos 60° = \frac{1}{2}, \quad \vec{a} \cdot \vec{c} = \vec{b} \cdot \vec{c} = \frac{1}{2}$$

よって、条件から

$$\overrightarrow{DE} \cdot \overrightarrow{DF} = -\frac{1}{12}s + \frac{1}{12} + \frac{1}{3}s - \frac{1}{6} = \frac{3}{12}s - \frac{1}{12} = 0, \quad \therefore \ s = \frac{1}{3}$$

(2) △DEF の面積 $S$ は、∠EDF = 90° であるから（$\overrightarrow{DE} \cdot \overrightarrow{DF} = 0$ より）、

$$S = \frac{1}{2}|\overrightarrow{DE}||\overrightarrow{DF}|$$

そこで $|\overrightarrow{DE}|$ と $|\overrightarrow{DF}|$ を求めよう。$\overrightarrow{DE} = -\frac{1}{6}\vec{a} + \frac{2}{3}\vec{b}$ であるから

$$|\overrightarrow{DE}|^2 = \left|-\frac{1}{6}\vec{a} + \frac{2}{3}\vec{b}\right|^2 = \frac{1}{36}|\vec{a}|^2 + \frac{4}{9}|\vec{b}|^2 - \frac{4}{18}\vec{a} \cdot \vec{b}$$

$$= \frac{1}{36} + \frac{4}{9} - \frac{1}{9} = \frac{13}{36}, \quad \therefore \ |\overrightarrow{DE}| = \frac{\sqrt{13}}{6}$$

また、$\overrightarrow{DF} = \frac{1}{3}\vec{c} - \frac{1}{2}\vec{a}$ であるから、

$$|\overrightarrow{DF}|^2 = \left|\frac{1}{3}\vec{c} - \frac{1}{2}\vec{a}\right|^2 = \frac{1}{9}|\vec{c}|^2 + \frac{1}{4}|\vec{a}|^2 - \frac{2}{6}\vec{c} \cdot \vec{a}$$

$$= \frac{1}{9} + \frac{1}{4} - \frac{1}{6} = \frac{7}{36}, \quad \therefore \ |\overrightarrow{DF}| = \frac{\sqrt{7}}{6}$$

したがって $S = \frac{1}{2} \times \frac{\sqrt{13}}{6} \times \frac{\sqrt{7}}{6} = \frac{\sqrt{91}}{72}$

(3) 点 N は平面 $\alpha$ 上の点であるから、実数 $t$ と $u$ を用いて、

$$\overrightarrow{DN} = t\overrightarrow{DE} + u\overrightarrow{DF}$$

と表される。よって $\overrightarrow{ON} = \overrightarrow{OD} + \overrightarrow{DN}$ と表され、条件から $\overrightarrow{ON}$ は平面 $\alpha$ と垂直

に交わる。したがって
$$\overrightarrow{ON} \cdot \overrightarrow{DE} = 0, \quad \overrightarrow{ON} \cdot \overrightarrow{DF} = 0$$
$$\therefore \overrightarrow{ON} \cdot \overrightarrow{DE} = (\overrightarrow{OD} + \overrightarrow{DN}) \cdot \overrightarrow{DE} = (\overrightarrow{OD} + t\overrightarrow{DE} + u\overrightarrow{DF}) \cdot \overrightarrow{DE}$$
$$= \overrightarrow{OD} \cdot \overrightarrow{DE} + t|\overrightarrow{DE}|^2 = 0 \quad (\overrightarrow{DE} \cdot \overrightarrow{DF} = 0 \text{ を用いた})$$

よって
$$t = -\frac{\overrightarrow{OD} \cdot \overrightarrow{DE}}{|\overrightarrow{DE}|^2}$$

同様に、
$$\overrightarrow{ON} \cdot \overrightarrow{DF} = (\overrightarrow{OD} + \overrightarrow{DN}) \cdot \overrightarrow{DF} = (\overrightarrow{OD} + t\overrightarrow{DE} + u\overrightarrow{DF}) \cdot \overrightarrow{DF}$$
$$= \overrightarrow{OD} \cdot \overrightarrow{DF} + u|\overrightarrow{DF}|^2 = 0$$

よって
$$u = -\frac{\overrightarrow{OD} \cdot \overrightarrow{DF}}{|\overrightarrow{DF}|^2}$$

したがって、$t$ と $u$ を求めるためには、$\overrightarrow{OD} \cdot \overrightarrow{DE}$ と $\overrightarrow{OD} \cdot \overrightarrow{DF}$ を求めればよい。

$$\overrightarrow{OD} \cdot \overrightarrow{DE} = \frac{1}{2}\vec{a} \cdot \left(-\frac{1}{6}\vec{a} + \frac{2}{3}\vec{b}\right) = -\frac{1}{12} + \frac{1}{6} = \frac{1}{12},$$

$$\overrightarrow{OD} \cdot \overrightarrow{DF} = \frac{1}{2}\vec{a} \cdot \left(\frac{1}{3}\vec{c} - \frac{1}{2}\vec{a}\right) = \frac{1}{12} - \frac{1}{4} = -\frac{1}{6},$$

よって、
$$t = -\frac{\overrightarrow{OD} \cdot \overrightarrow{OE}}{|\overrightarrow{DE}|^2} = -\frac{1}{12} \times \frac{36}{13} = -\frac{3}{13}, \quad u = -\frac{\overrightarrow{OD} \cdot \overrightarrow{DF}}{|\overrightarrow{DF}|^2} = \frac{1}{6} \times \frac{36}{7} = \frac{6}{7}$$

したがって、
$$\overrightarrow{ON} = \overrightarrow{OD} + t\overrightarrow{DE} + u\overrightarrow{DF}$$
$$= \frac{1}{2}\vec{a} - \frac{3}{13}\left(-\frac{1}{6}\vec{a} + \frac{2}{3}\vec{b}\right) + \frac{6}{7}\left(\frac{1}{3}\vec{c} - \frac{1}{2}\vec{a}\right)$$
$$= \frac{1}{91}(10\vec{a} - 14\vec{b} + 26\vec{c}) = \frac{2}{91}(5\vec{a} - 7\vec{b} + 13\vec{c})$$

ここで $|5\vec{a} - 7\vec{b} + 13\vec{c}|$ を計算しておく。
$$|5\vec{a} - 7\vec{b} + 13\vec{c}|^2 = 25|\vec{a}|^2 + 49|\vec{b}|^2 + 169|\vec{c}|^2 - 70\vec{a} \cdot \vec{b} + 130\vec{a} \cdot \vec{c} - 182\vec{b} \cdot \vec{c}$$
$$= 25 + 49 + 169 - 35 + 65 - 91 = 182$$

したがって
$$|\overrightarrow{ON}| = \frac{2}{91}\sqrt{182} \qquad \text{(解答終り)}$$

# 索　引

### あ　行

余り　191
1弧度(1ラジアン)　195
1次不等式　46
位置ベクトル　300, 304
一般角　195
　　──の三角関数　195
一般項　262
因数　44
　　──定理　191
　　──分解　44
裏　48
$n$次多項式　44
$n$の階乗　148
円　193
　　──に内接する四角形　114
　　──の接線　114
　　──のベクトル方程式　302
円周角　114
円順列　148
扇形の弧長 $l$ と面積 $S$　195

### か　行

階差数列　264
外心　113
外接円　113
解答の流れ図　7
解と係数の関係　193
外分　305, 112
　　──する点　301
　　──する点の座標　193
角の二等分線と比　113

確率　149
　　──の加法定理　150
仮定・結論　20
加法定理　197
関数　79
　　──の値　79
　　──のグラフ　79
奇関数　197
軌跡　194
期待値 $E$　151
基本周期　197
基本ベクトル　299, 303
逆　48
既約分数式　191
逆ベクトル　298
球
　　──の体積　112
　　──の表面積　112
共通部分　147
極小　232
　　──値　232
極大　232
　　──値　232
極値　232
虚数解　192
虚数単位　192
虚部　192
偶関数　197
空間
　　──の座標　302
　　──の直線と平面の位置関係　302
　　──のベクトル　302
空事象　149
空集合　147

組合せ　148
結合法則　299
原始関数　233
原点　303
　　——に関して対称　197
交換法則　299
公差　262
公比　262
降べきの順　44
弧度法　195
根元事象　149
根号　45

### さ　行

最大値・最小値　232
座標　193, 302
　　——空間　302
　　——軸　302
　　——平面　79
三角関数の合成　198
三角形
　　——の面積　112
　　——の面積公式　305
三角比　110
3次式の公式　45
軸　79
試行　149
　　——は独立　150
事象　149
指数　198
　　——関数　198
　　——法則　44, 198
次数　44
始線　195
実数　45
実数解　192
　　——の個数と $D$ の符号　47
実部　192
始点　298

重解　192
周期関数　197
集合　147
　　——の要素　147
重心　113
終点　298
重複順列　148
十分条件　22, 48
順列　148
商　191
条件　20, 47
剰余の定理　191
初項　262
真偽　20
真数　199
垂線　302
数列　262
図形の方程式　193
正弦　110, 196
　　——定理　111
正接　110, 196
正の角　195
正の向き　195
積事象　149
積の法則　148
積分定数　233
積分の $\dfrac{1}{6}$ 公式　234
接線の方程式　232
絶対値　45
　　——記号　14
設定条件を変更した問題　6
漸化式　264
漸近線　199
全事象　149
全体集合　20, 47, 147
相加平均　191
増減表　232
相乗平均　191

# 索引

## た行

第 $n$ 項　262
対偶　48
対称移動　80
対数　199
　——関数　199, 200
　——の性質　199
互いに同値　48
互いに排反　150
多項式　44
　——の次数　44
単位円　196
単位ベクトル　298
探究的学習　ii, 5
単項式　44
単調に減少　232
単調に増加　232
値域　79
中心角　114
中線　113
頂点　79
直線のベクトル方程式　301
直交　302
定義域　79
　——に制限がある場合の最大値と最小値　80
定積分　233
底の変換公式　200
展開　44
点と直線の距離　193
導関数　231
動径　195
等差数列　262
同値　20
等比数列　262
同様に確からしい　149
同類項　44
ド・モルガンの法則　48, 147

## な行

内心　113
内積　300, 304
　——の成分による表示　300
内接円　113
内分　112, 305
　——する点　300
　——する点の座標　193
二項定理　149
2次関数　79
　——のグラフと $x$ 軸の位置関係　82
　——の決定　81
　——の最大値と最小値　80
2次式の公式　45
2次不等式　83
2次方程式　46
　——の解の公式　46
2点間の距離　303
2倍角の公式　198

## は行

媒介変数　301
排反事象　150
半角の公式　198
反復試行　151
判別式　192
反例　22, 47
必要十分条件　22, 48
必要条件　22, 48
否定　47
微分係数　231
微分する　231
複素数　192
　——の四則演算　192
不定積分　233
不等式を解く　46
負の角　195

負の向き　195
部分集合　147
部分分数への分解　263
$+\alpha$の問題　6
分数式　191
分母の有理化　13, 46
平均変化率　231
平行　299
　──移動　79, 80
平方完成　79
平方根　45
ベクトル　298
　── $\vec{a}$ の成分　303
　──の演算　298
　──の差　298
　──の成分表示　299
　──のなす角　300
　──の分解の性質　299, 303
　──の和　298
ベクトル方程式
　円の──　302
　直線の──　301
変数　79
変量 $X$　151
方向ベクトル　301
方程式
　──と不等式　13
　──の表す図形　193
放物線　80
方べきの定理　115
補集合　147

ま　行

3つの基本的な学習活動　6
無限集合　147
無理数　45
命題　21, 47
　──の仮定　47
　──の結論　47
　──は偽　47
　──は真　47
面積の公式　234

や　行

有限集合　147
有向線分　298
余弦　110, 196
　──定理　111
余事象　150

ら　行

累乗　44, 198
ルート　46
零ベクトル　298
論理と集合　20

わ　行

$y$ 軸に対して対称　197
和事象　149
和集合　147
和の法則　148

### 著者略歴

**西本　敏彦**
にし　もと　とし　ひこ

- 1958年　名古屋大学理学部数学科卒
- 1964年　東京工業大学大学院理工学研究科修士課程修了
  東京工業大学理学部助教授，同教授を経て，
- 現　在　東京工業大学名誉教授
  （理学博士）

**若林　徳映**
わか　ばやし　のり　あき

- 1972年　東京大学理学部数学科卒
- 1974年　東京工業大学大学院理工学研究科修士課程修了
  三井金属鉱業(株)などを経て，
  (有)菜果計算システムを設立
- 現　在　(学法)聖望学園中・高等学校講師

**松原　聖**
まつ　ばら　きよし

- 1982年　東京工業大学理工学部数学科卒
- 1984年　東京工業大学大学院理工学研究科修士課程修了
  (株)芙蓉情報センター，(株)富士総合研究所，みずほ情報総研(株)を経て
- 現　在　アドバンスソフト株式会社副社長

---

ⓒ　西本敏彦・若林徳映・松原 聖　2013

2013年5月10日　初版発行

### 数学の探究的学習
センター試験 数学 IA・IIB を通して
創造力を育む

著　者　西本敏彦
　　　　若林徳映
　　　　松原　聖
発行者　山本　格
発行所　株式会社　培風館
東京都千代田区九段南4-3-12・郵便番号102-8260
電話(03)3262-5256(代表)・振替 00140-7-44725

中央印刷・牧 製本

PRINTED IN JAPAN

ISBN 978-4-563-00391-3　C3041